高等教育课程改革创新教材

数据库系统原理与应用教程

主　编　王洪峰　王迤冉
副主编　刘琳琳　胡绍方

科学出版社

北　京

内 容 简 介

本书全面系统地介绍了数据库的基本概念、基本理论和基本技术，内容包括数据库基本概念、关系数据库、数据库设计、SQL 语言的使用、数据库与数据表操作、数据完整性和索引、数据查询与视图、过程存储与触发器、事务与并发控制、数据库备份与恢复、数据库设计案例等。本书理论与实践并重，通过学习数据库的相关知识并进行相应的训练，可培养学生的理论思维、实践思维和计算思维，提高解决数据库实际需求问题的能力，还可培养学生设计数据库的能力。

本书在选材和组织上经过认真研究和反复推敲，力求做到概念准确、知识完整、层次清楚、系统性强、理论联系实际，并富有启发性。

本书既可作为计算机、通信、电子、自动化及相关专业的本科教材，又可供参加数据库类考试人员、数据库应用系统开发设计人员、工程技术人员及其他相关人员参阅。

图书在版编目(CIP)数据

数据库系统原理与应用教程/王洪峰，王迤冉主编. —北京：科学出版社，2022.7
高等教育课程改革创新教材
ISBN 978-7-03-072769-5

Ⅰ. ①数… Ⅱ. ①王… ②王… Ⅲ. ①数据库系统-高等学校-教材
Ⅳ. ①TP311.13

中国版本图书馆 CIP 数据核字（2022）第 127923 号

责任编辑：张振华 / 责任校对：马英菊
责任印制：吕春珉 / 封面设计：东方人华平面设计部

科学出版社 出版
北京东黄城根北街 16 号
邮政编码：100717
http://www.sciencep.com

北京中科印刷有限公司印刷
科学出版社发行　各地新华书店经销
*
2022 年 7 月第 一 版　　开本：787×1092　1/16
2024 年 10 月第二次印刷　　印张：28 3/4
字数：680 000

定价：79.00 元
（如有印装质量问题，我社负责调换）
销售部电话 010-62136230　编辑部电话 010-62135120-2005

前 言

在国家 2021 年发布的"十四五"规划纲要中,数字经济部分给出了培育壮大人工智能、大数据、区块链、云计算、物联网、工业互联网、虚拟现实等新兴数字产业的目标。这些新兴数字产业的基础就是对数量巨大、来源分散、格式多样的数据进行采集、存储和关联分析,并从中发现新知识、创造新价值、提升新能力。数据库系统已经成为现代信息系统的核心和基础设施。数据库技术作为数据管理最有效的手段,能够极大地促进数字产业的发展。为了贯彻落实党的二十大报告精神,适应国家发展战略、推进数字经济建设和普及数据库应用,编者在长期从事数据库课程教学和科研的基础上,结合当前有关大数据、人工智能出现的新理论和新技术,以及"数据库系统原理与应用"课程教学的需要编写了本书。

"数据库系统原理与应用"课程是计算机类各专业的必修课,它要求学生在掌握数据库系统基本理论、基本技术与基本方法的基础上,能将数据库系统的基本技术与设计方法熟练地应用于求解数据管理问题的实践中,强调学生的应用动手能力,是从事现代数据管理技术应用、开发和研究的重要而必备的基础。

本书可以使学生了解数据库技术的发展历史和趋势;初步掌握数据库系统的基本概念、基本原理、基本方法和应用技术;掌握关系数据库设计理论和 SQL 语言的使用方法;熟悉数据库的基本设计理论和方法。通过学习,能够进行计算机数据处理和信息管理系统的数据库设计与开发;在大数据环境下,能够利用数据库管理平台 SQL Server 对数据进行合理的存储、获取和利用。

本书包括 3 个部分,共 20 章。第 1 部分是数据库基础理论,包括第 1~4 章,主要介绍数据库系统的基本知识、关系数据模型和关系数据库的基本理论,讲述如何使用关系数据库理论来规范数据之间的模式,讨论关系数据库的设计方法和技术。第 2 部分是数据库基本操作,包括第 5~15 章,主要讲述数据库软件 SQL Server 2019 的特性及安装方法,SQL语言的使用,数据库与数据表的操作,数据完整性和索引,数据查询与视图,流程控制语句与函数存储过程,触发器,事务与并发控制,数据库的备份与恢复,以及一个数据库应用系统开发案例。第 3 部分是数据库高级编程,包括第 16~20 章,主要介绍大型数据库高级编程技术、前台应用开发高级技术,以及一个综合实训项目。

本书由王洪峰、王迤冉担任主编,刘琳琳、胡绍方担任副主编。具体编写分工如下:第 1 章、第 5 章、第 16 章和第 17 章由王迤冉编写,第 2 章、第 3 章由郑金格编写,第 4章、第 14 章由王纪才编写,第 6 章、第 15 章由徐启南编写,第 7~9 章由刘琳琳编写,第10~13 章由胡绍方编写,第 18~20 章和附录由王洪峰编写。高光、徐可参与部分程序的调试和文字校对,熊华军和董强伟负责图片绘制和处理,最后由王洪峰、王迤冉进行统稿。在本书的编写过程中,编者得到了周口师范学院的资助和科学出版社的大力支持与合作,本书中有些章节还引用了参考文献中列出的著作中的一些内容,谨此向各位作者致以衷心的感谢和深深的敬意!

本书由"河南省高等学校青年骨干教师培养计划(2018GGJS137)"项目资助出版。

由于编者水平有限,疏漏与不妥之处在所难免,恳求广大读者批评指正(编者的电子邮箱为 cnhfwang@zknu.edu.cn)。

编 者
2022 年 1 月

目　录

第 1 部分　数据库基础理论

第 3 部分　数据库高级编程

第 1 部分 数据库基础理论

数据库系统已经成为现代信息系统的核心和基础设施。数据库技术作为数据管理的最有效的手段，极大地促进了数字产业的发展。它是推进数字经济建设、适应国家发展战略的有力抓手。本部分内容主要介绍数据库系统的基本知识、关系数据模型和关系数据库的基本理论，并讲述如何使用关系数据库理论来规范数据之间的模式，讨论关系数据库的设计方法和技术。

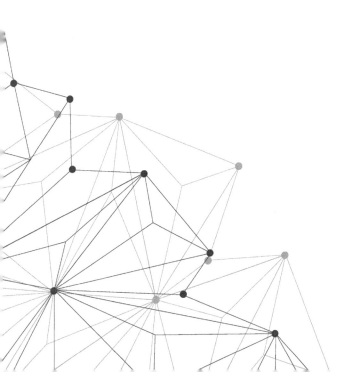

第 1 章　数据库概述

数据库是信息科学相关学科和工程应用领域的重要基础，主要研究如何向用户提供具有共享性、安全性和可靠性的数据，以及如何在信息处理过程中有效地组织和存储海量的数据。本章首先介绍数据管理技术的产生与发展、数据库系统的基本概念，然后介绍数据模型，最后介绍数据库系统的体系结构。

重点和难点

- 数据库系统的基本概念
- 数据模型
- 数据库系统的体系结构

1.1　数据管理技术的产生与发展

目前，在计算机的各类应用程序中，用于数据处理的约占 90%。数据处理是指对数据进行收集、管理、加工、传输等一系列工作。其中，数据管理是研究如何对数据分类、组织、编码、存储、检索和维护的一门技术，其优劣直接影响数据处理的效率，因此它是数据处理的核心。数据库技术是应数据管理的需求而产生的，而数据管理技术又是随着计算机技术的发展而完善的。从 20 世纪 50 年代到现在，数据管理技术经历了人工管理、文件系统管理、数据库系统管理和大数据管理 4 个阶段。

20 世纪 50 年代之前，数据无法存储，没有对数据进行统一管理的软件，数据由应用程序管理，不具备共享性和独立性，此时数据管理技术处于人工管理阶段。从 20 世纪 50 年代后期到 20 世纪 60 年代中期，数据以文件的形式存储在存储器中，由操作系统进行管理，与程序分开存储，具备设备独立性，数据管理技术处于文件系统管理阶段。从 20 世纪 60 年代后期开始，数据以结构化的方式存储在数据库中，由数据库管理系统（database management system，DBMS）进行管理，具备较高的独立性和共享性，数据管理处于数据库系统管理阶段，该阶段的数据管理采用复杂的结构化数据模型，数据库系统描述数据与数据之间的联系，其存取方式灵活、冗余度较低、数据控制功能强。到 2010 年以后，随着互联网和物联网的飞速发展，文本、音频、视频、日志等大量半结构化、非结构化数据成为新的数据管理对象，大数据技术应运而生，从而数据管理进入大数据管理阶段。

1.1.1　人工管理阶段

20 世纪 50 年代以前，计算机主要用于科学计算。从硬件来看，计算机外存只有纸带、卡片和磁带，没有直接存取的存储设备；从软件来看，当时还没有操作系统，没有管理数据的软件，数据处理方式是批处理方式。

数据管理在人工管理阶段具有以下 4 个特点。

（1）不保存大量数据

在人工管理阶段，由于数据管理的应用刚刚起步，一切都是从头开始，其数据管理系统还是仿照科学计算的模式进行设计的。由于数据管理规模小，加上当时的计算机软硬件条件比较差，数据管理中涉及的数据基本不需要也不允许长期保存。当时的处理方法是在需要时将数据输入，用完就撤走。

（2）没有软件系统对数据进行管理

在人工管理阶段，由于没有专门的软件管理数据，程序员不仅要规定数据的逻辑结构，还要在程序中设计物理结构，即要设计数据的存储结构、存取方法和输入/输出（input/output，I/O）方式等。这就造成程序中存取数据的子程序随着数据存储机制的改变而改变，使数据与程序之间不具有独立性，给程序的设计和维护都带来了一定的麻烦。

（3）没有"文件"概念

由于人工管理阶段还没有"文件"的概念，所以更谈不上使用"文件"管理功能。数据管理所涉及的数据组成和数据存储过程必须由程序员自行设计，它给程序设计带来了极大的困难。

（4）一组数据对应一个程序

人工管理阶段的数据是面向应用的，即使两个应用程序涉及某些相同的数据，也必须各自定义，无法互相利用、互相参照。所以程序与程序之间有大量重复的数据。

1.1.2　文件系统管理阶段

从20世纪50年代后期到60年代中期，计算机应用领域大为拓宽，不仅用于科学计算，还大量用于数据管理，这一阶段的数据管理水平进入文件系统管理阶段。在文件系统管理阶段，计算机的外存有了磁盘、磁鼓等直接存取的存储设备；计算机软件的操作系统中已经有了专门的数据管理软件，即所谓的文件系统。文件系统的处理方式不仅有文件批处理，还能够联机实时处理。在这种背景下，数据管理的系统规模、管理技术和水平都有了较大幅度的提高。尽管文件系统管理比人工管理在数据管理手段和管理方法上有很大的改进，但文件系统管理方法仍然存在许多不足。

（1）文件系统管理的特点

1）数据以文件形式保存在外存中。

在文件系统管理阶段，由于计算机大量用于数据处理，仅临时性或一次性地输入数据根本无法满足使用要求，数据必须长期保留在外存中。在文件系统管理中，通过数据文件使管理的数据能够长久地保存，并通过对数据文件的存取实现对文件进行查询、修改、插入和删除等常见的数据操作。

2）有专门的数据管理软件。

在文件系统中，有专门的计算机软件提供数据存取、查询、修改和管理的功能，它能够为程序和数据提供存取方法，为数据文件的逻辑结构与存储结构提供转换方法。这样，程序员在设计程序时可以把精力集中到算法上，而不必过多地考虑物理细节，同时数据在存储上的改变不一定反映在程序上，使程序的设计和维护工作量大大地减小。

3）数据文件多样化。

由于在文件系统管理阶段已有了直接存取存储设备，所以许多先进的数据结构能够在文件系统中实现。文件系统中的数据文件不仅有索引文件、链接文件和直接存储文件等多种形式，还可以使用倒排文件进行多码检索。

4）数据存取以记录为单位。

文件系统是以文件、记录和数据项的结构组织数据的。文件系统管理的基本数据存取单位是记录，即文件系统是按记录进行读写操作的。在文件系统管理中，只有通过对整条记录进行读取操作，才能获得其中数据项的信息，不能直接对记录中的数据项进行数据存取操作。

（2）文件系统管理的缺点

文件系统管理在数据管理上的缺点主要表现在以下两个方面。

1）数据冗余度大。

由于文件系统管理采用面向应用的设计思想，系统中的数据文件都是与应用程序相对应的。这样，当不同的应用程序所需要的数据有部分相同时，也必须建立各自的文件，而不能共享相同的数据，因此就造成了数据冗余度高、存储空间浪费严重的问题。由于文件系统管理中的相同数据需要重复存储和各自管理，这就给数据的修改和维护带来了麻烦和困难，还容易造成数据不一致的恶果。

2）不易扩充和重复利用。

在文件系统管理中，由于数据文件之间是孤立的，不能反映现实世界中事物之间的相互联系，数据间的对外联系无法表达。同时，由于数据文件与应用程序之间缺乏独立性，应用系统不容易扩充。

文件系统管理的这种缺点具体反映在以下 3 个方面。

① 文件系统管理中的数据文件是为某一特定应用服务的，数据文件的可重复利用率非常低。因而，要对现有的数据文件增加新的应用，是一件非常困难的事情。系统要增加应用就必须增加相应的数据。

② 当数据的逻辑结构改变时，必须修改它的应用程序，同时也要修改文件结构的定义。

③ 应用程序的改变，如应用程序所使用的高级语言的变化等，也将影响文件数据结构的变化。

1.1.3　数据库系统管理阶段

数据库系统管理阶段是从 20 世纪 60 年代开始的。这一阶段的背景是，计算机用于管理的规模更为庞大，应用越来越广泛，数据量也急剧增加，数据共享的要求也越来越强。系统出现了内存大、运行速度快的主机和大容量硬盘；计算机软件价格在上升，硬件价格在下降，为编制和维护计算机软件所需的成本相对增加。对于研制数据库系统来说，这种背景既反映了迫切的市场需求，又提供了有利的开发环境。

（1）发展历程

数据库技术从 20 世纪 60 年代中期开始萌芽，至 20 世纪 60 年代末和 70 年代初，出现了此领域的 3 件大事。这 3 件大事标志着数据库技术已发展到成熟阶段，并有了坚实的理论基础。

第一件大事是 1969 年 IBM 公司研制、开发了 DBMS 的商品化软件 IMS（information management system，信息管理系统）。IMS 的数据模型是层次结构的，它是一个层次 DBMS，是首例成功的 DBMS 的商品化软件。

第二件大事是美国数据系统语言协会下属的数据库任务组对数据库方法进行了系统的

研究和讨论后，确定并建立了数据库系统的许多概念、方法和技术。数据库任务组所提议的方法是基于网状结构的，它是数据库网状模型的基础和典型代表。

第三件大事是 1970 年 IBM 公司 San Jose 研究实验室的研究员 E. F. Codd 发表了题为《大型共享数据库数据的关系模型》的论文。文中提出了数据库的关系模型，从而开创了数据库关系方法和关系数据理论的研究领域，为关系数据库技术奠定了理论基础。

进入 20 世纪 70 年代后，数据库技术又有了很大的发展。其发展表现在以下 3 个方面。

1）出现了许多商品化的 DBMS。

2）数据库技术成为实现和优化信息系统的基本技术。

3）关系方法的理论研究和软件系统的研制取得了较大的成果。

（2）数据库系统管理阶段的特点

当数据库系统具有对数据及其联系的统一管理后，数据资源就应当为多种应用服务，并为多个用户所共享。数据库系统不仅实现了多用户共享同一数据的功能，还解决了由于数据共享带来的数据完整性、安全性及并发控制等一系列问题。数据库系统要克服文件系统管理中存在的数据冗余大和数据独立性差等缺点，使数据冗余度最小，并实现数据与程序之间的独立。数据库技术是在文件系统管理的基础上发展起来的新技术，它克服了文件系统管理的弱点，为用户提供了一种使用方便、功能强大的数据管理手段。数据库技术不仅可以实现对数据集中统一的管理，还可以使数据的存储和维护不受任何用户的影响。数据库技术的发展，使其成为计算机科学领域中的一个独立的学科分支。

数据库系统管理和文件系统管理相比，其具有以下主要特点。

1）数据库系统以数据模型为基础。

数据库设计的基础是数据模型。在进行数据库设计时，要站在全局需要的角度抽象和组织数据，要完整地、准确地描述数据自身和数据之间联系的情况，要建立适合整体需要的数据模型。数据库系统以数据库为基础，各种应用程序应建立在数据库之上。数据库系统的这种特点决定了它的设计方法，即系统设计时应先设计数据库，再设计功能程序，而不能像文件系统管理那样，先设计程序，再考虑程序需要的数据。

2）数据冗余度小、数据共享度高。

数据冗余度小是指重复的数据少，减少冗余数据可以带来以下优点。

① 节约存储空间，使数据的存储、管理和查询都容易实现。

② 使数据统一，避免产生数据不一致的问题。

③ 便于数据维护，避免数据统计错误。

由于数据库系统是从整体上看待和描述数据的，数据不再是面向某个应用，而是面向整个系统，所以数据库中同样的数据不会多次重复出现。这就使数据库中的数据冗余度小，从而避免了由于数据冗余大带来的数据冲突问题，也避免了由此产生的数据维护麻烦和数据统计错误问题。

数据库系统通过数据模型和数据控制机制提高数据的共享性。数据共享度高会提高数据的利用率，使数据更有价值和更容易、方便地被使用。数据共享度高使数据库系统具有以下 3 个优点。

① 系统现有用户或程序可以共享数据库中的数据。

② 新用户或新程序可以共享原有的数据资源。

③ 多用户或多程序可以在同一时刻共享同一数据。

3）具有较高的独立性。

因为数据库中的数据定义功能（即描述数据结构和存储方式的功能）和数据管理功能（即实现数据查询、统计和增删改的功能）是由 DBMS 提供的，所以数据对应用程序的依赖程度大大降低，数据和程序之间具有较高的独立性。数据和程序相互之间的依赖程度低、独立程度大的特性称为数据独立性高。数据独立性高使程序中不需要有关数据结构和存储方式的描述，从而减轻了程序设计的负担。当数据及结构发生变化时，如果数据独立性高，程序的维护也会比较容易。数据库中的数据独立性可以分为两级。

① 数据的物理独立性。

数据的物理独立性是指应用程序对数据存储结构（也称物理结构）的依赖程度。数据的物理独立性高是指当数据的物理结构发生变化时（如当数据文件的组织方式被改变或数据存储位置发生变化时），应用程序不需要修改也可以正常工作。

数据库系统之所以具有数据物理独立性高的特点，是因为 DBMS 能够提供数据的物理结构与逻辑结构之间的映像或转换功能。正因为数据库系统具有这种数据映像功能，才使应用程序可以根据数据的逻辑结构进行设计，并且一旦数据的存储结构发生变化，系统可以通过修改其映像来适应其变化。所以数据物理结构的变化不会影响应用程序的正确执行。

② 数据的逻辑独立性。

数据库中的数据逻辑结构分为全局逻辑结构和局部逻辑结构两种。数据全局逻辑结构指全系统总体的数据逻辑结构，它是按全系统使用的数据、数据的属性及数据联系来组织的。数据局部逻辑结构是指具体一个用户或程序使用的数据逻辑结构，它是根据用户自己对数据的需求进行组织的。局部逻辑结构中仅涉及与该用户（或程序）相关的数据结构。数据局部逻辑结构与全局逻辑结构之间是不完全统一的，两者之间可能会有较大的差异。

数据的逻辑独立性是指应用程序对数据全局逻辑结构的依赖程度。数据逻辑独立性高是指当数据库系统的数据全局逻辑结构改变时，它们对应的应用程序不需要改变仍可以正常运行。例如，当新增加一些数据和联系时，不影响某些局部逻辑结构的性质。

数据库系统之所以具有较高的数据逻辑独立性，是因为它能够提供数据的全局逻辑结构和局部逻辑结构之间的映像和转换功能。正因为数据库系统具有这种数据映像功能，所以数据库可以按数据的全局逻辑结构进行设计，而应用程序可以按数据局部逻辑结构进行设计。这样，既保证了数据库中的数据优化性质，又可以使用户按自己的意愿或要求组织数据，数据具有整体性、共享性和方便性。同时，当全局逻辑结构中的部分数据结构改变时，即使那些与变化相关的数据局部逻辑结构受到了影响，也可以通过修改与全局逻辑结构的映像来减小其受影响的程度，使数据局部逻辑结构基本上保持不变。由于数据库系统中的程序是按局部数据逻辑结构进行设计的，并且当全局数据逻辑结构变换时可以使局部数据逻辑结构基本保持不变，所以数据库系统的数据逻辑独立性高。

4）数据安全性和完整性控制。

数据的安全性控制是指保护数据库，以防止不合法的使用造成数据泄露、破坏和更改。数据安全性受到威胁是指出现用户看到了不该看到的数据、修改了无权修改的数据、删除了不能删除的数据等现象。数据的安全性被破坏主要有以下两种情况。

① 用户有超越自身拥有的数据操作权的行为。例如，非法截取信息或蓄意传播计算机病毒使数据库瘫痪。显然，这种破坏数据的行为是有意的。

② 出现了违背用户操作意愿的结果。例如，由于不懂操作规则或出现计算机硬件故障

使数据库不能使用。这种破坏数据的行为是用户无意引起的。

数据库系统通过它的数据保护措施能够防止数据库中的数据被破坏。例如，使用用户身份鉴别和数据存取控制等方法，即使数据被破坏，系统也可以进行数据恢复，以确保数据的安全性。

数据的完整性控制是指为了保证数据的正确性、有效性和相容性，防止不符合语义的数据输入或输出所采用的控制机制。对于具体的一个数据，总会受到一定的条件限制，如果数据不满足其条件，它就是不合语义的数据或是不合理的数据。这些约束条件可以是数据值自身的约束，也可以是数据结构的约束。

数据库系统的完整性控制包括两项内容：一是提供进行数据完整性定义的方法，用户要利用其方法定义数据应满足的完整性条件；二是提供进行检验数据完整性的功能，特别是在数据输入和输出时，系统应自动检查其是否符合已定义的完整性条件，以避免错误的数据进入数据库或从数据库中流出，造成不良的后果。数据完整性的高低是决定数据库中数据的可靠程度和可信程度的重要因素。

数据库的数据控制机制还包括数据的并发控制和数据恢复两项内容。数据的并发控制是指排除由于数据共享所造成的数据不完整和系统运行错误问题。数据恢复是指通过记录数据库运行的日志文件和定期做数据备份工作，保证数据在受到破坏时，能够及时使数据库恢复到正确状态。

5）数据项是最小的存取单位。

在文件系统管理中，由于数据的最小存取单位是记录，这给使用及数据操作带来了许多不便。数据库系统改善了其不足之处，它的最小数据存取单位是数据项，使用时可以按数据项或数据项组存取数据，也可以按照记录或记录组存取数据。由于数据库中数据的最小存取单位是数据项，系统在进行查询、统计、修改及数据再组合等操作时，能以数据项为单位进行条件表达和数据存取处理，给系统带来了高效性、灵活性和方便性。

从数据的人工管理到数据库系统管理阶段，数据管理方式有了质的飞跃，这 3 个阶段的比较如表 1-1 所示。

表 1-1 数据管理阶段的比较

数据背景/发展阶段	人工管理阶段	文件系统管理阶段	数据库系统管理阶段
应用背景	科学计算	科学计算、数据管理	大规模数据、分布数据的管理
硬件背景	无直接存储设备	磁带、磁盘	大容量磁盘、按需增容磁带机
软件背景	无专门的管理软件	利用 OS 的文件系统管理	由 DBMS 支撑
数据处理方式	批处理	联机实时处理、批处理	联机实时处理、批处理、分布处理
数据的管理者	用户管理	文件系统管理	DBMS 管理

1.1.4 大数据管理阶段

随着互联网和物联网的飞速发展，文本、音频、视频、日志等大量半结构化、非结构化数据成为新的数据管理对象，大数据技术应运而生。大数据是指从客观存在的全量超大规模、多源异构、实时变化的微观数据中，利用自然语言处理、信息检索、机器学习、数据挖掘、模式识别等技术抽取知识，并转化为智慧的方法学。数据的采集和迁移、数据的存储和管理、数据的处理和分析、数据的安全和隐私保护成为大数据的关键技术。在大数据管理阶段，数据的处理理念有三大转变：要全体不要抽样，要效率不要绝对精确，要相关不要因果。具体的大数据处理方法其实有很多，但是根据长时间的实践，总结了一个基本的大数据处理流程，可以概括为 4 步，分别是采集、导入和预处理、统计和分析，以及挖掘。

（1）采集

在大数据的采集过程中，其主要特点和挑战是并发数高，因为同时有可能会有成千上万的用户来进行访问和操作，如火车票售票网站和淘宝网，它们并发的访问量在峰值时达到上亿次，所以需要在数据采集端部署大量数据库才能支撑，而且需要在这些数据库之间进行负载均衡和分片处理。

（2）导入和预处理

虽然数据采集端本身会有很多数据库，但是如果要对这些大量数据进行有效的分析，还是应该将这些来自前端的数据导入一个集中的大型分布式数据库或分布式存储集群中，并且可以在导入的基础上做一些简单的清洗和预处理工作。也有一些用户会在导入时使用来自 Twitter 的 Storm 对数据进行流式计算，来满足部分业务的实时计算需求。导入和预处理过程的特点和挑战主要是导入的数据量大，每秒的导入量经常会达到千兆甚至亿兆级别。

（3）统计和分析

统计和分析主要利用分布式数据库或分布式计算集群来对存储在其内的大量数据进行普通的分析和分类汇总等，以满足大多数常见的分析需求。在这方面，一些实时性需求会用到 EMC 的 Greenplum、Oracle 的 Exadata，以及基于 MySQL 的列式存储 Infobright 等，而一些批处理或基于半结构化数据的需求可以使用 Hadoop。统计和分析过程的特点和挑战主要是分析涉及的数据量大，其对系统资源，特别是 I/O 设备会有极大的占用。

（4）挖掘

与前面统计和分析过程不同的是，数据挖掘一般没有什么预先设定好的主题，主要是在现有数据上进行基于各种算法的计算，起到预测的效果，从而实现一些高级别数据分析的需求。其比较典型的算法有用于聚类的 K-Means、用于统计学习的 SVM 和用于分类的 Naive Bayes，主要使用的工具有 Hadoop 的 Mahout 等。该过程的特点和挑战主要是用于挖掘的算法很复杂，并且涉及的数据量和计算量都很大。常用数据挖掘算法都以单线程为主。

各种大数据技术多传承自关系数据库，如关系数据库上的异构数据集成技术、结构化查询技术、数据半结构化组织技术、数据联机分析技术、数据挖掘技术、数据隐私保护技术等。同时，大数据中的 NoSQL 数据库本身的含义是 Not Only SQL，表明大数据的非结构化数据库和关系数据库处理技术在解决问题上各具优势。大数据存储中的一致性、数据完整性、复杂查询的效率等方面还需要借鉴关系型数据库的一些成熟方案，因此掌握和理解关系数据库对日后开展大数据相关技术的学习、实践和创新具有重要的借鉴意义。

1.2　数据库系统的基本概念

数据库系统（data base system，DBS）通常由软件、数据库和数据管理员组成。其中，软件主要包括操作系统、各种宿主语言、实用程序及 DBMS。数据库由 DBMS 统一管理，数据的插入、修改和检索均要通过 DBMS 进行。数据管理员负责创建、监控和维护整个数据库，使数据能被任何有权使用的人有效使用。数据库管理员一般是由业务水平较高、资历较深的人员担任。

数据库系统是指一个具体的 DBMS 软件和使用它建立起来的数据库。数据库系统是研究、开发、建立、维护和应用数据库系统所涉及的理论、方法、技术所构成的一门学科。数据库系统是软件研究领域的一个重要分支，常称为数据库领域。数据库系统是为适应数据处理的需要而发展起来的一种较为理想的数据处理的核心机构。计算机的高速处理能力和大容量存储器提供了实现数据管理自动化的条件。下面具体介绍数据库系统的一些基本概念。

1.2.1 数据和信息

（1）定义

数据是描述客观事物的符号记录，是数据库中存储的基本对象，是关于现实世界事物的存在方式或运动状态反映的描述，可表现为数值、文字、图形、图像、音频、视频等形式。

信息是人脑对现实世界事物的存在方式、运动状态及事物之间联系的抽象反映。信息是客观存在的，人类有意识地对信息进行加工、传递，从而形成了各种消息、情报、指令等。也就是说，信息是具有特定意义的数据。信息不仅具有能够感知、存储、加工、传播、可再生等自然属性，同时也是具有重要价值的社会资源。

数据和信息之间存在着固有的联系，数据是信息的符号表示或载体，而信息是数据的内涵，如图 1-1 所示。

图 1-1　数据与信息之间的关系

下式简单地表达了数据与信息的关系：

$$信息=数据+语义$$

（2）数据与信息的关系及数据的特征

在许多不严格的情况下，会把"数据"和"信息"两个概念混为一谈，往往称"数据"为"信息"。然而数据并不等同于信息，数据只是信息表达方式中的一种：正确的数据可表达信息，而虚假、错误的数据所表达的是谬误，不是信息。数据具有以下 4 个特征。

1）数据有"型"和"值"之分。

数据的"型"是指数据的结构，而数据的"值"是指数据的具体取值。数据的结构指数据的内部构成和对外联系，如学生的数据由"学号"、"姓名"、"年龄"、"性别"和"所在学院"等属性构成，其中"学生"为数据名，"学号""姓名"等为属性名（或称为数据项名）。课程也是数据，它由"课程编号"、"课程名称"和"课时数"等数据项构成。"学生"和"课程"之间有"选课"的联系。"学生"和"课程"数据的内部构成及其相互联系就是学生课程数据的类型，而一个具体取值"201817010013，张宏宇，23，男，网络工程学院"，就是一个学生数据值。

2）数据受类型和取值范围的约束。

数据类型是针对不同的应用场合设计的数据约束。根据数据类型的不同，数据的表示形式、存储方式和操作运算各不相同。在使用计算机处理信息时，应当对数据类型特别重视，为数据选择合适的类型。常见的数据类型有数值型、字符串型、日期型和逻辑型等，它们具有不同的特点和用途。数值型数据就是通常所说的算术数据，它能够进行加、减、乘、除等算术运算；字符串型数据是最常用的数据，它可以表示姓名、地址、邮政编码及电话号码等数据，能够进行查找子串、取其子串和连接子串的运算操作；日期型数据适合表达日期和时间信息；逻辑型数据能够表达"真"和"假"、"是"与"否"等逻辑信息。

数据的取值范围也称数据的值域。例如，学生性别的值域是"男"或"女"。为数据设置值域可保证数据的有效性，避免数据输入或修改时出现错误。

3）数据有定性表示和定量表示之分。

在表示职工的年龄时，可以用"老""中""青"定性表示，也可以用具体岁数定量表示。数据的定性表示是带有模糊因素的粗略表示方式，而数据的定量表示是描述事物的精确表示方式。在计算机软件设计中，应尽可能地采用数据的定量表示方式。

4）数据有载体和多种表现形式。

数据是客体（即客观物体或概念）属性的记录，它必须有一定的物理载体。当数据记录在纸上时，纸张是数据的载体；当数据记录在计算机的外存上时，保存数据的硬盘或磁带等就是数据的载体。数据具有多种表现形式，它可以使用报表、图形、语音及不同的语言符号来表示。

1.2.2　数据处理与数据管理

（1）数据处理

数据处理是指使用计算机对大量的原始数据或资料进行输入、编辑、汇总、计算、分析、预测、存储管理等的操作过程。数据处理的基本目的是从大量的、杂乱无章的、难以理解的数据中抽取出相对有价值、有意义的数据。数据处理贯穿于社会生产和社会生活的各领域。数据处理的基本内容包括以下几个。

1）对所需数据进行收集整理，按一定的格式输入，并保存在存储介质上。

2）在输入数据的过程中，对原始数据进行检查、逻辑判断、查错、修改和简单的算术运算。

3）对输入的数据进行分类、合并、逻辑校正、插入、更新、排序检索等操作。

4）对数据进行汇总、分析、制表打印、存档等操作。

5）建立信息数据库，便于今后使用。

数据处理方式包括单级数据处理和分级数据综合处理两种方式。单级数据处理又可以分为批处理和联机实时处理。分级数据综合处理是根据一定的管理体制，自上而下进行数据汇总工作。由于某些数据处理系统牵涉的面广、数据量大，又要考虑时间，所以某些大型的数据处理要采用分级综合处理，如全国人口统计及大学生四、六级考试等。分级数据综合处理可以分为集中统一超级汇总处理和逐步分级综合处理。

（2）数据管理

数据管理是指利用计算机硬件和软件技术对数据进行有效的收集、整理、组织、存储、维护、检索、处理和应用的过程，目的在于充分有效地发挥数据的作用。数据管理是数据处理不可缺少的环节，其技术优劣将直接影响数据处理的效果，数据库技术就是进行数据管理的一种重要技术。数据管理工作主要包括以下 3 项内容。

1）组织和保存数据。

数据管理工作要将收集到的数据合理地分类组织，将其存储在物理载体上，使数据能够长期地被保存。

2）进行数据维护。

数据管理工作要根据需要随时进行插入新数据、修改原数据和删除失效数据的操作。

3）提供数据查询和数据统计功能。

数据管理工作要提供数据查询和数据统计功能，以便快速地得到需要的正确数据，满足各种使用要求。

数据管理在实际应用工作中非常重要。在各种行政管理工作中，其中管人、管财、管物或管事（人、财、物、事统称为事务）的工作实际上就是数据管理工作。在事务管理中，事务以数据的形式被记录和保存。例如，在财务管理中，财务部门通过对各种账本的记账、对账、查账等实现对财务数据的管理。传统的数据管理方法是人工管理方式，即通过人工记账、算账和保管账的方法实现对各种事务的管理。

1.2.3 数据库及数据库管理系统

（1）数据库

数据库是长期存储在计算机内、有组织、可共享、统一管理的相关数据和数据对象（如表、视图、存储过程、触发器等）的集合。这种集合能够按一定的数据模型或结构进行组织、描述和长期存储数据；同时，能以安全和可靠的方法进行数据的检索和修改。数据库中的数据能被多个应用共享，具有较小的冗余度，相互之间联系紧密而又有较高的独立性。与传统的"数据文件"方法管理数据相比，数据库具有两个较为明显的特征。

1）数据完整性。

数据库中的数据保持了自身完整的数据结构，该数据结构是从全局观点出发建立的。文件中的数据一般是不完整的，其数据结构是根据某个局部要求或功能需要进行建立的。从系统设计的思想方法来讲，数据库方法是面向对象的方法，而文件方法是面向过程的方法。要保持数据自身的结构完整，强调从全局的角度设计数据结构，并以数据库为基础进行功能设计。文件系统管理则是从具体要实现的功能角度来考虑数据结构，按各具体功能需要组织数据。数据完全依附于功能需要，下面通过一个简单的例子来说明数据库的数据完整性特征的意义。

如果按数据库方法设计一个"职工"的数据，应深入到所有使用"职工"数据的部门进行了解，并将得到的信息综合后，才能得出"职工"的数据结构。例如，要到人事处、财务处、校医院、科研处等每个与"职工"数据相关的地方，了解职工的一般情况、工资情况、身体情况及科研情况的综合内容，这种综合内容为"职工"数据的内部组成，可以使用以下结构表示：职工（职工编号，姓名，性别，出生日期，家庭住址，职务，职称，政治面貌，基本工资，附加工资，身体状况，病史情况，业务特长，主要科研成果）。

如果是按文件方法设计一个"职工"的数据，则需要为人事处、财务处、校医院、科研处等建立不同的"职工"数据文件（职工 1、职工 2、职工 3 和职工 4），以满足各部门对于"职工"数据的要求。设这些"职工"数据文件的记录结构如下。

职工 1（职工编号，姓名，性别，出生日期，家庭住址，职务，职称，政治面貌）。

职工 2（职工编号，姓名，性别，基本工资，附加工资）。

职工 3（职工编号，姓名，性别，出生日期，身体状况，病史情况）。

职工 4（职工编号，姓名，性别，出生日期，职务，职称，业务特长，主要科研成果）。

从上述例子可以看出，在数据库中使用的"职工"数据全面反映了职工的各特征，消除了大量的数据冗余，而文件系统管理中的"职工"数据则是从不同的侧面反映职工的某些特征，尽管它使用了 4 个不同的数据文件表示"职工"，但无论哪个数据文件都不能完整地表示职工的情况。

2）数据共享性。

文件系统管理的数据文件是为满足某个功能模块的使用要求而建立的，数据与功能程序是一一对应的关系。文件系统管理中的数据与功能程序之间存在着非常紧密的相互依赖关系，即数据离开相关的功能程序就失去了它存在的价值，功能程序如果没有数据支持就无法工作。而数据库中的数据是为众多用户共享其信息而建立的，它已经摆脱了具体程序的限制和制约。数据共享性表现在以下两个方面。

① 不同的用户可以按各自的用法使用数据库中的数据。数据库能为用户提供不同的数据视图，以满足个别用户对数据结构、数据命名或约束条件的特殊要求。

② 多个用户可以同时共享数据库中的数据资源，即不同的用户可以同时存取数据库中的同一个数据。

数据共享性不仅满足了各用户对信息内容的要求，同时也满足了各用户之间的信息通信要求。在上述例子中，数据库中的"职工"数据是供人事处、财务处、校医院和科研处等部门共同使用的，其中人事处可以按"职工 1"、财务处可以按"职工 2"、校医院可以按"职工 3"、科研处可以按"职工 4"的结构形式使用数据，它们使用共同的"职工"数据源。"职工"数据不仅能为现有的各应用功能提供数据，而且由于其自身结构是完整的，它还可以为今后需要实现的功能或其他的应用系统提供相应的信息。

（2）数据库管理系统

DBMS 是位于用户和操作系统之间，操纵和管理数据库的一种大型软件，用于建立、使用和维护数据库。DBMS 可以对数据库进行统一的管理和控制，以保证数据的安全性和完整性，是数据库系统的核心。DBMS 提供了数据定义语言（data definition language，DDL）、数据操纵语言（data manipulation language，DML）和应用程序，为用户提供定义数据库的模式结构和权限约束，实现对数据的追加、删除、修改、查询等操作。

在 DBMS 的操作功能中，数据定义功能是指为说明库中的数据情况而建立数据库结构的操作，通过数据定义可以建立数据库的框架。数据库建立功能是指将大批数据输入数据库的操作，它使库中含有需要保存的数据记录。数据库维护功能是指对数据的插入、删除和修改操作，其操作能满足库中信息变化或更新的需求。数据查询和统计功能是指通过对数据库的访问，为实际应用提供需要的数据。

DBMS 不仅要为数据管理提供数据操作功能，还要为数据库提供必要的数据控制功能。DBMS 的数据控制主要指对数据安全性和完整性的控制。数据安全性控制是为了保证数据库的数据安全可靠，防止不合法的使用造成数据泄露和破坏，即避免数据被人偷看、篡改或破坏；数据完整性控制是为了保证数据库中数据的正确、有效和相容，以防止不合语义的错误数据被输入或输出。

DBMS 的目标是让用户能够更方便、更有效、更可靠地建立数据库和使用数据库中的信息资源。DBMS 不是应用软件，它不能直接用于诸如工资管理、人事管理或资料管理等事务管理工作，但 DBMS 能为事务管理提供技术和方法、应用系统的设计平台和设计工具，使相关的事务管理软件很容易设计。也就是说，DBMS 是为设计数据管理应用项目提供的计算机软件，利用 DBMS 设计事务管理系统可以达到事半功倍的效果。目前有关 DBMS 的计算机软件有很多，其中比较著名的系统有 Oracle、Informix、Sybase、SQL Server 等。

（3）数据库系统

数据库系统是指计算机系统中引入数据库后的系统，主要由数据库、数据库用户、计算机硬件系统和软件系统组成，也有人将数据库系统简称为数据库，数据库系统的结构如图 1-2 所示。

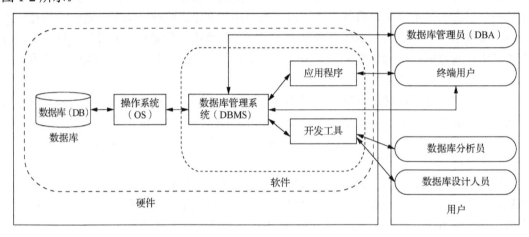

图 1-2　数据库系统的结构

1）计算机硬件。

在数据库系统中，由于数据库中存放的数据量和 DBMS 的规模都很大，整个数据库系统对硬件资源提出了较高的要求，分别如下。

① 要有足够大的内存存放操作系统、DBMS 核心模块、数据缓冲区和应用程序。

② 要有足够大的磁盘或磁盘阵列等设备存放数据库。

③ 有足够的磁带（或光盘）做数据备份。

④ 系统要有较高的通道能力，以提高数据的传输速率。

满足上述配置的个人计算机、中大型计算机和网络环境下的多台计算机都可以用来支撑数据库系统。

2）计算机软件。

数据库系统需要的软件主要包括以下几个。

① 建立、使用和维护配置数据库的 DBMS。

② 支撑 DBMS 运行的操作系统。

③ 具有与数据库接口的高级语言及其编译系统，便于开发应用程序。

④ 系统以 DBMS 为核心的、为应用开发人员和最终用户提供高效率、多功能的应用程序开发工具。

⑤ 为特定应用环境开发的数据库应用系统。

3）数据库系统中的人员。

开发、管理和使用数据库系统的人员包括数据库分析员和数据库设计人员、应用程序员、终端用户和数据库管理员 4 类。

第 1 类为数据库分析员和数据库设计人员。数据库分析员负责应用系统的需求分析和规范说明，他们和用户及数据库管理员一起确定系统的硬件配置，并参与数据库系统的概要设计。数据库设计人员负责数据库中数据的确定和数据库各级模式的设计。

第 2 类为应用程序员，负责编写使用数据库的应用程序。这些应用程序可对数据进行检索、建立、删除或修改等操作。

第 3 类为终端用户，他们利用系统的接口或查询语言访问数据库。

第 4 类为数据库管理员（database administrator，DBA），是对数据库进行设计、维护和管理的人员。数据库管理员不仅需要熟悉系统软件，还应当熟悉相应的业务工作，需要自始至终地参与整个数据库系统的研制工作，参与数据库设计的全过程并决定数据库的结构和内容，定义数据的安全性和完整性，分配用户对数据库的使用权限并完成资源配置等，负责监督并控制数据库的运行，必要时需要改进和重构数据库系统，当数据库受到破坏时应该负责恢复数据库。对于数据库系统来说，数据库管理员极为重要。

上述 4 类不同的人员涉及不同的数据抽象级别，具有不同的数据视图，如图 1-3 所示。

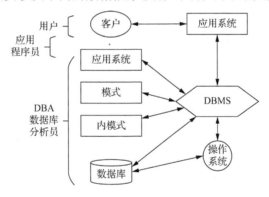

图 1-3　数据库中各类人员的数据视图

1.3　数　据　模　型

数据库不仅要反映数据本身的内容，还要反映数据之间的联系。由于计算机不能直接处理现实世界中的具体事物，所以人们必须事先把要处理的事物特征进行抽象化，转换成计算机能够处理的数据，这个过程使用的工具就是数据模型。

1.3.1　数据模型的概念

模型可更形象、直观地揭示事物的本质特征，使人们对事物有一个更加全面、深入的认识，从而可以帮助人们更好地解决问题。利用模型对事物进行描述是人们在认识和改造世界过程中广泛采用的一种方法。计算机不能直接处理现实世界中的客观事物，而数据库系统正是使用计算机技术对客观事物进行管理的，因此就需要对客观事物进行抽象、模拟，以建立适合于数据库系统进行管理的数据模型。数据模型是数据库设计中用来对现实世界进行抽象的工具，是数据库中用于提供信息表示和操作手段的形式构架。数据模型是数据库系统的核心和基础，它是对现实世界数据特征的模拟和抽象。

现实世界即客观存在的世界，其中存在着各种事物及它们之间的联系，每个事物都有自己的特性或性质。信息世界是现实世界在人们头脑中的反映，现实世界经过人脑的分析、归纳和抽象，形成信息，人们把这些信息进行记录、整理、归类和格式化后，形成了信息世界。计算机世界就是将信息世界中的信息数据化，将信息使用字符和数值等数据表示，存储在计算机中由计算机进行识别和处理。人们把具体事物抽象并转换为计算机能够处理的数据，需要经过两个阶段：第一阶段，将现实世界中的客观对象抽象为信息世界的概念模型；第二阶段，将信息世界的概念数据模型转换为计算机世界的逻辑模型。3 个世界之间的数据转换如图 1-4 所示。

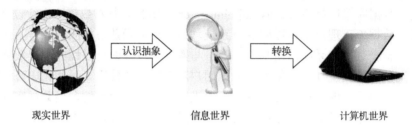

现实世界   信息世界   计算机世界

图 1-4 3 个世界之间的数据转换

数据模型所描述的内容包括 3 个部分：数据结构、数据操作、数据约束。

1）数据结构：数据模型中的数据结构主要描述数据的类型、内容、性质及数据间的联系等。数据结构是数据模型的基础，数据操作和数据约束都建立在数据结构上。不同的数据结构具有不同的数据操作和数据约束。

2）数据操作：数据模型中的数据操作主要描述在相应的数据结构上的操作类型和操作方式。

3）数据约束：数据模型中的数据约束主要描述数据结构中数据间的语法、词义联系、它们之间的制约和依存关系，以及数据动态变化的规则，以保证数据的正确、有效和相容。

概念模型和逻辑模型是现实世界事物及其联系的两级抽象，而逻辑模型是实现数据库系统的根据。在数据处理中，数据加工经历了现实世界、信息世界和计算机世界 3 个不同的世界，经历了两级抽象和转换，将数据集合存储和管理于计算机之中。在 3 个世界的抽象和转换过程中各术语之间的对应关系如图 1-5 所示。

图 1-5 在 3 个世界的抽象和转换过程中各术语之间的对应关系

1.3.2 数据模型的组成

从客观世界到计算机世界，包括现实世界→信息世界→计算机世界的抽象过程，这个过程所对应的数据模型分别为概念模型、逻辑模型和物理模型。

（1）概念模型

概念模型是面向数据库用户的现实世界的模型，主要用来描述世界的概念化结构，它使数据库的设计人员在设计初始阶段，摆脱计算机系统及 DBMS 的具体技术问题，集中精力分析数据及数据之间的联系等，与具体的 DBMS 无关。概念模型是现实世界到计算机世界的第一个中间层次，用于实现现实世界到信息世界的抽象化。它用符号记录现实世界的信息和联系，用规范化的数据库定义语言表示对现实世界的抽象化与描述，与具体的计算机系统无关。概念模型既是数据库设计人员对数据库进行设计的有力工具，也是数据库设计人员与用户交流的有力工具。

1）概念模型中的内容。

① 实体。

客观世界存在并可相互区别的事物称为实体。实体可以是具体的人、事、物，也可以是抽象的概念或联系。例如，一个学生、一个部门、一门课程、学生的一次选课、部门的一次订货、老师与院系之间的工作关系等都是实体。

② 属性。

实体所具有的某一特性称为属性。一个实体可以由多个属性来刻画。例如，学生实体可以由学号、姓名、性别、出生年月、所在院系、入学时间等属性组成。这些属性组合起来表示一个学生的特征。

③ 码。

唯一标识实体的属性集合称为码。例如，学号是学生实体的码。

④ 域。

属性的取值范围称为该属性的域，它是具有相同数据类型的数据集合。例如，学号的域为 12 位整数，姓名域为字符串集合，性别域为{男，女}。

⑤ 实体型。

由于具有相同属性的实体必然具有共同的特征和性质，所以用实体名及描述实体的各属性名就完全可以刻画出全部同质实体的共同特征和性质，现把形式为实体名（属性名 1，属性名 2，…，属性名 n）的表示形式称为实体型，用它刻画实体的共同特征和性质。例如，学生(学号，姓名，性别，年龄，所在院系，入学时间)就是一个实体型，其中（201817010013，张宏宇，23，男，网络工程学院，2018）是该实体型的一个值。

⑥ 实体集。

同类型实体的集合称为实体集，如全体学生就是一个实体集。

⑦ 联系。

在现实世界中，事物内部及事物之间是有联系的，这些联系在信息世界中反映为实体型内部的联系和实体型之间的联系。实体型内部的联系通常指组成实体的各属性之间的联系。实体型之间的联系通常指不同实体集之间的联系。

2）概念模型中实体型之间的联系。

① 两个实体型之间的联系。

两个实体型之间的联系可以分为 3 种，即一对一联系、一对多联系和多对多联系。

a．一对一联系（1∶1）。

如果对于实体集 A 中的每一个实体，实体集 B 中至多有一个（也可以没有）实体与之联系，反之亦然，就称实体集 A、B 中的实体型 A 与实体型 B 具有一对一联系，记为 1∶1。

例如，在学校的班级实体集和班长实体集中，一个班级只有一个班长，一个班长只在一个班中任职，班级实体型与班长实体型是一对一的联系。

b. 一对多联系（$1:n$）。

如果对于实体集 A 中的每一个实体，实体集 B 中有 n 个实体（$n \geq 2$）与之联系，反之，对于实体集 B 中的每一个实体，实体集 A 中至多有一个实体与之联系，就称实体型 A 与实体型 B 具有一对多的联系，记为 $1:n$。

例如，在班级实体集与学生实体集中，一个班级中有若干名学生，每个学生只在一个班级中学习，班级实体型与学生实体型之间就具有一对多的联系。

c. 多对多联系（$m:n$）。

如果对于实体集 A 中的每一个实体，实体集 B 中有 n 个实体（$n \geq 0$）与之联系，反之，对于实体集 B 中的每一个实体，实体集 A 中有 m 个实体（$m \geq 0$）与之联系，就称实体型 A 与实体型 B 之间具有多对多的联系，记为 $m:n$。

例如，在课程实体集和学生实体集中，一门课程同时有若干个学生选修，一个学生可以同时选修多门课程，课程实体型与学生实体型之间就具有多对多的联系。

② 两个以上实体型之间的联系。

两个以上实体型之间也存在一对一、一对多和多对多的联系。

对于 n（$n>2$）个实体型 E_1，E_2，…，E_n，若存在实体型 E_i，使 E_i 与其余 $n-1$ 个实体型 E_1，…，E_{i-1}，E_{i+1}，…，E_n 之间均存在一对一（一对多或多对多）的联系，而这 $n-1$ 个实体型 E_1，…，E_{i-1}，E_{i+1}，…，E_n 之间没有任何联系，就称 n 个实体型 E_1，E_2，…，E_n 之间存在一对一（一对多或多对多）的联系。

例如，有课程、教师和参考书 3 个实体集，如果一门课程可以由若干个教师讲授，使用若干本参考书，而每个教师只讲授一门课程，每一本参考书只供一门课程使用，则课程与教师、参考书之间的联系就是一对多的联系。

又如，有供应商、项目、零件 3 个实体集，如果一个供应商可以供应多个项目的多种零件，每个项目可以使用多个供应商供应的零件，每种零件可以由不同供应商提供，则供应商、项目和零件之间存在多对多的联系。

③ 单个实体型内的联系。

同一个实体集中的各实体之间也可以存在一对一联系、一对多联系和多对多联系。这属于实体型属性之间的联系。例如，职工实体集内部具有领导与被领导的联系，如果某职工（干部）领导若干名职工，一个职工仅被另一个职工直接领导，这就是一对多的联系。

3）概念模型的 E-R 图表示方法。

概念模型的表示方法有很多，其中最著名、最常用的是实体联系方法（entity-relationship approach）。该方法使用 E-R 图描述对现实世界进行抽象的概念模型，E-R 方法也称为 E-R 模型。

E-R 图提供了表示实体型、属性和联系的方法。在 E-R 图中，用矩形表示实体型，矩形内写明实体名称；用椭圆表示属性，并用无向边与相应的实体型相连；用菱形表示联系，菱形内写明联系名，并用无向边分别与有关实体型相连，同时在无向边旁标上联系的类型（$1:1$、$1:n$ 或 $m:n$）。

使用 E-R 图表示两个实体型之间的一对一、一对多和多对多的联系，如图 1-6 所示。

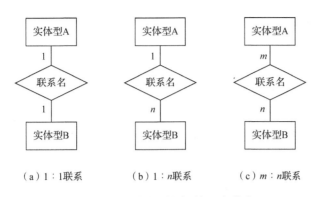

（a）1:1联系　　　　　（b）1:n联系　　　　　（c）m:n联系

图 1-6　两个实体型之间的 3 种联系

E-R 图也可以表示两个以上实体型及单个实体型内的联系，如本节内容中的课程、教师和参考书 3 个实体型之间的一对多联系，供应商、项目、零件 3 个实体型之间的多对多联系，以及职工实体型内部具有领导与被领导的一对多联系，分别如图 1-7 和图 1-8 所示。用 E-R 图表示具有学号、姓名、性别、出生年月、所在院系和入学时间等属性的学生实体，如图 1-9 所示。

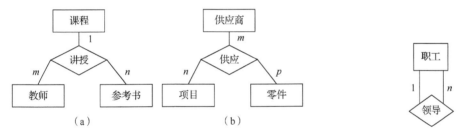

图 1-7　3 个实体型之间的联系　　　　　图 1-8　单个实体型之间的一对多联系

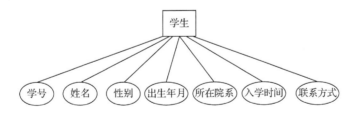

图 1-9　学生实体及属性

4）具体实例。

设有一个物资管理处，需要进行物资管理的对象有仓库、零件、供应商、项目和职工，它们是 E-R 模型中的实体，并具有如下属性。

① 仓库的属性：仓库号、面积、联系方式。

② 零件的属性：零件号、名称、规格、单价、描述。

③ 供应商的属性：供应商号、姓名、地址、电话号码、账号。

④ 项目的属性：项目号、预算、开工日期。

⑤ 职工的属性：职工号、姓名、年龄、职称。

这些实体之间的联系如下。

① 仓库和零件之间具有多对多的联系。

因为一个仓库可以存放多种零件,同时一种零件也可以被存放在多个仓库中,因此仓库和零件之间具有多对多的联系。用库存量来表示某种零件在某个仓库中的数量。

② 仓库和职工之间具有一对多的联系。

因为在实际工作中,一个仓库可能需要多名仓库管理员(职工),而一名仓库管理员(职工)只能在一个仓库工作,因此仓库和职工之间具有一对多的联系。

③ 职工实体型中领导与被领导的职工具有一对多的联系。

在仓库管理员的职工实体型中,一个仓库只有一名主任,该主任领导若干名仓库管理员,主任与仓库管理员之间具有领导与被领导关系。因此,职工实体型中具有一对多的联系。

④ 供应商、项目和零件三者之间具有多对多的联系。

因为一个供应商可以为多个项目提供多种零件,每个项目可以使用不同供应商提供的零件,每种零件可由不同供应商供给。因此,供应商、项目和零件三者之间具有多对多的联系。满足上述条件的实体及其属性图如图 1-10(a)所示,实体及其联系图如图 1-10(b)所示,完整的 E-R 图如图 1-10(c)所示。

(2)逻辑模型

逻辑模型是一种面向数据库系统的模型,是具体的 DBMS 所支持的数据模型,如网状数据模型、层次数据模型等。此模型既要面向用户,又要面向系统,主要用于 DBMS 的实现,它是用户从数据库中所看到的模型。

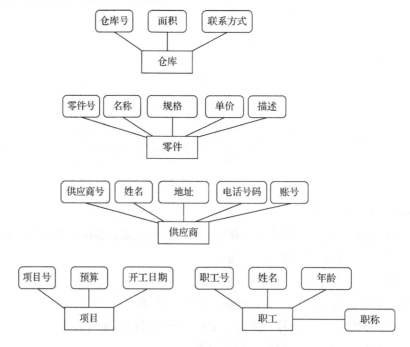

(a)使用E-R图表示的概念模型实例

图 1-10　实例的有关图

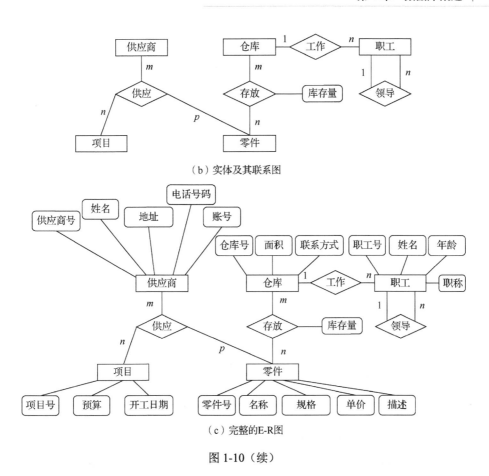

（b）实体及其联系图

（c）完整的E-R图

图 1-10（续）

　　逻辑模型反映的是系统分析设计人员对数据存储的观点，是对概念模型进一步的分解和细化。逻辑模型是根据业务规则确定的，是关于业务对象、业务对象的数据项及业务对象之间关系的基本蓝图。

　　逻辑模型的内容包括所有的实体和关系，确定每个实体的属性，定义每个实体的主键，指定实体的外键，需要进行范式化处理。逻辑模型的目标是尽可能详细地描述数据，但并不考虑数据在物理上如何实现。

　　（3）物理模型

　　物理模型是一种面向计算机物理表示的模型，描述了数据在存储介质上的组织结构，它不但与具体的 DBMS 有关，还与操作系统和硬件有关。每一种逻辑模型在实现时都有其对应的物理模型。DBMS 为了保证其独立性与可移植性，大部分物理模型的实现工作由系统自动完成，而设计者只设计索引、聚集等特殊结构。物理模型是在逻辑模型的基础上，考虑各种具体的技术实现因素，进行数据库体系结构设计，真正实现数据在数据库中的存放。物理模型的内容包括确定所有的表和列，定义外键用于确定表之间的联系，基于用户的需求可能进行范式化等内容。物理模型的目标是指定如何用数据库模式来实现逻辑模型，以及真正的数据保存。

　　3 种模型之间的关系如图 1-11 所示。

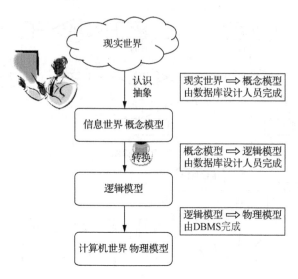

图 1-11　3 种模型之间的关系

1.3.3　常见的数据模型

常见的数据模型主要有层次模型、网状模型、关系模型和面向对象模型。其中，层次模型、网状模型和关系模型这 3 种模型是按其数据结构而命名的。前两种数据模型采用格式化的结构。在这类结构中实体用记录型表示，而记录型抽象为图的顶点。记录型之间的联系抽象为顶点间的连接弧。整个数据结构与图相对应。层次模型的基本结构是树形结构；网状模型的基本结构是一个不加任何限制条件的无向图。层次模型和网状模型统称为非关系模型。关系模型为非格式化的结构，用单一的二维表结构表示实体及实体之间的联系，关系模型是目前数据库中常用的数据模型。随着大数据技术的发展出现了文档、索引等新兴的组织模型。

（1）层次模型

层次模型的数据结构类似一棵倒置的树，按照层次结构的形式组织数据库中的数据，即用树形结构表示实体及实体之间的联系，每个节点表示一个记录型，节点之间的连线表示实体型之间的联系。

在层次模型中，实体集使用记录来表示；记录型包含若干个字段，字段用于描述实体的属性；记录值表示实体；记录之间的联系使用基本层次联系表示。层次模型中的每个记录可以定义一个排序字段，排序字段也称码字段，其主要作用是确定记录的顺序。如果排序字段的值是唯一的，则它能唯一地标识一个记录值。

在层次模型中，使用节点表示记录。记录之间的联系用节点之间的连线表示，这种联系是父子之间的一对多的实体联系。层次模型中的同一双亲的子女节点称为兄弟节点，没有子女节点的节点称为叶节点。图 1-12 给出了一个层次模型的例子，其中，R_1 为根节点，R_2 和 R_3 都是 R_1 的子女节点，R_2 和 R_3 为兄弟节点；R_4 和 R_5 是 R_3 的子女节点，R_4 和 R_5 也为兄弟节点；R_2、R_4 和 R_5 为叶节点。

层次模型本身虽然只能表示一对多的联系，但多对多联系的概念模型可以通过冗余节点法和虚拟节点法将其分解为一对多的联系，然后使用层次模型表示。层次模型的优点是数据结构比较简单清晰、可提供良好的完整性支持、数据库查询效率高。但由于层次模型受文件系统管理影响较大，模型受限很多，物理成分复杂，不适用于表示非层次性的联系。

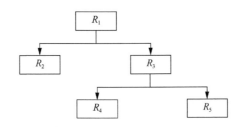

图 1-12　层次模型

（2）网状模型

在现实世界中，许多事物之间的联系是非层次结构的，它们需要使用网状模型表示。与层次模型相比，网状模型可以更直接地描述现实世界。网状模型采用网状结构表示实体及其之间的联系。在网状模型中，每个节点表示一个记录型，记录型描述的是实体。节点间带箭头的连线（有向边）表示记录型之间的联系。与层次模型不同的是，网状模型中的每个节点允许有多个前驱，节点之间可以存在多种联系。如图 1-13 所示分别为网状模型的 3 个例子。

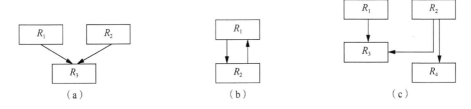

图 1-13　网状模型

网状模型优于层次模型，具有良好的性能和高效率的存储方式，但其数据结构比较复杂，数据模式和系统实现均不理想。

（3）关系模型

关系模型是以关系代数理论为基础构造的数据模型，实体及实体间的联系都使用关系表示。在关系模型中，操作的对象和结果都是二维表（关系），表格与表格之间通过相同的码建立联系。关系模型有很强的数据表示能力和坚实的数学理论，且结构简单，数据操作方便，最易被用户接受。以关系模型为基础建立的关系数据库是目前应用最广泛的数据库，如表 1-2 所示的学生学籍表就是一个关系。目前大多数 DBMS 是关系型的，如 SQL Server、MySQL、Oracle 等就是几种典型的关系型 DBMS。

表 1-2　学生学籍表

学号	姓名	性别	年龄	所在学院
201817010001	王一	男	20	网络工程学院
201817010002	李明月	女	19	数统学院
201817010003	张晓红	女	20	文学院
...	...	...	...	...

（4）面向对象模型

面向对象模型采用面向对象的方法来设计数据库，数据存储以对象为单位，每个对象包含对象的属性和方法，具有类和继承等特点。面向对象模型也用二维表来表示，称为对象表，一个对象表用来存储这一类的一组对象。对象表的每一行存储该类的一个对象，对象表的列则与对象的各属性对应。因此，在面向对象数据库中，表分为关系表和对象表，虽然都是二维表结构，但是基于的数据模型是不同的。

（5）其他数据模型

随着数据库管理技术的发展，数据模型不断推陈出新，多种模型得到广泛应用，如键-值模型、文档模型、列式存储模型、倒排索引模型等。

1.4 数据库系统的体系结构

考察数据库系统结构可以有多种不同的层次或不同的角度。从数据库最终用户的角度来看，数据库系统结构分为集中式结构、分布式结构、客户/服务器结构、浏览器/服务器结构，这是数据库系统的外部系统结构。从 DBMS 的角度来看，数据库系统通常采用三级模式结构，这是数据库系统的内部系统结构。

1.4.1 三级模式结构

在数据模型中有"型（type）"和"值（value）"的概念，而模式（schema）则是数据库中全体数据的逻辑结构和特征的描述，是对"型"的描述，不涉及具体的"值"。模式的一个具体值称为模式的一个实例（instance），同一个模式可以有很多实例。模式是相对稳定的，而实例是相对变动的，因为数据库中的数据是不断更新的。模式反映的是数据的结构及其联系，而实例反映的是数据库某一时刻的状态。

尽管 DBMS 产品种类繁多，支持的数据模型不同，使用的数据库语言、操作系统、存储结构也各不相同，但它们在系统结构上通常都具有相同的特征，即采用三级模式结构，即由外模式、概念模式和内模式组成，并提供二级映像功能，如图 1-14 所示。

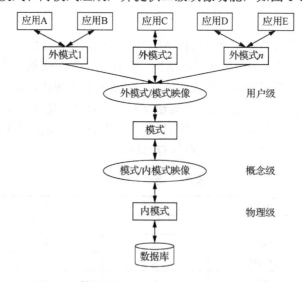

图 1-14　数据库的三级模式结构和二级映像功能

（1）外模式

外模式（也称子模式或用户模式）处在三级模式结构的最外层。外模式是对数据库用户使用局部数据的逻辑结构和特征的描述，是数据库用户的数据视图，是与某一应用有关的逻辑表示，如数据库的视图就是这种外模式。外模式通常是模式的一个子集，一个数据库可以有多个外模式，同一外模式也可以为某一用户的多个应用系统所使用，但是一个应用只能使用一个外模式。

外模式是保证数据库安全性的一个有力措施，每个用户只能看见和访问所对应的外模式中的数据，数据库中的其余数据是不可见的，外模式在一定程度上保证了信息的安全性。

（2）概念模式

概念模式（也称逻辑模式或模式）是指数据的整体逻辑结构和特征的描述，是所有用户的公共数据视图。一般说来，概念模式不涉及数据的物理存储细节，也与具体的应用、客户端开发工具无关。概念模式以某一种数据模型为基础，综合考虑用户的需求和整个数据集合的抽象表示，并将它们有机地结合成一个逻辑整体，是整个数据库实际存储的抽象表示。定义概念模式时，不仅要定义数据逻辑结构，如数据的属性、属性的类型信息等，还要定义与数据有关的安全性和完整性、数据之间的联系等。一个数据库应用只有一个概念模式。

（3）内模式

内模式（也称存储模式）处在三级模式结构的最内层，是对数据物理结构和存储方式的描述，是数据在数据库内部的表示方式。例如，记录的存储方式是用顺序存储还是哈希存储、数据是否压缩存储、数据是否加密等均属于内模式的范畴。DBMS 一般提供内模式描述语言来描述和定义内模式。一般说来，一个数据库系统只有一个内模式，即一个数据库系统实际存在的只是一个物理级的数据库。

1.4.2 二级映像

数据库系统的三级模式结构是对数据库的 3 个级别的抽象，它使用户能从逻辑上抽象地处理数据，而不必关心数据在计算机内部的存储表示。为了能在内部实现这 3 个抽象层次间的联系和转换，DBMS 在三级模式之间提供了二级映像，即外模式/模式映像和模式/内模式映像。二级映像保证了数据库数据具有较高的独立性，即物理独立性和逻辑独立性。

（1）外模式/模式映像

外模式描述的是数据的局部逻辑结构，模式描述的是数据的全局逻辑结构。对于模式而言，可以有多个外模式；对于每个外模式，都存在一个外模式/模式映像。外模式/模式映像确定了数据的局部逻辑结构与全局逻辑结构间的对应关系。一旦应用程序需要不同的外模式，即需要修改局部逻辑结构，数据库管理员就可以调整外模式/模式映像，而不必修改全局逻辑结构；同样，全局逻辑结构发生改变也可以通过修改外模式/模式映像实现，而避免修改局部逻辑结构，从而不必修改访问的局部逻辑结构的应用程序。因此，外模式/模式映像提高了数据的逻辑独立性。

（2）模式/内模式映像

数据库中的模式和内模式都只有一个，所以模式/内模式映像是唯一的，该映像确定了数据的全局逻辑结构与内部存储结构之间的对应关系。当存储结构发生变化时，模式/内模式映像也有相应的变化，但是模式仍可保持不变，这样就把数据存储结构变化的影响限制在模式之下，可使数据的存储结构和存储方法独立于应用程序。该映像保证了数据存储结构的变化不影响全局的逻辑结构，因此提高了数据的物理独立性。

1.4.3 三级模式结构与二级映像的优点

数据库系统的三级模式结构与二级映像具有如下优点。

1）保证数据的独立性。将外模式和模式分开，保证了数据的逻辑独立性；将模式和内模式分开，保证了数据的物理独立性。

2）方便用户的使用性。用户无须了解数据库内部的存储结构，只需按照外模式编写应用程序或输入命令，就可以实现用户所需的操作，方便用户使用系统。

3）有利于数据的共享性。在不同的外模式下，可由多个用户共享系统中的数据，减少了数据冗余。

4）保证数据的安全性。在外模式下，根据要求进行操作，只能对限定的数据进行操作，保证了其他数据的安全。

本 章 小 结

本章主要介绍了数据管理技术的产生与发展、数据库系统的基本概念、数据模型和数据库系统的体系结构。通过学习本章的内容，读者能够了解数据管理技术的发展状况，理解数据库系统的一些基本概念，掌握数据模型和数据库系统的体系结构的相关知识。

思考与练习

一、填空题

1. 数据管理技术经历了人工管理、_____、_____和大数据管理 4 个阶段。

2. 数据管理工作主要包括组织和保存数据、_____、提供数据查询和数据统计功能 3 项内容。

3. 数据库系统是指计算机系统中引入数据库后的系统，主要由_____、_____、计算机硬件系统和软件系统组成。

4. 数据模型主要包括数据结构、_____和数据约束 3 个部分。常见的数据模型主要有层次模型、网状模型、_____和面向对象模型 4 种。

5. 三级模式结构与二级映像的特点包括_____、方便用户的使用性、有利于数据的共享性和_____。

二、单选题

1. 数据库是存储在计算机上的（   ）相关数据集合。
   A. 结构化的   B. 特定业务   C. 具体文件   D. 其他

2. 反映现实世界中实体与实体之间联系的信息模型是（   ）。
   A. 关系模型   B. 实体联系（E-R）模型
   C. 网状模型   D. 层次模型

3. 学生实体（型）与选课实体（型）之间具有的联系是（   ）联系。
   A. 一对一   B. 一对多   C. 多对多   D. 多对一

4．数据管理技术经历了 4 个发展阶段，其中数据独立性最高的是（　　）阶段。

　　A．程序管理　　　　B．文件系统管理　　C．人工管理　　　　D．数据库系统管理

5．应用数据库技术的主要目的是（　　）。

　　A．解决数据保密问题　　　　　　　　B．解决数据完整性问题

　　C．解决数据共享问题　　　　　　　　D．解决数据管理的问题

三、简答题

1．请说明数据、数据库、数据库系统和数据库管理系统的概念及它们之间的关系。

2．数据管理技术的发展主要经历了哪几个阶段？

3．文件系统管理阶段的数据管理有些什么缺陷？试举例说明。

4．什么是数据库管理系统？它有什么作用？

5．什么是数据模型？它所描述的内容都是什么？它由几部分组成？常见的数据模型有哪些？

6．什么是外模式、模式和内模式？三者是如何保证数据独立性的？

第 2 章　关系数据模型

1970 年，美国 IBM 公司 San Jose 研究室的研究员 E. F. Codd 首次提出了数据库系统的关系数据模型，开创了数据库的关系方法和关系数据理论的研究，为数据库技术奠定了理论基础。由于 E. F. Codd 的杰出工作，他于 1981 年获得 ACM 图灵奖。20 世纪 80 年代以来，计算机厂商新推出的 DBMS 大都支持关系模型，非关系系统的产品也大都加上了关系接口。数据库领域当前的研究工作也都是以关系方法为基础的。

关系数据库系统是支持关系数据模型的数据库系统。关系数据模型是关系数据库常用的数据模型。本章从关系数据模型的理论、关系操作等方面讲述关系数据库系统的一些基本理论，为后面数据库的学习奠定坚实的基础。

重点和难点
- 关系模型的基本理论
- 关系代数
- 关系运算

2.1　关系模型的基本理论

关系模型是目前数据库中常用的数据模型。关系模型将概念模型中的实体和联系均用关系来表示。从用户观点来看，关系模型中数据的逻辑结构就是一个二维表，由行、列组成。因此，关系可以用二维表表示。关系是关系模型的单一数据结构。关系模型是以集合代数理论为基础的，可用集合代数给出关系的形式化定义。关系模型由关系数据结构、关系操作集合和关系完整性约束 3 个部分组成。

2.1.1　基本概念

在数学领域中，关系是集合代数中的一个基本概念，分为二元关系和多元关系，二元关系是多元关系的特例，多元关系是二元关系的推广。关系实际上是笛卡儿积的一个子集，在此先给出笛卡儿积的定义，然后给出多元关系的定义和相关的性质。

（1）域的定义

域是一组具有相同数据类型的值的集合。

例如，整数、正数、负数、{0, 1}、{男，女}、{网络工程专业，物理学专业，英语教育专业}、网络工程学院所有学生的姓名等，都可以作为域。

（2）笛卡儿积

定义 2-1：给定一组域 D_1，D_2，$\cdots$，D_n 是 n（$n>1$ 的自然数）个集合 D_1，D_2，$\cdots$，D_n 的 n 阶笛卡儿积，记作 $D_1 \times D_2 \times \cdots \times D_n$，并定义为

$$D_1 \times D_2 \times \cdots \times D_n = \{(x_1, x_2, \cdots, x_n) \mid x_1 \in D_1,\ x_2 \in D_2, \cdots,\ x_n \in D_n\}$$

其中，每个元素（x_1，x_2，…，x_n）称为一个 n 元组，将 $x_i \in D_i$ 称为元组的一个分量，集合 D_i 的取值范围称为域。

由上述定义可以看出，n 阶笛卡儿积实际上是由 n 元元组构成的集合，它既可以是有限集合，也可以是无限集合。当笛卡儿积为有限集合时，可以用元素的列举法来表示。

【例 2-1】设集合 D_1={张清玫，刘逸}，D_2=（网络工程专业，物联网工程专业），D_3={李勇，刘晨，王敏}，则集合 D_1、D_2、D_3 的笛卡儿积为

$D_1 \times D_2 \times D_3$={（张清玫，网络工程专业，李勇），（张清玫，网络工程专业，刘晨），（张清玫，网络工程专业，王敏），（张清玫，物联网工程专业，李勇），（张清玫，物联网工程专业，刘晨），（张清玫，物联网工程专业，王敏），（刘逸，网络工程专业，李勇），（刘逸，网络工程专业，刘晨），（刘逸，网络工程专业，王敏），（刘逸，物联网工程专业，李勇），（刘逸，物联网工程专业，刘晨），（刘逸，物联网工程专业，王敏）}

当把集合 D_1、D_2、D_3 笛卡儿积的每个元组作为一个二维表的每一行时，D_1、D_2、D_3 的笛卡儿积又可以用一个二维表表示，如表 2-1 所示。

表 2-1 　D_1、D_2、D_3 的笛卡儿积

集合 D_1	集合 D_2	集合 D_3
张清玫	网络工程专业	李勇
张清玫	网络工程专业	刘晨
张清玫	网络工程专业	王敏
张清玫	物联网工程专业	李勇
张清玫	物联网工程专业	刘晨
张清玫	物联网工程专业	王敏
刘逸	网络工程专业	李勇
刘逸	网络工程专业	刘晨
刘逸	网络工程专业	王敏
刘逸	物联网工程专业	李勇
刘逸	物联网工程专业	刘晨
刘逸	物联网工程专业	王敏

从上述具体实例可以看出，D_1、D_2、D_3 的笛卡儿积仅是数学意义上的一个集合，它通常无法表达实际的语义。但是笛卡儿积的一个子集通常具有表达某种实际语义的功能，即关系具有某种具体的语义。

定义 2-2：设 D_1，D_2，…，D_n 是 n（$n>1$ 的自然数）个集合，则 D_1，D_2，…，D_n 的 n 阶笛卡儿积 $D_1 \times D_2 \times \cdots \times D_n$ 的一个子集称为集合 D_1，D_2，…，D_n 上的一个 n 阶关系，记作 R（D_1，D_2，…，D_n）。

【例 2-2】设例 2-1 中的集合 D_1=导师集合=（张清玫，刘逸），D_2=专业集合={网络工程专业，物联网工程专业}，D_3=研究生集合=（李勇，刘晨，王敏），则集合 D_1、D_2、D_3 上的关系 R（D_1，D_2，D_3）={（张清玫，网络工程专业，李勇），（张清玫，网络工程专业，刘晨），（刘逸，物联网工程专业，王敏）}有着明确的语义，即表示导师张清玫属于网络工程专业，指导李勇和刘晨 2 名研究生，导师刘逸属于物联网工程专业，指导王敏 1 名研究生。此关系的二维表如表 2-2 所示。

表 2-2 导师与研究生的关系表

导师	专业	研究生
张清玫	网络工程专业	李勇
张清玫	网络工程专业	刘晨
刘逸	物联网工程专业	王敏

由于 D_1、D_2、D_3 的笛卡儿积包含所有的元组，因此没有明确的语义。例如，在 D_1、D_2、D_3 的笛卡儿积中，同时出现元组（张清玫，网络工程专业，李勇）和（刘逸，物联网工程专业，李勇），这两个元组分别表示李勇既是网络工程专业张清玫导师的研究生，又是物联网工程专业刘逸导师的研究生，这种情况与实际不符，所以笛卡儿积通常没有实际语义。

从关系的定义中可以得出，关系具有如下 3 条性质。

性质 1：关系不满足交换律，即 $R（D_1，D_2）\neq R（D_2，D_1）$。这可以解释为关系中元组分量的排列顺序是有序的，当分量排列顺序发生改变时，关系也会发生变化，表现了元组的有序性。

性质 2：关系可以是有限集合，也可以是无限集合。

性质 3：元组的分量还可以是 2 阶以上的元组。

2.1.2 关系模型

在使用关系描述关系模型的数据结构时，需要对 2.1.1 节中关系的 3 个性质进行限制和扩充，以满足数据库的需要。在关系数据模型中要求：①关系是有限集合；②关系的元组是无序的；③元组的分量不能是 2 阶以上的元组，只能是单个的元素。满足这 3 个条件的关系构成的关系模型的数据结构，可以使用一个规范化的二维表来表示。

1. 关系数据结构

关系数据结构涉及如下概念。

1）属性：若给关系中的每个 D_i（$i=1，2，\cdots，n$）赋予一个有语义的名称，则把这个名称称为属性，属性的名称不能相同。通过给关系集合附加属性名的方法取消关系元组的有序性。

2）域：属性的取值范围称为域，不同属性的域可以相同，也可以不同。

3）候选码：若给定关系中的某个属性组的值能唯一地标识一个元组，且不包含更多的属性，则称该属性组为候选码。候选码的各属性称为主属性，不包含在任何候选码中的属性称为非主属性或非码属性。在最简单的情况下，候选码只包含一种属性；在最极端的情况下，候选码包含所有属性，此时称为全码。

4）主键：当前使用的候选码或选定的候选码称为主键（也称主码、主关键字），使用属性加下划线表示主键。主键不仅可以标识唯一的行，还可以建立与其他的表之间的联系。主键的作用有：①唯一标识关系的每行；②作为关联表的外键，连接两个表；③使用主键值来组织关系的存储；④使用主键索引快速检索数据。

选择主键的注意事项有：①建议取值简单的关键字作为主键，如使用学生表中的"学号"作为主键；②在设计数据库表时，复合主键会给表的维护带来不便，因此不建议使用复合主键；③数据库开发人员如果不能从已有的字段（或字段组合）中选择一个主键，那么可以向数据库添加一个没有实际意义的字段作为该表的主键，可以避免复合主键情况的发生，同时可以确保数据库表满足第二范式的要求；④数据库开发人员如果向数据库表中添加一个没有实际意义的字段作为该表的主键，即代理键，建议该主键的值由 DBMS 或由应用程序自动生成，避免人工输入时人为操作产生的错误。

5）外键：若关系 R 中某个属性组是其他关系的主键，则该属性组称为关系 R 的外键。

6）关系模型：对关系模型的描述一般表示为关系名（属性 1，属性 2，…，属性 n）。

【例 2-3】导师与研究生之间的关系就是关系数据库的一个数据结构，可以用规范化的二维表来表示。此时的关系可以表示为导师与研究生（导师，专业，研究生），该关系包含导师、专业和研究生 3 个属性，属性的域值分别为（张清玫，刘逸）、（网络工程专业，物联网工程专业）、（李勇，刘晨，王敏）。若研究生没有重名，则研究生属性为主键，否则候选码为全码。这是一个基本关系。表 2-3 给出了非规范化的二维关系，它不能用来表示关系模型的数据结构。

表 2-3　非规范化的二维关系

导师		研究生	
		研究生 1	研究生 2
张清玫	网络工程专业	李勇	刘晨
刘逸	物联网工程专业	王敏	—

在关系模型中，实体及其之间的联系都用关系来表示。例如，学生实体、课程实体和学生与课程之间多对多的联系可以使用如下关系表示。

学生实体：学生（学号，姓名，年龄，性别，系名，年级）。

课程实体：课程（课程号，课程名，学分）。

学生实体与课程实体之间的联系：选修（学号，课程号，成绩）。

通过增加一个包含学号和课程号属性的选修关系将学生实体和课程实体之间的多对多联系表示出来。其中，"学号"和"课程号"分别是选修关系的外键，"学号、课程号"组是选修关系的主键。

以上表示的关系都称为基本关系或基本表，它是实际存在的表，是实际存储数据的逻辑表示。除此之外，还有查询表和视图表两种表。查询表是查询结果对应的表。视图表是由基本表或其他视图导出的虚表，不对应实际的存储数据。这 3 种表都是关系数据库中关系的类型。

2. 关系的性质

1）关系中的元组存储了某个实体或实体某个部分的数据。

2）关系中元组的位置具有顺序无关性，即元组的顺序可以任意交换。

3）同一属性的数据具有同质性，即每一列中的分量是同一类型的数据，它们来自同一个域。

4）同一关系的字段名具有不可重复性，即同一关系中不同属性的数据可出自同一个域，但不同的属性要给予不同的字段名。

5）关系具有元组无冗余性，即关系中的任意两个元组不能完全相同。

6）关系中列的位置具有顺序无关性，即列的次序可以任意交换、重新组织。

7）关系中每个分量必须取原子值，即每个分量都必须是不可再分的数据项。

3. 关系模式

在关系数据库中，关系模式是型，关系是值。关系模式是对关系的描述。现实世界随着时间在不断地变化，因而在不同的时刻，关系模式的关系也会有所变化，现实世界的许多已有事实限定了关系模式所有可能的关系必须满足一定的完整性约束条件，这些约束或通过对属性取值范围的限定，或通过属性值间的相互关联反映出来。关系模式应当刻画出这些完整性约束条件，因此一个关系模式应当是一个五元组。

关系的描述称为关系模式，它可以形式化地表示为 $R<U, D, \mathrm{DOM}, F>$。其中，R 表示关系名；U 表示组成该关系的属性的集合；D 表示属性组 U 中的属性所来自的域；DOM 表示属性向域的映像集合；F 表示属性间数据依赖关系的集合。关系模式通常可以简记为 $R<U>$ 或 $R<A_1, A_2, \cdots, A_n>$。其中，R 为关系名，A_1、A_2、$\cdots$、A_n 为字段名。而域名及属性向域的映像常直接称为属性的型及长度。

关系模式是关系的框架或结构。关系是按关系模式组合的表格，关系既包括结构也包括其数据。因此，关系是关系模式在某一时刻的状态或内容。关系模式是静态的、稳定的，而关系的数据是动态的、随时间不断变化的，因为关系操作在不断地更新着数据库中的数据。但在实际应用中，人们通常把关系模式和关系都称为关系。

4. 关系数据库

在关系数据库中，实体集及实体间的联系都是用关系来表示的。在某一应用领域中，所有实体集及实体之间的联系所形成的关系的集合就构成了一个关系数据库。关系数据库也有型和值的区别。关系数据库的型称为关系数据库的模式，它是对关系数据库的描述，包括若干域的定义及在这些域上定义的若干关系模式。关系数据库的值是这些关系模式在某一时刻对应关系的集合，也就是关系数据库的数据。

2.2 关 系 操 作

关系数据模型中常用的关系操作包括查询操作和更新操作两大部分，其中，更新操作又分为插入操作、删除操作和修改操作。查询操作是关系数据库的一个主要功能。用来描述查询操作功能的方式有很多，早期主要使用关系代数和关系演算描述查询功能，现在使用结构化查询语言（structured query language，SQL）来描述。

关系代数和关系演算分别使用关系运算和谓词运算来描述查询功能，它们都是抽象的查询语言，且具有完全相同的查询描述能力。虽然抽象的关系代数和关系演算语言与具体关系数据库管理系统（relational DBMS，RDBMS）中实现的实际语言并不完全一致，但它们是评估实际系统中查询语言能力的标准或基础。RDBMS 的查询语言除了提供关系代数或关系演算的功能，还提供许多附加的功能，如聚集函数、关系赋值、算术运算等，这使应用程序具备强大的查询功能。

SQL 是介于关系代数和关系演算之间的结构化查询语言，不仅具有查询功能，还具有数据定义、数据更新和数据控制功能，是集数据定义、数据操作和数据控制于一体的关系数据语言。SQL 充分体现了关系数据语言的特点和优点，是关系数据库的标准语言。

在关系数据语言中，关系操作采用集合操作的方式，即操作的对象是集合，操作的结果也是集合。相应地，非关系数据模型的操作方式为一次一个记录的方式。数据存储路径的选择完全由 RDBMS 优化机制来完成，不必向数据库管理员申请为其建立特殊的存储路径。因此，关系数据语言是高度非过程化的集合操作语言，具有完备的表达能力，功能强大，能够嵌入高级语言中使用。

2.2.1　关系代数

关系代数是一种抽象的查询语言，由 E. F. Codd 在 1970 年的一系列文章中率先提出，是关系数据操纵语言的一种传统表达方式。关系代数可以使用最简单的形式来表达所有关系数据库查询语言必须完成的运算，它们能作为评估实际系统在查询语言能力的标准或基础。关系代数对查询的表达是通过对关系进行运算完成的，它的运算对象是关系，运算结果也是关系。关系代数的运算可以分为两类：一类是传统的集合运算，包括集合的交、差、并和笛卡儿积；另一类是专门的关系运算，即专门针对关系数据库设计的运算，包括投影、选择、连接和除。

关系代数运算用到的运算符包括 4 类，即集合运算符、比较运算符、专门的关系运算符和逻辑运算符，如表 2-4 所示。

表 2-4　关系代数运算符

类别	符号	运算说明
集合运算符	∪	并
	−	差
	∩	交
	×	笛卡儿积
比较运算符	>	大于
	⩾	大于或等于
	<	小于
	⩽	小于或等于
	≠	不等于
	=	等于
专门的关系运算符	σ	选择
	π	投影
	⋈	连接
	÷	除
逻辑运算符	¬	非
	∧	与
	∨	或

（1）传统的集合运算

在数据库系统中，用到的集合运算仅包括集合的并、差、交和笛卡儿积 4 种。例如，设 n 阶关系 R 和 S，若 R 和 S 对应的属性取自相同的域，则 R 与 S 的并、差和交分别定义如下（其中∧表示且，∨表示或）。

1）并。

关系 R 与关系 S 的并记为 $R \cup S = \{t \mid t \in R \vee t \in S\}$

其运算结果仍为 n 阶关系，由属于关系 R 或关系 S 的元组组成。

2）差。

关系 R 与关系 S 的差记为 $R - S = \{t \mid t \in R \wedge t \notin S\}$

其运算结果仍为 n 阶关系，由属于关系 R 而不属于关系 S 的元组组成。

3）交。

关系 R 与关系 S 的交记为 $R \cap S = \{t \mid t \in R \wedge t \in S\}$

其运算结果仍为 n 阶关系，由既属于关系 R 又属于关系 S 的元组组成。

4）笛卡儿积。

设 n 阶和 m 阶关系 R 和 S，则关系 R 和关系 S 的笛卡儿积记为 $R \times S = \{t_r t_s \mid t_r \in R \wedge t_s \in S\}$

其运算结果是 $n+m$ 阶关系。元组的前 n 列是关系 R 的一个元组，后 m 列是关系 S 的一个元组。

【例2-4】若关系 R 和 S 如图 2-1（a）和（b）所示，则关系 R 和 S 的并、交、差和笛卡尔积分别如图 2-1（c）～（f）所示。

R

A	B	C
a_1	b_1	c_1
a_1	b_2	c_2
a_2	b_2	c_1

(a)

S

A	B	C
a_1	b_2	c_2
a_1	b_3	c_2
a_2	b_2	c_1

(b)

$R \cup S$

A	B	C
a_1	b_1	c_1
a_1	b_2	c_2
a_2	b_2	c_1
a_1	b_3	c_2

(c)

$R \cap S$

A	B	C
a_1	b_2	c_2
a_2	b_2	c_1

(d)

$R - S$

A	B	C
a_1	b_1	c_1

(e)

$R \times S$

$R.A$	$R.B$	$R.C$	$S.A$	$S.B$	$S.C$
a_1	b_1	c_1	a_1	b_2	c_2
a_1	b_1	c_1	a_1	b_3	c_2
a_1	b_1	c_1	a_2	b_2	c_1
a_1	b_2	c_2	a_1	b_2	c_2
a_1	b_2	c_2	a_1	b_3	c_2
a_1	b_2	c_2	a_2	b_2	c_1
a_2	b_2	c_1	a_1	b_2	c_2
a_2	b_2	c_1	a_1	b_3	c_2
a_2	b_2	c_1	a_2	b_2	c_1

(f)

图 2-1　传统关系运算举例

（2）专门的关系代数运算

专门的关系代数运算包括选择、投影、连接、除运算等，现分别介绍如下。

1）选择。

关系 R 的选择运算又称限制运算，它把关系 R 上满足某种关系或逻辑表达式 F 的元组选择出来组成一个新的关系，记作：

$$\sigma_F(R) = \{ t \mid t \in R \wedge F(t) = '真'\}$$

其中，t 为元组，F 为取值真或假的关系表达式或逻辑表达式。选择运算实际上是选择关系 R 上某些行的运算。

【例 2-5】设有一个学生课程数据库，包括学生关系 Student、课程关系 Course 和选课关系 SC，如表 2-5～表 2-7 所示。现要查询信息系的全体学生和年龄小于 20 岁的学生。

表 2-5 学生关系 Student

学号（Sno）	姓名（Sname）	性别（Ssex）	年龄（Sage）	所在学院（Sdept）
201617010001	李勇	男	19	CS
201617010002	刘晨	女	20	IS
201617010003	王敏	女	18	MA
201617010004	张立	男	19	IS
201617010005	刘阳露	女	17	CS

表 2-6 课程关系 Course

课程号（Cno）	课程名（Cname）	选修课（Cpno）	学分（Ccredit）
1	数据库原理与应用	5	4
2	高等数学	NULL	2
3	信息系统	1	4
4	操作系统	6	3
5	数据结构	7	4
6	数据处理	NULL	2
7	程序设计语言_C	6	4
8	程序设计语言_Pascal	6	3

表 2-7 选课关系 SC

学号（Sno）	课程号（Cno）	成绩（Grade）
201617010001	1	52
201617010001	2	85
201617010001	3	58
201617010002	2	90
201617010002	3	80
201617010003	5	NULL
201617010004	2	95
201617010004	4	60

查询信息系的全体学生可以表示为

$$\sigma_{Sdept ='IS'}(\text{Student}) \quad 或 \quad \sigma_{5 ='IS'}(\text{Student})$$

其中，下标 5 为 Sdept 属性的序号，查询结果如表 2-8 所示。

查询年龄小于 20 岁的学生可以表示为

$$\sigma_{Sage<20}(\text{Student}) \quad 或 \quad \sigma_{4<20}(\text{Student})$$

查询结果如表 2-9 所示。

表 2-8　查询信息系的全体学生的结果

Sno	Sname	Ssex	Sage	Sdept
201617010002	刘晨	女	19	IS
201617010004	张立	男	19	IS

表 2-9　查询年龄小于 20 岁的学生的结果

Sno	Sname	Ssex	Sage	Sdept
201617010001	李勇	男	19	CS
201617010003	王敏	女	18	MA
201617010004	张立	男	19	IS
201617010005	刘阳露	女	17	CS

2）投影。

关系 R 的投影是从 R 中选择出若干个属性列组成的新关系，记作：

$$\pi_A(R) = \{t[A] \mid t \in R\}$$

其中，A 为 R 中的属性列，$t[A]$ 为属性列是 A 的分量组成的元组。投影运算实际是选择关系 R 上某些列的运算。

【例 2-6】以表 2-5～表 2-7 为基础，现要查询学生的姓名和所在的学院或查询有哪些学院。

查询学生的姓名和所在的学院实际上是求关系中学生姓名和所在学院两个属性的投影，可以表示为

$$\pi_{Sname,Sdept}(\text{Student}) \quad 或 \quad \pi_{2,5}(\text{Student})$$

查询结果如表 2-10 所示。

查询有哪些学院，即求 Student 关系所在学院属性的投影，可以表示为

$$\pi_{Sdept}(\text{Student}) \quad 或 \quad \pi_5(\text{Student})$$

查询结果如表 2-11 所示。

表 2-10　投影运算结果 1

Sname	Sdept
李勇	CS
刘晨	IS
王敏	MA
张立	IS
刘阳露	CS

表 2-11 投影运算结果 2

Sdept
CS
IS
MA

3）连接。

连接运算最常用的方式就是合并两个或多个关系的信息。连接是从两个关系的笛卡儿积中选出满足条件的元组。新的关系包含所有的属性，并且不消除重复的元组。连接又称为θ连接，形式定义如下：

$$R \underset{A-B}{\bowtie} S = \{t \mid t < t^r, t^s > \wedge t^r \in R \wedge t^s \in S \wedge t^r[A]\theta t[B]\}$$

其中，A 和 B 分别是 R 和 S 上个数相等且可比的属性组（名称可以不同）。若 R 有 m 个元组，此运算就是用 R 的第 p 个元组的 A 属性集与 S 中每个元组的 B 属性集从头到尾依次做比较。每当满足这一比较运算时，就把 S 的这一元组连接在 R 的第 p 个元组的右边，构成新关系的一个元组。反之，当不满足这一比较运算时，就继续做 S 关系的下一个元组 B 的属性集的比较，以此类推。这样，当 p 从 1 到全部 m 遍历一遍时，就得到了新关系的全部元组。新关系的属性集取名方法同笛卡儿积。

连接运算中有两种最为重要也是最为常用的连接：等值连接和自然连接。

① 等值连接。

当一个连接表达式中的运算符θ取 "=" 时的连接就是等值连接，是从两个关系的广义笛卡儿积中选取 A 属性集和 B 属性集相等的元组，等值连接不要求属性集 A 和属性集 B 中的属性名完全相同。其形式定义如下：

$$R \underset{A=B}{\bowtie} S = \{t \mid t < t^r, t^s > \wedge t^r \in R \wedge t^s \in S \wedge t^s[A] = t^r[B]\}$$

若 A 和 B 的属性个数为 n，A 和 B 中属性相同的个数为 k（$0 \leq k \leq n$），则等值连接结果将出现 k 个完全相同的列，即数据冗余，这是它的不足。

② 自然连接。

自然连接是一种特殊的等值连接，是在两个关系的相同属性集上做等值连接，因此，它要求两个关系中进行比较的分量必须是相同的属性组，并且去掉结果中重复的属性列。

自然连接是特殊的等值连接，两者的区别包括以下几点。

a．等值连接中相等的属性可以是相同的属性，也可以是不同的属性，但自然连接中相等的属性必须是相同的属性。

b．自然连接的结果必须去掉重复的属性。

c．自然连接用于有公共属性的情况。如果两个关系没有公共属性，那么它们不能进行自然连接，而等值连接无此要求。

【例 2-7】设关系 R 和 S 如表 2-12 和表 2-13 所示，对关系 R 和 S 分别进行一般连接 $R \underset{C<E}{\bowtie} S$、等值连接 $R \underset{R.B=S.B}{\bowtie} S$ 和自然连接 $R \bowtie S$，其连接结果分别如表 2-14～表 2-16 所示。

表 2-12　关系 R

A	B	C
a_1	b_1	5
a_1	b_2	6
a_2	b_3	8
a_2	b_4	12

表 2-13　关系 S

B	E
b_1	3
b_2	7
b_3	10
b_3	2
b_5	2

表 2-14　一般连接

A	R.B	C	S.B	E
a_1	b_1	5	b_2	7
a_1	b_1	5	b_3	10
a_1	b_2	6	b_2	7
a_1	b_2	6	b_3	10
a_2	b_3	8	b_3	10

表 2-15　等值连接

A	R.B	C	S.B	E
a_1	b_1	5	b_1	3
a_1	b_2	6	b_2	7
a_2	b_3	8	b_3	10
a_2	b_3	8	b_3	2

表 2-16　自然连接

A	B	C	E
a_1	b_1	5	3
a_1	b_2	6	7
a_2	b_3	8	10
a_2	b_3	8	2

在自然连接中，选择两个关系在公共属性上值相等的元组构成新的关系。如果把舍弃的元组保留在结果关系中，而在其他属性上填空值，这种连接就称为外连接，如表 2-17 所示；如果只保留关系 R 中左边要舍弃的元组，则称为左外连接，如表 2-18 所示；如果只保留关系 S 中右边要舍弃的元组，则称为右外连接，如表 2-19 所示。

表 2-17　外连接

A	B	C	E
a_1	b_1	5	3
a_1	b_2	6	7
a_2	b_3	8	10
a_2	b_3	8	2
a_2	b_4	12	NULL
NULL	b_5	NULL	2

表 2-18　左外连接

A	B	C	E
a_1	b_1	5	3
a_1	b_2	6	7
a_2	b_3	8	10
a_2	b_3	8	2
a_2	b_4	12	NULL

表 2-19　右外连接

A	B	C	E
a_1	b_1	5	3
a_1	b_2	6	7
a_2	b_3	8	10
a_2	b_3	8	2
NULL	b_5	NULL	2

4）除运算。

给定关系 R（X，Y）和 S（Y，Z），其中 X、Y、Z 为属性或属性组，R 中的 Y 和 S 中的 Y 可以有不同的属性名，但必须出自相同的域。

R 与 S 的除运算是指 R 中满足下列条件的元组在 X 属性上的投影，即元组在 X 上的分量值 x 的象集 Y_x 包含 S 在 Y 上投影的集合，记作：

$$R \div S = t_r[X]t_r \in R \wedge \pi_Y(S) \subseteq Y_x$$

【例 2-8】设关系 R（A，B，C）和 S（B，C，D）分别如表 2-20 和表 2-21 所示，则 $R \div S$ 的结果如表 2-22 所示。

表 2-20　关系 R

A	B	C
a_1	b_1	c_2
a_2	b_3	c_7
a_3	b_4	c_6
a_1	b_2	c_3
a_4	b_6	c_6
a_2	b_2	c_3
a_1	b_2	c_1

表 2-21　关系 S

B	C	D
b_1	c_2	d_1
b_3	c_7	d_1
b_4	c_6	d_3

表 2-22　除运算结果

A
a_1

　　在关系 R 和 S 中，属性 X=A，属性 Y={B，C}，属性 X 的分量就是 A 的分量，因此可以取 {a_1，a_2，a_3，a_4} 这 4 个值。

　　a_1 的象集 Y_{a_1} = {(b_1，c_2)，(b_2，c_3)，(b_2，c_1)}。

　　a_2 的象集 Y_{a_2} = {(b_3，c_7)，(b_2，c_3)}。

　　a_3 的象集 Y_{a_3} = {(b_4，c_6)}。

　　a_4 的象集 Y_{a_4} = {(b_6，c_6)}。

　　S 在 Y=(B，C) 上的投影 $\pi_Y(S)$ = {(b_1，c_2)，(b_2，c_1)，(b_2，c_3)}。

　　显然，只有 a_1 的象集 Y_{a_1} 包含 S 在 Y 属性组的投影 $\pi_Y(S)$，所以 $R \div S = \{a_1\}$。

　　下面以表 2-5～表 2-7 为基础，给出几个综合应用多种代数运算进行查询的示例。

　　【例 2-9】查询至少选修 1 号课程和 3 号课程的学生号码。

　　首先建立一个临时关系 K，如表 2-23 所示。

表 2-23　临时关系 K

Cno
1
3

　　然后求 $\pi_{Sno,Cno}(SC) \div K$。

　　查询结果为 {201617010001, 201617010002}。

　　求解过程为，先对 SC 关系在（Sno，Cno）属性上进行投影，然后逐一求出每一个学生（Sno）的象集是否包含 K。

　　【例 2-10】查询选修了 2 号课程的学生学号。

$$\pi_{Sno}(\sigma_{Cno='2'}(SC)) = \{201617010001, 201617010002, 201617010004\}$$

　　【例 2-11】查询至少选修了一门并且直接选修课是 5 号课程的学生姓名。

$$\pi_{Sname}(\sigma_{Cpno='5'}Course) \bowtie SC \bowtie \pi_{Sno,Sname}(Student)$$

或

$$\pi_{Sname}(\pi_{Sno}(\sigma_{Cpno='5'}(Course) \bowtie SC) \bowtie \pi_{Sno,Sname}(Student))$$

　　【例 2-12】查询选修了全部课程的学生的学号和姓名。

$$\pi_{Sno,Cno}(SC) \div \sigma_{Cno}(Course) \bowtie \pi_{Sno,Sname}(Student)$$

2.2.2　关系演算

除了用关系代数表示关系运算，还可以用谓词演算来表达关系的运算，这称为关系演算。使用关系代数表示关系的运算，须标明关系运算的序列，因而以关系代数为基础的数据库语言是过程语言。使用关系演算表达关系的运算，只要说明所要得到的结果，不必标明运算的过程，因而以关系演算为基础的数据库语言是非过程语言。目前，面向用户的关系数据库语言大都是以关系演算为基础的。随着所用变量的不同，关系演算又可分为元关系演算和域关系演算。关于关系演算的具体内容，请参考其他资料。

2.2.3　关系的完整性

关系的完整性指关系的完整性规则，即对关系的某种约束条件。关系的完整性包括实体完整性、参照完整性和用户自定义完整性。

1.　实体完整性

实体完整性规则是指，若属性 A 是基本关系 R 的主属性，则所有元组对应主属性 A 的分量都不能取空值，也称属性 A 不能取空值。

实体完整性规定，基本关系主键不能取空值。例如，在选修关系：选修（学生，课程号，成绩）中，若"学号、课程号"组为主键，则"学号"和"课程号"两个属性都不能取空值。

2.　参照完整性

在现实世界中，实体与实体之间往往存在某种联系，而实体及实体之间的联系在关系模型中都用关系来表示，这就存在关系与关系之间的引用问题。通过定义外键和主键将不同的关系联系起来，外键与主键之间的引用规则称为参照完整性规则。

若属性（或属性组）F 是基本关系 R 的外键，它与基本关系 S 的主键 K 相对应（基本关系 R 与 S 可以是相同的关系），则对于 R 中每个元组在 F 上的值，要么取空值，要么等于 S 中某个元组的主键。其中，关系 R 称为参照关系，关系 S 称为被参照关系（目标关系）。显然，参照关系 R 的外键 F 和被参照关系 S 的主键 K，必须取自同一个城。

3.　用户自定义完整性

用户自定义完整性是指针对某一具体关系数据库的约束条件。它反映某具体应用所涉及的数据必须满足的语义要求。例如，某个属性必须取唯一的值、某个非主属性不能取空值、某个属性的取值为 0~100 等。

关系模型应提供定义和检验这类完整性的机制，以便用统一的系统方法处理它们，而不由应用程序承担这种功能。

本 章 小 结

本章主要介绍了关系数据模型的基本理论，以及关系操作的相关功能等内容。通过学习本章的内容，读者能够理解关系模型的基本理论，掌握关系操作的运算功能等相关知识。

思考与练习

一、填空题

1. 一个关系模式的定义格式为_____。

2. 一个关系模式定义主要包括_____、_____、_____、_____和_____。

3. 在关系代数运算中，传统的集合运算有_____、_____、_____和_____。

4. 在关系代数运算中，专门的关系运算有_____、_____、_____和_____。

5. 关系运算有_____和_____。

6. 在一个实体表示信息中，称_____为关键字。

7. 已知系（系编号，系名称，系主任，电话，地点）和学生（学号，姓名，性别，入学日期，专业，系编号）两个关系，系主任的关键字是_____；系关系的外关键字是_____；学生关系的主关键字是_____，外关键字是_____。

二、单选题

1. RDBMS 应能实现的专门关系运算包括（　　）。

   A. 排序、索引、统计　　　　　　　B. 选择、投影、连接

   C. 关联、更新、排序　　　　　　　D. 显示、打印、制表

2. 笛卡儿积是（　　）进行运算。

   A. 向关系的垂直方向

   B. 向关系的水平方向

   C. 既向关系的水平方向也向关系的垂直方向

   D. 先向关系的垂直方向，然后向关系的水平方向

3. 在关系模型中，一个关键字（　　）。

   A. 可由多个任意属性组成

   B. 至多由一个属性组成

   C. 可由一个或多个其值能唯一标识该关系模式中任何记录的属性组成

   D. 以上都不是

4. 自然连接是构成新关系的有效方法。一般情况下，当对关系 R 和 S 使用自然连接时，要求 R 和 S 含有一个或多个共有的（　　）。

   A. 元组　　　　　B. 行　　　　　C. 记录　　　　　D. 属性

5. 关系运算中花费时间可能最长的运算是（　　）。

   A. 投影　　　　　B. 选择　　　　　C. 笛卡儿积　　　　　D. 除

6. 关系模式的任何属性（　　）。

   A. 不可再分　　　　　　　　　　　B. 可再分

   C. 命名在该关系模式中可以不唯一　D. 以上都不是

7. 在关系代数的传统集合运算中，假定有关系 R 和 S，运算结果为 W。如果 W 中的记录属于 R，并属于 S，则 W 为（　　）运算的结果。

   A. 笛卡儿积　　　B. 并　　　　　C. 差　　　　　D. 交

三、简答题

1. 关系数据模型由哪 3 个部分组成？
2. 关系数据结构有哪些基本概念？
3. 什么是主键？选择主键的注意事项有哪些？
4. 在关系模型中，关系的性质有哪些？
5. 传统的集合运算和专门的关系运算都有哪些？

第 3 章 关系数据库理论

在现实世界中，实体之间存在着各种各样的关系，这些关系可以用相应的关系模型来表达。在关系数据库中，关系模型包含一组关系模式，各关系模式不是完全孤立的，而是通过一定的关系构建成一个有机整体，从而来表达现实世界。针对一个具体问题，设计关系数据库的关键是如何设计一个好的关系模型。一个好的关系模型应该包括多少个关系模式，而每一个关系模式又应该包括哪些属性，又如何将这些相互关联的关系模式组建成一个合适的关系模型等，这些工作决定了整个系统的运行效率，也直接关系到数据库系统设计与研发的成败。所以，关系模式设计必须在关系数据库理论的指导下逐步完成，才能避免出现问题。为此，本章首先介绍规范化理论，然后讲解关系模式的分解，以及如何使用关系数据库理论来规范关系模式。

重点和难点
- 关系模式中函数依赖的概念
- 关系模式中码的概念
- 第一范式、第二范式、第三范式、BCNF 范式及第四范式的定义
- 关系模式分解的方法

3.1 问题的提出

前面章节已经探讨了数据库系统的基本概念、关系模型的组成、关系运算及关系完整性。但是还有一个很根本的问题尚未涉及，就是针对一个具体的数据库，如何构造适合它的关系模型，这个模型应该包含几个关系模式，每个关系由哪些属性组成等。这是数据库的逻辑设计问题。

实际上设计任何一种数据库系统，不论是层次的、网状的还是关系的，都会遇到如何构造合适的数据模式（即逻辑结构）的问题。由于关系模型有严格的数学理论基础，并且可以向其他的数据模型转换。所以，学者经常以关系模型为背景来讨论这个问题，形成了数据库逻辑设计的一个有力工具——关系数据库的规范化理论。规范化理论虽然是以关系模型为背景的，但是它对于一般的数据库逻辑设计同样具有理论上的意义。

下面首先回顾一下关系模型的形式化定义。

前面的章节已经描述过，一个关系模式应当是一个五元组：

$$R<U, \ D, \ \mathrm{DOM}, \ F>$$

其中，关系名 R 是符号化的元组语义；U 为一组属性元组；D 为属性组 U 中的属性所来自的域；DOM 为属性到域的映射；F 为属性组 U 上的一组数据依赖关系。

由于 D、DOM 与模式设计关系不大，所以可以把关系模式看作一个三元组：

$$R<U, \ F>$$

当且仅当 U 上的一个关系 r 满足 F 时，r 称为关系模式 $R<U,\ F>$ 的一个关系。

作为一个二维表，关系要符合一个最基本的条件，即第一范式（first normal form，1NF）：每一个分量必须是不可再分的数据项。

关系模式中的数据依赖实际上是一个关系内部属性与属性之间的一种约束关系。这种约束关系是通过属性值的相等与否而体现出来的数据之间关联的联系。它是现实世界中属性间关联联系的抽象化，是数据内在的性质，是问题语义的体现。

根据实际问题的需要，人们已经提出了不同类型的数据依赖，其中最重要的为函数依赖（functional dependence，FD）和多值依赖（multivalued dependency，MVD）。

函数依赖是属性之间的一种联系。假设给定一个属性的值，就可以唯一确定另一个属性的值。例如，描述某个公司的一个职工的关系，该职工可以有编号、姓名、部门等几个属性。由于一个编号只能对应一个职工，一个职工只能在一个部门工作，所以当"编号"确定以后，职工的姓名及所在部门也就被唯一地确定了。其实，这种属性间的依赖关系类似于数学中的函数关系 $y=f(x)$，我们知道自变量 x 与函数值 y 是按照对应关系 $f(x)$ 一一对应的，因此当自变量 x 确定之后，其相应的函数 y 值也就唯一地确定了。

【例 3-1】某公司现需要建立一个描述职工所做项目的数据库，该数据库涉及的数据包括职工的编号、职称、部门和部门经理。假设使用一个单一的关系模式"职工"来表示，则该关系模式的属性集合如下：

$$U=\{编号，职称，部门，部门经理\}$$

根据现实世界中的情况，我们假设职工的上述属性存在以下关系。

1）一个职工只能属于一个部门。

2）一个部门只能设置一个部门经理。

3）一类职称可以属于若干个职工，但一个职工只能拥有一个职称。

于是得到属性组 U 上的一组函数依赖 F：

$$F=\{编号\rightarrow部门，部门\rightarrow部门经理，编号\rightarrow职称\}$$

若只考虑函数依赖，便得到了一个描述职工的关系模式：职工 $<U,\ F>$。表 3-1 是某个时间段内职工关系模式的一个实例，即数据表。

表 3-1　职工表

编号	职称	部门	部门经理
1	高级工程师	研发部	李四
2	高级工程师	研发部	李四
3	中级工程师	研发部	李四
4	中级工程师	研发部	李四

但是，上述这个关系模式存在如下问题。

（1）数据冗余大

例如，每个部门的部门名称及部门经理的姓名都重复出现，其出现次数与该部门拥有的职工数量相同，如表 3-1 所示。这就使重复的数据太多，占用一定量的存储资源，造成了存储空间的浪费。

（2）更新异常

由于部分数据的重复，造成冗余，当数据库中的数据需要更新时，为了维护数据库中数据的完整性，系统要付出很大的代价，否则会面临数据不一致的危险。例如，某部门更换部门经理后，必须修改该部门下面所有职工的部门经理信息。

（3）插入异常

如果新成立一个部门，尚无职工，则无法将这个部门及其部门经理的信息存入数据库，这就造成了数据的插入异常现象，出现了信息不可表示的问题。

（4）删除异常

如果某个部门的职工全部离职了，那么在数据库中删除该部门职工信息的同时，该部门及其部门经理的信息也将一并删除，造成了数据的丢失。

鉴于上述问题，我们可以得出这样的结论：案例中设计的职工关系模式并不是一个好的模式。一个"好"的模式应当不会发生更新异常、删除异常、插入异常，而且数据库中的数据冗余也应尽可能少，以节省存储空间。

一个关系模式的数据依赖会存在哪些操作问题，如何改造一个不好的模式，这就是下一节规范化理论所要研究的内容。

3.2 规范化理论

所谓规范化，就是用形式更为简洁、结构更加规范的关系模式取代原有关系模式的过程。而规范化理论正是用来改造关系模式的，通过分解关系模式来消除其中不合适的数据依赖，以解决插入异常、删除异常、更新异常和数据冗余等问题。

将一个关系模式进行规范化时，首先需要考虑关系属性间不同的依赖情况，如 3.1 节职工关系模式中有"一个职工只能属于一个部门""一类职称可以属于若干个职工，但一个职工只能拥有一个职称"等属性间的依赖情况。然后，根据属性间的依赖情况来判断关系是否具有某些不合适的性质。最后，将具有不合适性质的关系转换为更合适的形式。

通常按属性间依赖的情况来区分关系规范化的程度，可分为第一范式、第二范式（second normal form，2NF）、第三范式（third normal form，3NF）和第四范式（fourth normal form，4NF）等，依据相关范式的形式可以将关系进行转换，以解决关系模式中存在的一些问题。基于此，本节将学习关系数据库规范化理论中的相关概念，主要包括函数依赖、码、第一范式、第二范式、第三范式和第四范式等。

3.2.1 函数依赖

函数依赖是属性之间的一种对应关系。假设给定一个属性的值，就可以唯一确定（查到）另一个属性的值。其定义如下：

设 $R<U>$ 是属性集 U 上的关系模式。X、Y 为 U 的子集。若对于 $R<U>$ 的任意一个可能的关系 r，r 中不可能存在两个元组在 X 上的属性值相等，而在 Y 上的属性值不等，则称 X 确定 Y 函数或 Y 函数依赖于 X，记作 $X \rightarrow Y$。

那么根据函数依赖的概念，我们可以知道对于任意的 x 都有唯一的 y 与之对应，且 y 的取值由 x 决定。对于 $R<U>$ 的任意两个可能的关系 r_1、r_2，若 $r_1[x] = r_2[x]$，则 $r_1[y] = r_2[y]$；或者若 $r_1[y] \neq r_2[y]$，则 $r_1[x] \neq r_2[x]$。例如，在设计职工表时，一个职工的工号能决定职工的姓名，如果知道一个职工的工号，就一定能知道职工的姓名，这种情况就是姓名依赖于工号，这就是一种函数依赖。

函数依赖是语义范畴的概念，只能根据语义来确定一个函数依赖。例如，姓名→年龄这个函数依赖只有在该单位没有同名职工的条件下才成立；反之，若该函数依赖允许同名职工，则年龄就不再函数依赖于姓名。当然，设计者也可以对现实世界进行强制的规定，如规定不允许同名职工出现，从而使年龄函数依赖成立。

注意：函数依赖不是指关系模式 R 的某个或某些关系满足的约束条件，而是指 R 的一切关系均要满足的约束条件。

下面介绍一些术语和记号。

1）$X \to Y$，但 $Y \nsubseteq X$，则称 $X \to Y$ 是非平凡的函数依赖。

2）$X \to Y$，但 $Y \subseteq X$，则称 $X \to Y$ 是平凡的函数依赖。对于任意一个关系模式，平凡的函数依赖都是必然成立的，它不反映新的语义。若不特别声明，本书所讨论的都是非平凡的函数依赖。

3）若 $X \to Y$，则 X 称为这个函数依赖的决定属性组，也称决定因素。

4）若 $X \to Y$，$Y \to X$，则记作 $X \leftrightarrow Y$。

5）若 Y 函数不依赖于 X，则记作 $X \nrightarrow Y$。

定义 3-1：在 $R<U>$ 中，如果 $X \to Y$，并且对于 X 的任何一个真子集 X' 都有 $X' \nrightarrow Y$，则称 Y 对 X 完全函数依赖，记作

$$X \xrightarrow{\quad F \quad} Y$$

例如，通过{学生学号，选修课程名}可以得到{该生本门选修课程的成绩}，而通过单独的{学生学号}或单独的{选修课程名}都无法得到该成绩，则说明{该生本门选修课程的成绩}完全依赖于{学生学号，选修课程名}。

定义 3-2：在 $R<U>$ 中，若 $X \to Y$，存在 X 的某一真子集 X'，使 $X' \to Y$，则称 Y 对 X 部分函数依赖，记作

$$X \xrightarrow{\quad P \quad} Y$$

例如，通过{学生学号，课程号}可以得到{该生姓名}，而通过单独的{学生学号}已经能够得到{该生姓名}，则说明{该生姓名}部分依赖于{学生学号，课程号}。又如，通过{学生学号，课程号}可以得到{课程名称}，而通过单独的{课程号}已经能够得到{课程名称}，则说明{课程名称}部分依赖于{学生学号，课程号}。存在部分函数依赖会造成数据冗余及各种异常。

定义 3-3：在 $R<U>$ 中，X、Y、Z 是 R 的 3 个不同的属性或属性组，如果 $X \to Y(Y \nsubseteq X)$、$Y \nrightarrow X$、$Y \to Z$，$Z \nsubseteq Y$，则称 Z 对 X 传递函数依赖。记作 $X \xrightarrow{\quad 传递 \quad} Z$。

例如，在关系 $R<$学号，宿舍，费用$>$中，通过{学号}可以得到{宿舍}，通过{宿舍}可以得到{费用}，而反之都不成立，则存在传递依赖{学号}→{费用}。存在传递函数依赖也会造成数据冗余及各种异常。

加上条件 $Y \nrightarrow X$，是因为如果 $Y \to X$，则 $X \leftrightarrow Y$，实际上是 $X \xrightarrow{\quad 直接 \quad} Z$，那么这样的形式为直接函数依赖，而不是传递函数依赖。

3.2.2　候选码

候选码（简称为码）是关系模式中的一个重要概念。在前面的章节中已给出了有关候选码的若干定义，这里使用函数依赖的概念来定义候选码。

定义 3-4：设 K 为 $R<U, F>$ 中的一个或一组属性，若 $K \xrightarrow{\quad F \quad} U$，则称 K 为 R 的候选码。

如果候选码较多，则根据实际应用场景选择其中一个作为主码。包含在任一候选码中的属性，称为主属性。不包含在任何候选码中的属性称为非主属性或非码属性。在关系模式中，最简单的情况是候选码由单个属性构成，称为单码；最极端的情况是候选码包含整个关系的属性，称为全码。

【例3-2】在关系模式"职工（<u>工号</u>，部门，年龄）"中，单个属性"工号"是候选码，使用下划线标示。在关系模式"学生课程成绩（<u>学号，课程编号</u>，成绩）"中，属性组合（学号，课程编号）为候选码。

【例 3-3】在关系模式"教师学生课程（教师，课程，学生）"中，假如一个教师可以讲授多门课程，某门课程可以由多个教师讲授，学生可以听不同教师讲授的不同课程，那么，要区分该关系中的每一个元组，这个关系模式的候选码应为全部的属性（教师，课程，学生），即全码。

定义 3-5：设有两个关系模式 R 和 S，X 是 R 的属性或属性组，且 X 不是 R 的码，但 X 是 S 的码（或与 S 的码意义相同），则称 X 是 R 的外部码，简称外码。

【例 3-4】在关系模式课程表（<u>课程编号</u>，课程名，学分）中，课程编号为候选码。在关系模式学生课程成绩（<u>学号，课程编号</u>，成绩）中，属性组合（学号，课程编号）为候选码。则课程编号是关系模式学生课程成绩的外码。

主码与外码提供了一种表示关系模式之间关联关系的方法，如关系模式课程表（<u>课程编号</u>，课程名，学分）与关系模式学生课程成绩（<u>学号，课程编号</u>，成绩）之间是通过课程编号进行联系的。

3.2.3 范式理论

范式来自英文 normal form，简称 NF，意指符合某一种级别的关系模式的集合。在设计关系数据库时，所有数据的逻辑结构及其相互联系都由关系模式来表达，而关系模式的结构是否合理直接影响关系数据库的性能。因此，应根据实际问题的需要设计出合理的关系模式。在设计关系模式时，都要遵循一定的规则，而这些规则在关系数据库中被称为范式，它实际上是关系数据库中的关系必须满足的条件。

不同的规范要求称为不同的范式，根据满足不同层次的条件，目前关系数据库有 6 种范式：第一范式（1NF）、第二范式（2NF）、第三范式（3NF）、Boyce-Codd 范式（BCNF）、第四范式（4NF）和第五范式（fifth normal form，5NF）。满足最低要求的范式是 1NF，在 1NF 的基础上进一步满足特定约束要求的范式称为 2NF，其余范式以此类推。因此，所谓"第几范式"，是表示关系模式规范性达到的某一级别。一个低一级范式的关系模式，通过模式分解可以转换为若干个高一级范式的关系模式的集合，这个转换过程称为规范化。各范式之间的联系为 $5NF \subset 4NF \subset BCNF \subset 3NF \subset 2NF \subset 1NF$。

下面介绍这几种范式的相关概念。

（1）1NF

定义 3-6：在一个关系模式中，关系对应一个二维数据表，若表中的每个数据分量都是不可再分的数据项，即关系的所有属性都不能再分解为更基本的数据单位，则称这个关系模式为 1NF。不符合 1NF 的关系不能称为关系数据库。

【例 3-5】现有一个二维数据表如表 3-2 所示，判断其是否符合 1NF。

表 3-2　进货表 1

编号	货名	进货	
		数量	单价
0001	电子台灯	100	120.00

表 3-2 中的"进货"这一列显然不符合 1NF 的定义,因为"进货"这一属性被分割为了"数量"和"单价"这两个数据分项,不符合"数据分量都是不可再分的数据项"这一特性。因此,将"进货"这一属性进行拆分后,该数据表结构所有的字段都是最基本的单元,不可再次拆分,满足了数据库 1NF 的要求,如表 3-3 所示。

表 3-3　进货表 2

编号	货名	进货数量	进货单价
0001	电子台灯	100	120.00

（2）2NF

定义 3-7：若 $R \in 1NF$,且 R 中的每个非主属性完全函数依赖于码,则 $R \in 2NF$。

【例 3-6】现有一关系模式职工项目工资（职工编号,所属部门,部门地址,项目编号,项目时长,工资）,其中"工资"属性为职工参与某项目应得的工资,每个部门所在的地址只能有一个,该关系模式的码为（职工编号,项目编号）。函数依赖有以下几个。

（职工编号,项目编号）$\xrightarrow{F}$（工资）。

（职工编号）→（所属部门）,（职工编号,项目编号）$\xrightarrow{P}$（所属部门）。

（职工编号）→（部门地址）,（职工编号,项目编号）$\xrightarrow{P}$（部门地址）。

（项目编号）→（项目时长）,（职工编号,项目编号）$\xrightarrow{P}$（项目时长）。

从上述函数依赖关系可以看到,非主属性"所属部门"、"部门地址"及"项目时长"并不完全函数依赖于码。因此关系模式职工项目工资（职工编号,所属部门,部门地址,项目编号,项目时长,工资）不符合 2NF 定义,即该关系模式不属于 2NF。

一个关系模式 R 不属于 2NF,就会存在以下几个问题。

1）数据冗余。

同一个项目可以由 n 位职工共同完成,项目时长就重复 $n-1$ 次;同一个职工可以参与 m 个项目,则其所属部门及部门地址就重复了 $m-1$ 次。这就造成了数据的冗余。

2）修改复杂。

若调整了某个项目的时长,则数据表中所有与此项目相关的"项目时长"属性值都要进行修改,否则会出现同一个项目"项目时长"属性值不同的情况,这就造成了数据修改的复杂化。

3）插入异常。

假定要在数据库中插入一个新的项目,暂时还无职工参与。这样,由于无职工参与,也就使"职工编号"这一相关的属性值为空,那么项目编号、项目时长将无法记入数据库。因为插入元组时必须给定码值,而这时码值的一部分为空,因而新项目的固有信息无法插入数据库中。

4）删除异常。

假定某位职工只参与一个项目为 C_1,但由于某种原因,现在该职工放弃参与项目 C_1,

那么 C_1 这个数据项就要删除。项目 C_1 为主属性，若删除 C_1，则整个元组就必须跟着删除，即该职工的其他信息也将被删除，从而造成删除异常，即不应删除的信息也被删除了。

分析上面的例子，可以发现问题在于有两种非主属性。一种如"工资"，它对码是完全函数依赖。另一种如"所属部门""部门地址""项目时长"对码不是完全函数依赖。解决的方法是使用投影分解把关系模式职工项目工资分解为 3 个关系模式，分别如下。

职工（职工编号，所属部门，部门地址）。

项目（项目编号，项目时长）。

工资（职工编号，项目编号，工资）。

关系模式职工（职工编号，所属部门，部门地址）的码为（职工编号），关系模式项目（项目编号，项目时长）的码为（项目编号），关系模式工资（职工编号，项目编号，工资）的码为（职工编号，项目编号），这样就使非主属性对码都是完全函数依赖了。

（3）3NF

定义 3-8：关系模式 $R<U, F>$ 中若不存在这样的主码 X，属性组 Y 及非主属性 Z（$Z \nsubseteq Y$）使得 $X \rightarrow Y$、$Y \rightarrow Z$ 成立，$Y \nrightarrow X$，则称 $R<U, F> \in$ 3NF。

由 3NF 的定义可知，若 $R \in$ 3NF，则每一个非主属性既不部分依赖于主码也不传递依赖于主码。

【例 3-7】 在关系模式工资（职工编号，项目编号，工资）中，码为（职工编号，项目编号），由于（职工编号，项目编号）$\xrightarrow{F}$（工资），该关系模式没有传递依赖。而在关系模式职工（职工编号，所属部门，部门地址）中，由于职工编号→所属部门，（所属部门 $\nrightarrow$ 职工编号），所属部门→部门地址，所以职工编号 $\xrightarrow{传递}$ 部门地址。因此，关系模式工资属于 3NF，而关系模式职工不属于 3NF。

一个关系模式 R 若不是 3NF，则会产生与 2NF 相类似的问题。解决的方法同样是将关系模式进行分解，如关系模式职工可分解为如下关系模式。

职工部门（职工编号，所属部门）。

部门地址（所属部门，部门地址）。

分解后的关系模式中不再存在传递依赖。

（4）BCNF

BCNF 是由 Boyce 与 Codd 提出的比 3NF 进一步的范式，通常 BCNF 被认为是修正的 3NF，有时也称为扩充的 3NF。

定义 3-9：设关系模式 $R<U, F> \in$ 1NF。若 $X \rightarrow Y$ 且 $Y \nsubseteq X$，X 必含有码，则 $R<U, F> \in$ BCNF。也就是说，在关系模式 $R<U, F>$ 中，若每一个决定因素都包含码，则 $R<U, F> \in$ BCNF。

由 BCNF 的定义可知，一个满足 BCNF 的关系模式有如下特点。

1）R 中所有非主属性对每一个主码都是完全函数依赖。

2）R 中所有主属性对每一个不包含它的码也是完全函数依赖。

3）R 中没有任何属性完全函数依赖于非码的任何一组属性。

注意：非主属性指的是除码外的属性。

定理 3-1：如果 $R \in$ BCNF，则 $R \in$ 3NF 一定成立。但是若 $R \in$ 3NF，则 R 未必属于 BCNF。

一个关系模式如果达到了 BCNF，那么在函数依赖范围内，它已实现了彻底的分离，即任何属性都不存在对码的传递依赖和部分依赖，这样也消除了数据冗余、插入和删除异常等问题。

【例 3-8】在关系模式职工（职工编号，姓名，所属部门）中，它只有一个码为职工编号，这里没有任何属性对职工编号存在部分依赖或传递依赖，所以职工∈3NF。同时职工中的职工编号是唯一的决定因素，所以职工∈BCNF。

【例 3-9】在关系模式部门（部门编号，部门名称，部门地址，部门人数）中，它有两个码，分别是部门编号和部门名称，这两个码都由单个属性组成，彼此不相交。其他属性不存在对码的传递依赖或部分依赖，所以部门∈3NF。同时部门中除部门编号和部门名称外，没有其他决定因素，所以部门也属于 BCNF。

【例 3-10】在关系模式职工项目（职工编号，项目经理，项目名称）中，每一位项目经理只负责一个项目，每个项目有若干项目经理，某一职工选定某个项目，对应一个固定的项目经理。由语义可得到如下的函数依赖：（职工编号，项目名称）→项目经理，（职工编号，项目经理）→项目名称，项目经理→项目名称。

这里（职工编号，项目名称）、（职工编号，项目经理）都是候选码。关系模式职工项目是 3NF，因为没有任何非主属性存在对码的传递依赖或部分依赖。但关系模式职工项目不是 BCNF 关系，因为属性"项目经理"是决定因素，但其不包含码。

对于不是 BCNF 的关系模式，仍然存在不合适的地方。对于非 BCNF 的关系模式也可以通过分解成为 BCNF。例如，职工项目可分解为职工项目经理（职工编号，项目经理）与项目（项目经理，项目名称），它们都是 BCNF。

3NF 和 BCNF 是在函数依赖的条件下对模式分解所能达到分离程度的预测。一个关系模式如果达到了 BCNF，那么在函数依赖范围内，它已实现了彻底的分离，而 3NF 的"不彻底"性表现在可能存在主属性对码的部分依赖和传递依赖。

（5）多值依赖

以上是在函数依赖的范畴内讨论问题，那属于 BCNF 的关系模式是否就不存在问题了呢？下面来看一个例子。

【例 3-11】在关系模式 RDP（R，D，P）中，R 表示医院的病房，D 表示护士，P 表示病人。假设医院的每个病房有若干病人及若干护士，每个护士看管所在病房的所有病人，即每个病人要被所在病房的所有护士看管。那么此关系模式可以用一个规范化的二维表来表示病房 R、护士 D 及病人 P 之间的关系，如表 3-4 所示。

表 3-4　RDP

病房 R	护士 D	病人 P
R_1	D_1	P_1
R_1	D_1	P_2
R_1	D_2	P_1
R_1	D_2	P_2
R_2	D_4	P_3
R_2	D_4	P_4
...	...	...

关系模式 RDP（R，D，P）的码是（R，D，P），即 All-Key。因而 RDP∈BCNF。但是，当某一病房（如 R_1）增加一名护士（如 D_3）时，必须插入多个（这里是 2 个）元组：（R_1，D_3，P_1）、（R_1，D_2，P_2）。

从以上关系模式，可以看出在对数据进行增、删、改时很不方便，并且数据的冗余也十分明显。仔细观察这类关系模式，可以发现该类关系模式中的某个属性可以对应若干个其他属性，如一个病房可以对应若干个护士及若干个病人。我们称该类关系模式的数据依赖为多值依赖。

定义 3-10：设 $R<U>$ 是属性集 U 上的一个关系模式。X、Y、Z 是 U 的子集，且 $Z=U-X-Y$。如果对 $R<U>$ 的任一关系 r，给定一对 (x, z) 值，都有一组 Y 值与之对应，这组 Y 值仅仅决定于 x 值而与 z 值无关，则称 Y 多值依赖于 X，或 X 多值决定 Y，记作 $X \rightarrow\rightarrow Y$。

例如，在关系模式 RDP(R, D, P) 中，对于一个 (R_1, P_1)，有一组 D 值 $\{D_1, D_2\}$，这组值仅仅决定于病房 R 上的值 (R_1)。也就是说对于另一个 (R_1, P_2)，它所对应的一组 D 值仍是 $\{D_1, D_2\}$，尽管这时病人 P 的值改变了。因此，D 多值依赖于 P，即 $P \rightarrow\rightarrow D$。

若 $X \rightarrow\rightarrow Y$，而 $Z=\varnothing$，即 Z 为空，则称 $X \rightarrow\rightarrow Y$ 为平凡的多值依赖。下面再举一个具有多值依赖的关系模式的例子。

【例 3-12】 在关系模式 DWP(D, W, P) 中，D 表示公司的部门，W 表示公司的职工，P 表示公司的项目。假设每个部门有若干个职工，负责若干个项目。每个职工参与所在部门的所有项目，每个项目要求该部门的所有职工参与。列出如表 3-5 所示的关系。

表 3-5　关系模式 DWP

部门 D	职工 W	项目 P
D_1	W_1	P_1
D_1	W_1	P_2
D_1	W_2	P_1
D_1	W_2	P_2
D_2	W_3	P_3
D_2	W_4	P_3
...	...	...

按照语义，在关系模式 DWP(D, W, P) 中，对于一个 (D_1, P_1)，有一组 W 值 $\{W_1, W_2\}$，这组值仅仅决定于部门 D 上的值 (D_1)。也就是说对于另一个 (D_1, P_2)，它所对应的一组 W 值仍是 $\{W_1, W_2\}$，尽管这时项目 P 的值改变了。因此，对于 D 的每一个值 D_i，W 有一个完整的集合与之对应，而不论 P 取值如何，所以 $D \rightarrow\rightarrow W$。

多值依赖具有如下性质。

1）多值依赖具有对称性。

若 $X \rightarrow\rightarrow Y$，则 $X \rightarrow\rightarrow Z$，其中 $Z=U-X-Y$。

2）多值依赖具有传递性。

若 $X \rightarrow\rightarrow Y$，$Y \rightarrow\rightarrow Z$，则 $X \rightarrow\rightarrow Z-Y$。

3）函数依赖是多值依赖的特殊情况。

若 $X \rightarrow Y$，则 $X \rightarrow\rightarrow Y$。这是因为当 $X \rightarrow Y$ 时，对 X 的每一个值 x，Y 有一个确定的值 y 与之对应，所以 $X \rightarrow\rightarrow Y$。

4）若 $X \rightarrow\rightarrow Y$，$X \rightarrow\rightarrow Z$，则 $X \rightarrow\rightarrow Y \cup Z$。

5）若 $X \rightarrow\rightarrow Y$，$X \rightarrow\rightarrow Z$，则 $X \rightarrow\rightarrow Y \cap Z$。

6）若 $X \rightarrow\rightarrow Y$，$X \rightarrow\rightarrow Z$，则 $X \rightarrow\rightarrow Y-Z$，$X \rightarrow\rightarrow Z-Y$。

多值依赖与函数依赖相比，具有如下两方面的区别。

1）若多值依赖 $X \rightarrow \rightarrow Y$ 在属性集 U 上成立，则在 K（$XY \subseteq K \subseteq U$）上一定成立，这时称 $X \rightarrow \rightarrow Y$ 为 $R<U>$ 上的嵌入型多值依赖；而反之则不然，即 $X \rightarrow \rightarrow Y$ 在 K（$K \subseteq U$）上成立，在 U 上并不一定成立。这是因为多值依赖的定义中既涉及属性组 X 和 Y，又涉及 U 中的其余属性 Z。

但是在关系模式 $R<U>$ 中函数依赖 $X \rightarrow Y$ 的有效性仅决定于 X、Y 这两个属性集的值。只要在 $R<U>$ 的任何一个关系 r 中，元组在 X 和 Y 上的值满足函数依赖的定义，则函数依赖 $X \rightarrow Y$ 在任何属性集 K（$XY \subseteq K \subseteq U$）上都成立。

2）若多值依赖 $X \rightarrow Y$ 在 $R<U>$ 上成立，不能断言对于任何 $Y' \subseteq Y$ 有 $X \rightarrow \rightarrow Y'$ 成立。例如，一位老师可能教多门课，因此不同的老师可能有教相同的课，因此不能推出 $X \rightarrow \rightarrow Y'$ 成立。而若函数依赖 $X \rightarrow Y$ 在 $R<U>$ 上成立，则对于任何 $Y' \subseteq Y$ 均有 $X \rightarrow Y'$ 成立。我们能够看出，若是把一组改成一个，即一位老师只能教一门课，则 $X \rightarrow Y'$ 一定成立，这实际上就是函数依赖。因此函数依赖是多值依赖的一种特殊情况，多值依赖不一定是函数依赖，但函数依赖必定是多值依赖。

（6）4NF

定义 3-11：关系模式 $R<U, F> \in 1NF$，若对于 R 中的每一个非平凡多值依赖 $X \rightarrow \rightarrow Y$（$Y \not\subseteq X$），$X$ 都含有码，则 $R<U, F> \in 4NF$。

4NF 就是限制关系模式的属性之间不允许有非平凡且非函数依赖的多值依赖。因为由定义可知，对于每一个非平凡的多值依赖 $X \rightarrow \rightarrow Y$，$X$ 都含有候选码，于是就有 $X \rightarrow Y$，所以 4NF 所允许的非平凡多值依赖实际上是函数依赖。显然，若一个关系模式是 4NF，则必为 BCNF。

在前面讨论的关系模式 DWP 中，$D \rightarrow \rightarrow W$，$D \rightarrow \rightarrow P$，它们都是非平凡的多值依赖。而 D 不是码，关系模式 DWP 的码是（D, W, P）。因此关系模式 $DWP \notin 4NF$。

一个关系模式如果已达到了 BCNF 但不是 4NF，这样的关系模式仍然具有不好的性质。以 DWP 为例，$DWP \notin 4NF$，但是 $DWP \in BCNF$。对于 DWP 的某个关系，若某一部门 D_i 有 m 个职工，负责 n 个项目，则关系中分量为 D_i 的元组数目一定有 $m \times n$ 个。每个职工重复存储 n 次，每个项目重复存储 m 次，数据的冗余度太大，因此还应该继续规范化使关系模式 DWP 达到 4NF。

可以使用投影分解的方法消去非平凡且非函数依赖的多值依赖。例如，可以把 DWP 分解为 DW（D, W）和 DP（D, P）。在 DW 中，虽然有 $D \rightarrow \rightarrow W$，但这是平凡的多值依赖。DW 中已不存在非平凡的非函数依赖的多值依赖。所以 $DW \in 4NF$，同理 $DP \in 4NF$。

函数依赖和多值依赖是两种最重要的数据依赖。如果只考虑函数依赖，那么属于 BCNF 的关系模式规范化程度已经是最高的了。如果考虑多值依赖，那么属于 4NF 的关系模式规范化程度是最高的。事实上，数据依赖中除函数依赖和多值依赖外，还有其他数据依赖，如连接依赖。函数依赖是多值依赖的一种特殊情况，而多值依赖实际上又是连接依赖的一种特殊情况。但连接依赖不像函数依赖和多值依赖可由语义直接导出，而是在关系的连接运算中才能够反映出来。存在连接依赖的关系模式仍可能遇到数据冗余及插入、修改、删除异常等问题。如果消除了属于 4NF 的关系模式中存在的连接依赖，则可以进一步达到 5NF 的关系模式。对于连接依赖和 5NF 等理论，可以参阅其他书籍等相关资料，这里不再讨论。

3.3 关系模式的分解

通过前面章节的学习，我们知道由于现有的关系模式可能会存在一些数据增、删、改等方面的问题，如数据冗余太大、更新异常、插入异常及删除异常等。为了完善数据库增、删、改、查的功能，就需要寻找一种等价的关系模式，使以上弊端得以解决，而有效的方法就是将关系模式分解为等价的关系模式。因此，我们在对函数依赖的性质有了基本的了解之后，接下来可以具体地来学习模式分解的相关知识。

定义 3-12：关系模式 $R<U, F>$ 的一个分解是指 R 被它的一组子集 $\rho=\{R_1<U_1，F_1>，R_2<U_2，F_2>，\cdots，R_n<U_n，F_n>\}$ 所代替的过程。

其中，$U=\bigcup_{i=1}^{n}U_i$，并且没有 $U_i \subseteq U_j$（$1 \leqslant i, j \leqslant n$），$F_i$ 是 F 在 U_i 上的投影，即 $F_i=\{X \rightarrow Y | X \rightarrow Y \in F^+ \wedge XY \subseteq U_i\}$（$XY$ 指 $X \cup Y$）。

3.3.1 模式分解的 3 个定义

按照不同的方法，一个关系模式的分解是多种多样的，但是其分解后产生的模式应与原模式等价。这种"等价"关系具有 3 种不同的定义，分别如下。

1）分解具有无损连接性，即分解后信息不失真（不增减信息）。

2）分解要保持函数依赖，即不破坏属性间存在的依赖关系。

3）分解既要保持函数依赖，又要具有无损连接性。

这 3 个定义是实行分解的 3 条不同的准则。按照不同的分解准则，模式所能达到的分离程度各不相同，各种范式就是对分离程度的测度。因此，接下来将要学习以下几个知识。

1）无损连接性和保持函数依赖的含义是什么？如何判断？

2）对于不同的分解等价定义，究竟能达到何种程度的分离，即分离后的关系模式是第几范式。

下面举例说明按定义 3-12 进行模式分解存在的一些缺陷。

一个关系模式被分解为多个关系，则原来存储在一个二维表中的数据相应地就要被分散存储到多个二维表中，若要使这个分解有意义，起码的要求是后者不能丢失前者的数据信息，否则分解不成立。

【例 3-13】已知关系模式 $R<U, F>$，其中 $U=\{N, D, M\}$，$F=\{N \rightarrow D, D \rightarrow M\}$，$N$ 表示公司职工工号，D 表示职工所在的部门，M 表示部门经理。一个职工只能在一个部门工作，一个部门只能有一位部门经理，则该关系模式 R 的一个实例如表 3-6 所示。

表 3-6 NDM

职工工号 N	职工所在的部门 D	部门经理 M
N_1	D_1	M_1
N_2	D_1	M_1
N_3	D_2	M_2

由于 R 中存在传递函数依赖 $N \rightarrow M$，它会发生更新异常。例如，如果 N_3 离职，则将其信息删除时，其所属的 D_2 部门的部门经理 M_2 的信息也将被删除。反过来，若一个部门 D_3

尚无职工，那么这个部门的部门经理的信息也无法存入。于是进行了如下模式分解：

$$\rho_1 = \{R_1 < N, \ \varnothing >, \ R_2 < D, \ \varnothing >, \ R_3 < M, \ \varnothing >\}$$

分解后，诸 R_i 的关系 r_i 是 R 在 U 上的投影，即 $r_i = R[U_i]$，表示如下：

$$r_1 = \{N_1, \ N_2, \ N_3\}, \quad r_2 = \{D_1, \ D_1, \ D_2\}, \quad r_3 = \{M_1, \ M_1, \ M_2\}$$

对于分解后的数据库，要回答"N_1 在哪个部门工作"或"D_1 部门的部门经理是谁"也不可能了，这样的分解没有意义。

如果分解后的数据库能够恢复到原来的情况，不丢失信息的要求也就达到了。R_i 向 R 的恢复是通过自然连接来实现的，这就产生了无损连接性的概念。显然，上例的分解 ρ_1 所产生的诸关系自然连接的结果实际上是它们的笛卡儿积，元组增加了，信息丢失了。

于是对 R 又进行另一种分解：

$$\rho_2 = \{R_1 < \{N, \ D\}, \ \{N, \ D\} >, \ R_2 < \{N, \ M\}, \ \{N, \ M\} >\}$$

以后可以证明 ρ_2 对 R 的分解是可以恢复的，但是前面提到的插入和删除异常仍然没有解决，原因就在于原来在 R 中存在的函数依赖 $D \rightarrow M$，现在在 R_1 和 R_2 中都不再存在了。因此人们又要求分解具有保持函数依赖的特性。

最后对 R 进行了以下一种分解：

$$\rho_3 = \{R_1 < \{N, \ D\}, \ \{N, \ D\} >, \ R_2 < \{D, \ M\}, \ \{D, \ M\} >\}$$

可以证明分解 ρ_3 既具有无损连接性，又保持函数依赖。它解决了更新异常，又没有丢失原数据库的信息，这是所希望的分解。

由此可以看出，为什么要提出对数据库模式"等价"的 3 种不同定义。下面严格定义分解的无损连接性和保持函数依赖性并讨论它们的判别算法。

3.3.2　分解的无损连接性和保持函数依赖性

无损连接是指分解后的关系通过自然连接可以恢复成原来的关系，即通过自然连接得到的关系与原来的关系相比，既不多出信息又不丢失信息。

1. 分解的无损连接性

引理：设 $\rho = \{R_1 < U_1, \ F_1 >, \ R_2 < U_2, \ F_2 >, \cdots, \ R_k < U_k, \ F_k >\}$ 为关系模式 $R<U, \ F>$ 的一个分解，r 为 R 的任意一个关系，$r_i = \pi_{Ri}(r)$，则：

① $r \subseteq m_\rho(r)$。

② 如果 $s = m_\rho(r)$，则 $\pi_{Ri}(r) = r_i$。

③ $m_\rho(m_\rho(r)) = m_\rho(r)$。

通过上边的引理可以得到，分解后的关系做自然连接必包含分解前的关系，即分解不会丢失信息，但可能增加信息，只有 $r = m_\rho(r)$ 时，分解才具有无损连接性。因此，分解的无损连接性的定义如下。

定义 3-13：设 $\rho = \{R_1 < U_1, \ F_1 >, \ R_2 < U_2, \ F_2 >, \cdots, \ R_k < U_k, \ F_k >\}$ 为关系模式 $R<U, \ F>$ 的一个分解，若对 R 的任意一个关系 r 均有 $r = m_\rho(r)$ 成立，则称分解 ρ 具有无损连接性，简称 ρ 为无损分解。

直接根据无损分解的定义去鉴别一个分解的无损连接性是不可能的，下面给出一个判别分解无损连接性的算法。

设 $\rho = \{R_1 < U_1, \ F_1 >, \ R_2 < U_2, \ F_2 >, \cdots, \ R_k < U_k, \ F_k >\}$ 为关系模式 $R<U, \ F>$ 的一个

分解，$U=\{A_1, \cdots, A_n\}$，$F=\{FD_1, FD_2, \cdots, FD_\rho\}$，设 F 为它的函数依赖集。

（1）构造初始表

构造一个 k 行 n 列的初始表，其中每列对应于 R 的一个属性，每行用于表示分解后的一个模式组成。如果属性 A_j 属于关系模式 U_i，则在表的第 i 行第 j 列置符号 a_j，否则置符号 b_{ij}。

（2）根据 F 中的函数依赖修改表内容

考察 F 中的每个函数依赖 $X \rightarrow Y$，找到 X 所对应的列中具有相同符号的那些行。考察这些行中 l_i 列的元素，若其中有 a_{li}，则全部改为 a_{li}；否则全部改为 b_{mli}；m 是这些行的行号最小值。

注意： 若某个 b_{tli} 被改动，那么该表的 l_i 列中凡是 b_{tli} 的符号（不管它是否为开始找到的那些行）均进行相同的改动。

循环地对 F 中的函数依赖进行逐个处理，直到发现表中有一行变为 a_1、a_2、$\cdots$、a_n 或不能再被修改为止。

（3）判断分解是否为无损连接

如果通过修改，发现表中有一行变为 a_1、a_2、$\cdots$、a_n，则算法终止，此时称 ρ 为无损连接分解，否则分解不具有无损连接性。

【例 3-14】 已知关系模式 $R<U, F>$，$U=\{A, B, C, D, E\}$，$F=\{A \rightarrow C, B \rightarrow C, C \rightarrow D, DE \rightarrow C, CE \rightarrow A\}$，$R$ 的一个分解为 R_1（A, D），R_2（A, B），R_3（B, E），R_4（C, D, E），R_5（A, E），判断这个分解是否具有无损连接性。

① 构造一个初始的二维表，如表 3-7 所示，若属性属于模式中的属性，则填 a_j，否则填 b_{ij}。

表 3-7　初始二维表

属性模式	A	B	C	D	E
R_1（A, D）	a_1	b_{12}	b_{13}	a_4	b_{15}
R_2（A, B）	a_1	a_2	b_{23}	b_{24}	b_{25}
R_3（B, E）	b_{31}	a_2	b_{33}	b_{34}	a_5
R_4（C, D, E）	b_{41}	b_{42}	a_3	a_4	a_5
R_5（A, E）	a_1	b_{52}	b_{53}	b_{54}	a_5

② 根据 $A \rightarrow C$，对表 3-7 进行处理，由于属性列 A 上第 1、2、5 行相同均为 a_1，所以将属性列 C 上的 b_{13}、b_{23}、b_{53} 改为同一个符号 b_{13}（取行号最小值），如表 3-8 所示。

表 3-8　修改后的二维表 1

属性模式	A	B	C	D	E
R_1（A, D）	a_1	b_{12}	b_{13}	a_4	b_{15}
R_2（A, B）	a_1	a_2	b_{13}	b_{24}	b_{25}
R_3（B, E）	b_{31}	a_2	b_{33}	b_{34}	a_5
R_4（C, D, E）	b_{41}	b_{42}	a_3	a_4	a_5
R_5（A, E）	a_1	b_{52}	b_{13}	b_{54}	a_5

③ 根据 $B \rightarrow C$，对表 3-8 进行处理，由于属性列 B 上第 2、3 行相同均为 a_2，所以将属性列 C 上的 b_{23}、b_{33} 改为同一个符号 b_{13}（取行号最小值），如表 3-9 所示。

表 3-9　修改后的二维表 2

属性模式	A	B	C	D	E
R_1（A, D）	a_1	b_{12}	b_{13}	a_4	b_{15}
R_2（A, B）	a_1	a_2	b_{13}	b_{24}	b_{25}
R_3（B, E）	b_{31}	a_2	b_{13}	b_{34}	a_5
R_4（C, D, E）	b_{41}	b_{42}	a_3	a_4	a_5
R_5（A, E）	a_1	b_{52}	b_{13}	b_{54}	a_5

④ 根据 $C \rightarrow D$，对表 3-9 进行处理，由于属性列 C 上第 1、2、3、5 行相同均为 b_{13}，所以将属性列 D 上的值均改为同一个符号 a_4，如表 3-10 所示。

表 3-10　修改后的二维表 3

属性模式	A	B	C	D	E
R_1（A, D）	a_1	b_{12}	b_{13}	a_4	b_{15}
R_2（A, B）	a_1	a_2	b_{13}	a_4	b_{25}
R_3（B, E）	b_{31}	a_2	b_{13}	a_4	a_5
R_4（C, D, E）	b_{41}	b_{42}	a_3	a_4	a_5
R_5（A, E）	a_1	b_{52}	b_{13}	a_4	a_5

⑤ 根据 $DE \rightarrow C$，对表 3-10 进行处理，由于属性列 DE 上第 3、4、5 行相同均为 $a_4\,a_5$，所以将属性列 C 上的值均改为同一个符号 a_3，如表 3-11 所示。

表 3-11　修改后的二维表 4

属性模式	A	B	C	D	E
R_1（A, D）	a_1	b_{12}	a_3	a_4	b_{15}
R_2（A, B）	a_1	a_2	a_3	a_4	b_{25}
R_3（B, E）	b_{31}	a_2	a_3	a_4	a_5
R_4（C, D, E）	b_{41}	b_{42}	a_3	a_4	a_5
R_5（A, E）	a_1	b_{52}	a_3	a_4	a_5

⑥ 根据 $CE \rightarrow A$，对表 3-12 进行处理，由于属性列 CE 上第 3、4、5 行相同均为 $a_3\,a_5$，所以将属性列 A 上的值均改为同一个符号 a_1，如表 3-12 所示。

表 3-12　修改后的二维表 5

属性模式	A	B	C	D	E
R_1（A, D）	a_1	b_{12}	a_3	a_4	b_{15}
R_2（A, B）	a_1	a_2	a_3	a_4	b_{25}
R_3（B, E）	a_1	a_2	a_3	a_4	a_5
R_4（C, D, E）	a_1	b_{42}	a_3	a_4	a_5
R_5（A, E）	a_1	b_{52}	a_3	a_4	a_5

⑦ 通过上述的修改，使第三行成为 $a_1\,a_2\,a_3\,a_4\,a_5$，则算法终止，且分解具有无损连接性。

当关系模式 R 分解为两个关系模式 R_1 和 R_2 时有以下的判定准则。

设 $\rho = \{R_1,\ R_2\}$ 是关系模式 R 的一个分解，F 是 R 的函数依赖集，那么 ρ 是 R（关于 F）

的无损分解的充分必要条件是 $(R_1 \cap R_2) \to R_1 - R_2 \in F^+$ 或 $(R_1 \cap R_2) \to R_2 - R_1 \in F^+$。

其中，F^+ 称为 F 的闭包。

2. 分解的保持函数依赖性

无损连接性能够保证不丢失数据库的信息，保持函数依赖性能够使数据更新性能不受到影响。规范化的过程中如果能够保持函数依赖性，则在减小数据冗余度的同时不会影响数据更新的性能。

下面引出关系模式在分解时保持函数依赖性的概念。

定义 3-14：设 F 是关系模式 R 的函数依赖集，$\rho = \{R_1 < U_1,\ F_1 >,\ R_2 < U_2,\ F_2 >, \cdots,\ R_k < U_k,\ F_k >\}$ 为 R 的一个分解，如果 $F_i = \pi_{Ri}(F)$ 的并集 $(F_1 \cup F_2 \cup \cdots \cup F_k) = F (i = 1, 2, \cdots, k)$，则称分解 ρ 具有函数依赖保持性。

【例 3-15】 在关系模式 $R<U,\ F>$ 中，假设 $U=\{A,\ B,\ C,\ D\}$，$F=\{A\to B,\ B\to C,\ B\to D,\ C\to A\}$，现将 R 分解为关于 $U_1 = AB$，$U_2 = ACD$ 两个关系，求 R_1、R_2，并检验分解的无损连接性和分解的函数依赖保持性。

解： $F_1 = \pi_{R1}(F) = \{A \to B,\ B \to A\}$，$F_2 = \pi_{R2}(F) = \{A \to C,\ C \to A,\ A \to D\}$

$R_1 =< AB, \{A \to B,\ B \to A\} >$，$R_2 =< ACD, \{A \to C,\ C \to A,\ A \to D\} >$

$U_1 \cap U_2 = AB \cap ACD = A$

$U_1 - U_2 = AB - ACD = B$

$A \to B \in F$

所以 ρ 是无损分解。

$F_1 \cup F_2 = \{A \to B,\ B \to A,\ A \to C,\ C \to A,\ A \to D\} = \{A \to B,\ B \to C,\ B \to D,\ C \to A\} = F$，所以 ρ 是函数依赖保持性。

本 章 小 结

本章主要介绍了关系数据库理论中的规范化理论，讲解了关系模式的分解，以及如何使用关系数据库理论来规范关系模式。通过学习本章的内容，读者能够理解关系模式中函数依赖和候选码的有关概念，掌握 1NF～4NF、BCNF 范式的定义及关系模式分解的方法，并熟练运用关系数据库理论规范关系模式，消除数据冗余、插入和删除异常等问题。

思考与练习

一、填空题

1. 在关系模式 $R(D,\ E,\ G)$ 中，存在函数依赖关系 $\{E \to D,\ (D,\ G) \to E\}$，则候选码是_____，关系模式 $R(D,\ E,\ G)$ 属于_____。

2. 在一个关系 R 中，若每个数据项都是不可再分的，那么 R 一定属于_____。

3. 若关系为 1NF，且它的每一非主属性都_____候选码，则该关系为 2NF。

4. 如果关系模式 R 是 2NF，且每个非主属性都不传递依赖于 R 的候选码，则称 R 为_____关系模式。

5. 关系模式规范化需要考虑数据间的依赖关系，人们已经提出了多种类型的数据依赖，其中最重要的是_____和_____。

6. 设关系 R（U），X，$Y \in U$，$X \rightarrow Y$ 是 R 的一个函数依赖，如果存在 $X' \in X$，使 $X' \rightarrow Y$ 成立，则称函数依赖 $X \rightarrow Y$ 是_____函数依赖。

二、单选题

1. 关系规范化中的删除操作异常是指（　　）。
   A. 不该删除的数据被删除　　　　　B. 不该插入的数据被插入
   C. 应该删除的数据未被删除　　　　D. 应该插入的数据未被插入

2. 设计性能较优的关系模式称为规范化，规范化主要的理论依据是（　　）。
   A. 关系规范化理论　　　　　　　　B. 关系运算理论
   C. 关系代数理论　　　　　　　　　D. 数理逻辑

3. 规范化过程主要为克服数据库逻辑结构中的插入异常、删除异常及（　　）的缺陷。
   A. 数据的不一致性　　　　　　　　B. 结构不合理
   C. 冗余度大　　　　　　　　　　　D. 数据丢失

4. 当关系模式 R（A，B）已属于 3NF，下列说法中正确的是（　　）。
   A. 它一定消除了插入和删除异常　　B. 仍存在一定的插入和删除异常
   C. 一定属于 BCNF　　　　　　　　D. A 和 C 都是

5. 关系模型中的关系模式至少是（　　）。
   A. 1NF　　　　　B. 2NF　　　　　C. 3NF　　　　　D. BCNF

6. 在关系 DB 中，任何二元关系模式的最高范式必定是（　　）。
   A. 1NF　　　　　B. 2NF　　　　　C. 3NF　　　　　D. BCNF

7. 在关系模式 R 中，若其函数依赖集中所有候选关键字都是决定因素，则 R 最高范式是（　　）。
   A. 2NF　　　　　B. 3NF　　　　　C. 4NF　　　　　D. BCNF

8. 候选关键字中的属性称为（　　）。
   A. 非主属性　　　B. 主属性　　　C. 复合属性　　　D. 关键属性

9. 消除了部分函数依赖的 1NF 的关系模式，必定是（　　）。
   A. 1NF　　　　　B. 2NF　　　　　C. 3NF　　　　　D. 4NF

10. 根据关系数据库规范化理论，关系数据库中的关系要满足 1NF，则下列"部门"关系中，因（　　）属性而使它不满足 1NF。
    部门（部门号，部门名，部门成员，部门总经理）
    A. 部门总经理　　B. 部门成员　　C. 部门名　　　　D. 部门号

三、简答题

1. 解释下列术语的含义：函数依赖、平凡函数依赖、非平凡函数依赖、部分函数依赖、完全函数依赖、传递函数依赖、范式。

2. 简述非规范化的关系中存在的问题。

3. 简述关系模式规范化的目的。

4. 现有如下关系模式：借阅（图书编号，书名，作者名，出版社，读者编号，读者姓名，借阅日期，归还日期）。其中规定，图书编号唯一；读者编号唯一；读者在归还某一本书后还可以在其他时间再次借阅。

请回答下列问题：①写出该关系模式中存在的函数依赖。②求出该关系模式的候选码。③该关系模式最高满足第几范式？为什么？

5．要建立关于学院、学生、班级、研究会等信息的一个关系数据库。规定：一个学院有若干专业、每个专业每年只招一个班，每个班有若干学生，一个学院的学生住在同一个宿舍区。每个学生可参加若干研究会，每个研究会有若干学生。学生参加某研究会，有一个入会年份。

描述学生的属性有：学号、姓名、出生年月、学院名称、班号、宿舍区。

描述班级的属性有：班号、专业名、学院名称、人数、入校年份。

描述学院的属性有：学院号码、学院名称、学院办公室地点、人数。

描述研究会的属性有：研究会名、成立年份、地点、人数。

试给出上述数据库的关系模式；写出每个关系的基本的函数依赖集；指出是否存在传递函数依赖，指出各关系的主码和外码。

6．设有关系模式 R（运动员编号，姓名，性别，班级，班主任，项目号，项目名，成绩）。

如果规定，每名运动员只能代表一个班级参加比赛，每个班级只能有一个班主任；每名运动员可参加多个项目，每个比赛项目也可由多名运动员参加；每个项目只能有一个项目名；每名运动员参加一个项目只能有一个成绩。根据上述语义，回答下列问题。

① 写出关系模式 R 的主关键字。

② 分析 R 最高属于第几范式，说明理由。

③ 若 R 不是 3NF，将其分解为 3NF。

7．设有关系模式 $R<U, F>$，$U=\{X, Y, Z, S, W\}$，$F=\{X \rightarrow S, W \rightarrow S, S \rightarrow Y, YZ \rightarrow S, SZ \rightarrow XY\}$，设 R 分解成 $P=\{R_1（WS），R_2（YZS），R_3（XZS）\}$，判断该分解是否保持函数依赖，并判断此分解是否具有无损连接性。

第4章 数据库设计

数据库设计是数据库应用系统设计与开发的关键性工作，是信息系统开发和建设的核心技术。本章主要讨论 RDBMS 中数据库设计的方法和技术，主要学习数据库设计的任务、特点、设计方法和步骤。数据库设计过程分为需求分析、概念结构设计、逻辑结构设计、物理结构设计、数据库实施、数据库运行和维护 6 个阶段。本章以概念结构设计和逻辑结构设计为重点，介绍数据库各设计阶段的方法、技术及注意事项等内容。

重点和难点

● 数据库设计的 6 个阶段

● 概念结构设计

4.1 数据库设计概述

数据库设计是建立数据库及其应用系统的技术，是信息系统开发和建设的核心。具体来说，数据库设计是指对于一个给定的应用环境，构造最优的数据库模式，建立数据库及其应用系统，使之能够有效地存取数据，满足各种用户的应用需求。也可以解释为，数据库设计是根据用户需求，在某一具体的 DBMS 上设计数据库的结构和建立数据库的过程，数据库设计的好坏直接影响整个应用系统的质量和效率。

4.1.1 数据库设计的特点

数据库设计，广义上是指建立数据库及其应用系统，包括选择合适的计算机平台和 DBMS、设计数据库及开发数据库应用系统等。与一般的软件系统设计相比，数据库的设计有以下特点。

（1）数据库设计应与应用系统设计相结合

数据库设计应该和应用系统设计相结合，是一种"反复探寻，逐步求精"的过程。也就是说，整个设计过程中要把结构（数据）设计和行为（处理）设计密切结合起来，这是数据库设计的重要特点。数据库是信息的核心和基础，它把信息系统中大量的数据按一定的模型组织起来，提供存储、维护、检索数据的功能，使信息系统可以方便、及时、准确地从数据库中获得所需的信息。在数据库设计过程中要把现实世界中的数据，根据各种应用处理的要求，加以合理组织，使之满足硬件和操作系统的环境，利用已有的 DBMS 来建立能够实现系统目标的数据库。一个信息系统的多个部分能否紧密地结合在一起及如何结合，关键在于数据库的设计。因此只有对数据库进行合理的逻辑设计和有效的物理设计才能开发出完善而高效的信息系统。

（2）数据库设计兼具综合技术性和工程性

数据库设计既是一项多学科的综合性技术，又是一项庞大的工程项目。"三分技术，七分管理，十二分基础数据"是数据库建设的基本规律。数据库的建设不仅涉及数据库的设计和开发等技术，也涉及管理问题。这里的管理不仅仅包括项目管理，也包括与该项目关联的企业业务管理，数据库设计是把硬件、软件和管理结合在一起的设计。

大型数据库的设计和开发周期长、耗资多，失败的风险也大。因此，需要把软件工程的原理和方法应用到数据库设计中。对于从事数据库设计的专业人员来讲，应该具备包括数据库设计、计算机科学、软件工程、信息管理与信息系统等多方面的技术和知识。最后，数据库设计人员必须结合实际，分析用户需求，对应用环境、业务流程等有具体、深入的了解，才能设计出符合具体应用领域需求的数据库。

4.1.2　数据库设计的步骤

数据库的设计过程使用软件工程中生命周期的概念来说明，称为数据库的生存期，指的是数据库从研制到不再使用的整个时期，如图 4-1 所示。按照规范设计的方法，可将数据库设计分为 6 个阶段，即需求分析、概念结构设计、逻辑结构设计、物理结构设计、数据库实施、数据库运行和维护，如图 4-2 所示。在数据库设计中，前两个阶段是面向用户的应用需求和具体的问题；中间两个阶段是面向 DBMS；最后两个阶段是面向具体的实现方法。前 4 个阶段可统称为"分析和设计阶段"，后两个阶段可统称为"实现和运行阶段"。

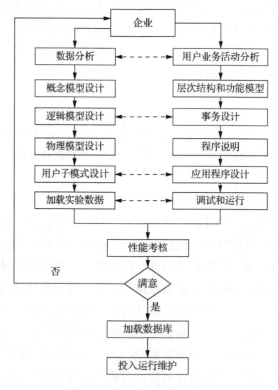

图 4-1　数据库设计的步骤 1

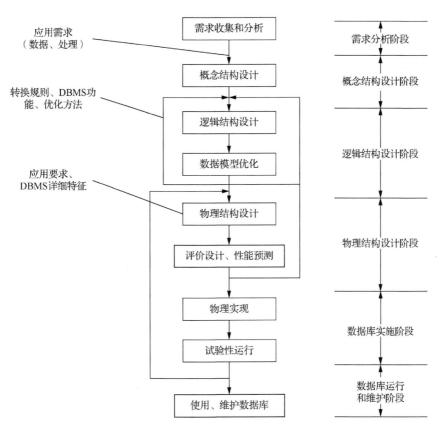

图 4-2　数据库设计的步骤 2

在数据库设计之前，必须先选择参加设计的人员，包括系统分析人员、数据库设计人员、程序员、用户和数据库管理员。系统分析人员和数据库设计人员是数据库设计的核心人员，他们将自始至终参与数据库的设计，他们的水平决定了数据库系统的质量。用户和数据库管理员在数据库设计中也起到举足轻重的作用，他们主要参与需求分析和数据库的运行和维护，他们的积极参与不但能加速数据库设计，而且也是决定数据库设计质量的重要因素。程序员在系统实施阶段参与进来，负责编制程序和准备软/硬件环境。如果所设计的数据库比较复杂，还应该考虑是否需要使用数据库设计工具和 CASE 工具，以提高数据库设计的质量并减少工作量。

（1）需求分析阶段

需求分析是整个数据库设计过程的基础，要收集数据库所有用户的需求分析（包括数据规范化和分析）。这是最困难、最费时的一步，也是最重要的一步，它决定了以后各环节设计的速度和质量。在分析用户需求时，要确保与用户目标的一致性。需求分析阶段的主要成果是需求分析说明书，这是系统设计、测试和验收的主要依据。

（2）概念结构设计阶段

概念结构设计是整个数据库设计的关键，通过对用户需求进行综合、归纳与抽象，从而统一到一个整体逻辑结构中，是一个独立于任何 DBMS 软件和硬件的概念模型。概念结构设计是对现实世界中具体数据的首次抽象，完成了从现实世界到信息世界的转化过程。数据库的逻辑结构设计和物理结构设计都是以概念设计阶段所形成的抽象结构为基础进行的。数据库的概念结构通常使用 E-R 模型来刻画。

（3）逻辑结构设计阶段

逻辑结构设计是将在概念结构设计阶段所得的概念模型转换为某个DBMS所支持的数据模型，并对其进行优化。由于逻辑结构设计是基于具体 DBMS 的实现过程，所以选择什么样的数据库模型尤为重要。然后是数据模型的优化。逻辑结构设计阶段后期的优化工作已成为影响数据库设计质量的一项重要工作。逻辑结构设计阶段的主要成果是数据库的全局逻辑模型和用户子模式。

（4）物理结构设计阶段

物理结构设计是为逻辑模型选取一个最适合应用环境的物理结构，并且是一个完整的、能实现的数据库结构，包括存储结构和存取方法。本阶段可得到数据库的物理模型。

（5）数据库实施阶段

在此阶段，设计人员运用 DBMS 提供的数据语言及其宿主语言，根据逻辑结构设计和物理结构设计的结果，建立一个具体的数据库，并编写和调试相应的应用程序，组织数据入库，进行试运行。应用程序的开发目标是开发一个可信赖的、有效的数据库存取程序，来满足用户的处理要求。

（6）数据库运行和维护阶段

这一阶段主要是收集和记录数据库运行的数据。数据库运行的记录主要用来提供用户要求的有效信息，评价数据库的性能，并据此进一步调整和修改数据库。在数据库运行中，必须保持数据库的完整性，且能有效地处理数据库故障和进行数据库恢复。在运行和维护阶段，可能要对数据库结构进行修改或扩充。

数据库设计的每一阶段都要进行设计分析，评价一些重要的设计目标，把设计阶段产生的文档组织评审，与用户交流。若设计的数据库不符合要求则要进行修改，这种分析和修改可能要重复若干次，以求最后实现的数据库能够比较精确地模拟现实世界，且能较准确地反映用户的需求。

设计一个完善的数据库的过程往往是以上 6 个阶段不断反复的过程。实际上，上述设计步骤既是数据库设计的过程，也是数据库应用系统的设计过程。在设计过程中将数据库的结构设计和应用系统中的数据处理设计紧密结合起来，并将这两个方面的需求分析、抽象、设计、实现在各阶段同时进行，相互参照，相互补充，不断完善。

4.1.3　数据库设计过程中的各级模式

按照以上设计过程，数据库设计的不同阶段形成数据库的各级模式，如图 4-3 所示。在需求分析阶段，综合各用户的应用需求；在概念结构设计阶段形成独立于机器特点、独立于各 DBMS 产品的概念模式，在本书中就是 E-R 图；在逻辑结构设计阶段将 E-R 图转换为具体的数据库产品支持的数据模型（如关系模型），形成数据库逻辑模式，然后根据用户处理的要求、安全性的考虑，在基本表的基础上再建立必要的视图（view），形成数据库的外模式；在物理结构设计阶段，根据 DBMS 的特点和处理需要，进行物理存储安排，建立索引，形成数据库内模式。

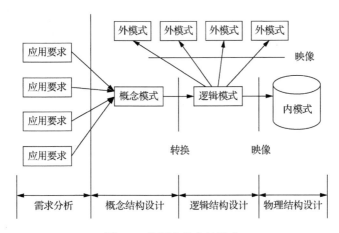

图 4-3 数据库的各级模式

4.2 需 求 分 析

需求分析就是分析用户的需求。需求分析是设计数据库的起点,这一阶段收集到的基础数据和数据流图是下一步概念结构设计的基础。如果该阶段的分析有误,将直接影响后面各阶段的设计,并影响最终设计结果是否合理和实用。

4.2.1 需求描述与分析

需求分析阶段的目标是通过详细调查现实世界要处理的对象,充分了解原系统(手工系统或计算机系统)的工作概况,确定企业的组织目标,明确用户的各种需求,进而确定新系统的功能,并把这些需求写成用户和数据库设计人员都能够接收的文档。需求分析阶段必须强调用户的参与。在新系统设计时,要充分考虑系统在今后可能出现的扩充和改变,使设计更符合未来发展的趋势,并易于改动,以减少系统维护的代价。

需求分析总体上分为两类:信息需求和处理需求。信息需求定义了未来系统用到的所有信息,描述了数据之间本质上和概念上的联系,描述了实体、属性、组合及联系的性质。由信息需求可以导出数据需求,即在数据库中需要存储的数据。处理需求中定义了未来系统的数据处理操作,描述了操作的先后次序、操作执行的频率和场合、操作与数据之间的联系等。在信息需求和处理需求定义的同时,还应定义安全性与完整性要求。

4.2.2 需求分析的内容、方法与步骤

进行需求分析时首先是调查清楚用户的实际要求,与用户达成共识,然后分析与表达这些需求。调查用户需求的重点是“数据”和“处理”,为了达到这一目的,在调查前要拟定调查提纲。调查时要抓住两个“流”,即“信息流”和“数据流”,而且调查中要不断地将这两个“流”结合起来。调查的任务是调研现行系统的业务活动规则,并提取描述系统业务的现实系统模型。

1. 需求分析的内容

在通常情况下,调查用户的需求包括 3 方面的内容,即系统的业务现状、信息源及外部要求。

（1）系统的业务现状

系统的业务现状包括业务的方针政策、系统的组织结构、业务的内容和业务的流程等，为分析信息流程做准备。

（2）信息源

信息源包括各种数据的种类、类型和数据量，以及各种数据的产生、修改等信息。

（3）外部要求

外部要求包括信息要求、处理要求、安全性与完整性要求等。

2. 需求分析的方法

在调查过程中，可以根据不同的问题和条件，使用不同的调查方法。常用的调查方法有以下几种。

（1）跟班作业

通过亲身参加业务工作来观察和了解业务活动的情况。为了确保有效，要尽可能多地了解要观察的人和活动。

（2）开调查会

通过与用户座谈来了解业务活动的情况及用户需求。采用这种方法，需要有良好的沟通能力，为了保证成功，必须选择合适的人选，准备的问题涉及范围要广。

（3）检查文档

通过检查与当前系统有关的文档、表格、报告和文件等，进一步理解原系统，并可以发现与原系统问题相关的业务信息。

（4）问卷调查

问卷是一种有着特定目的的小册子，这样可以在控制答案的同时，集中一大群人的意见。问卷有两种格式，分别是自由格式和固定格式。

在进行需求分析时，往往需要同时采用上述多种方法进行分析。但无论使用何种调查方法，都必须有用户的积极参与和配合。

3. 需求分析的步骤

（1）分析用户活动，生成用户活动图

这一步要了解用户当前的业务活动和职能，分析其处理过程。如果一个业务流程比较复杂，要把它分解为几个子处理，使每个处理功能明确、界面清楚，分析之后画出用户活动图，即用户的业务流程图。

（2）确定系统范围，生成系统范围图

这一步是确定系统的边界。在和用户经过充分讨论的基础上，确定计算机所能进行的数据处理的范围，确定哪些工作由人工完成，哪些工作由计算机系统完成，确定人机界面。

（3）分析用户活动所涉及的数据，生成数据流图

在这一过程中，要深入分析用户的业务处理过程，以数据流图的形式表示出数据的流向和对数据的加工。数据流图（data flow diagram，DFD）是从"数据"和"处理"两个方面表达数据处理的一种形式化表示方法，具有形象直观的特点，易于被用户理解。

（4）分析系统数据，生成数据字典

仅有 DFD 并不能构成需求说明书，因为 DFD 只表示出系统由哪几部分组成和各部分

之间的关系，并没有说明各成分的含义。只有对每个成分都给出确切的定义后，才能较完整地描述系统。数据流图表达了数据和处理的关系，数据字典（data dictionary，DD）则是系统中各类数据描述的集合，它的功能是存储和检索各种数据描述，并为 DBA 提供有关的报告。对数据库设计来说，数据字典是进行详细的数据收集和数据分析所获得的主要成果，因此在数据库中占有很重要的地位。数据字典通常包括数据项、数据结构、数据流、数据存储和处理过程 5 个部分。其中，数据项是不可再分的数据单位，若干数据项可以组成一个数据结构，数据字典通过对数据项和数据结构的定义来描述数据流、数据存储的逻辑内容。

（5）撰写需求说明书

需求说明书是在需求分析活动后建立的文档资料，它是对开发项目需求分析的全面描述。需求说明书的内容有需求分析的目标和任务、具体需求说明、系统功能和性能、系统运行环境等，还应包括在分析过程中得到的数据流图、数据字典、功能结构图等必要的图表说明。

需求说明书是需求分析阶段成果的具体表现，是用户和开发人员对开发系统的需求取得认同基础上的文字说明，它是以后各设计阶段的主要依据。

4.3　概念结构设计

在需求分析阶段，数据库设计人员充分调研并描述了用户的需求，但这些需求只是现实世界的具体要求，应把这些需求抽象为信息世界的信息结构，才能更好地实现用户的需求。概念结构设计就是将需求分析得到的用户需求抽象为信息结构的过程，是整个数据库设计的关键。概念模型作为概念结构设计的表达工具，为数据库提供一个说明性结构，是设计数据库逻辑结构的基础。

4.3.1　概念模型的要求

选用何种概念模型完成概念设计任务，是进行概念设计前应该考虑的首要问题。一个好的概念模型应该满足下列要求。

1）概念模型是对现实世界的抽象和概括，应真实、充分地反映现实世界中事物和事物之间的联系，有丰富的语义表达能力，能表达用户的各种需求，是现实世界的一个抽象。

2）概念模型应简洁、清晰、独立于机器、易于理解，方便数据库设计人员与应用人员交换意见，用户的积极参与是数据库设计成功的关键。

3）概念模型应易于更改，当应用环境和应用要求改变时，容易对概念模型进行修改和扩充。

4）概念模型应该易于向关系、网状、层次等各种数据模型转换，易于从概念模式导出与 DBMS 有关的逻辑模式。

用于概念设计的模型既要有足够的表达能力，使之可以表示各种类型的数据及其相互间的联系和语义，又要简单易懂。这种模型有很多，如 E-R 模型、语义数据模型和函数数据模型等。其中，E-R 模型（实体联系模型，又称 E-R 图）提供了规范、标准的构造方法，成为应用最广泛的概念结构设计工具。E-R 模型在第 1 章已经进行了介绍，本章介绍使用 E-R 模型进行概念结构设计的方法和步骤。

4.3.2 概念结构设计的方法

概念结构设计通常有以下 4 种方法。

1）自顶向下方法。该方法首先定义全局概念结构的框架，然后逐步细化，如图 4-4 所示。

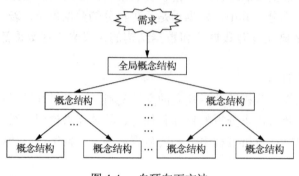

图 4-4 自顶向下方法

2）自底向上方法。该方法先定义各局部应用的概念结构，然后将它们集成，得到全局概念结构，如图 4-5 所示。

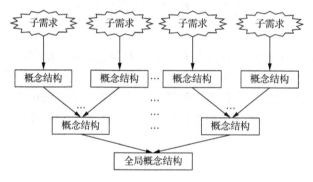

图 4-5 自底向上方法

3）逐步扩张（由里向外）方法。该方法首先定义最重要的核心概念结构，然后向外扩张，不断增加，逐步形成其他概念结构，直至形成全局概念结构。

4）混合策略。该方法将自顶向下和自底向上两种方法相结合，先自顶向下定义全局框架，再以它为骨架集成由自底向上方法中设计的各个局部概念结构。

4.3.3 概念结构设计的步骤

在概念结构设计中，最常使用的方法是自底向上方法，即自顶向下进行需求分析，然后自底向上设计概念结构，如图 4-6 所示。概念结构设计的步骤如下。

1）设计局部概念模型。进行局部数据抽象，设计局部概念模型。先从个别用户的需求出发，为每个用户建立一个相应的局部概念结构，设计局部 E-R 图，即设计用户视图。

2）设计全局概念模型。将局部概念模型综合成全局概念模型，集成局部 E-R 图，得到全局的 E-R 图，即视图集成，如图 4-7 所示。在综合过程中，主要处理各局部模型对各种对象定义的不一致问题。

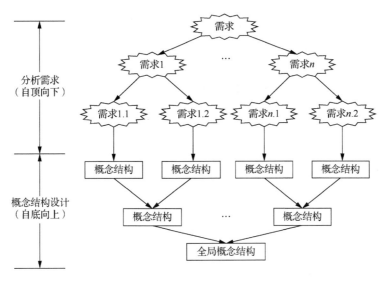

图 4-6　自顶向下进行需求分析及自底向上设计概念结构

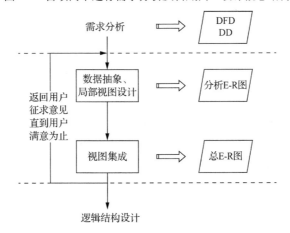

图 4-7　视图集成

下面使用 E-R 图来具体描述概念结构设计。

1. 设计用户视图

数据库设计在需求分析阶段得到了多层数据流图、数据字典和需求分析说明书。在概念结构设计阶段，就是根据系统的具体情况，先选择某个局部应用，作为设计局部 E-R 图的出发点。一般是从多层数据流图中选择一个中间层次的数据流图作为设计局部 E-R 图的出发点，因为中层的数据流图能够较好地反映系统中各局部应用的子系统，局部应用所涉及的数据存储在数据字典中。然后，从数据字典中将这些数据抽取出来，参照数据流图对其进行分析，得到数据关系，进而标定局部应用中的实体、实体的属性、标识实体的码，确定实体之间的联系及联系的类型。

设计局部 E-R 图的关键是正确划分实体和属性。实体和属性在形式上并无明显区分的界限，通常按照现实世界中事物的自然划分或应用业务的处理需要来定义实体和属性，将现实世界的事物进行数据抽象，得到实体和属性。在划分实体和属性时，可参考以下两个原则。

1）属性不再具有需要描述的性质，属性在含义上是不可再分的数据项。

2）属性不能再与其他实体具有联系。

例如，"客户"由客户代码、客户名称、法人代表、经济性质等属性描述，因此"客户"是一个实体而不能作为属性。其中，"经济性质"如果没有需要进一步描述的性质，那么根据以上原则可以作为一个属性。但如果不同经济性质的企业要求的最低注册资金、贷款限额、贷款期限等不同，那么把经济性质作为一个实体看待就更恰当一些。因此，将现实世界的事物抽象为实体还是属性，需要考虑具体应用场景及数据处理的需要，应当具体情况具体分析，灵活运用。

实体可以使用多种方式连接起来，划分实体和联系的原则是当描述发生在实体之间的行为时，最好用联系，如客户和银行之间的贷款行为等。有时联系也有自己的特征，即联系的属性，划分联系属性的原则有两个：一是只有在联系产生时才具有的属性应作为联系的属性；二是联系中的实体所共有的属性。例如，贷款联系的贷款时间、金额和期限，订单联系的时间、数量、价格和地址属性等。

确定好实体、属性、联系后，E-R 图也就确定了，然后对 E-R 图进行必要的调整。在调整中要遵循一条原则，即为了简化 E-R 图，现实世界的事物能作为属性对待的，尽量作为属性对待。

2. 视图集成

局部 E-R 图设计完成后，下一步就是集成各局部 E-R 图，形成全局 E-R 图，即视图集成。一般说来，E-R 图的集成可以有两种方式：一次集成方式和逐步集成方式。一次集成方式将多个局部 E-R 图一次集成，实现起来难度较大。逐步集成方式一次集成两个局部 E-R 图，逐步累加，可降低复杂度，是比较常用的方法。

无论采用哪种方式，每次集成局部 E-R 图都需要分为两个步骤，即 E-R 图合并、视图优化，如图 4-8 所示。

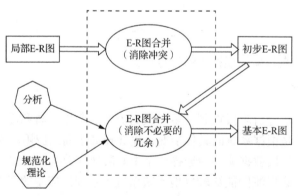

图 4-8　E-R 图集成的步骤

（1）E-R 图合并

将局部 E-R 图综合生成全局概念模型，全局概念模型不仅要支持所有的局部 E-R 图，还必须合理地表达一个完整的、一致性的数据库概念模型。因此，E-R 图合并不仅仅是将各局部 E-R 图画到一起，还必须消除各局部 E-R 图中的不一致性，形成能够为全系统中用户所共同理解和接受的同一个概念模型。各局部 E-R 图中表示不一致的地方称为冲突。因此，合理消除各局部 E-R 图中的冲突是合并局部 E-R 图的主要工作和关键所在。各局部 E-R

图中的冲突主要有以下 3 类。

1）命名冲突。

命名冲突是指命名的不一致性，可能会发生在实体名、联系名或属性名之间，其中属性名的命名冲突更常见，包括两种情况：同名异义冲突和异名同义冲突。

同名异义冲突是指不同意义的对象在不同的局部应用中有相同的名称。例如，销售信息管理系统中的"单位"表示物品或产品的度量标准，在员工管理子系统中表达的意义可能为"部门"。

异名同义冲突是指同一意义的对象在不同的局部应用中具有不同的名称。例如，"订单"在销售子系统中称为"订单"，而在仓库管理子系统中称为"货单"等。

处理命名冲突的方法可以通过讨论、协商等手段解决，也可以先进行基本的关系设计，然后进行用户视图抽取解决。

2）属性冲突。

属性冲突是指属性的域或取值单位的不一致性，分为属性域冲突和属性取值单位冲突两种情况。属性域冲突是指属性值的类型、取值范围或取值集合的不一致性，如销售子系统中的"订单编号"属性，在有些应用中定义为整型，而在有些应用中定义为字符型。属性取值单位冲突是指在不同子系统中为属性取值的单位不同，如银行贷款系统中的贷款金额，在客户子系统中将贷款金额单位设置为元，在银行子系统中将贷款金额单位设置为万元。

3）结构冲突。

结构冲突是指同一对象的抽象层级、组成结构、对象类型等方面在不同局部应用中的表示不一致性。

首先，同一对象在不同局部应用中可能会存在不同层次的抽象，在一个局部应用中某对象抽象为实体，在另一个局部应用中它可能作为属性或联系出现。如前面所述的经济性质，可作为客户的属性，同时在贷款限制子系统中则作为实体存在。这种冲突在解决时，要使同一对象拥有相同的抽象，将实体转换为属性或联系，或者将属性或联系转换为实体，转换时要遵循它们之间的转换原则。

其次，同一实体在不同局部应用中所包含的属性个数或排列不完全相同，原因是不同局部应用关心的是该实体的不同视角。解决的方法是使该实体的属性取各局部 E-R 图中该实体属性的并集，再适当调整属性的次序。

最后，同一联系在不同局部应用中有不同的类型。可能两个实体在一个应用中是一对多的联系，在另一个应用中则是多对多的联系。在某个应用中两个实体之间发生联系，而在另一个应用中 3 个实体之间发生联系。解决这种冲突的办法是根据语义对实体和联系的类型进行综合或调整。

合并局部 E-R 图就是在消除这 3 种冲突的基础上，将各局部 E-R 图综合在一起，形成整个系统的初步 E-R 图。

（2）视图优化

对初步 E-R 图的优化就是对其进行修改和重构，消除不必要的冗余，生成基本 E-R 图。在初步 E-R 图中，仅仅解决了 3 种冲突，可能会存在数据冗余和联系冗余。由规范化理论可知，冗余的存在会导致数据的不完整性和更新异常，给数据库的维护增加困难，应该消除不必要的冗余。冗余消除的方法主要是分析法，即以数据字典和数据流图为依据，根据数据字典中关于数据项之间逻辑关系的说明来消除冗余。消除冗余以后的初步 E-R 图称为基本 E-R 图。

通过合并和优化过程最终所获得的基本 E-R 图是整个应用系统的概念模型，它代表了用户的数据要求，是沟通"需求"和"设计"的桥梁，决定了数据库的逻辑结构，是成功构建数据库的关键。因此，用户和数据库设计人员必须对这一模型进行反复讨论，在用户确认这模型已正确无误地反映了他们的要求后，才能进行下一阶段的工作。

概念结构设计阶段得到的 E-R 图是用户的模型，它独立于任何数据模型，独立于任何一个具体的 DBMS。为了建立用户所要求的数据库，需要把上述概念模型转换为某个具体的 DBMS 所支持的数据模型。

4.4 逻辑结构设计

概念结构独立于任何一种具体的数据模型，所以也不能被任何一个具体的 DBMS 所支持。为了能够建立起最终的应用系统，还需要将概念结构进一步转换为某一 DBMS 所支持的数据模型，然后根据逻辑设计的准则、数据的语义约束、规范化理论等对数据模型进行适当的调整和优化，形成合理的全局逻辑结构，并设计出用户子模式。这就是数据库逻辑结构设计所要完成的任务。总体来说，数据库逻辑结构设计就是把概念结构设计阶段设计好的基本 E-R 图转换为与选用 DBMS 产品所支持的数据模型相符合的逻辑结构。

从理论上讲，设计逻辑结构应该选择最适合相应概念结构的数据模型，然后对支持这种数据模型的各种 DBMS 进行比较，从中选择最合适的 DBMS，但在实际情况中 DBMS 往往已经给定，设计人员没有选择的余地。目前，DBMS 产品一般支持关系、网状、层次 3 种模型中的一种。对于某一种数据模型，各机器系统又有很多不同的限制，并且提供不同的环境与工具。所以逻辑结构设计一般分为 3 步进行。

1）将概念模型转换为一般的关系、网状、层次模型。

2）将转换来的关系、网状、层次模型向特定 DBMS 支持下的数据模型转换。

3）对数据模型进行优化。

如图 4-9 所示是逻辑结构设计的 3 个步骤。目前，大多数的数据库应用系统采用关系数据模型，所以这里只介绍 E-R 图向关系数据模型转换的原则和方法。

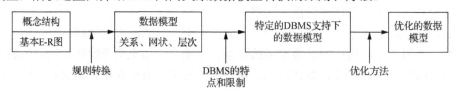

图 4-9　逻辑结构设计的 3 个步骤

4.4.1　E-R 图向关系模型转换

E-R 图向关系模型转换要解决的问题是如何将实体之间的联系转换为关系模式，如何确定这些关系模式的属性和码。

关系模型的逻辑结构是一组关系模式的集合。E-R 图是由实体、实体的属性和实体之间的联系 3 个要素组成的。所以将 E-R 图转换为关系模型实际上就是要将实体、实体的属性和实体之间的联系转换为关系模式，这种转换一般遵循如下原则。

1）一个实体转换为一个关系模式。实体的属性就是关系的属性，实体的码就是关系的码。

2）一个1:1的联系可以转换为一个独立的关系模式，也可以与任意一端对应的关系模式合并。如果转换为一个独立的关系模式，那么与该联系相连的各实体的码及联系本身的属性均转换为关系的属性，每个实体的码均是该关系的候选码。如果与某一端实体对应的关系模式合并，那么需要在该关系模式的属性中加入另一个关系模式的码和联系本身的属性。

3）一个1:n的联系可以转换为一个独立的关系模式，也可以与n端对应的关系模式合并。如果转换为一个独立的关系模式，那么与该联系相连的各实体的码及联系本身的属性均转换为关系的属性，而关系的码为n端实体的码。如果与n端对应的关系模型合并，此时只需在n端关系模型的属性中加入单方关系模型的码和联系本身的属性即可。

4）一个m:n的联系转换为一个关系模式，与该关系模式相连的各实体的码及联系本身的属性均转换为关系的属性，而关系的码为各实体码的组合。

5）3个或3个以上实体间的多元联系转换为一个关系模式，与该多元联系相连的各实体的码及联系本身的属性均转换为关系的属性，而关系的码为各实体码的组合。

6）具有相同码的关系模式可合并。形成一般的数据模型后，下一步就是向特定的RDBMS进行模型转换。设计人员必须熟悉所用的RDBMS的功能和限制。这一步是依赖于机器的，不能给出一个普遍的规则，但对于关系模型来说，这种转换通常比较简单。

【例4-1】银行和银行行长之间的1:1联系如图4-10所示，请将E-R图转换为关系模型。

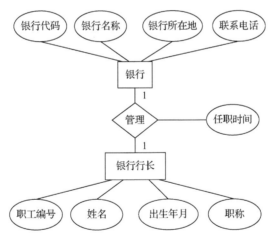

图4-10　银行和银行行长的E-R图

有以下3种转换方案。

方案1：联系形成的关系模式独立存在。

银行（银行代码，银行名称，银行所在地，联系电话），码为银行代码。

银行行长（职工编号，姓名，出生年月，职称），码为职工编号。

管理（银行代码，职工编号，任职时间），码为银行代码或职工编号。

方案2："管理"与"银行行长"两个关系模式合并。

银行（银行代码，银行名称，银行所在地，联系电话），码为银行代码。

银行行长（职工编号，姓名，出生年月，职称，银行代码，任职时间），码为职工编号。

方案3："管理"与"银行"两个关系模式合并。

银行（银行代码，银行名称，银行所在地，联系电话，职工编号，任职时间），码为银行代码。

银行行长（职工编号，姓名，出生年月，职称），码为职工编号。

【例 4-2】银行和银行员工之间的 $1:n$ 联系如图 4-11 所示，请将 E-R 图转换为关系模型。

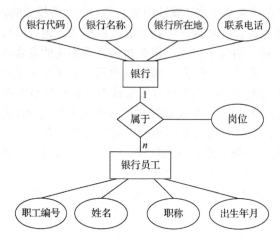

图 4-11   银行和银行员工的 E-R 图

有以下两种转换方案。

方案 1：联系形成的关系模式独立存在。

银行（银行代码，银行名称，银行所在地，联系电话），码为银行代码。

银行员工（职工编号，姓名，职称，出生年月），码为职工编号。

属于（银行代码，职工编号，岗位），码为职工编号。

方案 2：联系形成的关系模式与 n 端实体对应的关系模式合并。

银行（银行代码，银行名称，银行所在地，联系电话），码为银行代码。

银行员工（职工编号，姓名，职称，出生年月，银行代码，岗位），码为职工编号。

【例 4-3】客户和银行之间的 $m:n$ 联系如图 4-12 表示，请将 E-R 图转换为关系模型。

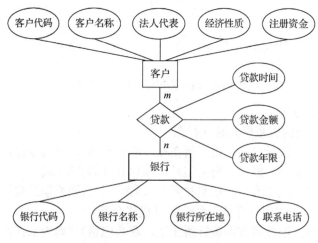

图 4-12   客户和银行的 E-R 图

银行（银行代码，银行名称，银行所在地，联系电话），码为银行代码。

客户（客户代码，客户名称，法人代表，经济性质，注册资金），码为客户代码。

贷款（客户代码，银行代码，贷款时间，贷款金额，贷款年限），码为客户代码、银行代码的组合。

4.4.2 数据模型的优化

数据库逻辑结构设计的结果一般不是唯一的。为了进一步提高数据库应用系统的性能，还应该根据应用系统的具体需要进行适当的修改，调整数据模型的结构，这就是数据模型的优化。关系数据模型优化通常以规范化理论为指导，具体方法如下。

1）确定数据依赖。按照需求分析阶段所得到的语义，分别写出每个关系模式内部各属性之间的数据依赖及不同关系模式属性之间的数据依赖。

2）对各关系模式之间的数据依赖进行极小化处理，消除冗余的联系。

3）按照数据依赖的理论对关系模式逐一进行分析，考察是否存在部分函数依赖、传递函数依赖、多值依赖等，确定各关系模式分别属于第几范式。

4）分析各关系模式是否适合应用环境，从而确定是否要对某些模式进行合并或分解。必须注意的是，并不是规范化程度越高的关系模式就越优。例如，当查询经常涉及两个或多个关系模式的属性时，系统经常进行连接运算。连接运算的代价是相当高的，可以说关系模型低效的主要原因就是连接运算引起的。这时可以考虑将这几个关系合并为一个关系。因此在这种情况下，2NF 甚至 1NF 也许是合适的。

5）对关系模式进行必要的分解，提高数据操作的效率和存储空间的利用率。常用的两种分解方法是水平分解和垂直分解。

水平分解是把关系的元组分为若干子集合，定义每个子集合为一个子关系，以提高系统的效率。根据"80/20 原则"，在一个大关系中，经常被使用的数据只是关系的一部分，约占 20%，可以把经常使用的数据分解出来，形成一个子关系。如果关系 R 上具有 n 个事务，而且多数事务存取的数据不相交，那么关系 R 可分解为少于或等于 n 个子关系，使每个事务存取的数据对应一个关系。

垂直分解是把关系 R 的属性分解为若干子集合，形成若干个关系模式。垂直分解的原则是，经常在一起使用的属性从关系 R 中分解出来形成一个子关系模式。垂直分解可以提高某些事务的效率，但也可能使另外一些事务不得不执行连接操作，从而降低了效率。因此，是否进行垂直分解取决于分解后关系 R 上的所有事务的总效率是否得到了提高。垂直分解需要保持关系分解的无损连接性和函数依赖，即保证分解后的关系具有无损连接性和保持函数依赖性。规范化理论为数据库设计人员判断关系模式的优劣提供了理论标准，可以用来预测模式可能出现的问题，使数据库设计工作有了严格的理论基础。

经过多次模型优化以后，最终的数据库模式得以确定。逻辑结构设计阶段的结果是全局逻辑数据库结构，对于关系数据库系统来说，就是一组符合一定规范的关系模式组成的关系数据库模式。

4.5 物理结构设计

数据库物理结构设计指的是设计数据库的物理结构，根据数据库的逻辑结构来选定 RDBMS，并设计和实施数据库的存储结构、存取方式等。数据库逻辑设计是整个设计的前半段，包括所需的实体和关系、实体规范化等工作。设计的后半段则是数据库物理设计，包括选择数据库产品，确定数据库实体属性、数据类型、长度、精度、DBMS 页面大小等。

4.5.1 数据库物理结构设计的步骤

数据库的物理结构设计是利用 DBMS 提供的方法、技术，对已经确定的数据库逻辑结构，以较优的存储结构、数据存取路径、合理的数据库存储位置及存储分配，设计出一个高效的、可实现的物理数据库结构。由于不同的 DBMS 提供的硬件环境和存储结构、存取方法不同，提供给数据库设计人员的系统参数及变化范围也不同，因此，物理结构设计一般没有一个通用的准则，它只能提供一个技术和方法供参考。

数据库物理结构设计通常分为两步。

1）确定数据库的物理结构，在关系数据库中主要指存取方法和存储结构。

2）对物理结构进行评价，评价的重点是时间和空间效率。

如果评价结果满足原设计要求，则可进入物理结构实施阶段；否则，就需要重新设计或修改物理结构，有时甚至要返回逻辑结构设计阶段修改数据模型。

4.5.2 数据库物理结构设计的内容

物理结构设计得好，可以使各业务的响应时间短、存储空间利用率高、事务吞吐率大。因此，在设计数据库时首先要对经常用到的查询和对数据进行更新的事务进行详细的分析，获得物理结构设计所需要的各种参数。其次，要充分了解所用 DBMS 的内部特征，特别是系统提供的存取方法和存储结构。最后，还需要了解每个查询或事务在各关系上运行的频率和性能要求，假设某个查询必须在 1ms 内完成，则数据的存储方式和存取方式就非常重要。

通常关系数据库物理结构设计的内容主要如下。

（1）确定数据的存取方法

存取方法是快速存取数据库中数据的技术。DBMS 一般提供多种存取方法。常用的存取方法有索引方法、聚簇方法和 HASH 方法。具体采取哪种存取方法由系统根据数据库的存储方式决定，一般用户不能干预。

（2）确定数据的物理存储结构

在物理结构设计中，一个重要的考虑是确定数据的存储位置和存储结构，包括确定关系、索引、聚簇、日志、备份等的存储安排和存储结构，确定系统配置。确定数据存储位置和存储结构的因素包括存取时间、存储空间利用率和维护代价，这 3 个方面常常是相互矛盾的，必须进行权衡，选择一个折中方案。

常用的存储方法有顺序存储、散列存储和聚簇存储。这 3 种方法的平均查找次数是不一样的。顺序存储的平均查找次数是表中记录数的一半，而散列存储的平均查找次数由散列算法决定。聚簇存储是为了提高某个属性的查询速度，把这个或这些属性上具有相同值的元组集中存储在连续的物理块上，大大提高对聚簇码的查询效率。

用户可以通过建立索引的方法改变数据的存储方式。但其他情况下，数据是采用顺序存储还是散列存储，或是采用其他的存储方式是由 DBMS 根据具体情况决定的，一般它会为数据选择一种最适合的存储方式，而用户并不能对其进行干涉。

4.5.3 数据库物理结构的评价

在数据库的物理结构设计过程中需要对时间效率、空间效率、维护代价和各种用户要求进行权衡，其结果可能产生多种方案。数据库设计人员必须对这些方案进行细致的评价，从中选择一个较优的、合理的物理结构。

评价物理结构的方法完全依赖于所选用的 DBMS，主要考虑操作开销，即为使用户获得及时、准确的数据所需要的开销和计算机资源的开销。具体评价的依据有以下几个方面。

1）查询和响应时间。响应时间是从查询开始到查询结束之间所经历的时间。一个好的应用程序设计可以减少 CPU（central processing unit，中央处理器）的时间和 I/O 时间。

2）更新事务的开销，主要是修改索引、重写数据块或文件，以及写校验方面的开销。

3）生成报告的开销，主要包括索引、重组、排序和结果显示的开销。

4）主存储空间的开销，包括程序和数据所占的空间。对数据库设计人员来说，一般可以对缓冲区进行适当的控制。

5）辅助存储空间的开销，辅助存储空间分为数据块和索引块，设计人员可以控制索引块的大小。

实际上，数据库设计人员只能对 I/O 和辅助存储空间进行有效的控制，其他方面都是有限的控制或根本不能控制。

4.6 数据库实施

完成数据库的结构设计，并编写了实现用户需求的应用程序后，就可以利用 DBMS 提供的功能实现数据库逻辑结构设计和物理结构设计的结果，然后将一些数据加载到数据库中，运行已经编好的应用程序，查看数据库设计及应用程序设计是否存在问题，这就是数据库实施阶段。数据库实施阶段包括两项重要的工作：一项是加载数据；另一项是调试和运行应用程序。

（1）加载数据

一般数据库系统中的数据量较大，而且数据来源于部门中各不同的单位，数据的组织方式、结构和格式都与新设计的数据库系统有相当的差距。组织数据输入时要将各类数据从各局部应用中抽取出来，输入计算机，然后分类转换，最后综合成符合新设计的数据库结构的形式，输入数据库中。数据转换、组织入库的工作是相当费力、费时的，特别是原系统是手工数据处理系统时，各类数据分散在各种不同的原始表格、凭证、单据中。在向新的数据库输入数据时，还要处理大量的纸质文件，工作量更大。

由于各应用环境差异很大，很难有通用的数据转换器，DBMS 也很难提供一个通用的转换工具。因此，为了提高数据输入工作的效率和质量，应该针对具体的应用环境设计一个数据输入子系统，专门来处理数据复制和输入问题。

（2）调试和运行应用程序

部分数据输入数据库后，就可以开始对数据库系统进行联合调试了，称为数据库的试运行。这一阶段要实际运行数据库应用程序，执行对数据库的各种操作，测试应用程序的功能是否满足设计要求。如果不满足，则要修改、调整，直到达到设计要求为止。

在数据库试运行阶段，还要测试系统的性能指标，分析其是否达到设计目标。在对数据库进行物理结构设计时，已初步确定了系统的物理参数值，但一般情况下，设计时的考虑在许多方面只是近似估计，和实际系统运行总有一定的差距。因此，必须在试运行阶段实际测量和评价系统的性能指标。

4.7 数据库的运行和维护

数据库试运行合格后，即可投入正式运行。数据库投入运行标志着开发任务的基本完成和维护工作的开始。数据库只要还在使用，就需要不断地对它进行评价、调整和维护。在数据库运行阶段，对数据库经常性的维护工作主要是由数据库管理员完成的，主要包括以下几个方面。

1. 数据库的备份和恢复

要对数据库进行定期的备份，一旦出现故障，能及时地将数据库恢复到某种一致的状态，并尽可能减少对数据库的破坏，该工作主要是由数据管理员负责。数据库的备份和恢复是重要的维护工作之一。

2. 数据库的安全性、完整性控制

随着数据库应用环境的变化，对数据库的安全性和完整性要求也会发生变化，这需要数据库管理员对数据库进行适当的调整，以反映这些新变化。

3. 监督、分析和改进数据库性能

在数据库运行过程中，监视数据库的运行情况，并对检测数据进行分析，找出能够提高性能的可行性，适当地对数据库进行调整。目前，有些 DBMS 产品提供了检测系统性能参数的工具，数据库管理员可以利用这些工具方便地对数据库进行控制。

4. 数据库的重组织和重构造

数据库运行一段时间后，由于记录不断增、删、改，会使数据库的物理存储情况变差，降低了数据的存取效率，数据库性能下降。这时，数据库管理员就要对数据库进行重组织或部分重组织。DBMS 一般提供数据重组织的实用程序。在重组织的过程中，按原设计要求重新安排存储位置、回收垃圾、减少指针链等，提高系统性能。

本 章 小 结

本章主要介绍了数据库设计的一般过程，以概念结构设计和逻辑结构设计为重点，介绍数据库各设计阶段的方法、技术及注意事项等内容。通过学习本章的内容，读者能够了解数据库设计 6 个阶段的任务、特点、设计方法和步骤，掌握概念结构设计和逻辑结构设计的转换方法。

思考与练习

一、填空题

1. 通常将数据库设计分为_____、_____、_____、_____、_____、数据库的运行和维护 6 个阶段。

2. 数据库结构设计包括_____、_____和_____ 3 个过程。

3. 数据流图表达了数据库应用系统中_____和_____的关系。

4. 数据字典中的_____是不可再分的数据单位。

5. 在进行局部 E-R 图的合并时可能存在的冲突有_____、_____和_____。

6. 采用 E-R 方法的概念结构设计通常包括_____、_____和_____ 3 个步骤。

二、单选题

1. 数据流图是从"数据"和"处理"两方面表达数据处理的一种图形化表示方法,该方法主要用在数据库设计的（　　）。

A. 需求分析阶段　　　　　　　　B. 概念结构设计阶段

C. 逻辑结构设计阶段　　　　　　D. 物理结构设计阶段

2. 在数据库设计中,将 E-R 图转换为关系数据模型是下述（　　）阶段完成的工作。

A. 需求分析阶段　　　　　　　　B. 概念设计阶段

C. 逻辑设计阶段　　　　　　　　D. 物理设计阶段

3. 在进行数据库逻辑结构设计时,判断设计是否合理的常用依据是（　　）。

A. 数据字典　　　　　　　　　　B. 数据流图

C. 概念数据模型　　　　　　　　D. 规范化理论

4. 在将局部 E-R 图合并为全局 E-R 图时,可能会产生一些冲突。下列冲突中不属于合并 E-R 图冲突的是（　　）。

A. 语法冲突　　　B. 结构冲突　　　C. 属性冲突　　　D. 命名冲突

5. 设实体 A 与实体 B 之间是一对多联系。下列进行的逻辑结构设计方法中,最合理的是（　　）。

A. 实体 A 和实体 B 分别对应一个关系模式,且外键放在实体 B 的关系模式中

B. 实体 A 和实体 B 分别对应一个关系模式,且外键放在实体 A 的关系模式中

C. 为实体 A 和实体 B 设计一个关系模式,该关系模式包含两个实体的全部属性

D. 分别为实体 A、B 和它们之间的联系设计一个关系模式,外键在联系对应的关系中

6. 设有描述图书出版情况的关系模式:出版（书号,出版日期,印刷数量）,设一本书可以被出版多次,每次出版都有一个出版数量。则可以作为该关系模式的候选码是（　　）。

A. 书号　　　　　　　　　　　　B.（书号,出版日期）

C.（书号,印刷数量）　　　　　　D.（书号,出版日期,印刷数量）

7. 在关系代数的传统集合运算中，假定有关系 R 和 S，运算结果为 W。如果 W 中的记录属于 R，并属于 S，则 W 为（　　）运算的结果。

    A. 笛卡儿积　　　　　B. 并　　　　　　　　C. 差　　　　　　　　D. 交

三、简答题

1. 简述数据库的设计过程。
2. 简述数据库设计过程的各阶段中的设计任务。
3. 简述数据库概念结构设计的方法和设计步骤。
4. 什么是数据库的逻辑结构设计？试述其设计步骤。
5. 简述把 E-R 图转换为关系模型的转换规则。

第 2 部分　数据库基本操作

　　工欲善其事，必先利其器。要想使用数据库技术进行高级编程，首先要熟练掌握数据库的基本操作。本部分以案例方式讲述数据库的基本操作，主要包括数据库软件的安装、数据库与表的基本操作、常用的数据类型和表达式、数据约束和查询、函数、存储过程、触发器及游标等。

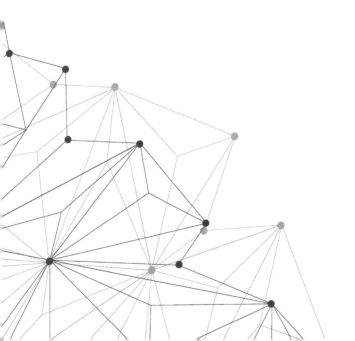

第 5 章 数据库软件的安装

目前常用的数据库软件有 Oracle、SQL Server、MySQL、DB2、Access 等。这些软件在稳定性、高效性、安全性、易用性、兼容性、开放性、伸缩性和并行性等方面各有千秋。本书使用的数据库软件是 SQL Server 2019，本章主要讲述该数据库软件的特性及安装方法。

重点和难点

- SQL Server 2019 的特性
- SQL Server 2019 数据库软件的安装

5.1 SQL Server 的特性

SQL Server 是微软公司推出的关系型 DBMS，是一个全面的数据库平台，使用集成的商业智能工具提供企业级的数据管理。SQL Server 数据库引擎为关系型数据和结构化数据提供了更安全可靠的存储功能，可以构建和管理用于业务的高可用和高性能的数据应用程序。

5.1.1 SQL Server 简介

SQL Server 是由微软公司开发的 DBMS，是 Web 上最流行的用于存储数据的数据库，它已广泛用于电子商务、银行、保险、电力等与数据库有关的行业。本书使用的是 SQL Server 2019，它只能在 Windows 操作系统上运行，操作系统的稳定性对数据库十分重要。

SQL Server 提供了众多的 Web 和电子商务功能，如对 XML（extensible markup language，可扩展标记语言）和 Internet 标准的丰富支持，通过 Web 对数据进行轻松安全的访问，具有强大的、灵活的、基于 Web 的和安全的应用程序管理等。此外，由于其具有界面友好、易操作等特点，深受广大用户的喜爱。

SQL Server 是一个关系型 DBMS。它最初是由微软、Sybase 和 Ashton-Tate 这 3 家公司共同开发的，于 1988 年推出了第一个 OS/2 版本。在 Windows NT 推出后，微软公司与 Sybase 公司在 SQL Server 的开发上就分道扬镳了，微软公司将 SQL Server 移植到 Windows NT 操作系统上，专注于开发推广 SQL Server 的 Windows NT 版本。Sybase 公司则较专注于 SQL Server 在 UNIX 操作系统上的应用。

SQL Server 只在 Windows 操作系统上运行，微软公司这种专有策略的目标是将客户锁定到 Windows 环境中，限制客户通过选择一个开放的、基于标准的解决方案来获取革新和价格竞争带来的好处。此外，Windows 平台本身的可靠性、安全性和可伸缩性也是有限的。

SQL Server 有很多版本，可适用于不同的场景，如表 5-1 所示。

表 5-1　SQL Server 版本

SQL Server 版本	定义
Enterprise	企业版本，提供全面的高端数据中心功能，具有极高的性能和无限虚拟化，还具有端到端的商业智能，可为关键任务提供较高服务级别，支持最终用户访问深层数据
Standard	标准版本，提供基本数据管理和商业智能数据库，供部门和小型组织运行其应用程序，并支持将常用开发工具用于本地和云，有助于以最少的 IT 资源进行有效的数据库管理
Web	SQL Server Web 版本是一项拥有成本较低的选择，它可针对从小规模到大规模 Web 资产等内容提供可伸缩性、经济性和可管理性能力
Developer	SQL Server Developer 版本支持开发人员基于 SQL Server 构建任意类型的应用程序。它包括 Enterprise 版本的所有功能，但有许可限制，只能用作开发和测试系统，而不能用作生产服务器。SQL Server Developer 版本是构建和测试应用程序人员的理想之选
Express	SQL Server Express 版本是入门级的免费数据库，是学习和构建桌面及小型服务器数据驱动应用程序的理想选择。它是独立软件供应商、开发人员和热衷于构建客户端应用程序人员的最佳选择

5.1.2　SQL Server 2019 的特性

1. 数据库引擎

数据库引擎是用于存储、处理和保护数据的核心服务。利用数据库引擎的可控制访问权限并快速处理事务，从而满足企业内大多数需要处理大量数据的应用程序的要求。使用数据库引擎创建用于联机事务处理或联机分析处理数据的关系数据库，这包括创建用于存储数据的表和用于查看、管理和保护数据安全的数据库对象，如索引、视图和存储过程等。

2. 分析服务

分析服务是 SQL Server 的一个服务组件。分析服务在日常的数据库设计操作中应用并不是很广泛，在大型的商业智能项目才会涉及分析服务。在使用 SSMS（SQL Server management studio）连接服务器时，可以选择服务器类型进入分析服务。联机分析处理数据大致可以分为两大类：联机事务处理（online transaction processing，OLTP），它是传统的关系型数据库的主要应用，主要是基本的、日常的事务处理；联机分析处理（online analytical processing，OLAP），它是数据仓库系统的主要应用，支持复杂的分析操作，侧重决策支持，并且提供直观易懂的查询结果。

3. 集成服务

SQL Server 集成服务（SQL Server integration services，SSIS）是一个数据集成平台，负责完成有关数据的提取、转换和加载等操作。使用集成服务可以高效地处理各种各样的数据源，如 SQL Server、Oracle、Excel、XML 文档、文本文件等。集成服务为构建数据仓库提供了强大的数据清理、转换、加载与合并等功能。

4. 复制技术

复制是将一组数据从一个数据源复制到多个数据源的技术，是将一份数据发布到多个存储站点上的有效方式。通过数据同步复制技术，利用廉价的虚拟专用网络（virtual private network，VPN）技术，让宽带技术构建起各地方的集中交易模式，数据必须实时同步，保证数据的一致性。

5. 报表服务

报表服务是基于服务器的解决方案，从多种关系数据源和多维数据源中提取数据，生成报表。报表服务提供了各种现成可用的工具和服务，帮助数据库管理员创建、部署和管理单位的报表，并提供了能够扩展和自定义报表功能的编程功能。

6. 服务代理

SQL Server Agent 代理服务，是 SQL Server 的一个标准服务，作用是代理执行所有 SQL 的自动化任务，以及数据库事务性复制等无人值守任务。这个服务在默认安装情况下是停止状态，需要手动启动，或改为自动运动，否则 SQL 的自动化任务是不会执行的，还要注意服务的启动账户。

7. 全文搜索

SQL Server 的全文搜索是基于分词的文本检索功能，依赖于全文索引。全文索引不同于传统的平衡树（B-Tree）索引和列存储索引，它是由数据表构成的，称为倒转索引（invert index），是存储分词和行的唯一键的映射关系。

5.2 SQL Server 数据库软件的安装

目前，使用的 DBMS 以关系型数据库为主导产品，技术比较成熟。面向对象的 DBMS 虽然技术先进，数据库易于开发、维护，但尚未有成熟的产品。国际国内的主导关系型 DBMS 有 Oracle、MySQL、SQL Server 和 Sybase 等，这些产品都支持多平台，如 UNIX、VMS、Windows，但支持的程度不一样。这里我们主要讲述 SQL Server 数据库软件的安装。下面以在 Windows 10 操作系统下安装为例，简要说明其安装过程。

1）获取安装包。SQL Server 的安装包在官网比较难找，而且很容易找错，为此寻找第三方下载途径，这里推荐使用 https://msdn.itellyou.cn/网址，在打开的界面中搜索 SQL Server，选择一个自己想要的版本，使用迅雷软件进行下载，如图 5-1 所示。

图 5-1　获取安装包

2）双击镜像文件，单击 setup.exe 开始安装，在打开的"SQL Server 安装中心"窗口的"安装"选项卡中，单击"全新 SQL Server 独立安装或向现有安装添加功能"链接，如图 5-2 所示。

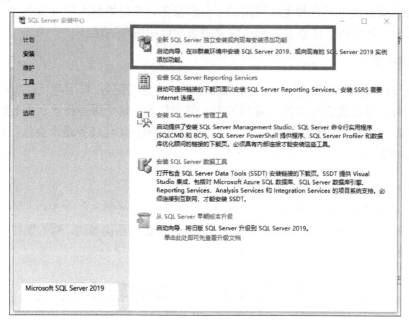

图 5-2　选择独立安装或向现有安装添加新功能

3）在打开的"SQL Server 2019 安装"窗口中单击"下一步"按钮，进入"产品密钥"界面，如图 5-3 所示，选择要安装的 SQL Server 2019 版本，并输入正确的产品密钥，如果安装 Developer 版本，则不需要输入密钥。单击"下一步"按钮，进入"许可条款"界面，选中"我接受许可条款和隐私声明"复选框，如图 5-4 所示，然后单击"下一步"按钮。

图 5-3　选择安装版本及输入密钥

图 5-4　"许可条款"界面

4）进入"Microsoft 更新"界面，建议不选中"使用 Microsoft 更新检查更新（推荐）"
复选框，直接单击"下一步"按钮，如图 5-5 所示。

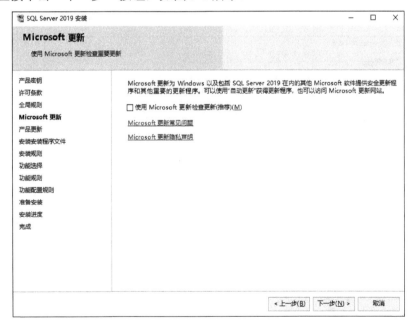

图 5-5　"Microsoft 更新"界面

5）进入"功能选择"界面，在"功能"列表框中选择需要的功能，"数据库引擎服务"
和"SQL Server 复制"复选框必须选中，其他功能按照自己的需求进行选择，安装目录也
可以指定，新用户建议保持默认设置，如图 5-6 所示，单击"下一步"按钮。

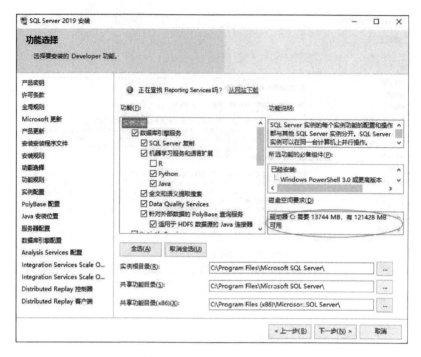

图 5-6 "功能选择"界面

6）进入"实例配置"界面，这里使用默认实例，如图 5-7 所示，然后单击"下一步"按钮。

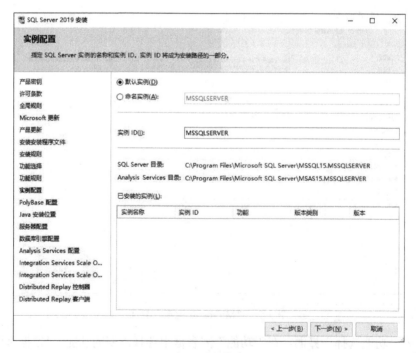

5-7 "实例配置"界面

7）进入"PolyBase 配置"界面，保持默认设置即可，直接单击"下一步"按钮，如图 5-8 所示。

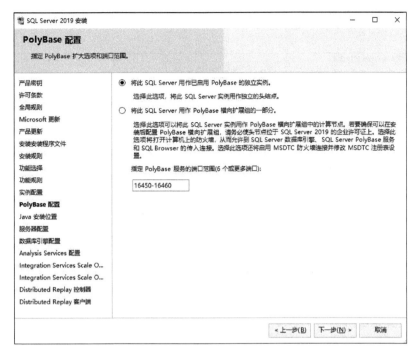

图 5-8 "PolyBase 配置"界面

8）进入"Java 安装位置"界面，若没有安装 Java，则可以选中"安装此安装随附的 Open JRE 11.0.3"单选按钮；如果已经安装 JDK，则建议选择自己安装的 JDK，如图 5-9 所示，然后单击"下一步"按钮。

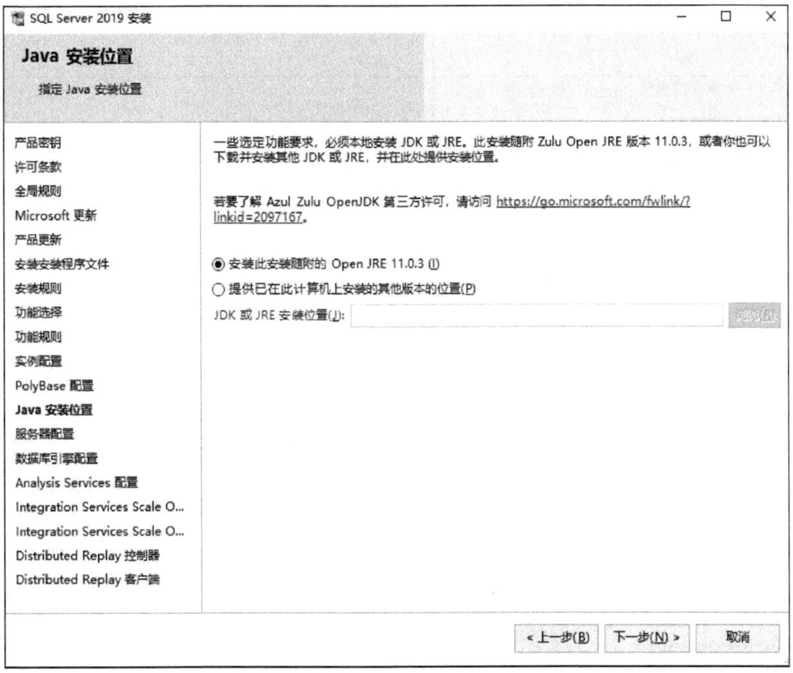

图 5-9 "Java 安装位置"界面

9）进入"服务器配置"界面，在"服务账户"选项卡中为每个 SQL Server 服务单独配置用户名、密码及启动类型，这里保持默认设置即可，如图 5-10 所示，然后单击"下一步"按钮。

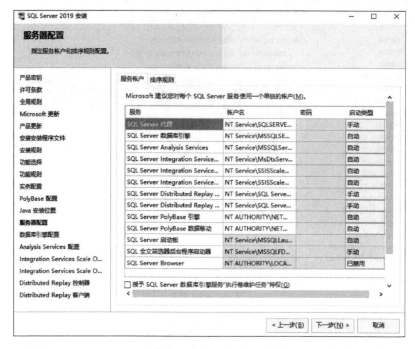

图 5-10　"服务器配置"界面

10）进入"数据库引擎配置"界面，在"服务器配置"选项卡中指定身份验证模式、内置的 SQL Server 系统管理员账户和 SQL Server 管理员，如图 5-11 所示，然后单击"下一步"按钮。

图 5-11　"数据库引擎配置"界面

11）进入"Analysis Services 配置"界面，在"服务器配置"选项卡中选中"表格模式"单选按钮，并添加当前用户，如图 5-12 所示，然后单击"下一步"按钮。

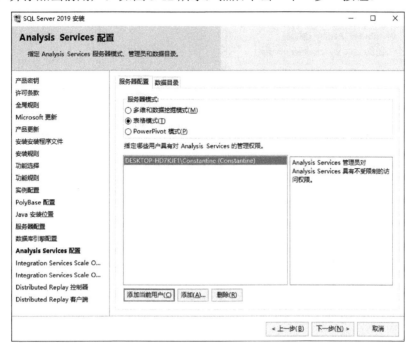

图 5-12　"Analysis Services 配置"界面

12）进入"Integration Services Scale Out 配置-主节点"界面，保持默认设置即可，如图 5-13 所示，然后单击"下一步"按钮。

图 5-13　"Integration Services Scale Out 配置-主节点"界面

13）进入"Distributed Replay 控制器"界面，单击"添加当前用户"按钮添加用户，如图 5-14 所示，然后单击"下一步"按钮。

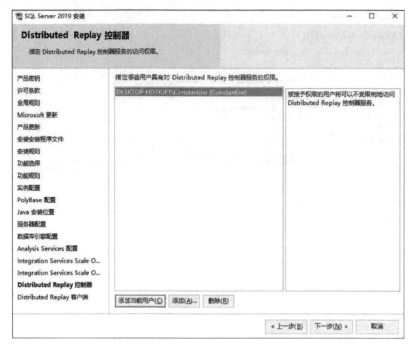

图 5-14　"Distributed Replay 控制器"界面

14）进入"Distributed Replay 客户端"界面，指定控制器名称，如图 5-15 所示，然后单击"下一步"按钮。

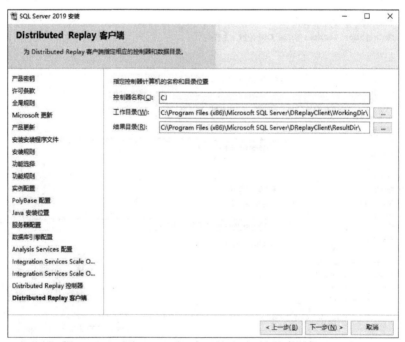

图 5-15　"Distributed Replay 客户端"界面

15）进入"准备安装"界面，单击"安装"按钮，即可开始安装，如图 5-16 所示，安装过程中会显示安装进度。等待一段时间，会出现如图 5-17 所示的界面，说明安装完成，然后单击"关闭"按钮即可。

图 5-16　"准备安装"界面

图 5-17　安装完成界面

上述的安装步骤为 SQL Server 2019 的核心安装步骤。上述步骤完成了数据库的安装，但是还需要安装管理工具——SSMS。简单来说，SSMS 是用于远程连接数据库与执行管理任务的一个工具，使用 SSMS 可以访问、配置、管理和开发 SQL Server 的所有组件。

1）下载并安装 SSMS，在官网下载 SSMS 安装管理工具并启动，如图 5-18 和图 5-19 所示。

 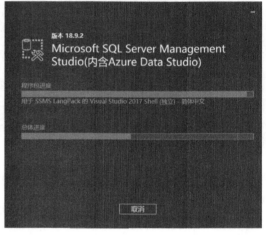

图 5-18　安装界面　　　　　　　　　　　图 5-19　安装过程界面

2）打开 SMSS。打开 SSMS 管理工具时会自动打开"连接到服务器"对话框，如图 5-20 所示。其有多种连接方式，其中常用的有两种：Windows 身份验证和 SQL Server 身份验证方式。连接完成的数据库界面如图 5-21 所示。

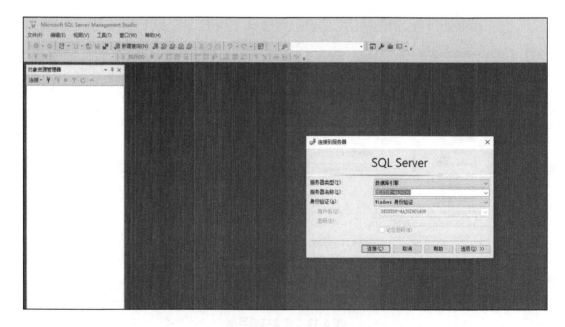

图 5-20　连接数据库界面

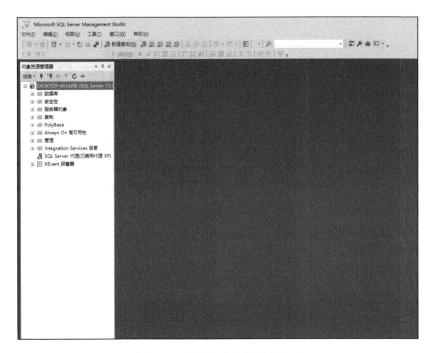

图 5-21　连接完成的数据库界面

本 章 小 结

　　本章主要介绍了 SQL Server 2019 数据库软件的特性及安装方法。通过学习本章的内容，读者能够了解 SQL Server 2019 数据库软件的特性，并掌握该数据库系统软件的安装方法。

思考与练习

一、填空题

　　1．SQL Server 2019 中包括_____、Standard、Web、开发人员及_____等版本。

　　2．国际国内的主导关系型 DBMS 有 Oracle、_____、_____和 Sybase 等。

　　3．联机分析处理数据大致可以分为两大类：_____，它是传统的关系型数据库的主要应用，主要是基本的、日常的事务处理；_____，它是数据仓库系统的主要应用，支持复杂的分析操作，侧重决策支持，并且提供直观易懂的查询结果。

　　4．SQL Server 有多种连接方式，其中常用的有_____和_____两种。

二、简述题

　　1．SQL Server 2019 数据库软件具有什么特性？

　　2．如何安装 SQL Server 2019 DBMS？除安装核心的 SQL Server 外，还需要安装什么软件？

　　3．SQL Server 2019 数据库引擎的特性有哪些？

　　4．简述 SSMS 的作用。

第 6 章　关系数据库标准语言 SQL

SQL（structured query language，结构化查询语言）是关系数据库的标准语言。SQL 是一个通用的、功能极强的关系数据库语言，当前大多数的关系 DBMS 软件支持 SQL。本章将主要介绍 SQL 的基本概念，并以 T-SQL 为基础讲述常用的数据类型和运算符等内容。

重点和难点

- T-SQL 基础知识
- 常用数据类型
- 常用运算符

6.1　SQL 概述

SQL 是 1974 年由 Boyce 和 Chamberlin 提出的，并在 IBM 公司研制的关系数据库 System R 上实现的一种语言。由于它功能丰富、语言简洁，备受用户和计算机界的欢迎。经过各公司的不断修改、扩充和完善，SQL 最终发展为关系数据库的标准语言。

20 世纪 80 年代以来，SQL 就一直是 RDBMS 的标准语言，最早的 SQL 标准是 1986 年 10 月由美国国家标准学会（American National Standards Institute，ANSI）公布的。随后国际标准化组织（International Standards Organization，ISO）于 1987 年 6 月也正式采纳它为国际标准，并在此基础上进行了补充。到 1989 年 4 月，ISO 提出了具有完整性特征的 SQL，并称为 SQL-89。该标准的公布对数据库技术的发展和数据库的应用起到了很大的推动作用。尽管如此，SQL-89 仍有许多不足。为此，在 SQL-89 的基础上，经过 3 年多的研究和修改，ISO 和 ANSI 共同于 1992 年 8 月又公布了 SQL 的新标准，即 SQL-92（或称 SQL2）。由于 SQL-92 标准也不是非常完美，1999 年又颁布了新的 SQL 标准，称为 SQL-99 或 SQL3。

自 SQL 成为国际标准语言后，各数据库厂家纷纷推出各自的 SQL 软件或与 SQL 相连的接口软件，这就使大多数数据库采用 SQL 作为共同的数据存取语言和标准接口。SQL 成为国际标准，对数据库以外的领域也产生了很大的影响，有不少软件产品将 SQL 的查询功能与图形功能、软件工程工具、软件开发工具、人工智能程序结合起来。SQL 已成为数据库领域中的一个主流语言。

SQL 之所以能够被用户和业界所接受，并成为国际标准，是因为它是一个综合的、功能极强同时又便捷易学的语言。SQL 集数据查询、数据操纵、数据定义和数据控制功能于一体，该语言主要有以下特点。

1.　综合功能强大

数据库系统的主要功能是通过数据库支持的数据语言来实现的。SQL 语句主要包括数据定义语言 DDL、数据查询语言（data query language，DQL）、数据操纵语言 DML、数据控制语言（data control language，DCL）和事务控制语言等。

1）数据定义语言：主要用于创建、修改和删除数据库对象（数据表、视图、索引等），包括 CREATE、ALTER、DROP 这 3 条语句。

2）数据查询语言：主要用于查询数据库中的数据。其主要语句为 SELECT 语句，SELECT 语句是 SQL 中最重要的部分。SELECT 语句中主要包括 5 个子句，分别是 FROM 子句、WHERE 子句、GROUP BY 子句、HAVING 子句和 WITH 子句。

3）数据操纵语言：主要用于更新数据库中数据表中的数据，包括 INSERT、UPDATE、DELETE 这 3 条语句。其中，INSERT 语句用于向数据库中插入数据；UPDATE 语句用于修改数据库中的数据；DELETE 语句用于删除数据库中的数据。

4）数据控制语言：主要用授予和回收访问数据库的某种权限，包括 GRANT、REVOKE 等语句。其中，GRANT 语句用于向用户授予权限；REVOKE 语句用于向用户收回权限。

5）事务控制语言：主要用于数据库对事务的控制，保证数据库中数据的一致性，包括 COMMIT、ROLLBACK 等语句。其中，COMMIT 用于事务的提交；ROLLBACK 用于事务的回滚。

另外，在关系模型中实体和实体间的联系均用关系表示，这种数据结构的单一性带来了数据操作符的统一，查找、插入、删除、修改等每一种操作都只需要一种操作符，从而克服了非关系系统由于信息表达方式的多样性带来的操作复杂性。

2. 高度非过程化

非关系数据模型的数据操纵语言是面向过程的语言，使用其完成某项请求，必须指定存储路径。而使用 SQL 进行数据操作，只需提出做什么，而无须指明怎么做，因此无须了解存取路径，存取路径的选择及 SQL 语句的操作过程由系统自动完成。这不但大大减轻了用户的负担，而且有利于提高数据的独立性。

3. 面向集合的操作方式

非关系数据模型采用面向记录的操作方式，操作对象是一条记录。例如，查询所有员工基本工资在 4000 元以上的员工姓名，用户必须一条条地把满足条件的员工记录找出来。而 SQL 采用集合操作方式，不仅操作对象、查找结果可以是元组的集合，而且一次插入、删除、更新操作的对象也可以是元组的集合。

4. 以同一种语法结构提供两种使用方式

SQL 既是自含式语言，又是嵌入式语言。作为自含式语言，它能够独立地用于联机交互，用户可以在终端键盘上直接输入 SQL 命令对数据库进行操作；作为嵌入式语言，SQL 语句能够嵌入高级语言程序中，供程序员设计程序时使用。而在这两种不同的使用方式下，SQL 的语法结构基本是一致的。这种以统一的语法结构提供两种不同使用方式的做法，带来了极大的灵活性与方便性。

5. 语言简捷，易学易用

SQL 功能虽然强大，但由于设计巧妙，语言十分简捷，完成核心功能只需使用如表 6-1 所示的几个动词即可。SQL 是接近自然语言的英语，因此易学易用。

表 6-1 SQL 的动词

SQL 功能	动词
数据定义	CREATE、DROP、ALTER
数据查询	SELECT
数据操纵	INSERT、UPDATE、DELETE
数据控制	GRANT、REVOKE
事务控制	COMMIT、ROLLBACK

6.2 T-SQL 基本知识

Transact-SQL，又称 T-SQL，是在 Microsoft SQL Server 和 Sybase SQL Server 上的 ANSI SQL 实现，与 Oracle 的 PL/SQL 性质相近，在 Microsoft SQL Server 和 Sybase Adaptive Server 中仍然被作为核心使用的查询语言。T-SQL 是微软公司在关系型 DBMS SQL Server 中的 SQL-3 标准的实现，是微软公司对 SQL 的扩展，具有 SQL 的主要特点，同时增加了变量、运算符、函数、流程控制和注释等语言元素，使其功能更加强大。T-SQL 对 SQL Server 十分重要，SQL Server 中使用图形界面能够完成的所有功能，都可以利用 T-SQL 来实现。使用 T-SQL 操作时，与 SQL Server 通信的所有应用程序都通过向服务器发送 T-SQL 语句来进行，而与应用程序的界面无关。

由于本书是以 SQL Server 2019 来进行讲解数据库基本原理和应用的，所以下面介绍 T-SQL 语句中的一些基本知识。

6.2.1 T-SQL 的组成、功能和特点

T-SQL 是 SQL Server 2019 在 SQL 基础上添加了流程控制语句后的扩展，是 SQL 的超集，它是一种非过程化的高级语言。在 T-SQL 语句中，可以包括关键字、标识符及各种参数等，并使用不同的书写格式来区分这些内容。

（1）T-SQL 的组成

由于 T-SQL 是 SQL 的超集，所以它同 SQL 一样，主要由数据定义语言、数据控制语言、数据操纵语言、数据查询语言、系统存储过程和其他语言元素组成。

系统存储过程是 SQL Server 自带的存储过程，在 SQL Server 安装之后就存在于系统中。系统存储过程是对 T-SQL 语句的扩充，其用途在于能够方便地查询系统信息、完成或更新数据库有关的管理任务。

其他语言元素包括常量、变量、注释、函数、流程控制等，不是 SQL 标准的内容，用于为数据库应用程序的编程提供支持和帮助。

（2）T-SQL 的功能

1）创建数据库和各种数据库对象。

2）查询、添加、修改、删除数据库中的数据。

3）创建约束、规则、触发器、事务等，确保数据库中数据的完整性。

4）创建视图、存储过程等，方便应用程序对数据库中的数据进行访问。

5）设置用户和角色的权限，保证数据库的安全性。

6）进行分布式数据处理，实现数据库之间的复制、传递或分布式查询。

（3）T-SQL 的特点

1）集数据定义、数据操作、数据管理和数据控制于一体，使用方便。

2）简单直观、易读易学，为数不多的几条语句即可完成对数据库的全部操作。

3）在用户使用时，只提出"做什么"即可，"怎么做"则由 DBMS 完成。

4）可以直接以命令交互方式操作数据库，也可以嵌入其他语言中执行。

5）可以单条语句单独执行，也可以多条语句成组执行。

在 SQL Server 2019 数据库软件中，主要使用 SSMS 工具来执行 T-SQL 编写的查询语句，除此之外，还可以使用 sqlcmd 实用命令、PowerShell 工具来执行 T-SQL 语句。

6.2.2　T-SQL 的命名规则

1. 语法格式约定

T-SQL 语句中的语法格式约定如下。

1）大写字母：代表 T-SQL 中的关键字，如 UPDATE、INSERT 等。

2）小写字母或斜体：表示表达式、标识符等。

3）大括号 "{}"：大括号中的内容为必选参数，其中可以包含多个选项，各选项之间使用竖线分隔，用户必须从选项中选择其中一项。

4）方括号 "[]"：它所列出的项为可选项，用户可以根据需要选择使用。

5）小括号 "()"：语句的组成部分，必须输入。

6）竖线 "|"：表示参数之间是 "或" 的关系，用户可以从其中选择任何一个。

7）省略号 "…"：表示重复前面的语法项目。

8）加粗：数据库名、表名、列名、索引名、存储过程、实用工具、数据类型名及必须按所显示的原样输入的文本。

9）标签 "<label>::="：语法块的名称，此规则用于对可在语句中的多个位置使用的过长语法或语法单元部分进行分组和标记。

2. 标识符

SQL 标识符是指由用户定义的、SQL Server 可识别的、有特定意义的字符序列。SQL 标识符通常用来表示服务器名、用户名、数据库名、表名、变量名、列名及其他数据库对象名，如视图存储过程、函数等。标识符的命名必须遵守以下规则。

1）必须以英文字母、"#"、"@"或下划线（_）开头，后续跟字母、数字、下划线（_）、"#"和 "$" 组成的字符序列。其中，以 "@" 和 "#" 为首字符的标识符具有特殊意义。

2）字符序列中不能有空格或除上述字符外的其他特殊字符。

3）不能是 T-SQL 中的保留字，因为它们已经被赋予了特殊的意义。

4）字母不区分大小写。

5）标识符的长度不能超过 128 个字符。

6）中文版的 SQL Server 可以使用汉字作为标识符。

说明：以符号 "@" 开头的标识符只能用于局部变量，以两个符号 "@" 开头的标识符表示系统内置的某些函数，以数字符号 "#" 开头的标识符只能用于临时表或过程名称，以两个数字符号 "#" 开头的标识符只能用于全局临时对象。

【例 6-1】标识符的使用。

① 可以使用的标识符：ala22、B2a8、#al234、$A5678、_C2022、W 网络工程。

② 不能使用的标识符：1ABC、ABC D、My Table、For。

3. 保留字

SQL Server 中的保留字是指系统内部定义的、具有特定意义的一串字符序列，可被用来定义、操作或访问数据库。表 6-2 中是一些常用的保留字。

表 6-2　常用的保留字

保留字									
Case	Clustered	Foreign	Compute	Update	Bulk	Unique	For	Distinct	Print
Statistics	Double	Then	Escape	Transaction	Identity	Default	Commit	Function	Convert
End	Return	Save	Join	In	Select	Table	Read	Drop	Break
Having	Declare	File	Open	On	Over	Backup	Use	When	Database

4. 定界标识符

定界标识符是指在使用时用双引号（""）或方括号（[]）括起来的标识符。这些标识符一般不符合常规标识符的规则。在实际使用时，为了使数据库对象的表示更贴近实际意义，往往需要使用不符合规则的标识符。在不合法的标识符前、后加上定界标识符，该标识符就成了合法标识符。

【例 6-2】定界标识符的使用。

为了表示中间有空格的"My　Table"是一个表名，使用以下两种语句。

```
select * From "My  Table"
```

或

```
select * From [My  Table]
```

【例 6-3】常规标识符也可以作为定界标识符使用。

"商品明细"表是存放商品的表名，下面 3 种语句是等价的。

```
select * From 商品明细
```

或

```
select * From "商品明细"
```

或

```
select * From [商品明细]
```

5. 数据库对象的命名格式

数据库对象名的 T-SQL 引用是由 4 个部分组成的名称，其格式如下：

```
[ [ [服务器名.] [数据库名]. ] [架构名]. ]对象名
```

引用某个特定对象时，不必总是指定服务器、数据库和架构供 SQL Server 数据库引擎标识该对象。但是如果找不到对象，就会返回错误消息。为了避免名称解释错误，建议只要指定了架构范围内的对象就指定架构名称。若要省略中间节点，则必须使用句点来指示这些位置。

6. 注释

注释是添加在程序中的说明性文字，其作用是增强程序的可读性。如果编写的程序段没有任何注释，一段时间后阅读或修改都将比较困难。一般程序中的注释都是不执行的，T-SQL 也一样，执行程序时遇到注释就直接跳过它。SQL Server 2019 软件提供了两种注释方式：单行注释和多行注释。

（1）单行注释

单行注释以两个减号"−"开始，在其后书写注释内容，到行尾结束，或书写在一个完整的 T-SQL 语句的后面。

【例 6-4】单行注释的使用。

```
--下面的代码是从图书管理数据库的图书表中获取图书信息
USE 图书管理
select * from 图书表 Order By 书号 ASC  --按书号升序排序
--这里的 ASC 可以不用书写
--因为 ASC 为默认值,如果是降序排序,则 DESC 一定要写
```

（2）多行注释

多行注释以符号"/*"开始，到"*/"结束，不管其中夹杂了多少行内容，它们都是注释。

【例 6-5】多行注释的使用。

```
/* 本书第 15 章,利用 Visual Studio 开发工具和 SQL Server 2019 开发一个图书管理系
统。该系统可以满足图书管理的基本要求,能根据用户的需求,快捷方便地为读者提供借阅服务。*/
```

6.2.3　批处理及脚本

1. 批处理

批处理是由一个或多个 T-SQL 语句组成的集合。应用程序将这些语句作为一个单元一次性地提交给 SQL Server，并由 SQL Server 编译成一个执行计划，然后作为一个整体来执行。在建立批处理时应注意以下几点。

1）不能在修改表中的一个字段后，立即在这个批处理中使用这个新的字段。

2）不能在删除一个对象之后，又在这个批处理中引用该对象。

3）不能在定义一个 CHECK 约束后，立即在这个批处理中使用该约束。

4）不能把规则和默认值绑定到表字段或用户自定义数据类型之后，立即在同一个批处理中使用它们。

5）使用 SET 语句设置的某些 SET 选项不能应用于这个批处理中的查询。

6）如果一个批处理中的第一个语句是执行某些存储过程的 EXECUTE 语句，则关键字 EXECUTE 语句可以省略不写，否则必须使用 EXECUTE 关键字。EXECUTE 可以略写

为"EXEC"。

7）CREATE DEFAULT、CREATE PROCEDURE、CREATE RULE、CREATE TRIG-GER、CREATE VIEW 语句，在一个批处理中只能提交一个。

在 SQL Server 2019 中，可以使用 isqlw、isql、osql 几个应用程序执行批处理，在建立一个批处理时，使用 GO 命令作为结束标记，在一个 GO 命令中除可以包含注释文字外，不能包含其他 T-SQL 语句。

需要注意的是，如果批处理中的某一条语句发生编译错误，则执行计划就无法编译，从而导致批处理中的任何语句都无法被执行。

2. 脚本

脚本是以文件存储的一系列 SQL 语句，即一系列按顺序提交的批处理。在 T-SQL 脚本中可以包含一个或多个批处理。GO 语句是批处理结束的标志。如果没有 GO 语句，则将它作为单个批处理执行。

可以将用户在查询编辑器中输入的 SQL 语句保存到一个磁盘文件上，这个磁盘文件称为脚本文件，它是一个纯文本文件。以后用户可以在查询编辑器中打开、修改和执行脚本文件，也可以通过记事本打开和修改脚本文件。

脚本可以在查询编辑器中执行，也可以在 isql 或 osql 实用程序中执行。查询编辑器是建立、编辑和使用脚本的一个最好的环境。在查询编辑器中，不仅可以新建、保存、打开脚本文件，而且可以输入和修改 T-SQL 语句，还可以通过执行 T-SQL 语句来查看脚本的运行结果，从而检验脚本内容是否正确。下面介绍使用查询编辑器处理脚本文件的方法。

（1）保存脚本

1）激活查询编辑器上部的脚本编辑器窗格（即书写脚本的地方），如果激活的是下半部分的结果窗格，则保存的将是结果窗格中的内容。

2）选择"文件"→"保存"选项，或者单击工具栏中的"保存查询/结果"按钮。

3）如果文件没有被保存过，则打开"另存文件为"对话框，在该对话框中可以选择一个目标文件夹，并输入一个文件名（默认扩展名为.sql），然后单击"保存"按钮；如果文件被保存过，则直接使用当前的文件名进行保存。

（2）在查询编辑器中使用脚本文件

可以在查询编辑器中打开保存的脚本文件，然后执行脚本。打开脚本文件的方法如下。

1）选择"文件"→"打开"→"文件"选项，或单击工具栏中的"打开文件"按钮，打开"打开文件"对话框。

2）在该对话框中选择要打开的脚本文件，然后单击"打开"按钮即可。

这时新打开的脚本会显示在查询编辑器的脚本编辑窗格中，用户可以在这里对脚本进行编辑或执行脚本。

6.3 常用数据类型

数据作为计算机处理的对象，是以某种特定的形式存在的，如整数、实数、字符等。不同类型的数据所能进行的操作是不同的，在对数据进行处理时，应时刻注意数据的类型。SQL Server 中支持多种数据类型，包括字符数据类型、数值数据类型及日期数据类型等，如表 6-3 所示。

表 6-3　常用的数据类型

分类	数据类型
整型数据类型	int 或 integer、smallint、tinyint、bigint
浮点数据类型	real、float、decimal、numeric
货币数据类型	money、smallmoney
字符数据类型	char、nchar、varchar、nvarchar、text、ntext
日期和时间数据类型	date、time、datetime、datetime2、smalldatetime、datetimeoffset
二进制数据类型	binary、varbinary、image
位数据类型	bit
特定数据类型	timestamp、uniqueidentifier

6.3.1　数值数据类型

数值数据类型分为准确数值数据类型和近似数值数据类型两种。

1. 准确数值数据类型

准确数值数据类型是指在计算机中能够准确存储的数据，如整型数、定点小数等。

（1）整型数据类型

整型数据类型是常用的数据类型之一，主要用于存储整数，可以直接进行数据运算而不必使用函数转换。

1）bigint。

每个 bigint 型数值存储在 8 字节中，其中 1 个二进制位表示符号位，其他 63 个二进制位表示长度和大小，可以表示 $-2^{63} \sim 2^{63}-1$ 范围内的所有整数。

2）int。

int 或 integer，每个 int 型数值存储在 4 字节中，其中 1 个二进制位表示符号位，其他 31 个二进制位表示长度和大小，可以表示 $-2^{31} \sim 2^{31}-1$ 范围内的所有整数。

3）smallint。

每个 smallint 类型的数据占用了 2 字节的存储空间，其中 1 个二进制位表示整数值的正负号，其他 15 个二进制位表示长度和大小，可以表示 $-2^{15} \sim 2^{15}-1$ 范围内的所有整数。

4）tinyint。

每个 tinyint 类型的数据占用了 1 字节的存储空间，可以表示 0～255 范围内的所有整数。

（2）定点精度和小数位数

decimal[(p[,s])]和 numeric[(p[,s])]是指带固定精度和小数位数的数据类型。使用最大精度时，有效值为 $-10^{38}+1 \sim 10^{38}-1$。numeric 在功能上等价于 decimal，numeric 是为了兼容以前的版本。这里 p 代表精度，指定了最多可以存储十进制数字的总位数，包括小数点左边和右边的位数，该精度必须是从 1 到最大精度 38 之间的值，默认精度为 18。s 代表小数位数，指定小数点右边可以存储的十进制数字的最大位数，小数位数必须是 $0 \sim p$ 之间的值，仅在指定精度后才可以指定小数的位数，默认的小数位数是 0。因此 s 和 p 有如下关系：$0 \leqslant s \leqslant p$。最大存储小数位数是基于精度而变化的，如 decimal(10,5)表示共有 10 位数，其中整数 5 位，小数 5 位。

2. 近似数值数据类型

近似数值数据类型是指浮点数据类型。浮点数据类型存储十进制小数，是指用于表示浮点数值数据大小的数值数据类型。由于浮点数据不准确，只是为近似值，所以 SQL Server 中采用了只入不舍的方式进行存储，即当且仅当要舍入的数是一个非零数时，在其保留数字部分的最低有效位上加 1，并进行必要的进位。

（1）real

real 类型数据可以存储正或负的十进制数值，每个 real 类型的数据占用 4 字节的存储空间。它的存储范围为 -3.40E+38～-1.18E-38、0 及 1.18E-38～3.40E+38。

（2）float(*n*)

其中，*n* 为用于存储 float 数值尾数的位数（以科学记数法表示），因此可以确定精度和存储大小。如果指定了 *n*，则它必须是 1～53 之间的某个值。*n* 的默认值为 53。

其范围为 -1.79E+308～-2.23E-308、0 及 2.23E+308～1.79E-308。如果不指定数据类型 float 的长度，则它占用 8 字节的存储空间。float 数据类型可以写为 float(*n*) 的形式，*n* 为指定的 float 数据的精度，即 1～53 之间的整数值。当 *n* 取 1～24 时，实际上定义了一个 real 类型的数据，系统使用 4 字节的存储空间存储它。当 *n* 取 25～53 时，系统认为其是 float 类型，用 8 字节的存储空间存储它。

6.3.2 字符数据类型

字符数据类型可以用来存储各种字母、数字符号、汉字和特殊符号。在使用字符数据类型时，需要在字符数据的前、后用英文单引号或双引号括起来，如"张明"。字符的编码有两种方式：普通字符编码和统一字符编码（Unicode 编码）。其中，普通字符编码指的是不同国家或地区的字符编码长度不一样，如一个英文字母的编码是 1 字节（8 位），一个中文汉字的编码是 2 字节（16 位）。统一字符编码是指不管对哪个地区、哪种语言，均采用双字节编码（16 位）。Unicode 字符可以被简单地认为是除计算机键盘上的字符外的其他字符，如中文文字、日文文字、俄文文字、制表符号等都属于 Unicode 字符。

1. 普通字符编码类型

（1）char(*n*)

当使用 char 数据类型存储数据时，每个字符和符号占用 1 字节的存储空间，*n* 表示所有字符所占用的存储空间，*n* 的取值为 1～8000。如果不指定 *n* 的值，则系统默认 *n* 的值为 1。若输入数据的字符串长度小于 *n*，则系统自动在其后添加空格来填满设定好的空间；若输入的数据过长，则会截掉其超出部分。

（2）varchar(*n*|max)

n 为存储字符的最大长度，其取值范围是 1～8000，但可以根据实际存储的字符数改变存储空间，max 表示最大存储大小是 $2^{31}-1$ 字节。存储大小是输入数据的实际长度加 2 字节。输入数据的长度可以为 0 个字符，如 varchar(20)，对应的变量最多只能存储 20 个字符，不够 20 个字符的按实际字符进行存储。

（3）text

text 类型用于存放大量的非 Unicode 字符数据，长度可变，最大长度为 $2^{31}-1$。

2. 统一字符编码类型

（1）nchar(*n*)

其中，*n* 表示 Unicode 字符数据的固定长度。*n* 的取值为 1～4000（含），如果没有在数据定义或变量声明语句中指定 *n*，则默认长度为 1。此数据类型采用 Unicode 字符集，因此每个存储单位占 2 字节。

（2）nvarchar(*n*|max)

与 varchar 类似，存储可变长度的 Unicode 字符数据。*n* 的取值为 1～4000（含），如果没有在数据定义或变量声明语句中指定 *n*，则默认长度为 1。max 指最大存储大小为 $2^{31}-1$ 字节。存储大小是输入字符个数的 2 倍加 2 字节。输入的数据长度可以为 0 个字符。

（3）ntext

与 text 相似，存放最大长度为 $2^{30}-1$ 的字符。存储空间为 2×字符数+2 字节额外开销。

6.3.3　日期和时间数据类型

日期和时间数据类型用于存放日期和时间数据。当使用这些数据时，要用单引号括起来，如时间是 2022 年 2 月 22 日 22 时 22 分 22 秒，可以写成'2022-2-22 22:22:22'。

（1）date

date 数据类型存储使用字符串表示的日期数据，可以表示 0001-01-01～9999-12-31（公元元年 1 月 1 日到公元 9999 年 12 月 31 日）之间的任意日期值。其数据格式为"YYYY-MM-DD"。

1）YYYY：表示年份的 4 位数字，范围为 0001～9999。

2）MM：表示指定年份中月份的两位数字，范围为 01～12。

3）DD：表示指定月份中某一天的两位数字，范围为 01～31（最高值取决于具体月份）。该数据类型占用 3 字节的存储空间。

（2）time

time 数据类型以字符串形式记录一天的某个时间，取值范围为 00:00:00.0000000～23:59:59.9999999，数据格式为"hh:mm:ss[.nnnnnnn]"。

1）hh：表示小时的两位数字，范围为 0～23。

2）mm：表示分钟的两位数字，范围为 0～59。

3）ss：表示秒的两位数字，范围为 0～59。

n 是秒的小数位数，取值范围为 0～7 的整数，精确到 100ns。默认秒的小数位数为 7（100ns）。

time 值在存储时占用 5 字节的存储空间。

（3）datetime

datetime 数据类型用于存储时间和日期数据，从 1753 年 1 月 1 日到 9999 年 12 月 31 日的一个采用 24 小时制并带有秒的日期和时间数据，精确度可达到百分之三秒（4.33ms），默认的格式为"YYYY-MM-DD hh:mm:ss"，默认值为"1900-01-01 00:00:00"，当插入数据或在其他地方使用时，需要用单引号或双引号括起来。其可以使用"/"、"-"和"."作为分隔符。该类型数据占用 8 字节的存储空间。

（4）datetime2

datetime2 是 datetime 的扩展类型，其数据范围更大，默认的最小精度更高，并具有可选的用户定义的精度。其默认格式为 "YYYY-MM-DD hh:mm:ss[fractional seconds]"，日期的存取范围是 0001-01-01～9999-12-31（公元元年 1 月 1 日到公元 9999 年 12 月 31 日）。fractional seconds 为数字，表示秒的小数位数（最多精确到100ns），默认精度是 7 位小数。该类型的字符串长度最少 19 位、最多 27 位，占用 6～8 字节的存储空间。

（5）smalldatetime

smalldatetime 类型与 datetime 类型相似，只是其存储范围是从 1900 年 1 月 1 日到 2079 年 6 月 6 日的一个采用 24 小时制且秒始终为零（:00）的日期和时间数据，精确到分钟。当日期时间精度较小时，使用 smalldatetime，该类型数据占用 4 字节的存储空间。

（6）datetimeoffset

datetimeoffset 数据类型用于定义一个采用 24 小时制与日期相组合并可识别时区的时间，默认格式为 "YYYY-MM-DD hh:mm:ss[.nnnnnnn][{+|-}hhl:mml]"。

1）hhl：两位数，范围为-14～14。

2）mml：两位数，范围为00～59。

这里 hhl 是时区偏移量，该类型数据中保存的是世界标准时间值，时区偏移量范围为-14:00～+14:00。该类型的字符串长度最少 26 位、最多 34 位。例如，要存储北京时间 2022 年 10 月 11 日 12 点整，存储时该值为 "2022-10-11 12:00:00+08:00"，因为北京处于东八区，比世界标准时间早 8 小时。存储该数据类型数据时占用 8～10 字节的固定存储空间，默认占用 10 字节的存储空间。

6.3.4 货币数据类型

货币数据类型是 SQL Server 特有的数据类型，它实际上是准确数值数据类型，小数点后固定为 4 位精度，它包括 money 和 smallmoney 两种。货币类型的数据可以有货币符号，如输入美元时加上$符号。

（1）money

Money 数据类型用于存储货币值，取值范围为 -922337213685477.5808～+922337213685477.5807。money 数据类型中整数部分包含 19 个数字，小数部分包含 4 个数字，因此 money 数据类型的精度是 19，存储时占用 8 字节的存储空间。

（2）smallmoney

smallmoney 数据类型与 money 数据类型相似，取值范围为-214748.3468～+214748.3468，smallmoney 数据类型存储时占用 4 字节的存储空间。其输入数据时在前面加上一个货币符号，如人民币为¥或其他定义的货币符号。

6.3.5 二进制数据类型

二进制数据类型用于存放二进制数据，包括 binary 型、varbinary 型和 image 型。

（1）binary(*n*)

binary(*n*)表示长度为 *n* 字节的固定长度二进制数据，其中 *n* 的取值为 1~8000。其存储大小为 *n* 字节。二进制编码的字符串数据一般用十六进制表示，若使用十六进制格式，则可在字符前加 0x 前缀。例如，可以使用 0xAA5 表示 AA5，如果输入数据长度大于定长的长度，超出的部分会被截断。

（2）varbinary(*n*|max)

varbinary(*n*|max)表示可变长度二进制数据。其中 *n* 的取值为 1~8000，max 表示存储大小为 2^{31}-1 字节。存储大小为输入数据的实际长度+2 字节。

（3）image

image 表示长度可变的二进制数据，范围为 0~2^{31}-1 字节。其用于存储照片、目录图片或图画，容量也是 2147483647 字节，由系统根据数据的长度自动分配空间，存储该字段的数据一般不能使用 insert 语句直接输入。

6.3.6　位数据类型

bit 称为位数据类型，只取值为 0 或 1，长度为 1 字节。位值经常当作逻辑值用于判断 true(1)或 false(0)，输入非 0 值时系统将其替换为 1。

6.3.7　其他数据类型

（1）timestamp

timestamp 为时间戳数据类型，timestamp 的数据类型为 RowVersion 数据类型的同义词，提供数据库范围内的唯一值，反映数据修改的唯一顺序，是一个单调上升的计数器。timestamp 这种数据类型表示自动生成的二进制数，确保这些数在数据库中是唯一的。timestamp 的存储大小为 8 字节。

一个表只能有一个 timestamp 列。每次插入或更新包含 timestamp 列的行时，timestamp 列中的值均会更新。这一属性使 timestamp 列不适合作为键使用，尤其是不能作为主键使用。对行的任何更新都会更改 timestamp 值，从而更改键值。如果该列属于主键，那么旧的键值将无效，进而引用该旧值的外键也将不再有效。如果该表在动态游标中引用，则所有更新均会更改游标中行的位置。如果该列属于索引键，则对数据行的所有更新还将导致索引更新。

（2）uniqueidentifier

16 字节的全球唯一标识符（globally unique identifier，GUID）是 SQL Server 根据网络适配器地址和主机 CPU 时钟产生的唯一号码，其中，每个号码都是 0~9 或 a~f 范围内的十六进制数字。例如，6F9619FF-8B86-D011-B42D-00C04FC964FF，此号码可以通过 newid( ) 函数获得，由此函数产生的数字不会相同。

（3）sql_variant

sql_variant 数据类型用于存储除文本、图形数据和 timestamp 数据外的其他任何合法的 SQL Server 数据，可以方便 SQL Server 的开发工作。

（4）xml

xml 数据类型用于存储 xml 数据的数据类型，可以在列中或 xml 类型的变量中存储 xml 实例。存储的 xml 数据类型表示实例大小不能超过 2GB。

6.4　常用运算符

运算符是用于将运算对象（或操作数）连接起来、构成表达式的符号。运算符的一些符号能够用于执行算术运算、字符串连接、赋值，以及在字段、常量和变量之间进行比较。在 SQL Server 中，运算符主要由以下 6 类组成：算术运算符、赋值运算符、比较运算符、逻辑运算符、按位运算符及复合运算符。为了讲述运算符的用法，这里建立一个比较简单的数据表 operation：

```
create table operation(
    num1 int,
    num2 int
)
```

6.4.1　算术运算符

算术运算符可以在两个表达式上执行算术运算，这两个表达式可以是任何数值数据类型。假设变量 a 的值为 10，变量 b 的值为 20，算术运算符及其应用如表 6-4 所示。

表 6-4　算术运算符及其应用

运算符	描述	示例
+	加法运算	$a+b$ 得 30
−	减法运算	$a-b$ 得-10
*	乘法运算	a * b 得 200
/	除法运算，返回商	b/a 得 2
%	求余运算，返回余数	$b\%a$ 得 0

使用 operation 表分别验证各运算符的结果，这里 num1=10，num2=20。
执行加法运算：

```
select num1+num2 from operation
```

结果为 30。
执行减法运算：

```
select num1-num2 from operation
```

结果为-10。
执行乘法运算：

```
select num1*num2 from operation
```

结果为 200。
执行除法运算：

```
select num2/num1 from operation
```

结果为 2。

如果表达式中有多个算术运算符，则先计算乘、除和求余，然后计算加减。如果表达式中所有算术运算符都具有相同的优先顺序，则执行顺序为从左到右。括号中的表达式比所有其他运算都要优先。算术运算的结果为优先级较高的参数的数据类型。

6.4.2　赋值运算符

赋值运算符的功能是为变量赋值，SQL Server 中采用等号作为赋值运算符，附加 SELECT 或 SET 命令来进行赋值，它将表达式的值赋给某一变量，或赋给某列指定的列标题。

【例 6-6】为一个整型变量赋值。

首先定义一个整型变量@test，使用赋值运算符对变量进行赋值。

```
declare @test int
set @test=88
```

使用 operation 表来说明赋值的用法，如需要重新给 num1 赋值：

```
update operation set num1=100
```

结果 num1 从 10 变为 100。

6.4.3　比较运算符

比较运算符用来比较两个表达式的大小，表达式可以是字符、数字或日期数据，其比较结果是 boolean 值。假设变量 a 的值为 10，变量 b 的值为 20，比较运算符及其应用如表 6-5 所示。

表 6-5　比较运算符及其应用

运算符	描述	示例
=	等于	（$a=b$）为 false
!=	不等于	（$a!=b$）为 true
>	大于	（$a>b$）为 false
<	小于	（$a<b$）为 true
>=	大于或等于	（$a>=b$）为 false
<=	小于或等于	（$a<=b$）为 true
<>	不等于	（$a<>b$）为 true
!<	不小于	
!>	不大于	

【例 6-7】使用 T-SQL 来介绍比较运算符。

```
declare @a int=10, @b int=20
select iif(@a=@b, 'TRUE', 'FALSE') as result
```

上述语句的执行结果为 false，其他比较表达式同理，这里不再赘述，而是作为一个练习题留给大家，执行一下其他运算符。在 SQL 的使用中，比较运算符一般和 where 条件一起使用，关于 where 子句的用法，后面章节会讲到。

6.4.4 逻辑运算符

逻辑运算符可以把多个逻辑表达式连接起来进行测试，以获得其真实情况，并返回带有 TRUE、FALSE 的 boolean 数据类型，如表 6-6 所示。

表 6-6   逻辑运算符及其含义

运算符	含义
all	如果一组的比较都为 TRUE，则返回 TRUE
and	如果两个布尔表达式都为 TRUE，则返回 TRUE
any	如果一组的比较中任意一个为 TRUE，则返回 TRUE
between	如果操作数在某个范围之内，则返回 TRUE
exists	如果子查询包含一些行，则返回 TRUE
in	如果操作数等于表达式列表中的一个，则返回 TRUE
like	如果操作数与一种模式相匹配，则返回 TRUE
not	对任何其他布尔运算符的值取反
or	如果两个布尔表达式中的一个为 TRUE，则返回 TRUE
some	如果在一组比较中，有些为 TRUE，则返回 TRUE

这里只介绍 and、or 及 not 的示例说明，其他逻辑运算符会在后面的章节中具体讲述。还是使用 operation 表，其中 num1=10，num2=20。

and 逻辑运算符的用法如下：

```
select * from operation where num1=10 and num2=20
```

执行结果为 num1=10，num2=20。

or 逻辑运算符的用法如下：

```
select * from operation where num1=10 or num2=20
```

执行结果为 num1=10，num2=20。

not 逻辑运算符的用法如下：

```
select * from operation where not num1=10
```

执行结果为 num1!=10 的行。

一般来说，这些逻辑运算符会和 where 子句、group by 子句等一起使用，具体的使用后面章节还会介绍，这里只是给大家简单地介绍一下。

6.4.5 按位运算符

按位运算符在两个表达式之间执行位操作，这两个表达式可以为整数数据类型中的任何一个数据类型，如表 6-7 所示。

表 6-7   按位运算符及其含义

运算符	含义
&	位与，按照数字二进制形式进行与运算
|	位或，按照数字二进制形式进行或运算
^	位异或，按照数字二进制形式进行异或运算
~	位非，按照数字二进制形式按位取反

这里使用 operation 表来介绍这些位运算，其中 num1=10，num2=20，使用二进制表达 num1 为 01010、num2 为 10100，按照计算 num1&num2=0，num1|num2=30，num1^num2=30，~num1=-11。

```
select num1&num2,num1|num2,num1^num2,~num1 from operation
```

执行以上 SQL 语句，结果如图 6-1 所示。

图 6-1　执行结果

6.4.6　复合运算符

复合运算符执行一些运算，并将原始值设置为运算的结果。例如，如果变量@x 等于 35，则@x+=2 会将@x 的原始值加上 2，并将@x 设置为该新值（37）。

SQL Server 提供的复合运算符如表 6-8 所示。

表 6-8　复合运算符

运算符	含义	操作
+=	加法赋值	原始值加上一定的量，并将得到的新值设置为结果
-=	减法赋值	原始值减去一定的量，并将得到的新值设置为结果
*=	乘法赋值	原始值乘上一定的量，并将得到的新值设置为结果
/=	除法赋值	原始值除以一定的量，并将得到的新值设置为结果
%=	取模赋值	原始值除以一定的量，并将得到的新值设置为余数
&=	位与赋值	原始值执行位与运算，并将得到的新值设置为结果
^=	位异或赋值	原始值执行位异或运算，并将得到的新值设置为结果
|=	位或赋值	原始值执行位或运算，并将得到的新值设置为结果

在这里，还是使用上面的 operation 表来介绍复合运算符，这里已知 num1=10，分别使用上面的复合运算符，进行 num1 值的更新。

加法赋值的复合运算：

```
update operation1 set num1+=2 where num1=10
```

减法赋值的复合运算：

```
update operation1 set num1-=2 where num1=10
```

乘法赋值的复合运算：

```
update operation1 set num1*=2 where num1=10
```

除法赋值的复合运算：

```
update operation1 set num1/=2 where num1=10
```

取模赋值的复合运算：

```
update operation1 set num1%=2 where num1=10
```

位与赋值的复合运算：

```
update operation1 set num1&=2 where num1=10
```

位异或赋值的复合运算：

```
update operation1 set num1^=2 where num1=10
```

位或赋值的复合运算：

```
update operation1 set num1|=2 where num1=10
```

最后 num1 的结果分别为 12、8、20、5、0、2、8、10。

6.4.7　运算符的优先级

当 SQL Server 中出现复杂的表达式时，那么相应地就会在表达式中出现多个运算符。这时，就要依靠 SQL Server 中的运算符优先级规则，按顺序进行计算。

运算符的优先级如表 6-9 所示。

表 6-9　运算符的优先级

级别	运算符
1	（）（圆括号）
2	*（乘）、/（除）、%（取模）
3	+（正）、-（负）、+（加）、+（串联）、-（减）、&（位与）、^（位异或）、|（位或）
4	=、>、<、>=、<=、<>、!=、!>、!<（比较运算符）
5	not
6	and
7	all、any、between、in、like、or、some
8	=（赋值）

本 章 小 结

本章首先介绍了 SQL 的产生与发展及其特点，然后讲述了 T-SQL 的基本语法结构，最后以 T-SQL 为基础讲述了常用的数据类型和运算符等内容。通过学习本章的内容，读者能够了解 SQL 的产生和发展，掌握 T-SQL 的基本语法结构和 SQL Server 中的数据类型与常用的运算符。

思考与练习

一、填空题

1. SQL 集＿＿＿＿、＿＿＿＿、＿＿＿＿和数据控制功能于一体。
2. 数据查询语言主要用于查询数据库中的数据。其主要语句为＿＿＿＿。
3. SQL 数据定义功能包括＿＿＿＿、＿＿＿＿和＿＿＿＿。
4. ＿＿＿＿是常用的数据类型之一，主要用于存储整数，可以直接进行数据运算而不必使用函数转换。

　　5．数值数据类型包括_____和_____。

二、单选题

　　1．SQL Server 2019 中不包括（　　）数据类型。

　　　　A．int　　　　　　　B．float　　　　　　　C．nchar　　　　　　D．varchar

　　2．赋值运算符的功能是为变量赋值，赋值运算符采用（　　）对列名进行赋值。

　　　　A．==　　　　　　　B．=　　　　　　　　　C．→　　　　　　　　D．<>

　　3．关于比较运算符，下列说法正确的是（　　）。

　　　　A．比较运算符用来比较两个表达式的大小，表达式可以是字符、数字或日期数据

　　　　B．比较运算符的比较结果通常是 int 类型

　　　　C．比较运算符的优先级比赋值运算符的优先级高

　　　　D．比较运算符不能和 where 条件一起使用

　　4．复合运算符不包括下列的（　　）运算符。

　　　　A．+=　　　　　　　B．-=　　　　　　　　C．!=　　　　　　　　D．&=

三、简答题

　　1．SQL 具有什么特点？

　　2．SQL Server 支持哪几种数据类型？

　　3．SQL Server 语言中有哪些运算符？它们的优先级别如何？

　　4．char(*n*)与 varchar(*n*)的区别是什么？其中 *n* 的含义是什么？

第 7 章　数据库与数据表操作

数据库是 DBMS 的重要组成部分。SQL Server 数据库是各种数据库逻辑对象的容器。表是数据库中最基本、最重要和最核心的对象，用户收集、整理、存储的具体数据信息都存储在数据库的表对象中。

本章主要介绍数据库的存储结构、数据库的创建与管理，数据表的基本概念、类型，以及创建、修改、删除表数据的基本操作。

重点和难点
- 数据库的创建、修改、删除
- 表的创建、修改、删除

7.1　数据库的存储结构

数据库的存储结构是指数据库文件在磁盘上的存储方式。SQL Server 中每个数据库由一组操作系统文件组成。数据库中的数据、对象和数据库操作日志都被存储在这些文件中。

根据存储信息的不同，数据库文件主要分为主数据库文件、次数据库文件和事务日志文件三大类。

1）主数据库文件：每个数据库有且仅有一个主数据库文件，主数据库文件用来存储数据库的启动信息和部分或全部数据。一个数据库可以有一个或多个数据库文件，其中只有一个文件是主数据库文件。通常主数据库文件的文件扩展名为.mdf。

2）次数据库文件：用于存储主数据库文件中未存储的剩余数据和数据库对象。一个数据库可以没有次数据库文件，也可以有多个次数据库文件。通常次数据库文件的文件扩展名为.ndf。

3）事务日志文件：用于存储数据库的更新等事务日志信息。例如，经常对数据库中的数据进行增加、删除或更新等操作，这些操作都会被记录在事务日志文件中。当数据库被损坏时，可以使用事务日志文件恢复数据库。一个数据库可以有一个或多个事务日志文件。通常事务日志文件的扩展名为.ldf。

文件组是指文件的集合，用于帮助数据布局和管理任务。通常可以为一个磁盘驱动器创建一个文件组，将多个数据库文件集合起来形成一个整体。通过文件组，可以将特定的数据库对象与该文件组相关联，那么对数据库对象的操作都将在该文件组中完成，可以提高数据的查询性能。

SQL Server 提供两种类型的文件组：主文件组和次文件组，每个文件组有一个组名。主文件组包含主数据库文件和任何没有明确分配给其他文件组的文件，系统表的所有页均分配在主文件组中。次文件组也称用户定义文件组。日志文件不包括在文件组中，日志空间与数据空间分开管理。

一个文件不可以是多个文件组的成员。表、索引和大型数据对象可以与指定的文件组相关联。每个数据库均有一个文件组被指定为默认文件组。如果创建表或索引时未指定文件组，则将假定所有页都从默认文件组进行分配。一次只能有一个文件组作为默认文件组，如果没有指定默认文件组，则将主文件组作为默认文件组。

7.2　数据库的创建

SQL Server 数据库主要分为两类：系统数据库和用户自定义数据库。

1）系统数据库：系统数据库存储有关 SQL Server 的系统信息，是系统管理的依据，主要由 master、model、msdb、tempdb 及隐藏的 resource 数据库组成。master 数据库主要记录 SQL Server 实例的所有系统级信息，包括登录账号、系统配置、数据库位置及数据库错误信息等，用于控制用户数据库和 SQL Server 的运行。model 数据库主要为 SQL Server 实例中创建的所有数据库提供模板。msdb 用于 SQL Server 代理计划警报和作业。tempdb 为临时表和临时存储过程提供存储空间，用于保存临时对象或中间结果集。resource 是一个只读数据库，包括 SQL Server 的系统对象，系统对象在物理上保留在 resource 数据库中，但在逻辑上显示在每个数据库的 sys 架构中。SQL Server 不支持用户直接更新系统数据库对象中的信息。所以，建议用户不要修改、删除系统数据库中的数据，以免影响系统的运行。

2）用户自定义数据库：用户自定义数据库就是由用户自己创建的数据库，创建一个数据库就是创建一个用户数据库。

数据库作为存放数据的主体，使用之前需要创建。SQL Server 提供了两种创建数据库的方式：一种是使用管理工具进行创建，另一种是使用命令行进行创建。

7.2.1　使用管理工具创建数据库

SSMS 功能强大，使用简单。默认情况下通常只显示左侧的"对象资源管理器"窗格（窗口布局可以由用户自行设置）。用户可以通过选择"视图"菜单中的"解决方案资源管理器""属性窗口""书签窗口"等选项，根据需要添加或关闭窗口。右击"对象资源管理器"窗格中的"数据库"选项，在弹出的快捷菜单中选择"新建数据库"选项，如图 7-1 所示，打开"新建数据库"窗口。

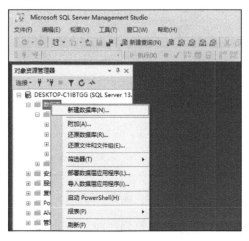

图 7-1　新建数据库界面

"新建数据库"窗口有 3 个选择页：常规、选项和文件组。"常规"选择页可以新建数据库名称、数据库所有者、数据库文件（包括逻辑名称、文件类型、所属文件组类型、文件初始大小、文件增长方式等），如图 7-2 所示。

图 7-2 "常规"选择页

在"选项"选择页中可以设置新建数据库的排序规则、恢复模式、游标等功能，如图 7-3 所示。

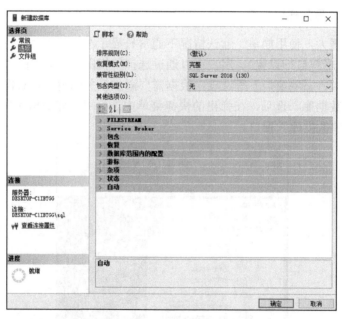

图 7-3 "选项"选择页

在"文件组"选择页中可以设置新建数据库的文件组等，如图 7-4 所示。

图 7-4　"文件组"选择页

结合以下实例介绍使用管理工具创建数据库的基本步骤。

【例 7-1】新建一个名为 CompanyDB 的数据库。该数据库有两个文件：主数据库文件和日志文件。主数据库文件的初始大小为 50MB，文件大小的增长不受限制，增量为 5MB。日志文件的初始大小为 10MB，文件的最大容量为 200MB，文件每次增长 5%。所有文件暂定都不指定文件组，存储路径为系统默认的存储路径。

在"新建数据库"窗口中的"常规"选择页中的"数据库名称"文本框中输入"CompanyDB"。在"数据库文件"选项组中的"逻辑名称"中系统自动生成两个文件名，一个是主数据库文件逻辑名，另一个是日志文件逻辑名。主数据库文件所属的文件组为"PRIMARY"。单击"初始大小"列的下拉按钮，可以微调文件（或手动输入）大小分别为 50MB 和 10MB，如图 7-5 所示。

图 7-5　新建数据库

单击"自动增长"列中的设置按钮，在打开的"更改 CompanyDB 的自动增长设置"对话框中设置文件的增长方式，如图 7-6 所示，然后单击"确定"按钮。图 7-5 中的"路径"不用修改，使用系统默认路径。"文件名"即主数据库文件和日志文件的物理文件名，系统一般自动生成，并给相应文件添加扩展名。最后单击"确定"按钮，完成数据库的创建。

图 7-6 设置自动增长

数据库创建完成后，在 SSMS 的"对象资源管理器"窗格中可以看到名称为 CompanyDB 的数据库（若不显示，可以刷新 SSMS 的"对象资源管理器"窗格中的"数据库"节点），如图 7-7 所示。

数据库文件被创建后，用户也可以在安装 SQL Server 软件的默认路径下进行查看，即物理数据库文件。在默认文件路径下可以看到带扩展名的主数据库文件和日志文件，如图 7-8 所示。

图 7-7 查看创建的数据库

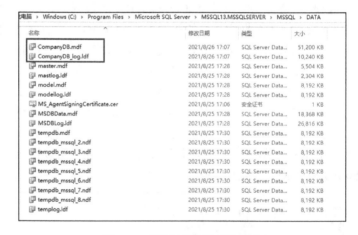

图 7-8 查看创建的物理数据库

【例 7-2】新建一个名为 Test 的数据库，将相关的数据库文件存于 D 盘的 DB_Test 文件夹下。假定该数据库有 4 个文件：一个主数据库文件、两个次数据库文件和一个日志文件。主数据库文件的初始大小为 30MB，文件的最大容量不受限制，每次增长 2MB。次数据库文件的初始大小均为 10MB，最大容量为 500MB，文件每次增长 5%。新建一个名为 TGroup 的文件组，并将次数据库文件放入该文件组中。日志文件的初始大小为 10MB，每次增长 1MB，文件容量不受增长限制。

首先在 D 盘创建相应的 DB_Test 文件夹。在"新建数据库"窗口中的"常规"选择页中的"数据库名称"文本框中输入"Test"。将"路径"设置为"D:\DB_Test"。在"文件组"选择页中，添加新文件组"TGroup"。在"常规"选择页中添加两个次数据库文件，并将文件组设为 TGroup，如图 7-9 所示。其他选项设置与例 7-1 相同，这里不再赘述，最后单击"确定"按钮，即可完成数据库的创建。

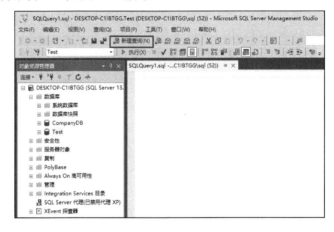

图 7-9　创建完成的数据库

7.2.2　使用 T-SQL 语句创建数据库

在 SQL Server 中，还可以使用命令行创建数据库。单击工具栏中的"新建查询"按钮，打开一个查询编辑器窗口，如图 7-10 所示。

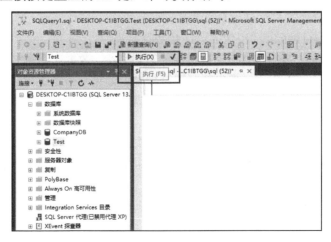

图 7-10　创建查询编辑器窗口

在查询编辑器窗口中输入相应的 T-SQL 语句，然后单击工具栏中的"执行"按钮，如图 7-11 所示，或直接按键盘上的 F5 键，即可执行语句。

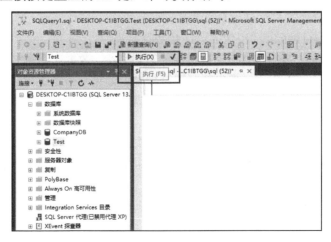

图 7-11　执行查询语句

提示：查询编辑器窗口采用默认设置。但是也可以通过窗口的设置修改编辑器的字母、数字、文本格式、字体大小等信息。选择"工具"→"选项"选项，在打开的"选项"对话框中按需要进行修改，如图 7-12 所示。

图 7-12   "选项"对话框

T-SQL 可以使用 create database 语句创建用户自定义数据库。create database 语句的语法格式如下。

```
create database database_name
  [on
  [<filespec>[,...n]
  [,<filegroup>[,...n]]
  [log on {<filespec>[,...n]}]
  [collate collation_name]
  [with <external_access_option>]
  [for {attach|attach_rebuild_log}]
```

提示：SQL Server 语句不区分大小写，在上述语法格式中，[]中的内容属于可选项内容，可根据用户需求自行修改相对应的参数设置。

以下分别对 create database 语句的语法参数进行说明。

1）database_name：是用户自定义数据库的逻辑名称。数据库逻辑名称在服务器中是唯一的，并且要求符合 SQL Server 规定的标识符规则。如果未指定逻辑日志文件名称，系统将自动生成 logical_file_name 和 os_file_name。前者是数据库文件的逻辑名，后者是数据库文件的操作系统文件名。

2）on 子句：指定数据库的主数据库文件、次数据库文件和文件组属性，显式地定义用来存储数据库数据部分的操作系统文件。on 子句是可选项。如果没有指定 on 子句，系统将自动创建一个主数据库文件和一个日志文件。

3）<filespec>项列表：<filespec>项用于定义主文件组的数据库文件。其语法格式如下。

```
<filespec>::=
  [primary]
```

```
([name='logical_file_name',]
filename={'os_file_name'|'filestream_path'}
[,size=size[KB|MB|GB|TB]]
[,maxsize={max_size[KB|MB|GB|TB]|UNLIMITED}]
[,FILEGROWTH=growth_increment[KB|MB|GB|TB%]])[,...n]
```

① size 表示文件初始大小，max_size 表示文件最大值，unlimited 表示文件最大值不受限制，growth_increment 表示文件每次的增量。

② 主文件组的文件列表后可跟以逗号分隔的<filegroup>项列表，其语法格式如下。

```
<filegroup>:: =
filegroup 文件组名 <filespec>[,...n]
```

③ n 表示可以为新数据指定多个文件。

4）log on 指定事务日志文件的属性，显式地定义用来存储数据库事务日志的操作系统文件。该关键字后的<filespec>项用以定义日志文件，内容与上述相同。

5）collate collation_name 子句：用于指定数据库的默认排序规则。排序规则名称既可以是 Windows 排序规则名称，也可以是 SQL 排序规则名称。如果没有指定排序规则，则将 SQL Server 实例的默认排序规则分配为数据库的排序规则。

6）with<external_access_option>子句：用于控制外部与数据库之间的双向访问。

7）for attach 子句：用于指定通过附加一组现有的操作系统文件来创建数据库，使用 for attach 时必须指定数据库的主数据库文件。如果有多个数据库文件和日志文件，则必须确保所有的主数据库文件和次数据库文件可用，否则操作失败。

8）for attach_rebuild_log 子句：用于指定通过附加一组现有的操作系统文件来创建数据库，使用这一选项将不再需要所有的日志文件。

【例 7-3】使用 create database 最简单的语句创建一个 Test_a 数据库。

```
create database Test_a
```

执行上述语句后，数据库创建成功且在查询编辑器窗口下方的"消息"中提示：命令已成功执行。刷新"对象资源管理器"窗格中的"数据库"节点，可以看到名为"Test_a"的数据库。

【例 7-4】使用 T-SQL 语句完成例 7-2 中的数据库创建，将数据库名称修改为"Test_New"，其他相关文件不变。

```
create database Test_New
on
primary
(   name='Test_New_m',
    filename='D:\DB_Test\Test_New.mdf',
    size=30mb,
    maxsize=unlimited,
    filegrowth=2mb
),
filegroup TGroup
(   name='Test_New_n1',
```

```
    filename='D:\DB_Test\Test_New1.ndf',
    size=10mb,
    maxsize=500mb,
    filegrowth=5%
),
(   name='Test_New_n2',
    filename='D:\DB_Test\Test_New2.ndf',
    size=10mb,
    maxsize=500mb,
    filegrowth=5%
)
log on
(   name='Test_New_log',
    filename='D:\DB_Test\Test_New.ldf',
    size=10mb,
    maxsize=unlimited,
    filegrowth=1mb
)
```

上述语句执行成功后，数据库创建成功，如图 7-13 所示。

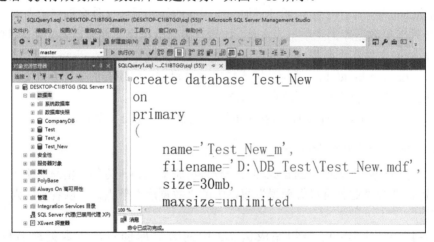

图 7-13　使用 T-SQL 语句创建数据库

7.3　数据库的管理

用户自定义的数据库一旦创建完成，可能需要对已创建的数据库进行修改，如对数据库属性进行修改、对数据库文件进行修改及删除等，这就涉及数据库的管理。

7.3.1　修改数据库

如果创建的数据库需要修改，SQL Server 提供了管理工具和命令行（T-SQL 语句）两种修改方式。

1. 使用管理工具修改数据库

使用管理工具修改数据库时只能对已有的数据库进行修改，主要包括以下几项：增加或删除数据库文件、改变数据库文件的大小和增长方式、改变日志文件的大小和增长方式、增加或删除日志文件、增加或删除文件组、重命名数据库等。

【例 7-5】使用 SSMS 工具修改 Test 数据库。

右击选择的对应数据库，在弹出的快捷菜单中选择"重命名"选项，对数据库逻辑名重新命名。选择"属性"选项，打开"数据库属性"窗口。在"文件"选择页和"文件组"选择页中修改数据库的主要属性，如增加或删除文件、修改文件的增长方式、增加或删除文件组等，也可以在其他选择页中修改数据库的其他属性，如图 7-14 和图 7-15 所示。

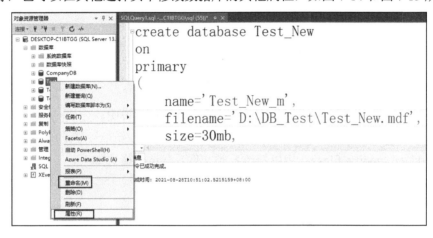

图 7-14　查看数据库的属性

图 7-15　修改数据库的属性

2. 使用 T-SQL 语句修改数据库

使用 T-SQL 语句修改数据库的选项基本与使用管理工具修改数据库的选项相同，主要分为修改数据库名称、增加或删除数据库文件、改变数据库文件的大小和增长方式、改变日志文件的大小和增长方式、增加或删除日志文件、增加或删除文件组等。

T-SQL 语句使用 alter database 语句修改数据库，该语句的功能是修改与数据库关联的文件和文件组、在数据库中添加或删除或更改数据库相关文件的属性。alter database 语句的语法格式如下。

```
alter database database_name
{
  <add_or_modify_files>
  |<add_or_modify_filegroups>
}
[;]
```

下面分别对 alter database 语句的语法中的基本参数进行说明。

1）database_name：要修改的数据库的逻辑名。

2）<add_or_modify_files>：用以修改各类文件，其语法格式如下。

```
<add_or_modify_files>::=
{
  add file<filespec>[,...n]
    [to filegroup{filegroup_name}]
  |add log file<filespec>[,...n]
  |remove file logical_file_name
  |modify file<filespec>
}
```

① add file 子句用于向数据库中添加数据库文件。

② add log file 子句用于向数据库中添加事务日志文件。

③ remove file 子句用于从数据库中删除数据库文件。

④ modify file 子句用于修改数据库的文件属性。

其中，<filespec>选项的语法格式如下。

```
<filespec>:: =
  (
    name=logical_file_name
    [,newname=new_logical_name]
    [,Filename={'os_file_name'|'filestream_path'}]
    [,size=size[KB|MB|GB|TB]]
    [,maxsize={max_size[KB|MB|GB|TB]|UNLIMITED}]
```

```
      [,FILEGROWTH=growth_increment[KB|MB|GB|TB|%]]
      [,offline]
   )
```

其中，offline 是指将文件设置为脱机并使文件组中的所有对象都不可访问。

3）<add_or_modify_filegroups>：用以修改文件组，其语法格式如下。

```
<add_or_modify_filegroups>::=
  {
  |add filegroup filegroup_name
    [contains filestream]
  |remove filegroup filegroup_name
  |modify filegroup filegroup_name
    {<filegroup_updatability_option>
     |default
     |name=new_filegroup_name
     }
  }
```

① add filegroup 子句用于向数据库中添加文件组。

② remove filegroup 子句用于从数据库中删除文件组。如果需要删除文件组，则必须先将文件组中的文件删除，且不能删除主文件组。

③ modify filegroup 通过将状态设置为 read_only 或 read_write，将文件组设置为数据库的默认文件组或更改文件组名称来修改文件组。

```
alter database 旧数据库名称
modify name=新数据库名称
```

【例 7-6】使用 alter database 语句修改 Test 数据库。新增一个次数据库文件，初始大小为 10MB，最大容量不受限制，每次增长 2MB。

```
alter database Test
add file
(
    name='Test3',
    filename='D:\DB_Test\Test3.ndf',
    size=10mb,
    maxsize=unlimited,
    filegrowth=2mb
)
```

上述语句执行成功后，可以查看数据库的属性，如图 7-16 所示。

图 7-16 修改数据库成功

7.3.2 删除数据库

对于长时间不使用的数据库,可以将其删除。SQL Server 同样提供了管理工具和 T-SQL 语句两种删除数据库的方式。数据库一旦被删除,就彻底消失了,因为数据库文件在操作系统中不经过回收站直接删除。如果之前没有备份,则此数据库中的数据全部丢失且不能还原。所以以用户删除数据库时要谨慎。

SQL Server 数据库存在联机、脱机等状态。在联机状态下可以对数据库进行访问。数据库在脱机状态下无法使用,如图 7-17 所示。

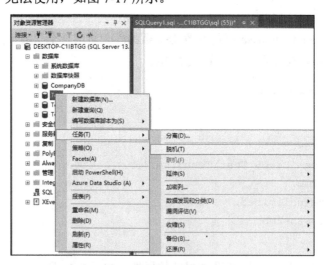

图 7-17 设置数据库的状态

1. 使用管理工具删除数据库

【例 7-7】使用 SSMS 工具删除 Test_a 数据库。

右击 Test_a 数据库,在弹出的快捷菜单中选择"删除"选项,打开"删除对象"窗口。

如果 Test_a 数据库启动之后没有进行过其他操作，则单击"确定"按钮即可删除数据库。如果进行过其他操作，那么为了保证 Test_a 数据库能够顺利被删除，在删除前需要先选中"关闭现有连接"复选框，如图 7-18 所示，再单击"确定"按钮才能删除数据库。否则可能会提示删除失败，因为数据库正在被使用。

图 7-18　删除数据库

2．使用 T-SQL 语句删除数据库

可以使用 T-SQL 语句中的 drop database 语句删除数据库，该语句的功能是删除一个或多个数据库。其语法格式如下。

```
drop database{database_name}[,...n]
```

其基本参数说明如下。

1）database_name：要删除的数据库名称。

2）n：表示可以一次性删除多个数据库。

【例 7-8】 使用 T-SQL 语句一次性删除 Test_a 和 Test_1 两个数据库。

```
drop database Test_a,Test_1
```

在语句运行前，同样需要保证被删除的数据库不是当前正在使用的数据库。

7.3.3　分离和附加数据库

SQL Server 可以分离数据库的数据和事务日志文件，然后将它们重新附加到同一个或其他 SQL Server 实例中。

1．分离数据库

分离数据库是指将数据库从 SQL Server DBMS 中删除，但不会从操作系统中删除文件，数据库的数据库文件和事务日志文件保持不变。分离之后还可以采用附加的方式将其添加

到 SQL Server DBMS 中。SQL Server 可以使用界面管理方式分离数据库，也可以使用 T-SQL
命令行方式分离数据库。

【例 7-9】分离 Test 数据库。

在左侧的"对象资源管理器"窗格中，右击要分离的 Test 数据库，在弹出的快捷菜单
中选择"任务"→"分离"选项，打开"分离数据库"窗口，如图 7-19 所示。选择要分离
的数据库 Test，然后单击"确定"按钮即可分离数据库。

图 7-19　分离数据库

分离数据库后，在"对象资源管理器"窗格中将看不到被分离的数据库的逻辑名，但
在默认实例路径下可以看到该数据库的数据库文件和日志文件。

使用 T-SQL 语句的"sp_detach_db"系统存储过程同样可以分离数据库。

```
exec sp_detach_db 'database_name'
```

具体参数说明如下。

1）exec：调用系统存储过程命令。

2）database_name：要分离的数据库逻辑名。

在分离时，需要拥有对数据库的独占访问权。如果要分离的数据库正在使用，则必须将其设置为 single_user 模式。设置数据库独占访问权的命令如下。

```
alter database 数据库名
set single_user
```

2. 附加数据库

如果数据库相关文件不缺失，并且明确知道主数据库文件的位置，则可以通过附加的方式重新将该数据库添加到服务器中。可以使用 SQL 的界面管理方式附加数据库，也可以使用 T-SQL 语句附加数据库。

【例 7-10】附加 Test 数据库。

在"对象资源管理器"窗格中，右击选中的数据库节点，在弹出的快捷菜单中选择"附加"选项，打开"附加数据库"窗口。添加要附加的主数据库文件 Test.mdf，然后单击"确定"按钮即可附加数据库。成功附加数据库后，可以在"对象资源管理器"窗格中看到附加的数据库，如图 7-20 所示。

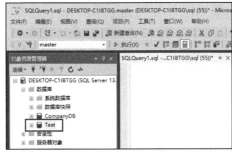

图 7-20　附加 Test 数据库

提示：如果在附加过程中遇到错误，则需要同时修改主数据库文件和事务日志文件的属性，添加"everyone"用户，并授予所有操作权限。还可以使用 create database 创建数据库命令附加数据库，在命令最后加上 for attach 子句。

【例 7-11】使用 T-SQL 语句附加 Test_New 数据库。

```
create database Test_New
on
(
    filename='D:\DB_Test\Test_New.mdf'
)
for attach
```

7.3.4　收缩数据库

SQL Server 根据创建数据库的属性分配存储空间。当用户创建的数据库的数据增长要超过它的配置空间时，需要增加数据库的容量。相反，如果用户配置的数据库空间存在大量空余，则可以通过缩减数据库容量减少存储空间的浪费。数据库的收缩不能比原始容量小，因为收缩数据库只对扩展空间进行收缩。数据库的收缩可以是手动的，也可以是自动的。

在收缩操作前，用户可以首先查看数据库文件的空间使用情况。右击 Test 数据库，在弹出的快捷菜单中选择"报表"→"标准报表"→"磁盘使用情况"选项，系统将显示数据库的磁盘使用情况。系统采用饼状图和列表的方式显示数据文件和日志文件的空间使用情况，如图 7-21 所示，用户可根据此报表的结果决定是否收缩数据库。

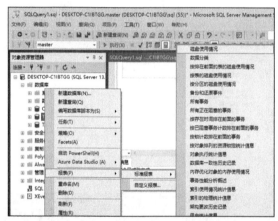

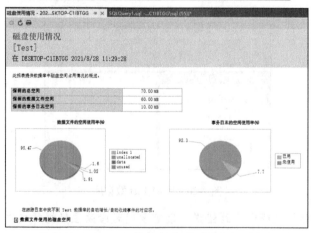

图 7-21　磁盘的使用情况

在左侧"对象资源管理器"窗格中，右击要收缩的数据库名称，在弹出的快捷菜单中选择"任务"→"收缩"选项，如图 7-22 所示。

图 7-22 收缩数据库

然后在其子菜单中选择"数据库"选项，打开"收缩数据库"对话框。用户可以通过设置"收缩后文件中的最大可用空间"来设置收缩比例，如图 7-23 所示。

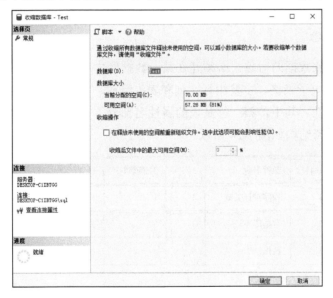

图 7-23 设置收缩比例

7.3.5 移动数据库

如果存放数据库文件的磁盘空间不足，可以使用对应的 T-SQL 语句将数据库中指定的文件移动到其他磁盘上。移动数据库文件时可以使用 alter database 命令来完成。

【例 7-12】将 Test 数据库中的 Test1.ndf 文件移动到 E 盘。

在查询编辑器窗口设置以下命令，基本操作分为 3 步。

1）将数据库设置为离线状态。

```
alter database Test
set offline
```

2）修改数据库文件的位置。

```
alter database Test
modify file
(
    name='Test1',
    filename='E:\Test1.ndf'
)
```

3）移动文件后，重新将数据库设置为联机状态。

```
alter database Test
set online
```

7.4 数　据　表

表是 SQL Server 数据库中最基本、最重要的数据库对象，它主要存储数据库的所有数据。其他数据库对象，如查询、视图、存储过程及触发器等都依托于表而实现。

7.4.1 数据表的概念

表是数据库存放数据的对象，必须建在某一数据库中，不能单独存在。表中数据的组织形式类似 Excel 电子表格，主要由行、列和表头组成。每行表示一条记录或元组，每列表示一个字段或属性。其中，第一行是表的属性名部分，也称表头。行和列的交叉称为数据项或分量，其逻辑结构如图 7-24 所示。

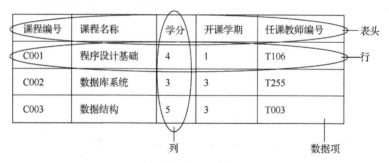

课程编号	课程名称	学分	开课学期	任课教师编号
C001	程序设计基础	4	1	T106
C002	数据库系统	3	3	T255
C003	数据结构	5	3	T003

图 7-24　表的逻辑结构

7.4.2 数据表的类型

在 SQL Server 中，除了由用户定义的基本表，还提供了已分区表、临时表、系统表，这些表在数据库中起着不同的作用。

（1）基本表

基本表就是由用户在数据库中创建的用以存放数据的表，也称用户定义的永久表。

（2）已分区表

已分区表是将数据水平划分为多个单元的表，这些单元可以分布到数据库中的多个文件组中。在维护整个集合的完整性时，使用已分区表可以快捷而有效地访问或管理数据子集，从而使大型表或索引更易于管理。因为它们的目标只是所需的数据，而不是整个表。如果表非常大或有可能变得非常大，当表中包含或可能包含以不同方式使用的许多数据或对表的查询或更新没有按照预期的方式执行，或者维护开销超出了预定义的维护期，此时使用已分区表很有意义。

（3）临时表

临时表存储在 tempdb 系统数据库中。临时表有两种类型：本地临时表和全局临时表。本地临时表的名称以单个数字符号（#）开头，它们仅对当前的用户连接是可见的。当用户从 SQL Server 实例断开连接时，本地临时表将被删除。全局临时表的名称以两个数字符号（##）开头，创建后对任何用户都是可见的，当所有引用该表的用户从 SQL Server 实例断开连接时，全局临时表将被删除。

（4）系统表

SQL Server 将定义服务器配置及其所有表的数据存储在一组特殊的表中，这组表称为系统表。用户不能直接查询或更新系统表，但可以通过系统视图查看系统表中的信息。用户不能直接更改或删除系统表。

7.4.3 数据表的创建

一个数据库可以包含多个数据表，每个表代表一定的实体或实体之间的联系。例如，校园机房管理数据库 NetBar 主要包含用户个人信息、机房信息、机器信息及院系信息等多个表。当创建数据库后，就能够向对应的数据库中添加数据表。

创建表就是定义一个表的结构及它与其他表之间的关系。表结构指的是构成表的列的列名、数据类型、数据精度、列上的约束等，定义表与其他表的关系就是确定相关表的数据之间的关系。SQL Server 提供了两种创建表的方式：使用管理工具和使用 T-SQL 语句。

1. 使用管理工具创建表

在 SQL Server 管理平台中，表的操作可以采用可视化的方式完成。管理平台中可以对单个表进行设计，也可以对同一数据库的多个表进行设计，并生成一个或多个关系图，以显示数据库中的部分或全部表、列、键和表之间的关系。

使用管理工具创建数据表的一般步骤如下。

1）打开"对象资源管理器"窗格，展开需要创建表的数据库 NetBar，在数据库对象"表"上右击，在弹出的快捷菜单中选择"新建表"选项，打开表结构设计器窗格。在表结构设计器中输入各字段的名称、数据类型、长度、精度和是否为空，如图 7-25 所示。

列名在一个表中的唯一性是由关系特性决定的。每一列都有一个唯一的数据类型，数据类型确定列的精度和长度，可以根据实际的需要进行选择。列允许为空值时将显示"√"，表示该列可以不包含任何数据，空值不是 0，也不是空字符，而是表示未知。如果不允许列包含空值，则在输入记录时必须为该列提供具体的数据。

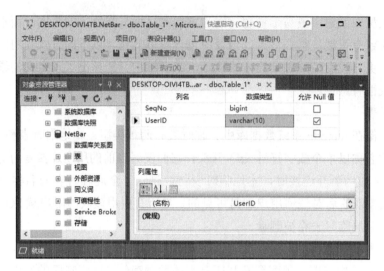

图 7-25　创建数据表结构

2）字段定义完成后，单击工具栏中的"保存"按钮，打开"选择名称"对话框。输入新建表的名称后，单击"确定"按钮，完成创建，此时表中没有数据，如图 7-26 所示。

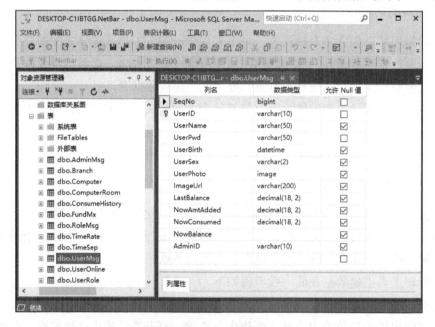

图 7-26　创建数据表

3）若要是修改该表，则可以展开"数据库"节点，在需要修改的表上右击，在弹出的快捷菜单中选择"设计"选项，即可在表结构设计器中重新进行操作。

4）对于一个数据表，为了唯一地标识每个元组，还需要设置表的主键。在"UserMsg"的 UserID 行上右击，在弹出的快捷菜单中选择"设置主键"选项即可，如图 7-27 所示。此时，该字段前面会出现一个钥匙图标。

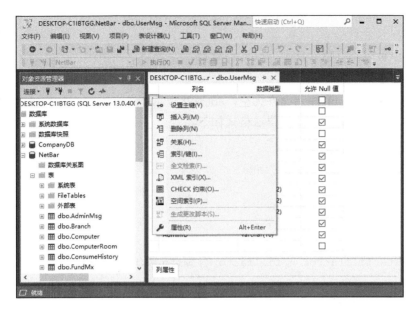

图 7-27　设置表的主键

2. 使用 T-SQL 语句创建表

在 T-SQL 中，使用 create table 语句创建表，其语法格式如下。

```
create table [database_name.[schema_name].|schema_name.] table_name
(
  {<column_definition>|<computed_column_definition>|<column_set_
  definition>}
  [<table_constraint>][,...n]
  [on{partition_schema_name(partition_column_name) | filegroup
    |"default"}]
  [{textimage_on{filegroup | "default"}}]
  [filestream_on{partition_schema_name | filegroup
    |"default"}]
  [with(<table_option>[,...n])]
[;]
```

其基本参数说明如下。

1）table_name：所创建的表名。表名在一个数据库中必须唯一，并且符合标识符的规则。

2）<column_definition>：对列属性定义，包括列名、列数据类型、默认值、标识规范、允许空等。<column_definition>的语法格式如下。

```
column_name<data_type>
  [filestream]
  [collate collation_name]
  [null | not null]
  [
    [constraint constraint_name] default constant_expression
```

```
    | [identity[(seed,increment)]][not for replication]
  ]
  [rowguidcol][<column_constraint>[,...n]]
  [sparse]
```

3）上述语句中的 null 表示允许为空，not null 表示不允许为空，default 表示默认值。
其中，<column_constraint>的语法格式如下。

```
<column_constraint>:: =
[constraint constraint_name]
{
  {primary key | unique}
  [clustered | nonclustered]
  [
    with fillfactor = fillfactor | with (<index_option>[,...n])
  ]
  [on{partition_schema_name(partition_column_name)
    | filegroup | "default"
    |[foreign key]
      References[schema_name.] referenced_table_name[(red_column)]
      [on delete{no action | cascade | set null| set default}]
      [on update{no action | cascade | set null| set default}]
      [not for replication]
    |check [not for replication](logical_expression)
}
```

【例 7-13】使用 create table 语句创建 UserMsg 表。

在"对象资源管理器"窗格中，选择"NetBar"数据库，右击，在弹出的快捷菜单中
选择"新建查询"选项，新建一个查询编辑器窗口，并输入以下 T-SQL 语句。

```
create table UserMsg(
SeqNo bigint IDENTITY(1,1) NOT NULL,
UserID varchar(10) NOT NULL primary key,
UserName varchar(50) NULL,
UserPwd varchar(50) NOT NULL,
UserBirth date NULL,
UserSex varchar(2) NULL,
UserPhoto image NULL,
LastBalance decimal(18, 2) NULL,
NowAmtAdded decimal(18, 2) NULL,
NowConsumed decimal(18, 2) NULL,
NowBalance AS (([LastBalance]+[NowAmtAdded])-[NowConsumed]),
AdminID varchar(10) NULL
)
```

然后单击"执行"按钮，表即可创建成功。

【例 7-14】使用 create table 语句分别创建 ComputerRoom（机房信息表）和 Computer

（计算机信息表）。

```
create table ComputerRoom(
SeqNo int IDENTITY(1,1) NOT NULL,
RoomID varchar(10) NOT NULL primary key,
RoomName varchar(50) NOT NULL,
BRate decimal(5, 2) NOT NULL,
RoomDesc varcha](200) NULL,
BranchID varchar(10) NOT NULL
)
create table Computer(
SeqNo bigint IDENTITY(1,1) NOT NULL,
IPAddress varchar(15) NOT NULL primary key,
ComputerName varchar(50) NOT NULL,
RoomID varchar(10) NOT NULL,
LongIP varchar(15) NULL
)
```

7.4.4　数据表的管理

数据表的管理主要指对现有数据表的修改与删除等操作。管理表包括管理表结构、管理表属性、重命名表等。管理表只是管理表的结构。在 SQL Server 中提供了两种管理表的方式：使用管理工具管理表和使用 T-SQL 语句管理表。

1. 使用管理工具管理表

在"对象资源管理器"窗格中，右击要修改的表名，在弹出的快捷菜单中选择"设计"选项，打开表结构设计器窗口，如同创建新表一样，修改表结构，修改后保存退出即可；也可以选择"重命名"选项，重新命名表名称；也可以选择"属性"选项，修改权限；选择"删除"选项可删除对应的数据表，如图 7-28 所示。

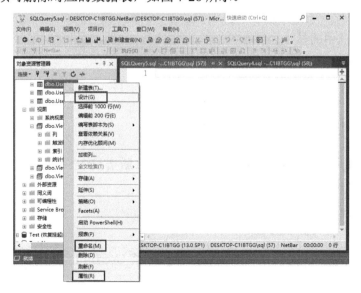

图 7-28　右键快捷菜单

2. 使用 T-SQL 语句管理表

T-SQL 语句提供了 alter table 语句来管理表结构，其语法格式如下。

```
alter table [database_name.[schema_name].|schema_name.] table_name
{
  alter column column_name
  {
    [type_schema_name.]type_name[({precision[,scale]
      |max|xml_schema_collection})]
    [collate collation_name]
    [null|not null][sparse]
    |{add|drop}
    {rowguidcol|persisted|not for replication|sparse}
  }
  |[with {check|nocheck}]
  |add
  {
    <column_definition>
    |<computed_column_definiton>
    |<table_constraint>
    |<column_set_defition>
  }[,...n]
  |drop
  {[constraint]constraint_name
  [with(<drop_clustered_constraint_option>[,...n])
  |column column_name}[,...n]
}
drop table[database_name.[shema_name].| shema_name.] table_name
[,...n][;]
```

alter table 语法中的参数说明如下。

1）table_name：表示所修改的表名。

2）alter column 子句：表示修改列。

3）add 子句：表示新增列。

4）drop 子句：表示删除列。

5）drop table：表示删除一个或多个表。

【例 7-15】使用 alter table 语句修改 UserMsg 表，新增 UserTel 列（联系方式列），数据类型为 varchar(15)。

```
alter table UserMsg
add UserTel varchar(15)
```

【例 7-16】使用 alter table 语句修改 UserMsg 表，将 UserBirth 列的数据类型修改为 date。

```
alter table UserMsg
```

```
alter column UserBirth date
```

【例 7-17】使用 drop table 语句删除 UserMsg 表中的 ImageUrl 字段。

```
alter table UserMsg
drop column ImageUrl
```

7.4.5　数据表的操作

表创建完之后，只有表结构，而没有具体的表数据。因此，对数据表的操作主要包括向表中新增数据、修改数据和删除数据。SQL Server 同样提供了两种对表数据操作的方式，分别是管理工具和 T-SQL 语句。

1. 使用管理工具操作表数据

右击要操作的表名，在弹出的快捷菜单中选择"编辑前 200 行"选项，如图 7-29 所示，打开表数据编辑窗口，默认表数据为空。用户可以直接在显示"NULL"的文本框中输入数据，同样也可以直接将鼠标指针移动到需要修改的数据上进行修改。或者选择系统菜单"编辑"→"剪切"/"复制"/"粘贴"/"删除"选项来操作表数据。

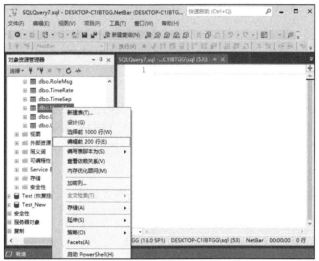

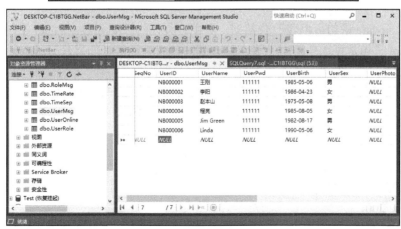

图 7-29　操作表数据

2. 使用 T-SQL 语句操作表数据

T-SQL 语句提供了 insert 语句、update 语句、delete 语句对表数据进行插入、修改和删除操作。

（1）insert 语句

insert 语句的语法格式如下。

```
insert [into] table_name[(column_list)]
values(data_values,...n)
```

1）使用 insert 语句可以向表中插入新记录。

2）table_name 后面的属性列列表可以省略。如果省略，则 values 后面的 data_values 的数量要和表中列的数量一致，并且每个 data_values 要和表中列的顺序一致，数据类型也要匹配。

3）table_name 后面的属性列如果标明，可以标明部分或全部列。这时 data_values 要和 table_name 后面的属性列的数量一致，并且每个 data_values 要和列的顺序一致，数据类型也要匹配。

【例 7-18】使用 insert 语句给 NetBar 数据库中的"UserMsg"列输入记录。

```
insert into UserMsg values('NB000007','张舒怡','111111','1999.05.14',
'女',null,0,200, 10, 'CH000001','15290682545') ;          /*不带字段名*/
insert into UserMsg(UserID,UserPwd)
values('NB000008','123456') ;                   /*带部分字段名*/
insert into UserMsg(UserID,UserName,UserPwd,UserSex,UserTel)
values('NB000009','刘振','456789','男','15290684789'),
('NB000010','王宁','111111','女','15937962688'); /*一次性输入多条记录*/
```

（2）update 语句

T-SQL 语句提供了修改表数据的语句，其语法格式如下。

```
update table_name
set column_name={expression | default | null},[,...n]
[where <search_condition>]
```

1）使用 update 语句可以修改表数据。其中，具体修改哪列数据由 set 子句决定。

2）where 子句是可选项，用于设定修改哪一行或哪几行。如果没有 where 子句，则所有相关列的数据都被修改。

【例 7-19】重置 UserMsg 表中所有用户的 UserPwd（用户密码）为 111111。

```
update UserMsg
set UserPwd='111111'
```

上述语句执行成功后，结果如图 7-30 所示。

【例 7-20】将 UserMsg 表中 UserID 为"NB000009"的用户的 NowAmtAdded（本期充值金额）增加 200。

```
update UserMsg
```

```
set NowAmtAdded=NowAmtAdded+200
where UserID='NB000009'
```

上述语句执行成功后，结果如图 7-31 所示。

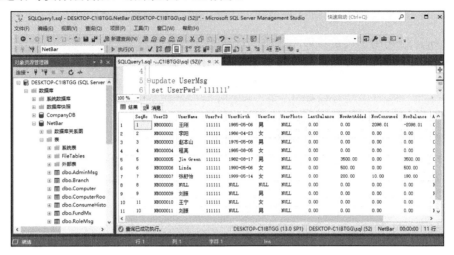

图 7-30　例 7-19 的执行结果

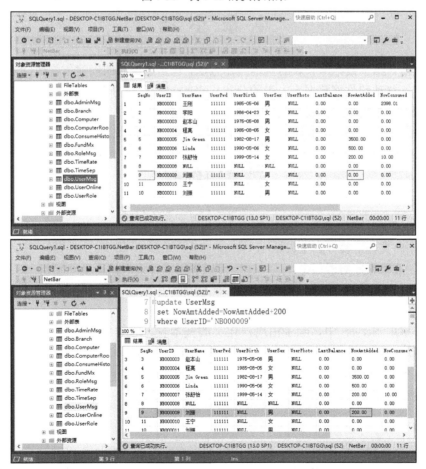

图 7-31　例 7-20 的执行结果

（3）delete 语句

delete 语句用于删除数据表中的相关数据，但是不删除表结构，其语法格式如下。

```
delete from table_name
[where <search_condition>]
```

1）where 子句用于设定具体删除哪一行或哪几行数据。

2）where 子句是可选项，如果没有 where 子句，则将删除表中的所有数据。

【例 7-21】删除 NetBar 数据库中的 ComputerRoom（机房信息表）。

```
delete from ComputerRoom
```

上述语句执行后，将删除表中的所有记录行，即清空表。

【例 7-22】删除 NetBar 数据库中 Branch（部门管理表）中 BranchName 为"经济与管理学院"的基本信息。

```
delete from Branch
where BranchName='经济与管理学院'
```

上述语句执行后，将只删除 Branch 表中满足条件的记录行。

本 章 小 结

本章主要介绍了数据库和表的基本操作方法，包括数据库的创建与管理、分离数据库、附加数据库、移动和收缩数据库、表的分类、表的创建、表的修改、表的删除、表中数据的插入、表中数据的删除、表中数据的修改等。通过学习本章的内容，读者可以体会 SQL Server 的强大之处，学会使用 SQL Server 存储和管理简单的数据。

思考与练习

一、填空题

1．数据库文件主要分为主数据库文件、_____和_____三大类。

2．在创建数据库的语句中，_____可以表示文件最大值不受限制。

3．_____是指将数据库从 SQL Server DBMS 中删除，但不会从操作系统中删除文件，数据库的数据库文件和事务日志文件保持不变。

4．在 SQL Server 中，除了由用户定义的基本表，还提供了_____、_____、_____，这些表在数据库中起着不同的作用。

5．T-SQL 语句提供了_____语句、_____语句、_____语句对表数据进行插入、修改和删除操作。

二、单选题

1．在创建数据库时，通过（　　）关键词来指定日志属性。

    A．log　　　　　　B．log on　　　　　　C．log in　　　　　　D．以上都不正确

2．修改数据库使用的语句是（　　）。

  A．create database   B．create table

  C．alter database   D．alter table

3．使用 alter table 语句修改表 test，将表中属性 birth 的数据类型修改为 date 的正确语句是（　　）。

  A．alter table test add column birth date

  B．alter table test alter column birth date

  C．alter table test drop column birth date

  D．alter column birth date

4．删除表的语句是（　　）。

  A．create table   B．alter table   C．drop table   D．以上都不正确

5．给表 test 插入数据的语句，下列不正确的是（　　）。

  A．insert into test value(…)

  B．insert test value(…)

  C．insert into test values(…)

  D．insert test(…)

三、简答题

1．数据库由哪几种类型文件组成？其扩展名分别是什么？

2．数据表分为哪几种？

第8章　数据完整性和索引

数据完整性包括数据的正确性和相容性。数据的正确性是指数据是符合现实世界语义、反映当前实际状况的；数据的相容性是指数据库同一对象在不同关系表中的数据是符合逻辑的。

数据的完整性和安全性是两个既有联系又不尽相同的概念。数据的完整性是为了防止数据库中存在不符合语义的数据，也就是防止数据库中存在不正确的数据。数据的安全性是保护数据库，防止其被恶意破坏和非法存取。

为了维护数据的完整性，DBMS 必须实现如下功能：提供定义完整性约束条件的机制、提供完整性检查的方法、进行违约处理等。

重点和难点

- 数据完整性的概念
- 数据完整性的分类及实施方法
- 索引的概念及作用
- 索引的创建与管理

8.1　数据完整性

数据库系统应当存储正确合理的数据，尽量减少数据冗余，同时要保证数据的共享。保证数据的正确性、有效性和一致性是实施数据完整性的要求。一般数据库数据的完整性主要包括实体完整性、域完整性、参照完整性和用户自定义完整性。

1）实体完整性是指一个表中的每一条记录必须唯一，且不能为空。为了保证实体完整性，每个表需指定一列或多列作为它的主键。主键能够确保该数据表中没有重复记录。一个表只能设置一个主键。可以通过索引、unique 约束、primary key 约束和 identity 属性等实现实体完整性。

2）域完整性是指限制字段的值域，用于保证表的任何值都在该值域的取值范围内。字段的值域在用户设置以后，由 SQL Server 自动保证实施。主要通过 foreign key 约束、check 约束、default 约束、not null 约束保证域完整性。

3）参照完整性是表与表之间的一种关联关系，定义了某个数据库中一个表的主键与另一表外键之间的关系。参照完整性要求外键的取值必须参照或引用主键的取值范围。只要依赖的某主键和外键值存在，主表中该主键的值就不能被任意删除和修改，除非主键和外键之间建立了级联删除和级联修改。

4）用户自定义完整性是指用户可以针对具体业务逻辑的数据规则设置完整性约束，以防止用户输入不符合要求的数据。用户自定义完整性一般通过 create table 中的所有列级和表级约束、存储过程和触发器等实现。

8.1.1 实体完整性

实体完整性是指表中的每一行都必须能够唯一标识，且不存在重复的数据行。在 SQL Server 中，实体完整性可以通过主键约束和唯一性约束来实现。

1. 主键约束

在表中有一列或多列的组合能够唯一标识表中的每一行，可以将这样的一列或多列的组合设置为表的主键（primary key）。主键约束的设置可以采用表结构设计器，也可以使用 T-SQL 语句来实现。如果主键设置需要修改或删除，同样可以在表结构设计器中进行修改或删除。当表中主键列的取值违背了主键约束，即出现重复值或空值时，系统自动提示错误信息。例如，在 UserMsg 表中输入相同 UserID 的值，系统将提示相应的错误，如图 8-1 所示。

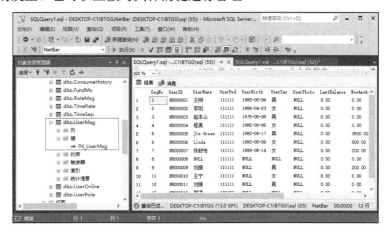

```
消息
消息 2627，级别 14，状态 1，第 15 行
违反了 PRIMARY KEY 约束"PK_UserMsg"。不能在对象"dbo.UserMsg"中插入重复键。重复键值为 (NB000008)。
语句已终止。
```

图 8-1　主键重复错误

上述错误的发生，主要是在主键字段中输入了相同的值。用户在输入数据前，可以通过"UserMsg"→"键"节点，如图 8-2 所示，查看当前该数据表中存在哪些键约束，以避免类似错误的发生。也可以直接对具体的键进行管理。

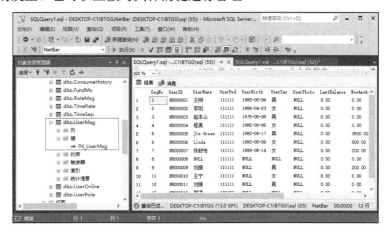

图 8-2　"键"节点

SQL Server 同样提供了 T-SQL 语句来创建或修改主键，在 create table 或 alter table 语句中，使用 primary key 子句实现主键约束的创建、修改或删除。如果一个表的主键由单列组成，则该主键约束可以定义为该列的列级约束或表级约束。如果主键由两个以上的列组成，则该主键约束必须定义为表级约束。

定义列级主键约束的语法格式如下。

```
[constraint constraint_name]
Primary key [clustered | nonclustered]
```

定义表级主键约束的语法格式如下。

```
[constraint constraint_name]
Primary key [clustered | nonclustered]
{(column_name [,...n])}
```

上述语法中的具体参数的含义如下。

1）constraint_name：指定约束的名称。如果不指定，则系统会自动生成一个约束名。

2）[clustered | nonclustered]：指定索引类型，为聚集索引或非聚集索引，clustered 被认定为默认值，表示聚集索引。聚集索引只能通过删除 primary key 约束或其相关表的方法进行删除，而不能通过 drop index 语句进行删除。

3）column_name：指定组成主键的列名。

【例 8-1】为 Branch 表（部门表）增加主键约束，设置 BranchID 为主键。

```
alter table Branch
add constraint PK_Branch primary key(BranchID)
```

上述语句执行成功后，即可在该表的"键"节点的下方生成一个主键，如图 8-3 所示。

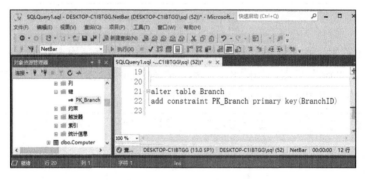

图 8-3　查看"键"节点

提示：由于在设置字段主键时，系统默认主键字段不允许为空，因此对于空的字段需要事先设置为非空，可以将该表在设计窗口中打开，取消选中"允许为空"复选框，然后保存。默认情况下系统阻止对表的修改，用户可以选择菜单栏中的"工具"→"选项"选项，打开"选项"对话框，选择"设计器"下的"表设计器和数据库设计器"选项，将系统默认的"阻止保存要求重新创建表的更改"复选框取消选中即可，如图 8-4 所示。

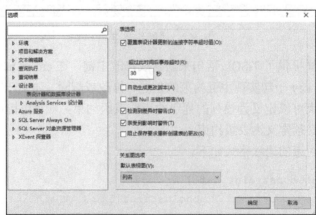

图 8-4　"选项"对话框

【例 8-2】为 ConsumeHistory 表（消费记录表）增加主键约束，设置 UserID 和 IPAddress 的组合为主键。

```
alter table consumehistory
add constraint pk_ch_uid_ip primary key(UserID,IPAddress)
```

注意：

① 一个表只能包含一个 primary key 约束。

② 在 primary key 约束中定义的所有列都必须定义为 not null。如果没有指定，系统自动将其设置为 not null。

③ 如果没有为 primary key 约束指定 clustered 或 nonclustered，并且没有为 unique 约束指定聚集索引，则将该 primary key 约束自动指定为 clustered。

2. 唯一性约束

唯一性约束主要是指某一列的值不允许有两行包含相同的非空值。唯一性约束指定的列可以有 null 属性，但不允许有一行以上的值同时为空。对于唯一性约束的实现，SQL Server 提供了两种实现方式：对象资源管理器和 T-SQL 语句。

（1）使用"对象资源管理器"创建唯一性约束

在"对象资源管理器"窗格中，右击要向其添加唯一性约束的表，在弹出的快捷菜单中选择"设计"选项，在表结构设计器中单击"索引/键"按钮，打开"索引/键"对话框，单击"添加"按钮添加一个主键。在右侧列表框中选择"常规"→"类型"选项，设置"是唯一的"为"是"，如图 8-5 所示。保存表时，即会在数据库中创建该唯一索引。

图 8-5　创建唯一性约束

（2）使用 T-SQL 语句创建唯一性约束

定义列级唯一性约束的语法格式如下。

```
[constraint constraint_name]
unique [clustered | nonclustered]
```

唯一性约束应用于多列时的语法格式如下。

```
[constraint constraint_name]
unique [clustered | nonclustered]
```

```
(column_name[,...n])
```

上述语法格式中的参数含义与主键约束的参数含义相同,这里不再赘述。

注意:

① 在唯一性约束中,用户限定非主键的一列或列组合的取值不重复。

② 一个表可以定义多个唯一性约束,但只能定义一个主键约束。

③ 主键约束不能用于定义允许空值的列,在允许空值的列中可以强制唯一性。但向允许空值的列附加唯一性约束时,需要确保在所约束的列中最多只有一行包含空值。

④ 每个 unique 约束都生成一个索引。

⑤ 如果没有为 unique 约束指定 clustered 或 nonclustered,则默认使用 nonclustered。

【例 8-3】为 Branch 表的 BranchName 列添加唯一性约束。

```
alter table Branch
add constraint uq_branch_bname unique(branchname)
```

例 8-3 创建了一个唯一性约束,约束名称为 uq_branch_bname。上述语句执行成功后,将在"索引"节点上显示一个唯一性约束图标,如图 8-6 所示。

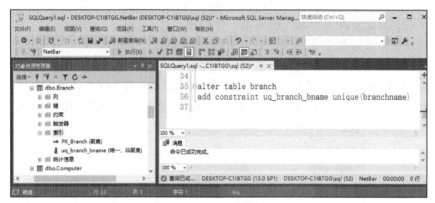

图 8-6 唯一性约束

8.1.2 域完整性

域完整性主要用于约束该列的数据值在该值域的取值范围内。一般主要通过检查(check)约束、默认值(default)约束和非空(not null)约束来保证域完整性。

1. 检查约束

检查约束对输入列或整个表中的值设置检查条件,通常是一个取值范围以限制输入值,保证数据库的数据完整性。例如,在职工表中,性别列的取值只能为"男"或"女"。如果输入其他值则会出错。职工表的基本工资字段的取值不能小于 1000,超出范围也会出错。这些错误都是逻辑性错误。这时就可以设置检查约束来进行约束。检查约束又称 check 约束。SQL Server 同样提供了两种方式来设置检查约束:表结构设计器窗口和 T-SQL 语句。

(1)使用表结构设计器窗口设置检查约束

在表结构设计器中打开"UserMsg"表,右击某一个字段,在弹出的快捷菜单中选择"CHECK 约束"选项,如图 8-7 所示。

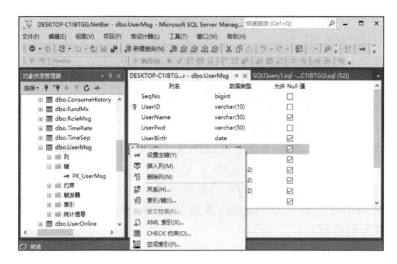

图 8-7　添加检查约束

打开"检查约束"对话框，单击"添加"按钮，添加一个新的检查约束对象，选择"表达式"选项，打开"CHECK 约束表达式"对话框，在其中输入约束表达式。例如，输入 UserSex 列的检查约束表达式"UserSex='男' or UserSex='女'"，如图 8-8 所示，然后单击"确定"按钮。设置成功后，检查约束将检查该字段的取值是否与约束相违背。

图 8-8　"检查约束"对话框

检查约束是表对象，在表的"约束"节点中可以查看。如果检查约束对象需要重命名或删除，则可以选择右键快捷菜单中的相应选项。如果需要修改检查约束表达式，则可以在"检查约束"对话框中进行操作。

（2）使用 T-SQL 语句设置检查约束

使用 T-SQL 语句同样可以设置检查约束。在 create table 或 alter table 语句中，使用 check 子句来实现。当向表添加新的记录或修改具有检查约束的列时，SQL Server 将自动使用该检查约束对新输入的数据进行检查，只有符合检查约束条件的值才能输入该列。

定义检查约束的语法格式如下。

```
[with check | nocheck]
[constraint constraint_name]
```

```
check [not for replication]
(logical_expression)
```

上述语法格式中各参数的含义如下。

1）with check | nocheck：表示增加的检查约束是否对现有字段的取值进行约束。with check 表示约束现有表格中的值，with nocheck 表示不约束表格中现有的值，只有 check 约束生效后，才对输入的新的数据起到约束效果。

2）not for replication：指定检查约束在把从其他表中复制的数据插入表中时不发生作用。

3）logical_expression：指定检查约束的逻辑表达式。

【例 8-4】使用 T-SQL 语句为 UserMsg 表的 UserSex 字段添加检查约束，要求 UserSex 字段的取值只能为男或女。

```
alter table UserMsg
add constraint ck_um_usex check(UserSex='男' or UserSex='女')
```

由于数据表中存在"女生"的属性值，所以执行后系统提示"消息 547，级别 16，状态 0，第 42 行 alter table 语句与 CHECK 约束"ck_um_usex"冲突"。该冲突发生于数据库"NetBar"中表"dbo.UserMsg"的列"UserSex"中。

使用如下语句添加检查约束。

```
alter table UserMsg
with nocheck
add constraint ck_um_usex check(UserSex='男' or UserSex='女')
```

上述语句执行完成后，系统提示命令成功完成，"女生"的属性值不受约束，如图 8-9 所示。

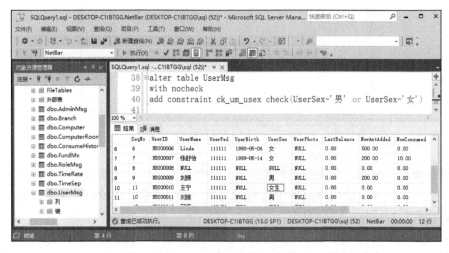

图 8-9　检查约束的应用

注意：

① 对每列可以指定多个检查约束，约束条件中可以包含使用 and 和 or 组合起来的多个逻辑表达式。如果列中有多个检查约束，则按创建顺序进行验证。

② 列级检查约束只能引用被约束的列，表级检查约束只能引用同一表中的列。

③ 对计算列不能做除检查约束外的任何约束。

④ 不能在 text、ntext 或 image 列中定义检查约束。

⑤ 搜索条件必须取值为布尔表达式，并且不能引用其他表。

2. 默认值约束

默认值约束也称默认约束。默认值约束通过定义列的默认值或使用数据库的默认值对象绑定表的列，以确保在没有为某列指定数据时，来指定列的值。默认值可以是常量，也可以是表达式，还可以是 null 值。默认值约束的实现也可以通过表结构设计器和 T-SQL 语句完成。

（1）使用表结构设计器设置默认值约束

在表的"约束"节点中可以查看，如果默认值约束对象需要重命名或删除，可以右击约束对象，在弹出的快捷菜单中选择相应的选项即可。如果要修改默认值约束的值，则可以在表结构设计器中进行修改或删除，如图 8-10 所示。

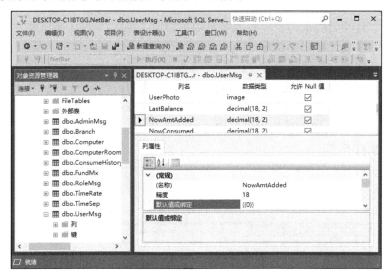

图 8-10　设置默认值

（2）使用 T-SQL 语句设置默认值约束

使用 T-SQL 语句也可以实现默认值约束。在 create table 或 alter table 语句中，使用 default 子句实现默认值约束的创建、修改或删除操作。

定义默认值约束的语法格式如下。

```
[constraint constraint_name]
default constant_expression [for column_name]
```

注意：

① 每列中只能有一个默认值约束。

② 默认值约束只能用于 insert 语句。

③ 约束表达式不能应用于 identity 属性的列或者数据类型为 timestamp 的列。

④ 对于用户自定义数据类型的列，如果已经将默认值对象与该数据类型绑定，则对此列不能使用默认值约束。

⑤ default 定义中的 costant_expression 不能引用表中的其他列，也不能引用其他表、视图或存储过程。

⑥ 默认值约束允许指定一些系统提供的值，如 current_timestamp（当前系统的日期和时间）、getdate（获取当前日期）及 current_user、user（执行插入的用户的名称）。

【例 8-5】修改 UserMsg 表，设置 NowConsumed 列的默认值约束为 0。

```
alter table UserMsg
add constraint DF_UserMsg_NowConsumed default 0 for NowConsumed
```

上述命令执行完成后，修改了 UserMsg 表，定义了 NowConsumed 列的默认约束 DF_UserMsg_NowConsumed。其中，参数项"for NowConsumed"指定该约束为列级约束。当插入数据时，如果没有指定该列的值，将使用默认值 0。

3. 非空约束

由非空约束限制的数据列不能为空。当表数据发生变化时，如添加新的记录、更新记录的字段，对于有非空约束的字段必须给出确定的值。SQL Server 提供两种非空约束的实现，分别为表结构设计器和 T-SQL 语句。

（1）使用表结构设计器设置非空约束

在表结构设计器中可以设置"允许 Null 值"。若某列被设置为"null"或"not null"，则该列的取值就可以为空或不能为空。一旦某列被设置为主键或唯一性索引，系统自动将其设置为"not null"，如果空值约束设置需要删除或修改，可以在表结构设计器中进行删除或修改，如图 8-11 所示。

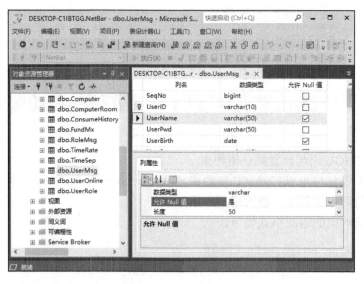

图 8-11　设置非空约束

（2）使用 T-SQL 语句设置非空约束

使用 T-SQL 语句设置非空约束的语法格式如下。

```
alter column 列名 数据类型 not null
```

【例 8-6】为 ComputerRoom 表的 RoomName 字段设置非空约束。

```
alter table computerRoom
alter column roomname varchar(50) not null
```

注意:

① null 不是零或空白。null 表示没有生成任何项或没有提供显式 null，通常暗指该值未知或不可用。

② 如果该列是计算列，则其为空时由数据库引擎自动确定。

8.1.3　参照完整性

参照完整性也称引用完整性，或关联完整性约束，或外键约束。它保证在主键（主表）和外键（从表）之间的关系总是得到维护。外键定义了表与表之间的关系。外键用于建立和加强两个表中数据之间的连接，通过它可以强制实行参照完整性。

当一个表中的主键所包括的一列或多列的组合出现在其他表中，且定义相同时，就可以将这些列或列的组合定义为外键。外键约束也可以引用同一表中的其他列，称为自引用。

在表结构设计器中可以设置外键关系。在表结构设计器中右击，在弹出的快捷菜单中选择"关系"选项，如图 8-12 所示，打开"外键关系"对话框，单击"添加"按钮，添加一个新外部关系对象。

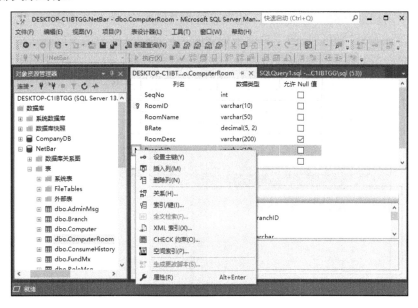

图 8-12　设置关系

选择"表和列规范"选项，打开"表和列"对话框。用户选择主键表和主键列，以及外键表和外键列，选择正确的列，然后单击"确定"按钮返回"外键关系"对话框，展开"INSERT 和 UPDATE 规范"选项，如图 8-13 所示。

图 8-13 设置外键关系

"更新规则"和"删除规则"选项中有 4 个选项设置：不执行任何操作、级联、设置null、设置默认值。默认是"不执行任何操作"，即当表被设置为有外部约束关系时，主键表不能修改涉及外键记录的主键值，主键表不能删除涉及外键值的记录；外键表不能添加主键表主键范围之外的记录，外键表不能将涉及主键表主键值的外键值修改到主键值范围之外。

如果"更新规则"和"删除规则"选项设置为"级联"，则有的操作可以执行。当主键表修改或删除涉及外键值记录的主键值或记录时，自动级联修改或删除涉及的外键值或记录，即级联允许主键表执行任何操作。设置完成进行保存后，外部关系约束即可设置成功。

参照完整性约束是表对象，在表的"键"节点中可以查看。参照完整性在表的"键"节点中以键对象的形式存在，如图 8-14 所示。

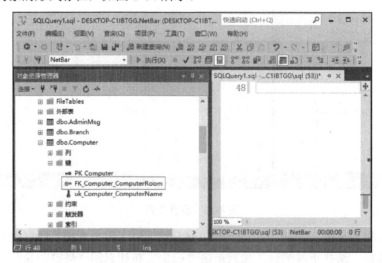

图 8-14 显示表外键

如果外键关系对象需要重命名或删除，可以选择右键快捷菜单中的相应选项，如图 8-15所示。如果修改外键关系设置，可以在"外键关系"对话框中进行操作。如果删除的表设置有外键关系，必须先删除参照表（即外键表），再删除被参照表。

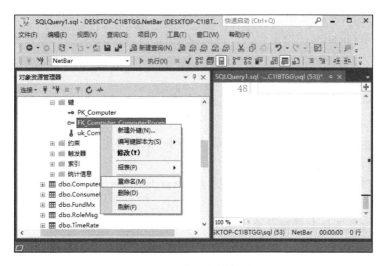

图 8-15　修改外键关系

SQL Server 在创建和修改表时，可通过定义外键约束来创建外键。外键约束与主键约束相同，也分为表约束与列约束。

定义表级外键约束的语法格式如下。

```
[constraint constraint_name]
Foreign key (column_name[,...n])
references ref_table [(ref_column[,...n])]
[on delete {cascade | no action}]
[on update {cascade | no action}]
[not for replication]
```

定义列级外键约束的语法格式如下。

```
[constraint constraint_name]
[foreign key]
references ref_table [(ref_column[,...n])]
[not for replication]
```

上述语法中的主要参数的含义如下。

1）references：指定要建立关联的表的信息。

2）ref_table：指定要建立关联的表的名称。

3）ref_column：指定要建立关联的表中的相关列的名称。

4）n：指定组成外键的列数，最多由 16 列组成。

5）on delete {cascade | no action}：指定在删除表中的数据时，对关联表做级联删除操作。如果选择 cascade，则当主键表中的某行被删除时，外键表中所有的相关行将被删除；如果设置为 no action，则当主键表中的某行被删除时，SQL Server 将报错，并回滚该删除操作。no action 是默认值。

6）on update {cascade | no action}：指定在更新表中的数据时，对关联表做级联修改操作。如果设置为 cascade，则当主键表中某行的键值被修改时，外键表中所有相关行的该外键值也将被 SQL Server 自动修改为新值；如果设置为 no action，则当主键表中某行的键值

被修改时，SQL Server 将报错，并回滚该修改操作。no action 是默认值。

7）not for replication：指定列的外键约束在把从其他表中复制的数据插入表中时不发生作用。

注意：

① 外键约束只能引用所引用的表的主键或 unique 约束中的列，或所引用的表的 unique index 中的列。

② 外键约束仅能引用位于同一服务器上的同一数据库中的表。跨数据库的引用完整性必须通过触发器实现。

③ 仅当外键约束引用的主键也定义为类型 varchar(max)时，不能在此约束中使用类型为 varchar(max)的列。

④ 对于临时表不强制外键约束。

【例 8-7】为 ComputerRoom 表添加外键约束，其中 BranchID 字段参考 Branch 表中的 BranchID 字段，其中外键实现级联更新功能。

```
alter table ComputerRoom
with check
add constraint
FK_ComputerRoom_Branch foreign key(BranchID) references Branch(BranchID)
on update cascade
```

上述语句执行完成后，可在 ComputerRoom 表的"键"节点中看到上述外键约束，如图 8-16 所示。

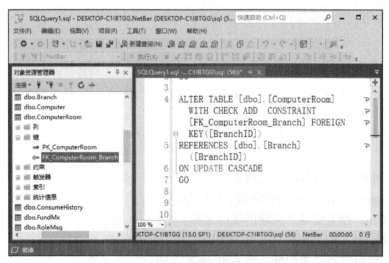

图 8-16　查看外键约束

8.2　索　　引

通常，在数据库中存储了大量的数据。为了快速地定位并查找到所需的数据，可以创建索引。数据库的索引类似书本的目录。利用目录无须翻阅整本书就可以直接定位到要查找的相关内容。类似地，利用索引可使数据库系统无须扫描整个表，就可以在表中查找到所需要的数据。在检索数据时，SQL Server 根据索引，可以快速有效地查找与键值关联的行。合理地利用索引，可以大大加快数据库的检索速度，提高数据库的数据管理性能。同时，由于数据库中数据表中的数据之间具有一定的关联性，所以应该保证数据库中存放数据的正确性和一致性。

8.2.1　索引的基本概念

索引是一种物理结构。索引包含由表或视图中的一个或多个列生成的键，以及映射到指定数据存储位置的指针。一个表的存储是由两部分组成的：一部分用于存放表的数据页面，另一部分用于存放索引的索引页面。当进行数据检索时，系统先搜索索引页面，从中找到所需数据的指针，再通过指针直接从数据页面中读取数据。另外，还可以设置唯一性索引，除具备索引功能外，其对键值唯一性的要求可以保证表中数据行的唯一完整性。

索引是与表或视图关联的物理结构，它可以加快从表或视图中检索行的速度。索引包含由表或视图中的一列或多列生成的键。这些键存储在一个结构 B 树中，使 SQL Server 可以快速有效地查找与键值关联的行。如果表数据发生变化，系统会自动维护表或视图的索引。设计良好的索引可以减少磁盘 I/O 操作，并且消耗的系统资源也比较少，从而可以提高查询性能。

索引一般由系统自动引用。执行查询时，查询优化器评估可用于检索数据的每个方法，然后选择一个最有效的方法。这些方法包括扫描表和扫描一个或多个索引。如果没有索引，则查询优化器必须扫描表。在扫描表时，查询优化器读取表中的所有行，并提取满足查询条件的行。扫描表会有许多磁盘 I/O 操作，并占用大量的资源。如果查询的结果集是占表中较高百分比的行，扫描表会是最为有效的方法。查询优化器在使用索引时，先搜索索引键列，找到查询所需行的存储位置，然后从该位置提取匹配行。通常，搜索索引比搜索表要快得多，因为索引与表不同，一般每行包含的列非常少，且行遵循排序顺序。

8.2.2　索引的分类

根据是否按数据行的键值在表或视图中排序和存储这些数据行，SQL Server 中主要有以下两类索引。

1. 聚集索引

聚集索引根据数据行的键值在表或视图中排序和存储这些数据行。索引定义中包含聚集索引列。每个表只能有一个聚集索引，因为数据行本身只能按一个顺序排序。聚集索引按 B 树索引结构实现，支持基于聚集索引键值对行进行快速检索。

2. 非聚集索引

非聚集索引具有独立于数据行的结构。非聚集索引包含非聚集索引键值，并且每个键值项都有指向包含该键值的数据行的指针。当表具有聚集索引时，该表称为聚集表。只有当表包含聚集索引时，表中的数据行才按排序顺序存储。如果表没有聚集索引，则其数据行存储在一个称为堆的无序结构中。非聚集索引中的每个索引行都包含非聚集键值和行定位器。行定位器的结构取决于数据页是存储在堆中还是聚集表中。对于堆，行定位器是指向行的指针；对于聚集表，行定位器是聚集索引键。

索引中的行按索引键值的顺序存储，但是不保证数据行按任何特定顺序存储，除非对表创建聚集索引。聚集索引和非聚集索引都可以是唯一的。这意味着数据表中的任意两行都不能有相同的索引键值。索引也可以不是唯一的，即数据表中的多行可以共享同一索引键值。

SQL Server 还包括以下几种可用索引。

1）唯一索引：确保索引键不包含重复的值。因此，表或视图中的每一行在某种程度上是唯一的。聚集索引和非聚集索引都可以是唯一索引。

2）包含性列索引：一种非聚集索引，它扩展后不仅包含键列，还包含非键列。

3）索引视图：视图的索引将具体化视图，并将结果集永久存储在唯一的聚集索引中，而且其存储方法与带聚集索引的表的存储方法相同。创建聚集索引后，可以为视图添加非聚集索引。

4）全文索引：一种特殊类型的基于标记的功能性索引，由全文引擎服务创建和维护。用于帮助在字符串数据中搜索复杂的词。

5）空间索引：依据空间对象的位置和形状或空间对象之间的某种关系按一定顺序排列的一种数据结构，其中包含空间对象的概要信息，如对象的标识、外接矩形及指向空间对象实体的指针。空间索引是对包含空间数据的表列定义的。每个空间索引指向一个有限空间。

6）筛选索引：一种经过优化的非聚集索引，尤其适用于从定义完善的数据子集中选择数据的查询。筛选索引使用筛选谓词对表中的部分行进行索引。与全表索引相比，设计良好的筛选索引可以提高查询性能、减少索引的维护开销和索引的存储开销。

7）XML 索引：指在 XML 数据类型的列中，XML 二进制大型对象的已拆分持久表示形式。

8.2.3 索引的创建与查看

1. 索引的创建

在创建索引之前，应根据使用需要设计索引。设计索引时应尽量满足以下准则。

1）根据需要为表设置索引，避免对经常更新的表进行过多的索引，列要尽可能少，因为在表中的数据更改时，所有索引都须进行适当的调整。

2）为经常用于查询中的谓词和连接条件的所有列创建非聚集索引。

3）对于聚集索引，应设置较短索引键的长度。

4）不能将 text、ntext、image、varchar(max)等数据类型的列指定为索引键列。

5）通常情况下，不要为包含很少唯一值的列创建索引，在这样的列上执行连接将导致查询长时间运行。

6）如果索引包含多个列，应考虑列的顺序。

7）XML 数据类型的列只能在 XML 索引中用作键列。

8）考虑对计算列进行索引。

在确定某一索引适合某一查询之后，还需要设置索引的属性：是聚集还是非聚集，是唯一还是非唯一，是单列还是多列，索引中的列是升序排序还是降序排序。

SQL Server 提供了两种方式创建索引：SQL 管理平台和 T-SQL 语句。一般情况下，若设置了主键字段，则系统自动创建索引。

（1）使用 SQL 管理平台创建索引

首先在"对象资源管理器"窗格中选择要创建索引的表，展开该表，在该表的"索引"对象上右击，如图 8-17 所示。

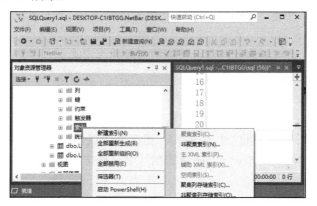

图 8-17　索引创建

在弹出的快捷菜单中选择"新建索引"选项，在打开的"新建索引"窗口中输入新建索引的名称、索引类型、唯一性等各项参数，然后单击"添加"按钮添加表列到索引。在"UserMsg"表中以"UserName"作为键列创建一个非聚集索引 index_uname，如图 8-18 所示。

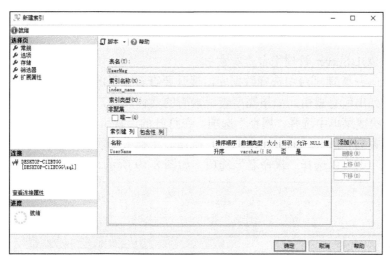

图 8-18　创建非聚集索引

（2）使用 T-SQL 语句创建索引

SQL Server 提供了创建索引的语句，其语法格式如下。

```
create [unique] [clustered | nonclustered] index index_name
on [database_name.[schema_name].| schema_name.] table_or_view_name
(column [asc | desc][,...n])
```

上述语句中的基本参数的含义如下。

1）unique：为表或视图创建唯一索引。唯一索引不允许两行具有相同的索引键值。视图的聚集索引必须唯一。

2）clustered：创建索引时，键值的逻辑顺序决定表中对应行的物理顺序。聚集索引的底层包含该表的实际数据行。一个表或视图只允许同时有一个聚集索引。如果没有指定 clustered，则创建非聚集索引。

3）nonclustered：创建一个指定表的逻辑排序的索引。对于非聚集索引，数据行的物理排序独立于索引排序。

4）index_name：索引的名称。索引名称在表或视图中必须唯一，但在数据库中不必唯一。索引名称必须符合标识符的规则。

5）database_name：数据库的名称。

6）schema_name：该表或视图所属架构的名称。

7）column：索引所基于的一列或多列。指定两个或多个列名，可为指定列的组合值创建组合索引。在 table_or_view_name 后的括号中，按排序优先级列出组合索引中要包括的列。

8）[asc | desc]：确定特定索引列的升序或降序排序方向。其默认值为 asc。

【例 8-8】在 ComputerRoom 表的 RoomName 列建立非聚集索引。

```
create index index_rname
on computerroom(roomname)
```

2. 索引的查看

索引创建完成后，可以通过 SQL Server 管理平台来查看表中的索引，也可以通过 T-SQL 语句来查看索引。

（1）使用 SQL Server 管理平台查看索引

在 SQL Server 管理平台中选择数据库，展开要查看索引的表，选择"索引"对象，在该节点下方会列出所有索引。如果需要查看索引的具体属性，则可以在要查看的索引上右击，在弹出的快捷菜单中选择"属性"选项，在打开的"索引属性"对话框中，可以查看、修改索引的相关列和属性。需要注意的是，在该对话框中不能修改索引的名称。若需要修改索引的名称，则可以选择"重命名"选项，如图 8-19 所示。

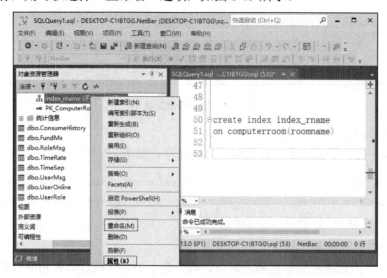

图 8-19　修改索引

（2）使用 T-SQL 语句查看索引

使用 sp_helpindex 系统存储过程可以返回表中的所有索引信息。其语法格式如下。

```
Sp_helpindex [objname] = 'name'
```

其中，"[objname] = 'name'" 子句为指定当前数据库中的表的名称。

【例 8-9】查看 ComputerRoom 表中的索引信息。

```
exec sp_helpindex ComputerRoom
```

执行上述存储过程，运行结果如图 8-20 所示。

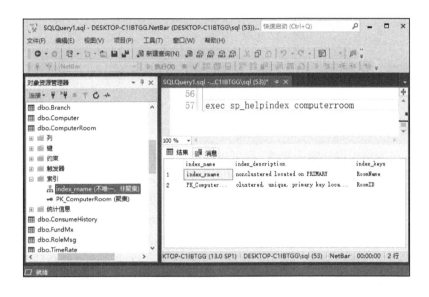

图 8-20　查看索引信息

（3）从系统视图 sys.indexes 中查询索引

Sys.indexes 是 SQL Server 系统视图，它保存了指定数据库中的所有表或视图等对象的索引信息。

【例 8-10】使用连接方式，将系统视图 sys.indexes 与系统视图 sys.objects 相关联，获得 Computer 表的索引信息。

```
select sys.objects.name as 表名,sys.indexes.name as 索引名,
sys.indexes.type_desc as 类型描述
from sys.objects join sys.indexes
on sys.objects.object_id=sys.indexes.object_id
where sys.objects.name='Computer'
```

上述语句的执行结果如图 8-21 所示。结果中显示了 Computer 表中所有的索引信息，包括表名、索引名和类型描述。

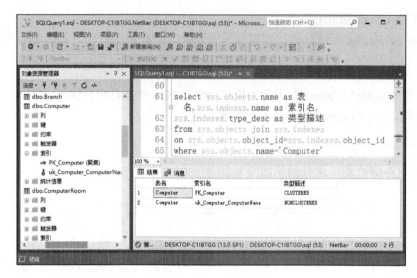

图 8-21　索引信息

8.2.4　修改索引

索引可以在表结构设计器中修改，也可以选择快捷菜单中相应的选项对索引进行删除、重命名、禁用、重新生成、重新组织等。其中，禁用可防止用户访问该索引，对于聚集索引，还可以防止用户访问基础表数据。索引定义保留在元数据中，非聚集索引的索引统计信息仍保留。可以使用 alter index rebuild 语句或 create index with drop_existing 语句，重新生成并启用已禁用的索引。无论何时对基础数据执行插入、更新或删除操作，SQL Server 数据库引擎都会自动维护索引。随着长时间使用数据库，这些修改可能会导致索引中的信息分散在数据库中。当索引包含的页中的逻辑排序与数据文件中的物理排序不匹配时，就存在碎片。碎片非常多的索引可能会降低查询性能，导致应用程序响应缓慢。可以通过重新组织索引或重新生成索引来修复索引碎片。

在 SQL Server 中，T-SQL 提供了索引修改语句 alter index，其语法格式如下。

```
alter index {index_name | all}
on <object>
{rebuild | disable | reorganize}
```

上述语句中的参数说明如下。

1）rebuild：指定重新生成索引。

2）disable：禁用索引。

3）reorganize：重新组织索引。

【例 8-11】禁用 ComputerRoom 表的 RoomName 字段索引。

```
alter index index_rname
on ComputerRoom disable
```

【例 8-12】重新启用例 8-11 中的索引。

```
alter index index_rname
on ComputerRoom rebuild
```

索引重命名可以通过存储过程 sp_rename 实现，具体的语法格式如下。

```
sp_rename [@objname=] 'object_name',[@newname=] 'newname'
[,[@objtype=] 'objtype']
```

上述语句中的参数含义如下。

1）[@objname=] 'object_name'：用户对象或数据类型的当前限定或非限定名称。如果要重命名的对象是表中的列，则 object_name 的格式必须是 table.column。如果要重命名的对象是索引，则 object_name 的格式必须是 table.index。

2）[@newname=] 'newname'：指定对象的新名称。newname 必须是名称的一部分，并且必须遵循标识符的规则。

3）[@objtype=] 'objtype'：要重命名的对象的类型。object_type 的数据类型为 varchar(13)，默认值为 null，可取 column、database、index。

【例 8-13】更改 ComputerRoom 中的索引名称 index_rname 为 index_roomname。

```
exec sp_rename 'ComputerRoom.index_rname','index_roomname','index'
```

上述语句的执行结果如图 8-22 所示。刷新"索引"节点，能够看到索引名称已经更改成功。

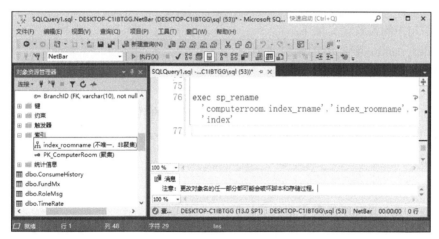

图 8-22　重命名索引名称

8.2.5　删除索引

索引会影响 insert、update、delete 语句的执行速度，如果索引阻碍系统整体性能或不再需要该索引，则可将其删除。删除索引后，系统所获得的空间可用于数据库中的任何对象。

对于由主键约束或 unique 约束创建的索引，只有先删除约束，才能删除对应的索引。在删除一个聚集索引时，该表中的所有非聚集索引自动重建。在删除表或视图时，将自动删除为永久性和临时性视图或表创建的索引。

SQL Server 提供两种方式删除索引：SQL Server 管理平台和 T-SQL 语句。

1. 使用 SQL Server 管理平台删除索引

在 SQL Server 管理平台中可以选中某个索引，右击，在弹出的快捷菜单中选择"删除"

选项来删除索引。注意，不能使用此方法删除作为 primary key 或 unique 约束的结果而创建的索引，而必须先删除该约束。直接删除主键索引所引起错误的原因如图 8-23 所示。

图 8-23　删除主键索引所引起错误的原因

2. 使用 T-SQL 语句删除索引

SQL Server 删除索引语句的语法格式如下。

```
drop index index_name [,...n]
on [database_name.[schema_name].| schema_name.] table_or_view_name
```

上述语句中的参数含义如下。

1）index_name：要删除的索引名称。

2）database_name：数据库的名称。

3）schema_name：该表或视图所属架构的名称。

4）table_or_view_name：与该索引关联的表或视图的名称。

【例 8-14】删除 ComputerRoom 表中名为 index_roomname 的索引。

```
drop index index_roomname on ComputerRoom
```

注意：

① drop index 语句不能用于系统表。

② 使用 create index 创建的索引可以用 drop index 删除。创建 primary key 或 unique 约束时创建的索引不能使用 drop index 删除，而应使用 alter table drop constraint 语句删除。

8.2.6　索引优化

用户通过创建索引希望达到提高 SQL Server 数据检索速度的目的，然而在数据检索中，SQL Server 并不是对所有的索引都能利用。只有那些能加快数据查询速度的索引才能被选中，如果利用索引查询的速度还不如使用表扫描方式查询的速度，SQL Server 就仍然会使用正常的表扫描方式来查询。

SQL Server 提供了多种分析索引和查询性能的方法，常用的有 showplan 和 statistics io 两种命令方法。

（1）showplan

通过在查询语句中设置 showplan 选项，用户可以选择是否让 SQL Server 显示查询计划。在查询计划中，系统将显示 SQL Server 在执行查询的过程中连接表时所执行的每个步骤及选择了哪个索引，从而可以帮助用户分析创建的索引是否被系统使用。

设置显示查询计划的语句如下：

```
set showplan_xml | showplan_text | showplan_all on
```

上述语句执行后，如果是 showplan_xml，则 SQL Server 不执行 T-SQL 语句，相反 SQL Server 以定义明确的 XML 文档的形式返回有关语句执行方式的详细信息。如果是 showplan_text，则 SQL Server 以文本格式返回每个查询的执行计划信息。如果是 showplan_all，输出比 showplan_text 更详细的信息。设置完并执行 T-SQL 语句后，还要关闭该设置。

【例 8-15】使用 showplan 选项查询，并显示查询处理过程。

```
set showplan_xml on
go
select UserID from UserMsg
go
set showplan_xml off
```

上述查询语句执行后，显示的是一行链接提示信息。单击该链接，系统显示查询处理过程的基本情况，如图 8-24 所示。

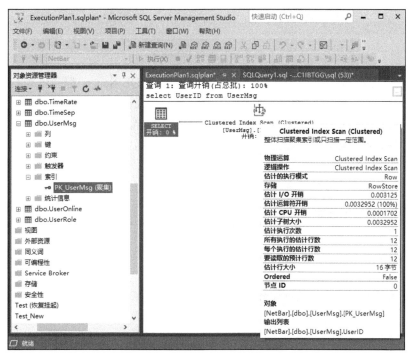

图 8-24　查询处理过程的基本信息

（2）statistics io

通过在查询语句中设置 statistics io 选项，用户可以使用 SQL Server 显示数据检索语句执行后生成的有关磁盘活动量的文本信息。

【例 8-16】使用 statistics io 选项查询，并显示查询处理过程。

```
set statistics io on
go
```

```
select RoomID from ComputerRoom
go
set statistics io off
```

上述语句执行后，即可显示本次查询的磁盘 I/O 信息，如图 8-25 所示。

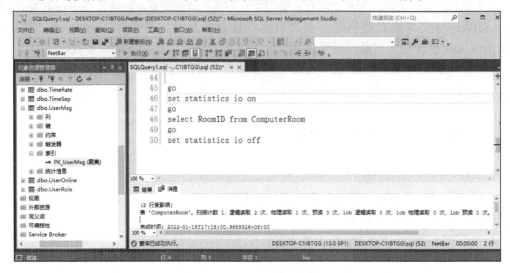

图 8-25　磁盘 I/O 信息

无论何时对基础数据执行插入、更新或删除操作，SQL Server 都会自动维护索引。随着时间的推移，这些修改可能会导致索引中的信息分散在数据库中。当索引包含的页中的逻辑顺序与数据文件的物理顺序排序不匹配时，就存在碎片。碎片过多的索引可能会降低查询性能，导致应用程序相对缓慢。用户可以通过重新组织索引或重新生成索引来修复索引碎片。

选择索引对象的"属性"选项，打开"索引属性"窗口，选择"碎片"选择页，可以查看索引碎片的详细信息，如图 8-26 所示。

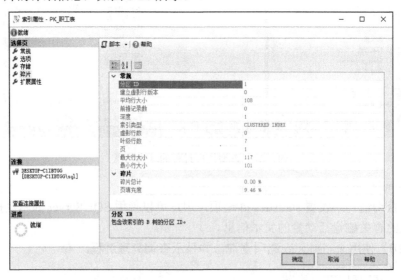

图 8-26　查看索引碎片的详细信息

重组索引是通过对叶级页进行物理重新排序，使其与叶节点的逻辑顺序相匹配，从而对表或视图的聚集索引和非聚集索引的页级别进行碎片整理，使页有序，这样可以提高索引扫描性能。

重建索引将删除已存在的索引并创建一个新的索引。此过程中将删除碎片，通过使用指定的或现有的填充因子设置压缩页来回收磁盘空间，并在连续页中对索引进行重新排序。这样可以减少获取所请求数据所需的页读取数，从而提高磁盘性能。用户可以通过选择"重新生成"和"重新组织"选项重组索引，如图 8-27 所示。

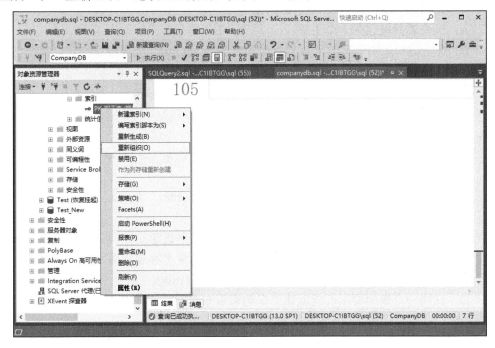

图 8-27　索引重组与生成

本 章 小 结

本章主要介绍了数据库完整性实现的方法，包括主键约束、非空约束、唯一约束、默认值约束、外键约束、检查约束等，通过这些方式可以实现数据的针对性限制。同时在本章也介绍了索引的概念及作用、索引的分类、索引的创建和管理方法。通过学习本章的内容，读者可以体会到数据约束所带来的好处，可以学会使用约束来对要存储的数据进行管理，还可以学会设计合理的索引以方便用户操作。

思考与练习

一、填空题

1．数据库数据的完整性主要包括实体完整性、＿＿＿＿＿、＿＿＿＿＿和＿＿＿＿＿。
2．实体完整性可以通过＿＿＿＿＿和＿＿＿＿＿实现。
3．＿＿＿＿＿是用户限定非主键的一列或列组合的取值不重复。

4．检查约束又称_____，是对输入列或整个表中的值设置检查条件，通常是一个取值范围以限制输入值，保证数据库的数据完整性。

5．在 SQL Server 中主要有_____、_____两类索引。

二、单选题

1．在创建表时，通过（   ）关键词定义主键。

    A．primary   B．primary key   C．key   D．以上都正确

2．下列关于主键的描述中，不正确的是（   ）。

    A．一个表只能包含一个主键

    B．在主键约束中定义的所有列都必须定义为 not null。如果没有指定，系统自动将其设置为 not null

    C．主键默认是一种非聚集索引

    D．主键可以作用在多个属性上

3．下列选项中不属于域完整性的是（   ）。

    A．检查约束   B．非空约束   C．唯一约束   D．默认值约束

4．创建索引的语句是（   ）。

    A．create index   B．alter index   C．drop index   D．以上都不正确

5．下列关于索引的说法中，不正确的是（   ）。

    A．唯一约束时创建的索引不能使用 drop index 来删除

    B．在数据检索中，SQL Server 并不是对所有的索引都能利用

    C．索引会影响 insert、update、delete 语句的执行速度

    D．在同一个表中要尽可能创建更多的索引来提升查询效率

三、简答题

1．简述数据完整性的概念及实现数据完整性的策略。

2．简述索引的概念及作用。

第9章　数据查询与视图

数据查询是 DBMS 的重要功能。T-SQL 定义了 select 语句来实现查询。select 语句按照用户的要求从数据库中查询相关数据，并将查询结果以表的形式返回。视图是一个虚拟表，其内容由查询定义。从用户角度来看，一个视图是从一个特定的角度来查看数据库中的数据。从数据库系统内部来看，一个视图是由 select 语句组成的查询，定义的虚拟表视图是由一个或多个表中的数据组成的，对表能够进行的操作都可以应用于视图，如查询、插入、修改、删除等操作。

重点和难点
- 查询语句的格式
- 查询语句的灵活运用
- 视图的概念及优点
- 视图的创建与管理

9.1　查询语句的一般格式

SQL Server 利用 select 语句实现数据查询，该结构对所有的查询语句都是必备的。select 语句提供了强大的查询功能，可以对一个或多个表或视图进行查询，可以对查询列进行筛选和计算，还可以对查询进行分组、分组筛选和排序。

select 语句的完整语法比较复杂，其主要语法格式如下。

```
select [all | distinct| top] select_list [into new_table]
[from table_source]
[where search_condition]
[order by order_expression [asc | desc]]
[group by group_by_expression]
[having search_condition]
```

整个 select 语句的含义是从 from 子句指定的基本表或视图中读取记录。如果有 where 子句，则根据 where 子句的条件表达式，选择符合条件的记录。如果有 group by 子句，则根据 group by 子句的表达式，对记录进行分组。如果有 having 子句，则根据 having 子句的条件表达式，选择满足条件的分组结果。如果有 order by 子句，则根据 order by 子句的条件表达式，将按指定的列的取值排序。最后根据 select 语句指定列，输出最终的结果。如果有 into 子句，则将查询结果存储到指定的表中。

select 语句中的子句顺序非常重要，可以省略可选子句，但这些子句在使用时必须按适当的顺序出现。用户还可以在查询中使用 union、except 和 intersect 运算符，以便将各查询结果合并或比较后放到一个结果集中。

9.1.1 select 子句

select 子句的语法格式如下。

```
select [all | distinct][top expression[percent][with ties]]<select_list>
```

其中,各参数的含义如下。

1)all:指定在结果集中可以包含重复行,all 是默认值;distinct 指定在结果集中只能包含唯一行。对于 distinct 关键字来说,null 值是相等的。

2)top expression [percent][with ties]:表示只能从查询结果集返回指定的百分比数目的行。

3)<select_list>:表示为结果集选择的列。选择列表是以逗号分隔的一系列表达式,可在选择列表中指定表达式的最大数目为 4096。

选择列表的语法格式如下。

```
<select_list>::=
{* |{table_name|view_name|table_alias}.*
|{[{table_name|view_name|table_alias}.]
{column_name|$identity|$rowguid}
|udt_column_name [{.|::}]{{property_name|field_name}
|method_name(argument[,...n])}]
|expression [[as] column_alias]}
|column_alias=expression
}[,...n]
```

其中,各选项的含义如下。

① *:指定返回 from 子句中的所有表和视图中的所有列。

② table_name|view_name|table_alias.*:将“*”的作用域限制为指定的表或视图。

③ column_name:要返回的列名;$identity 表示返回标识列;$rowguid 表示返回行 guid 列。

④ udt_column_name:要返回的公共语言运行时用户定义类型列的名称。property_name 表示 udt_column_name 的公共属性;field_name 表示 udt_column_name 的公共数据成员;method_name 表示采用一个或多个参数的 udt_column_name 的公共方法。

⑤ expression:常量、函数及由一个或多个运算符连接的列名、常量和函数的任意组合,或者是子查询;column_alias 是查询结果集中替换列名的可选项。

【例 9-1】查询当前 SQL Server 软件的版本。

```
select @@VERSION
```

其中,@@VERSION 表示返回当前 SQL Server 软件的版本,执行结果如图 9-1 所示。

在例 9-1 中,可以在执行结果中看到结果集的列名显示为“无列名”。如果想要在结果集中直接显示结果的列名,可以采用设置别名的方式。

【例 9-2】修改例 9-1,使查询结果的列名显示为“软件版本”。

```
select @@VERSION as 软件版本
```

其中，as 是可选项，"软件版本"是查询结果列的列名，结果如图 9-2 所示。

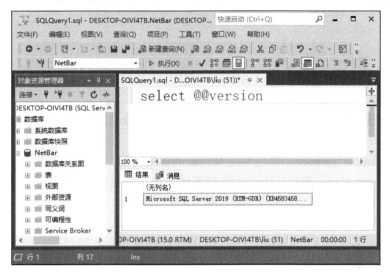

图 9-1　查询当前 SQL Server 软件的版本

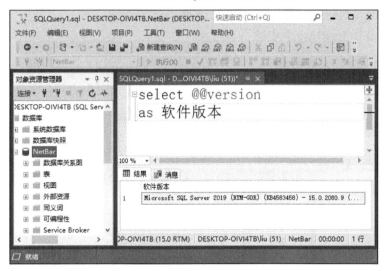

图 9-2　设置字段别名

9.1.2　from 子句

在 select 语句中，from 子句是必需的，除非选择列表只包含常量、变量和算数表达式。from 子句的语法结构比较复杂，其语法格式如下。

```
[from {<table_source>}[,...n]]
```

其指定在 select 语句中使用的表、视图、派生表和连接表。<table_source>的语法格式如下。

```
<table_source>::=
{table_or_view_name [ [as] table_alias] [<tablesample_clause>]
| rowset_function [[as] table_alias][(bulk_column_alias[,...n])]
| user_defined_function [[as] table_alias] [(column_alias[,...n])]
```

```
| openxml <openxml_clause>
| derived_table [as] table_alias [(column_alias[,...n])]
| <joined_table> }
```

其中，各选项的含义如下。

1）<table_source>：指定要在 T-SQL 语句中使用的表、视图或派生表源。

2）table_or_view_name：表或视图的名称。

3）[as] table_alias：table_source 的别名，别名可带来使用上的方便，也可以用于区分自连接或子查询中的表或视图。

4）<tablesample_clause>：指定返回来自表的数据样本。

5）rowset_function：指定其中一个行集函数，该函数返回可用于替代表引用的对象。

6）bulk_column_alias：代替结果集中列名的可选别名。

7）user_defined_function：指定表值函数。

8）openxml<openxml_clause>：通过 XML 文档提供行集视图。

9）derived_table：从数据库中检索行的子查询。

10）column_alias：代替派生表的结果集中列名的可选别名。

11）<joined_table>：由两个或更多表的积构成的结果集。

【例 9-3】显示 UserMsg 表中的所有记录。

```
select * from UserMsg
```

上述语句的执行结果如图 9-3 所示，可以看到显示了该表中的所有字段。

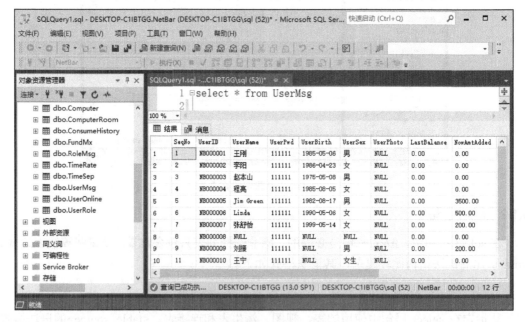

图 9-3　UserMsg 表中的所有记录

select 语句中的选项，不仅可以是字段名，也可以是表达式，还可以包含一些函数。SQL Server 查询中常用的聚合函数如表 9-1 所示。

表 9-1　常用的聚合函数

函数	功能	函数	功能
avg(<字段名>)	求一列数据的平均值	min(<字段名>)	求列中的最小值
sum<字段名>	求一列数据的和	max(<字段名>)	求列中的最大值
count(*)	统计查询的行数		

【例 9-4】对 UserMsg 表，查询所有用户的人数。

```
select count(*) as 总人数
from UserMsg
```

【例 9-5】对 UserMsg 表，求出所有用户的平均年龄。

```
select AVG(YEAR(getdate())-year(UserBirth)) as 平均年龄
from UserMsg
```

例 9-5 中，year( )函数返回日期参数的年份，getdate( )函数返回当前系统的日期。执行结果如图 9-4 所示。

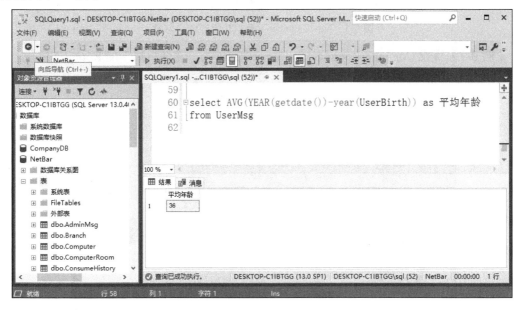

图 9-4　所有用户的平均年龄

9.1.3　where 子句

选择表中的数据行时，可以设置一定的条件来检索表记录。where 子句用于指定查询条件，其语法格式如下。

```
[where <search_condition>]
```

其中，search_condition 是条件表达式，它既可以是单表的条件表达式，也可以是多表之间的条件表达式。条件表达式用的比较符主要有=(等于)、!=或<>(不等于)、>(大于)、>=(大于等于)、<（小于）、<=（小于等于）等。

【例 9-6】查找 UserMsg 表中 NowBalance 高于 500 元的用户记录。

```
select * from UserMsg
where NowBalance > 500
```

上述语句的执行结果如图 9-5 所示。

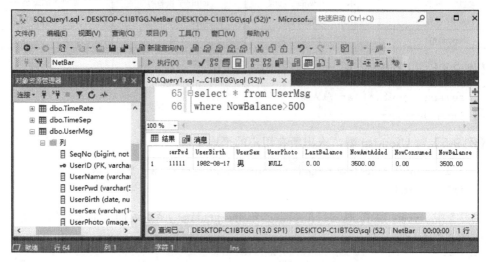

图 9-5　NowBalance 高于 500 元的用户记录

【例 9-7】查找 ComputerRoom 表中，RoomName 为"普通机房"的 RoomID 字段。

```
select RoomID
from ComputerRoom
where RoomName='普通机房'
```

上述语句的执行结果如图 9-6 所示。

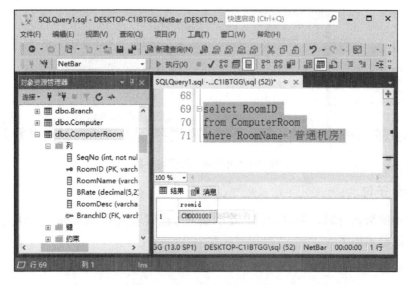

图 9-6　RoomName 为"普通机房"的 RoomID 字段

条件表达式中除了常用的运算符，还包含几个特殊的运算符，如表 9-2 所示。

表 9-2　常用的特殊运算符

运算符	说明
all	满足子查询中所有值的记录。 用法：<字段><比较符>all（<子查询>）
any	满足子查询中任意一个值的记录。 用法：<字段><比较符>any（<子查询>）
between	字段的内容在指定范围内。 用法：<字段>between<范围始值>and<范围终值>
exists	测试子查询中查询结果是否为空。若为空，则返回假（false）。 用法：exists（<子查询>）
in	字段内容是结果集合或子查询中的内容。 用法：<字段>in<结果集合>或<字段>in(<子查询>)
like	对字符型数据进行字符串比较，提供两种通配符，即下划线 "_" 和百分号 "%"，下划线表示 1 个字符，百分号表示 0 个或多个字符。 用法：<字段>like<字符表达式>
some	满足集合中的某一个值，功能用法与 any 相同。 用法：<字段><比较符>some（<子查询>）

【例 9-8】对 UserMsg 表，查找 NowBalance 在 100～500 之间的用户记录。

```
select * from UserMsg
where NowBalance between 100 and 500
```

上述语句中的 where 子句等价于：where NowBalance>=100 and NowBalance<=500，语句的执行结果如图 9-7 所示。

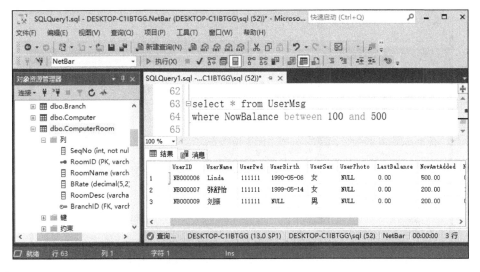

图 9-7　NowBalance 在 100～500 之间的用户记录

【例 9-9】在 UserMsg 表中，查找 UserName 中包含 "刘" 的用户信息。

```
select * from UserMsg
where UserName like '%刘%'
```

上述语句的执行结果如图 9-8 所示。

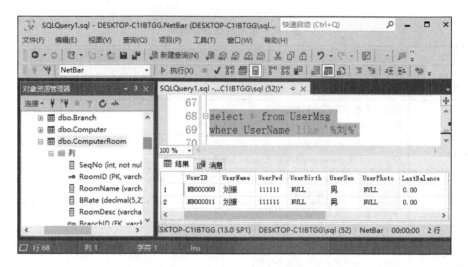

图 9-8　UserName 中包含"刘"的用户信息

【例 9-10】查找 ComputerRoom 表中 RoomDesc 字段为空值的 RoomID 和 RoomName 字段。

```
select RoomID,RoomName
from ComputerRoom
where RoomDesc is null
```

上述语句的执行结果如图 9-9 所示。

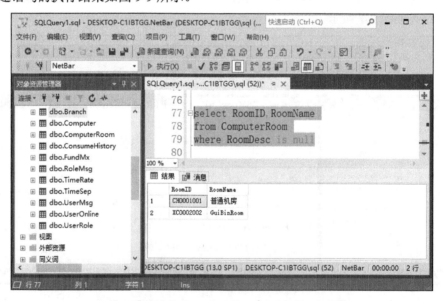

图 9-9　RoomDesc 字段为空值的 RoomID 和 RoomName 字段

语句中使用了运算符"is null",该运算符用于测试字段值是否为空值。在查询时使用"字段名 is [not] null"的形式,而不能写为"字段名=null"或"字段名!=null"。

9.1.4　order by 子句

如果想要对 select 语句的查询结果进行各种排序,则需要使用 order by 子句。其语法格式如下。

```
[order by {order_by_expression [collate collation_name]
[asc | desc]]} [,...n]]
```

其中，各选项的含义如下。

1）order_by_expression：指定要排序的列。

2）collate collation_name：指定应根据 collation_name 中指定的排序规则执行 order by 操作，而不是根据表或视图中所定义的列的排序规则，应执行的 order by 操作。collation_name 可以是 Windows 排序规则名称或 SQL 排序规则名称。

3）asc 指定按升序，从最低值到最高值对指定列中的值进行排序；desc 指定按降序，从最高值到最低值对指定列中的值进行排序。在默认情况下，order by 按升序进行排序（asc）。SQL Server 允许以多字段进行多层次排序。

1. 单字段排序

对于查询结果，可以使用字段名或字段名所属的列顺序对结果进行排序。

【例 9-11】查找 UserMsg 表中的数据，使显示结果按照 UserBirth 字段降序排列。

```
select * from UserMsg
order by UserBirth desc
```

或

```
select * from UserMsg
order by 4 desc
```

上述语句的执行结果如图 9-10 所示。

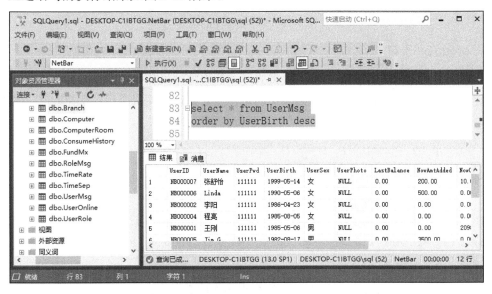

图 9-10 显示结果按 UserBrith 字段降序排列

2. 多字段排序

多字段排序指的是查询结果可以按照两个或两个以上的字段排序，先按照第一个字段排序，在第一个字段相同的情况下，再按照第二个字段排序，以此类推。

【例9-12】 显示 UserMsg 表的基本信息，使结果先按照 UserSex 升序排列，性别相同时，再按照 UserBirth 降序排列。

```
select * from UserMsg
order by UserSex asc,UserBirth desc
```

同样，在多字段排序中也可以使用排序列的序号进行排序，但是必须要明确排序列的位置。

上述语句的执行结果如图9-11所示。

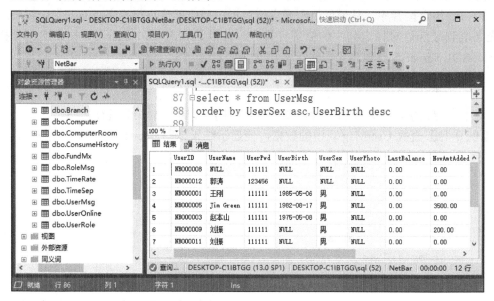

图9-11 多字段排序的结果

9.1.5 group by 子句

使用 group by 子句按一个或多个列或表达式的值将结果集中的行分成若干组。针对每一组返回一行。select 子句<select>列表中的聚合函数提供有关每个组的信息。其语法格式如下。

```
group by <group by item> [,...n]
```

<group by item>是分组选项，语法格式如下。

```
<group by item>::=
    <column_expression> | rollup (<composite element list>)| cube
(<composite element list>) | grouping sets (<grouping set list>)
```

其中，各选项的含义如下。

1）<column_expression>：针对其执行分组操作的表达式。

2）rollup( )：生成简单的 group by 聚合行及小计行或超聚合行，还生成一个总计行。返回的分组数等于<composite element list>中的表达式数加1。

3）cube( )：生成简单的 group by 聚合行、rollup 超聚合行和交叉表格行。cube 针对
<composite element list>中表达式的所有排列输出一个分组。生成的分组数等于 2^n，其中 n
为<composite element list>中的表达式数。

4）<composite element list>：分组元素的集合。

5）grouping sets( )：在一个查询中指定数据的多个分组。

6）<grouping set list>：分组集列表。

group by 子句中的表达式可以包含 from 子句中表、派生表或视图的列。这些列不必显
示在 select 子句的<select>列表中。<select>列表中任何非聚合表达式中的每个表列或视图列
都必须包括在 group by 列表中。

【例 9-13】统计每个 RoomID 的计算机台数，返回机房编号和台数字段。

```
select RoomID as 机房编号,count(*) as 台数
from Computer
group by RoomID
```

上述语句的执行结果如图 9-12 所示。

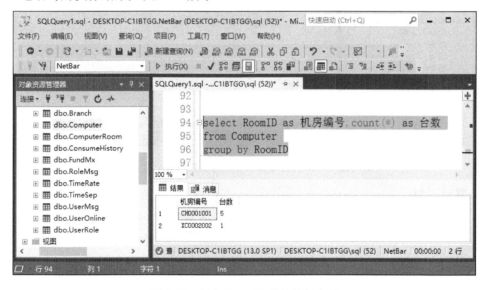

图 9-12　每个 RoomID 的计算机台数

9.1.6　having 子句

having 子句主要指定组或聚合的搜索条件。分组后的查询结果如果还要按照一定的条
件进行筛选，则需使用 having 子句。having 子句只能与 select 语句一起使用。having 子句
通常在 group by 子句中使用。在 having 子句中不能使用 text、image 和 ntext 数据类型。其
语法格式如下。

```
[having <search_condition>]
```

其中，<search_condition>指定组或聚合应满足的搜索条件。

having 子句与 where 子句一样，也可以实现按条件选择记录的功能，但两个子句的作
用对象不同，where 子句作用于基本表或视图，而 having 子句作用于组，必须与 group by
子句连用，用来指定每一个分组中应满足的条件。having 子句与 where 子句不矛盾，在查

询中先使用 where 子句选择记录,然后进行分组,最后使用 having 子句筛选出记录。

【例 9-14】统计每个 RoomID 的计算机台数,筛选出计算机台数大于 3 的机房编号和台数字段。

```
select RoomID as 机房编号,count(*) as 台数
from Computer
group by RoomID
having count(*)> 3
```

上述语句的执行结果如图 9-13 所示。

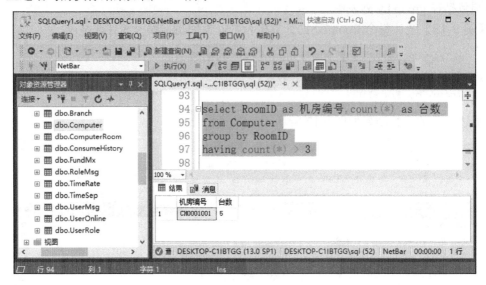

图 9-13　计算机台数大于 3 的机房编号和台数字段

9.1.7　其他子句

SQL Server 除了提供主要使用的子句,还提供其他子句,如 into 子句、union 子句等。

1. into 子句

into 子句用于把查询结果存放到一个新建的表中,其语法格式如下。

```
into new_table
```

其中,参数 new_table 指定了新建的表的名称。新表的列由 select 子句中指定的列构成且具有相同的名称、数据类型和值,新表中的数据行是由 where 子句指定的。当 select 子句中包括计算列时,新表中的相应列不是计算列而是一个实际存储在表中的列。其中的数据由 select…into 语句计算得出。

【例 9-15】将 UserMsg 表中所有 NowBalance 高于 300 的记录存放于 t_user 表中。

```
select * into t_user
from UserMsg
where NowBalance > 300
```

同时,在数据库的"表"节点下,可以看到 t_user 表,并且新生成的表与基本表的表结构完全一致。上述语句的执行结果如图 9-14 所示。

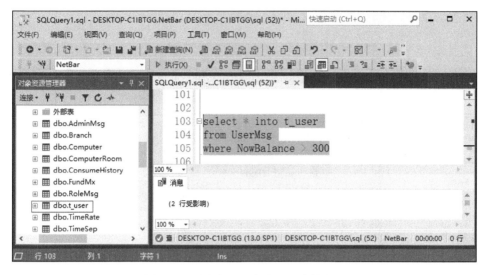

图 9-14　将查询结果存放到新建的表中

2. union 子句

union 操作符将来自不同查询的数据组合起来，形成一个具有综合信息的查询结果，union 操作会自动将重复的数据行剔除。必须注意的是，参加联合查询的各子查询使用的表结构应相同，即各子查询中的数据数目和对应的数据类型都必须相同。其语法格式如下。

```
{<query_specification> | (<query_expression>)}
union [all] <query_specification> | (<query_expression>)
[union [all] <query_specification> | (<query_expression>) [...n]]
```

其中，各选项的含义如下。

1）<query_specification> | (<query_expression>)：查询规范或查询表达式，用以返回与另一个查询规范或查询表达式所返回的数据合并的数据。作为 union 运算，一部分的列定义可以不相同，它们必须通过隐式转换实现兼容。

2）all：将全部行并入结果中，其中包括重复行。如果未指定该参数，则删除重复行。

3）union：指定合并多个结果集并将其作为单个结果集返回。

【例 9-16】显示 Computer 表中 RoomID 为 "CH0001001" 的 ComputerName 和 RoomID，以及 ComputerRoom 表中各机房的 RoomName 和 RoomID。

```
select computername as 电脑名称_机房名称,roomid as 机房编号
from Computer
union all
select '------------','-------'
union all
select roomname,roomid
from ComputerRoom
```

上述语句的执行结果如图 9-15 所示。

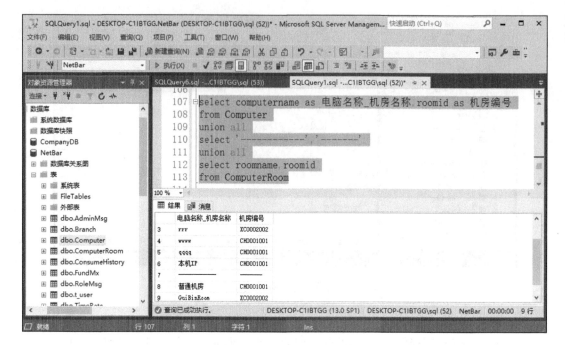

图 9-15 union 子句的应用

union all 将多个表中的行并入一个结果集。对于所有的集合运算来说，select 列表中的所有项目必须保持数目相同，且数据类型匹配。

3．compute 和 compute by 子句

compute 用于生成合计，并作为附加的汇总列出现在结果集的最后。当与 by 一起使用时，compute 子句在结果集中生成控制中断和小计。其语法格式如下。

```
[compute {{avg|count|max|min|stdev|stdevp|var|sum}
(expression)}[,...n] [by expression [,...n]]]
```

其中，各选项的含义如下。

1）avg|count|max|min|stdev|stdevp|var|sum：指定要执行的聚合。

2）expression：表达式，如对其执行计算的列名。expression 必须出现在选择列表中，并且必须被指定为与选择列表中的某个表达式相同。不能在 expression 中使用选择列表中所指定的列别名。

3）by expression：在结果集中生成控制中断和小计。

compute 子句在查询的结果集中生成明细行，并且生成合计作为附加的汇总列出现在结果集的最后。

当 compute 与 by 一起使用时，compute 子句在结果集中对指定列进行分组统计，即计算分组的汇总值。可在同一查询中指定 compute by 子句和 compute 子句。

提示：使用 compute 子句和 compute by 子句时，需要注意以下几点。

① distinct 关键字不能与聚合函数一起使用。

② compute 子句中指定的列必须是 select 子句中已有的列。

③ 因为 compute 子句产生非标准行，所有 compute 子句不能与 select into 子句一起

使用。

④ compute by 子句必须与 order by 子句一起使用，且 compute by 子句中指定的列必须与 order by 子句中指定的列相同，或者为其子集，而且两者之间从左到右的顺序也必须相同。

⑤ 在 compute 子句或 compute by 子句中，不能使用 ntext、text 或 image 数据类型。

4. except 和 intersect 子句

except 从 except 操作数左边的查询中返回右边的查询未返回的所有非重复值。intersect 返回 intersect 操作数左右两边的两个查询均返回的所有非重复值。其语法格式如下。

```
{<query_specification> | (<query_expression>)}
{except | intersect}
{<query_specification> | (<query_expression>)}
```

其中，query_specification 或 query_expression 返回与来自另一个 query_specification 或 query_expression 的数据相比较的数据。将 except 或 intersect 的两个查询的结果集组合起来的基本规则如下。

1）所有查询中的列数和列的顺序必须相同。

2）数据类型必须兼容。

3）在 except 或 intersect 运算中，列的定义可以不同，但它们必须在隐式转换后进行比较。如果数据类型不同，则用于执行比较并返回结果的类型是基于数据类型优先级的规则确定的。如果类型相同，但精度、小数位数或长度不同，则根据与合并表达式相同的规则来确定结果。

4）不能返回 xml、text、ntext、image 或非二进制 CLR（common language runtime，公共语言运行库）用户自定义类型的列，因为这些数据类型不可比较。

9.2 嵌套查询

有些情况下，要实现某个查询任务，必须以另外一个 select 的查询结果作为查询的条件才能完成，即需要在一个 select 语句的 where 条件子句中嵌入另一个 select 查询语句，这种查询称为嵌套查询。在 select 语句嵌入一层子查询，称为单层嵌套查询；在 select 语句嵌入多于一层的查询称为多层嵌套查询。嵌套查询可以用于多个简单查询构成复杂的查询，从而增强其查询功能。

嵌套查询的处理是由里向外进行的。外层的查询以内层的查询结果作为查询条件，所以嵌套查询首先处理的是最内层的子查询，再依次逐层向外，直到执行最外层查询。需要注意的是，子查询的 select 语句中不能使用 order by 子句，order by 子句只能对最终查询结果排序。

9.2.1 单值嵌套查询

子查询的返回结果是一个值的嵌套查询称为单值嵌套查询。由于单值嵌套查询仅返回一个值，所以在外层的查询条件中可以直接使用=、<>、>、<、>=、<=等关系运算符。

【例 9-17】查询与 ComputerName 为 "qqq" 在同一 RoomID 的计算机记录。

```
select *
from Computer
where RoomID=(select RoomID
            from Computer
            where ComputerName='qqq')
```

上述语句的执行结果如图 9-16 所示。

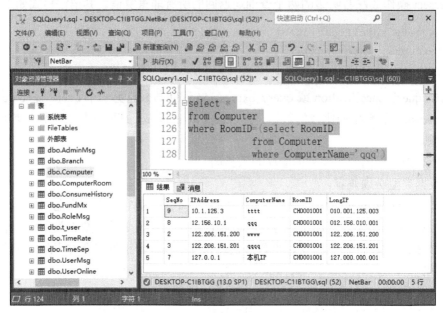

图 9-16　单值嵌套查询

9.2.2　多值嵌套查询

子查询的返回结果是多个值的嵌套查询称为多值嵌套查询。由于多值嵌套查询可能返回多个值，所以不能在其外层 select 语句的查询条件中直接使用=、< >、>、<、>=、<=等关系运算符。对于多值嵌套查询所返回的结果集，通常结合使用条件运算符 any、all 和 in。

1. any 运算符

【例 9-18】查询比 XC0002 号部门最低工资高的管理员记录。

```
select *
from AdminMsg
where salary >any(select salary
                from AdminMsg
                where BranchID='XC0002')
```

上述语句的执行结果如图 9-17 所示。

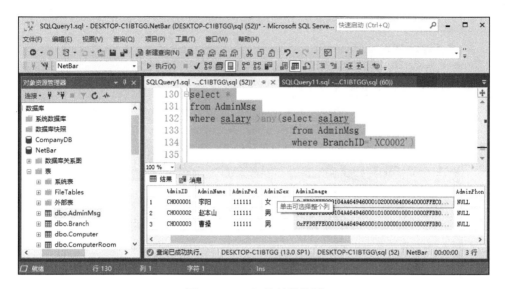

图 9-17　any 运算符的使用

2. all 运算符

【例 9-19】查询比 XC0002 号部门最高工资高的管理员记录。

```
select *
from AdminMsg
where salary >all(select salary
              from AdminMsg
              where BranchID='XC0002')
```

上述语句的执行结果如图 9-18 所示。

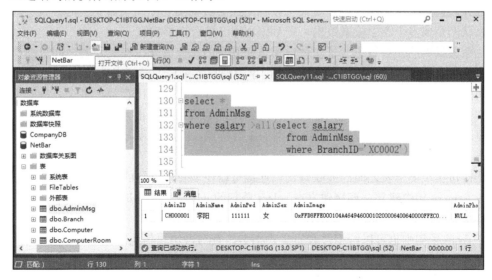

图 9-18　all 运算符的使用

3. in 运算符

【例 9-20】查询 RoomID（机房编号）为 CH0001001 和 CH0001002 的计算机基本记录。

```
select *
from Computer
where RoomID in('CH0001001','CH0001002')
```

上述语句的执行结果如图 9-19 所示。

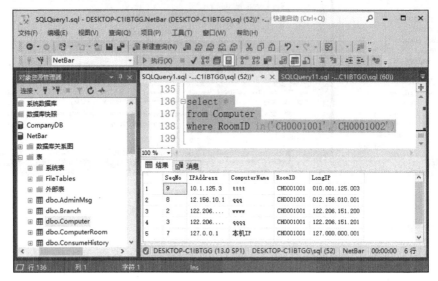

图 9-19　in 运算符的使用

9.3　连　接　查　询

简单数据查询可以从一个表中检索出所需的数据。当从一个表检索的数据需要以从另外的数据表检索的结果作为条件时，可以利用嵌套查询实现；如果需要根据各表之间的逻辑关系从两个或多个表中检索数据，则可以利用连接查询来实现。

关系数据库的关系表包含了实体或实体间联系的完整信息。在关系表之间可能存在一定的逻辑关系，如"职工表"中的所属部门字段信息都来自"部门表"。连接查询用于根据表之间的关系来从多个表中检索数据，通过连接操作可以查询出存放在多个表中的不同实体或实体间联系的信息。可见，连接操作能给用户的查询带来很大的灵活性，可以实现一些较复杂的查询。连接是关系数据库模型的主要特点，也是它区别于其他类型 DBMS 的一个标志。

连接可实现多个表之间的关联查询，连接可以在 select 语句的 where 子句中建立，也可以在 from 子句中建立。连接建立在 select 语句的 where 子句中时，需要在 where 子句中给出连接条件，并在 from 子句中指定要连接的表。

在 from 子句中也可以给相关表定义表别名，查询语句的其他部分中可以直接使用。

在 from 子句中建立连接的语法格式如下。

```
from first_table join_type second_table [on (join_condition)]
```

其中，各选项的含义如下。

1）first_table、second_table：指出参与连接操作的表名，连接可以对同一个表进行操作，也可以对多个表进行操作，对同一个表进行操作的连接又称自连接。

2）join_type：指出连接类型，可分为 3 种，即内连接、外连接和交叉连接。

① 内连接（inner join）：使用比较运算符进行表间某些列数据的比较操作，并列出这些表中与连接条件相匹配的数据行，其中 inner 可以省略。根据所使用的比较方式不同，内连接又分为等值连接、不等值连接和自然连接 3 种。

② 外连接（outer join）：主要分为左外连接（left outer join）、右外连接（right outer join）和全外连接（full outer join）3 种。与内连接不同的是，外连接不只列出与连接条件相匹配的行，而是列出左表、右表或两个表中所有符合搜索条件的数据行。

③ 交叉连接（cross join）：没有 where 子句，它返回连接表中所有数据行的笛卡儿积，其结果集合中的数据行数等于第一个表中符合查询条件的数据行数乘以第二个表中符合查询条件的数据行数。

3）on（join_condition）：指出连接条件，它由被连接表中的列和比较运算符、逻辑运算符等构成。

9.3.1　内连接

内连接是在表之间按照条件进行连接。内连接查询将列出符合连接条件的数据行。连接条件通常使用比较运算符比较被连接列的列值。内连接主要分为 3 种：等值连接、不等值连接和自然连接。

1. 等值连接与不等值连接

在连接条件中使用等于运算符比较被连接列的列值，按对应列的共同值将一个表中的记录与另一个表中的记录相连接，包括其中的重复列。

其一般语法格式如下。

```
[<表名 1>.]<列名 1><比较运算符>[<表名 2>.]<列名 2>
```

其中，比较运算符主要有=、>、<、>=、<=、!=（或< >）等。当连接运算符为=时，称为等值连接；使用其他运算符时称为不等值连接。

【例 9-21】查询每个机房及其计算机的情况。

机房情况存放在 ComputerRoom 表中，计算机基本信息存放在 Computer 表中，所以本查询实际上涉及两个表。这两个表之间的联系是通过公共属性 RoomID 实现的。

```
select c.RoomID,c.RoomName,c1.*
from ComputerRoom as c join Computer c1
on C.RoomID=c1.RoomID /*将 ComputerRoom 表与 Computer 表中同一机房的元组连接
起来*/
```

上述语句的执行结果如图 9-20 所示。

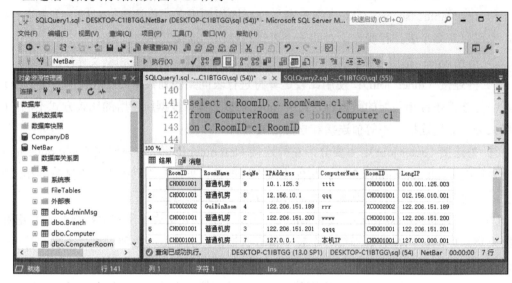

图 9-20　等值连接的结果

例 9-21 中，select 子句与 from 子句中的属性名前都加了表名前缀，这是为了避免混淆。因为两个表中同时都有 RoomID 属性。如果属性名在参加连接的各表中是唯一的，则可以省略表名前缀。

在有些情况下，如果表名比较长，则可以在 from 子句中给表创建别名。同样地，也可以将连接的两个表的连表条件写在 where 子句中。例 9-21 也可以使用如下所示的语句，执行结果是一致的。

```
select c.RoomID,c.RoomName,c1.*
from ComputerRoom as c,Computer c1
where C.RoomID=c1.RoomID
```

RDBMS 执行连接操作的一种可能过程如下：首先在表 ComputerRoom 中找到第一个元组，然后从头开始扫描 Computer 表，逐一查找与 ComputerRoom 表中第一个元组的 RoomID 相等的 Computer 元组，找到后将 ComputerRoom 表中的第一个元组与该元组拼接起来，形成结果表中的一个元组；以此类推，直到所有元组行扫描完成为止。

2. 自然连接与自连接

若在等值连接中把目标列中重复的属性列去掉，则称为自然连接。对例 9-21 使用自然连接完成，语句如下。

```
select c.RoomID,c.RoomName, c1 ComputerName, c1 IPAddress
from ComputerRoom as c,Computer c1
where C.RoomID=c1.RoomID
order by RoomID desc
```

上述语句的执行结果如图 9-21 所示。

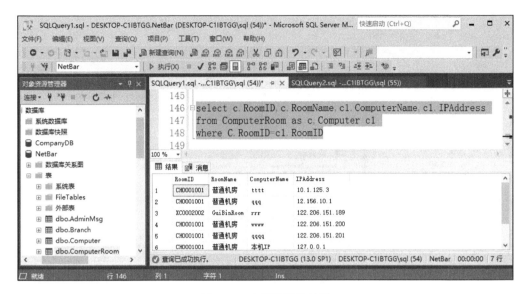

图 9-21　自然连接的结果

连接操作不仅可以在两个表之间进行，也可以是一个表与其自己进行连接，称为表的自连接。

9.3.2　外连接

外连接要求数据表要满足连接条件。在进行外连接查询时，返回的查询结果只有符合查询条件和连接条件的行。外连接与内连接有相同和不同之处。与内连接相同的是，外连接也返回符合连接条件的行；与内连接不同的是，外连接还包括数据表中没有和另一个表连接上的行。不符合连接条件的行被舍弃了，但有时仍想把这些行保留在结果关系中，这时就需要使用外连接。

1. 左外连接

左外连接返回左、右表符合连接条件且连接上的行，还包含左表中没有和右表连接上的记录行，这些行的相应右表字段设置为 null。

【例 9-22】查询所有 Branch 的 ComputerRoom 情况。

```
select Branch.BranchID,branchname,roomid,roomname
from Branch left join ComputerRoom
on Branch.BranchID=ComputerRoom.BranchID
```

上述语句的执行结果如图 9-22 所示。

从上述结果可以看出，虽然 branchname 为经济与管理学院的部门暂时没有机房，但是由于连接方式使用的是左外连接。因此，最终也被统计在结果集中，其中，roomid 和 roomname 的内容显示为 "NULL"。

2. 右外连接

右外连接返回左、右表符合连接条件且连接上的行，还包括右表中没有和左表连接上的记录行，这些行的相应左表字段设置为 null。

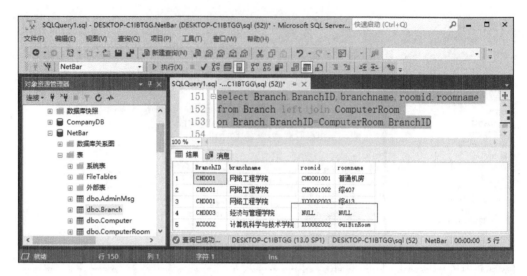

图 9-22　左外连接的结果

3. 全外连接

全外连接查询的结果综合了左外连接查询和右外连接查询的记录行。满足连接条件的记录是查询的结果。另外，对不满足连接条件的记录，另一个表中的相对应字段使用 null 替代，这些记录行也是查询的结果。

9.3.3　交叉连接

交叉连接不带 where 子句。数据表的每一行记录都和另一个表的所有记录连接作为结果，返回结果集合中的数据行数等于第一个表中的数据行乘以第二个表中的数据行数。

9.4　视　　图

视图是关系数据库中提供给用户以多种角度观察数据库中数据的重要机制。用户通过视图浏览数据表中的部分或全部数据，数据的物理存放位置仍然是视图所引用的基础。视图是从一个表或多个表或其他视图中导出的表，其结构和数据是建立在对表的查询的基础上的。视图是保存在数据库中的 select 语句查询，其内容由查询定义。select 语句的结果集构成视图所返回的虚拟表。

9.4.1　视图概述

视图一经定义，便存储在数据库中。对视图的操作与对表的操作一样，但它限制了用户查询、修改和删除数据。当对通过视图看到的数据进行修改时，相应的基础表的数据也要发生变化。同时，若基础表的数据发生变化，则这种变化也可以自动反映到视图中。数据库的三级模式结构体系包括模式、内模式和外模式，其中的外模式即对应用户视图。对于不同的用户可以定义不同的视图来查看数据库的数据，用户利用视图来浏览数据表中感兴趣的数据。

视图通常用来集中、简化和自定义每个用户对数据库的不同认识。视图可用作安全机制，方法是允许用户通过视图访问数据，而不授予用户直接访问视图基础表的权限。视图可用于提供向后兼容接口来模拟曾经存在但其架构已更改的表。

1. 视图的优点

1）为用户集中数据，简化用户的数据查询和处理。视图可以使用户只关心他感兴趣的某些特定数据，使分散在多个表中的数据，通过视图定义在一起。

2）简化操作，屏蔽了数据库的复杂性。

3）重新定制数据，使数据便于共享。

4）合并分割数据，有利于数据输出到应用程序中。

5）简化了用户权限的管理，增加了安全性。

2. 视图的类型

在 SQL Server 中，视图可以分为标准视图、索引视图、分区视图和系统视图。

1）标准视图：标准视图组合了一个或多个表中的数据，用户可以使用标准视图对数据库进行查询、修改、删除等基本操作，是用户使用频率最高的一种视图。标准视图可以获得使用视图的大多数优点。

2）索引视图：索引视图是被具体化的视图。用户可以为视图创建索引，即对视图创建一个唯一的聚集索引。索引视图可以显著提高某些类型查询的性能。索引视图尤其适于聚合多行的查询，但它们不太适合于经常更新的基本数据集。

3）分区视图：分区视图在一台或多台服务器间水平连接一组成员表中的分区数据。

4）系统视图：系统视图公开了目录元数据。用户可以使用系统视图返回与 SQL Server 实例或在该实例中定义的对象有关的信息。

3. 创建视图的准则

1）只能在当前数据库中创建视图。但是，如果使用分布式查询定义视图，则新视图所引用的表和视图可以存在于其他数据库中，甚至其他服务器中。

2）视图名称必须遵循标识符的规则，且在每个数据库中都必须唯一。此外，该名称不得与当前数据库中任何表的名称相同。

3）用户可以对其他视图创建视图。SQL Server 允许嵌套视图，但嵌套不得超过 32 层。根据视图的复杂性及可用内存，视图嵌套的实际限制可能低于该值。

4）不能将规则或默认约束与视图相关联。

5）不能将 alter 触发器与视图相关联，只有 instead of 触发器可以与之相关联。

6）定义视图的查询不能包含 compute 子句、compute by 子句或 into 关键字。

7）定义视图的查询不能包含 order by 子句，除非在 select 语句的选择列表中还有一个 top 子句。

8）定义视图的查询不能包含指定查询提示的 option 子句。

9）定义视图的查询不能包含 tablesample 子句。

10）不能为视图定义全文索引，不能创建临时视图，也不能对临时表创建视图。

9.4.2　定义视图

创建视图通常有两种方法：使用管理工具创建视图，使用 T-SQL 的 create view 语句创建视图。

1. 使用 SQL Server 管理工具创建视图

展开"NetBar"数据库,右击"视图"节点,在弹出的快捷菜单中选择"新建视图"选项,如图 9-23 所示。在打开的"添加表"对话框中,用户可以选择需要添加的表、视图、函数和同义词。

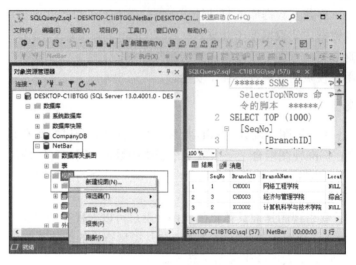

图 9-23 创建视图

添加完毕,进入视图设计器窗口,该窗口又分为多个子窗口。通常,最上面的部分是关系图的子窗口,如同数据库的关系图,显示所有添加表的结构及它们之间的关系。中间部分是条件子窗口,用户可以选择视图操作涉及的列的列名、别名、表名、顺序类型等。下半部分是 SQL 语句子窗口,显示用户设置的相应 T-SQL 语句代码。单击"执行"按钮,最下面的查询结果子窗口显示视图的查询结果,如图 9-24 所示。

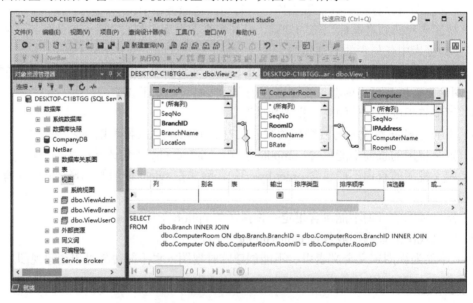

图 9-24 视图设计器

2. 使用 T-SQL 的 create view 语句创建视图

使用 T-SQL 创建视图的语句为 create view，其语法格式如下。

```
create view [schema_name.] view_name [ (column[,...n])]
[with {encryption | schemabinding}]
as select_statement [with check option]
```

其中，各选项的含义如下。

1）schema_name：视图所属架构的名称。

2）view_name：视图的名称。视图名称必须符合有关标识符的规则。可以选择是否指定视图所有者名称。

3）encryption：加密 syscomments 表中包含 alter view 语句文本的条目。使用 with encryption 可以防止将视图作为 SQL Server 复制的一部分发布。

4）schemabinding：将视图绑定到基本表的架构。如果指定了 schemabinding，则不能以可影响视图定义的方式来修改基本表。

5）as：视图要执行的操作。

6）select_statement：定义视图的 select 语句。该语句可以使用多个表和其他视图，利用 select 命令从表中或视图中选择列构成新视图的列。

7）with check option：要求对该视图执行的所有数据修改语句都必须符合 select_statement 中所设置的条件。

【例 9-23】创建视图 ViewBranchRoomComputer，返回 BranchID、BranchName、RoomID、RoomName、BRate、IPAddress、ComputerName 和 LongIP。

```
create view ViewBranchRoomComputer AS
select Branch.BranchID, BranchName, ComputerRoom.RoomID, RoomName,
BRate, IPAddress, ComputerName, LongIP from Branch inner join ComputerRoom
on Branch.BranchID=ComputerRoom.BranchID inner join Computer
on ComputerRoom.RoomID=Computer.RoomID
```

上述语句的执行结果如图 9-25 所示。

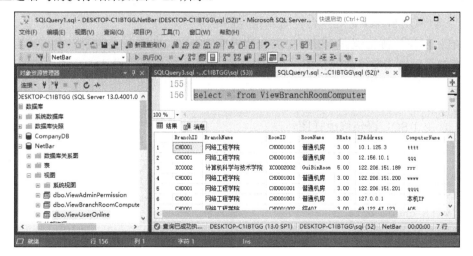

图 9-25　创建的视图

9.4.3 查看与修改视图

1. 查看视图

视图在创建完成后，可能会因为查询信息的需求变化而需要进行修改和删除操作。右击想要查询的视图，在弹出的快捷菜单中选择"编辑前 200 行"选项，即可查询视图，如图 9-26 所示。

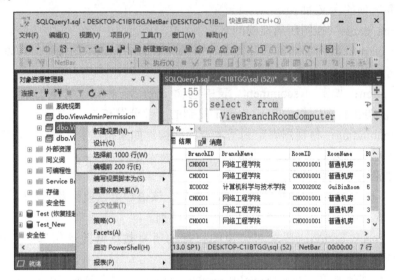

图 9-26　查看视图

同样可以使用 T-SQL 语句查询视图。如果某个视图依赖于已删除的表，则当用户试图使用该视图时，数据库引擎将产生错误消息。如果创建了新表或视图以替换删除的表或视图，则视图将再次可用。如果新表或视图的结构发生更改，则必须删除并重新创建该视图。

2. 修改视图

一般情况下，可以通过 SQL Server 管理平台和 T-SQL 语句来查看和修改视图。

（1）使用 SQL Server 管理平台修改视图

1）启动 SQL Server 管理平台，登录指定的服务器。

2）在"对象资源管理器"窗格中展开数据库的视图，此时在右侧窗口中显示当前数据库的所有视图。右击要修改的视图，在弹出的快捷菜单中选择"设计"选项，如图 9-27 所示，打开设计视图窗口。设计视图窗口的使用方法与创建视图工作界面类似。然后即可对视图进行修改。

（2）使用 T-SQL 语句修改视图

可以使用 alter view 语句来修改视图，具体的语法格式如下。

```
alter view [schema_name.] view_name [(column[,...n])]
[with {encryption | schemabinding}] as select_statement
[with check option]
```

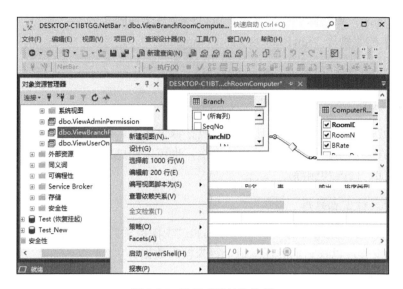

图 9-27　选择"设计"选项

其中，各选项的含义如下。

1）schema_name：视图所属架构的名称。

2）view_name：要更改的视图。

3）column：一列或多列的名称，使用逗号分隔，将成为给定视图的一部分。

4）encryption：加密 syscomments 表中包含 alter view 语句文本的条目。使用 with encryption 可以防止将视图作为 SQL Server 复制的一部分发布。

5）schemabinding：将视图绑定到基本表的架构。如果指定了 schemabinding，则不能以可影响视图定义的方式来修改基本表。

6）as：视图要执行的操作。

7）select_statement：定义视图的 select 语句。

8）with check option：要求对该视图执行的所有数据修改语句都必须符合 select_statement 中所设置的条件。

9.4.4　删除视图

不再需要的视图可以通过 SQL Server 管理平台和 T-SQL 语句来删除。

1. 使用 SQL Server 管理平台删除视图

在 SQL Server 中，选择要删除视图的数据库，展开要操作的数据库的视图文件夹，选择"视图"选项，在右侧的窗格中显示了当前数据库的所有视图，右击要删除的视图，在弹出的菜单中选择"删除"选项，在弹出的提示对话框中单击"确定"按钮即可。

2. 使用 T-SQL 语句删除视图

可以使用 drop view 语句来删除视图，其语法格式如下。

```
drop view [shema_name.] view_name [,...n]
```

其中，各选项的含义如下。

1）schema_name：视图所属架构的名称。

2）view_name：要删除的视图名称，可以删除多个视图。

【例 9-24】删除视图 ViewBranchRoomComputer。

```
drop view ViewBranchRoomComputer
```

9.4.5 视图的应用

视图使用户能够着重于操作特定数据和执行特定任务。不必要的数据或敏感数据可以不被定义出现在视图中。类似对表的直接操作，也可以通过定义的视图对基本表中的数据进行检索、添加、修改和删除。

1. 通过视图检索表数据

视图建立后，可以使用任意一种查询方式通过视图检索数据，对视图可使用连接、group by 子句、子查询等，以及它们的任意组合等来检索数据。

2. 通过视图添加表数据

可以通过视图向基本表插入数据，其语法格式如下。

```
insert into 视图名
values(列值 1,列值 2,列值 3,...,列值 n)
```

通过视图添加表数据时应注意以下几点。

1）插入视图中的列值个数、数据类型应该和视图定义的列数、基本表对应的数据类型保持一致。

2）如果视图的定义中只选择了基本表的部分列，而基本表的其余列至少有一列不允许为空，且该列未设置默认值，由于通过视图无法对视图中未出现的列插入数值，这样将导致插入失败。

3）如果在视图定义中使用了 with check option 子句，则在视图上执行的数据插入语句必须符合定义视图的 select 语句中所设定的条件。

3. 通过视图修改表数据

可以通过视图使用 update 语句更改基本表中的一个或多个列或行，其语法格式如下。

```
update 视图名
set 列 1=列值 1
    列 2=列值 2
    ...
    列 n=列值 n
    where 条件表达式
```

通过视图更新基本表的数据时应注意以下两点。

1）若视图包含了多个基本表，通过视图修改基本表中的数据时，不能同时修改两个或多个基本表的数据。即每次被更新的列必须属于一个表，每次修改只能影响一个基本表。

2）如果在创建视图时指定了 with check option 选项，在使用视图修改数据库信息时，必须保证修改后的数据满足视图定义的范围。

4. 通过视图删除表数据

通过视图删除基本表的数据行的语法格式如下：

```
delete from 视图名
where 条件表达式
```

通过视图删除基本表中的数据时应注意以下两点。

1）如果视图引用多个表，则无法使用 delete 命令删除多个表的数据。

2）通过视图删除基本表中的数据行时，在删除语句的条件中指定的列必须是视图定义包含的列。

提示：使用视图时必须注意以下几点。

① 只能在当前数据库中创建视图。

② 可以基于数据表创建视图，也可以基于其他视图创建视图。

③ 视图的创建和删除不影响基本表。

④ 利用视图更新（添加、修改、删除）数据直接影响基本表。

⑤ 若视图引用多个表，当只影响视图所引用的其中一个基本表时，才可以对其执行 update、delete 或 insert 语句更新视图。

本 章 小 结

本章主要介绍了数据库中数据的查询方法，包括 select 子句、from 子句、where 子句、group by 子句、having 子句、order by 子句等，根据不同的查询需求选择合适的子句进行操作，同时本章也介绍了视图的概念及优点、视图的创建和管理方法。通过学习本章的内容，读者可以灵活获取数据库的相关数据进行操作，可以学会使用视图来提升存储数据的安全性，还可以学会设计合理的视图以方便管理。

思考与练习

一、填空题

1. _____指定在结果集中只能包含唯一一行。

2. 如果想要对 select 语句的查询结果进行各种排序，则需要使用_____子句。

3. 对字符型数据进行字符串比较，SQL Server 提供了两种通配符，分别是_____和_____。

4. _____操作符将来自不同查询的数据组合起来，形成一个具有综合信息的查询结果，该操作会自动将重复的数据行剔除。

5. 在 SQL Server 中，视图可以分为标准视图、_____、_____和系统视图。

二、单选题

1. 下列关于 select 语句表达式的说法中，不正确的是（　　）。

  A. 可以是字段名　　　　　　　　　　B. 可以是表达式

      C．可以是某些函数　　　　　　　　D．以上只有两个正确

  2．下列关于连接查询的说法中，不正确的是（　　　）。

      A．自然连接是内连接的一种

      B．在进行内连接查询时，要连接的两个表必须有相同的属性名称

      C．外连接查询会保存内连接查询抛弃的一些行

      D．交叉连接的结果是返回连接表中所有数据行的笛卡儿积

  3．下列关于嵌套查询的叙述中，不正确的是（　　　）。

      A．嵌套查询的处理是由里向外进行的

      B．查询的 select 语句中不能使用 order by 子句

      C．多值嵌套查询的外层 select 语句的查询条件中直接使用=、<>、>、<、>=、<=等

      D．嵌套查询可以有多层 select 语句

  4．视图是属于三级模式结构中的（　　　）。

      A．外模式　　　　　B．模式　　　　　　C．内模式　　　　　D．以上都不正确

  5．下列关于视图的说法中，不正确的是（　　　）。

      A．只能在当前数据库中创建视图

      B．可以对其他视图创建视图

      C．定义视图的查询不能包含 compute 子句

      D．视图在一定程度上降低了数据的安全性

三、简答题

  1．简述连接查询的分类。

  2．简述视图的概念及优点。

第 10 章　流程控制语句与函数

为提高效率,过程化 SQL 提供了流程控制语句(主要有条件控制语句和循环控制语句)。这些语句都只能在 SQL 块中使用。T-SQL 提供大量的系统函数供用户使用,用户还可以自定义函数实现需要的功能。游标是 T-SQL 中的一种特殊的变量,主要解决面向集合和面向记录的承接问题。

重点和难点

● 变量

● 流程控制语句

● 用户自定义函数

● 游标

10.1　常量与变量

同其他编程语言一样,SQL 也可以定义常量和变量。在程序中合理地使用 SQL 可以增加程序的灵活性和可读性。

10.1.1　常量

常量,也称文字值或标量值,是在程序运行过程中保持不变的量,它是表示一个特定数据值的符号。在数据库中,常量主要有以下几种类型。

1. 字符串常量

字符串常量定义在单引号内。字符串常量包含字母、数字字符(a~z、A~Z 和 0~9)及特殊字符(如数字号#、感叹号!、at 符号@)。

2. 二进制常量

定义二进制常量,需要使用 0x,并采用十六进制来表示,不再需要括号,如 0xB0A1、0xB0C4、0xB0C5 等。

3. bit 常量

bit 常量使用数字 0 或 1 即可,并且不包括在引号中。如果使用一个大于 1 的数字,则该数字将转换为 1。

4. 日期和时间常量

定义日期和时间常量需要使用特定格式的字符日期值,并使用单引号,如'2012 年 10 月 9 日'、'15:39:15'、'10/09/2012'、'07:59 AM'等。

5. integer 常量

integer 常量指没有引号且不包含小数点的数字字符串，如 24、4、1982 等。

6. decimal 常量

decimal 常量指没有引号且包含小数点的数字字符串，如 10.24、0.2、1982.6 等。

7. float 和 real 常量

float 和 real 常量使用科学记数法来表示，如 10E24、0.24E-6、1982.6E3 等。

8. money 常量

money 常量的前缀一般为货币符号，如$12.00、$54034、$1000000 等。

10.1.2 变量

变量是指在程序运行过程中值可以改变的量。变量分为两种：局部变量和全局变量。

1. 局部变量

局部变量是用户可以自定义的变量，变量是在批处理或过程的主体中使用 declare 语句声明的，变量名以@开头。其语法格式如下。

```
declare @local_variable [AS] data_type;
```

【例 10-1】声明变量 name 和 age 分别用以存储姓名和年龄。

```
declare @name varchar(10), @age int;
```

声明局部变量后要给局部变量赋值，可以使用 set 或 select 语句进行赋值。赋值的语法格式如下。

```
set @local_variable=expression;
select @local_variable=expression;
```

【例 10-2】给例 10-1 中的 name 变量赋值为"李晓"，给 age 变量赋值为 17。

```
set @name='李晓'
select @age=17
```

当需要向客户端返回一个用户自定义信息，即显示一个字符串、局部或全局变量的内容时，就用到 print 语句。其语法格式如下。

```
print msg_str | @local_variable | string_expr
```

【例 10-3】把例 10-2 中的 name 和 age 变量的值显示在客户端。

```
print @name
print @age
```

上述语句的执行结果如图 10-1 所示。

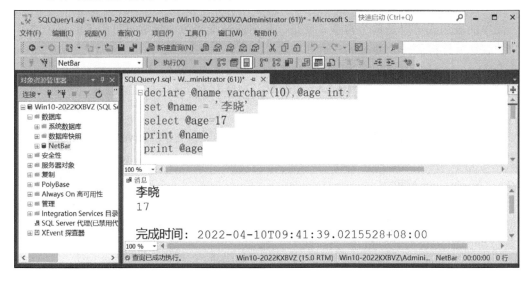

图 10-1　输出变量值

2. 全局变量

全局变量是 SQL Server 软件内部事先定义好的变量，不需要用户参与定义，对用户而言，其作用范围并不局限于某一程序，而是任何程序均可随时调用。全局变量通常用于存储一些 SQL Server 的配置设定值和效能统计数据。

SQL Server 一共提供了 30 多个全局变量，本书只对一些常用变量的功能进行介绍。全局变量的名称都是以 "@@" 开头的。

1）@@CONNECTIONS：返回自 SQL Server 最近一次启动以来连接或企图连接到 SQL Server 的连接数目。

2）@@CURSOR_ROWS：返回被打开的游标中还未被读取的有效数据行的行数。

3）@@ERROR：返回执行 T-SQL 语句的错误代码。

4）@@FETCH_STATUS：返回上一次 fetch 语句的状态值。

5）@@LANGUAGE：返回当前使用的语言名称。

6）@@ROWCOUNT：返回上一次语句影响的数据行的行数。

7）@@VERSION：返回当前安装的 SQL Server 的日期版本处理器。

10.1.3　注释

在 T-SQL 中可以使用以下两类注释符。

1. 单行注释

在选用的语句前添加标准的注释符 "--"，可以实现单行注释。

2. 多行注释

与 C 语言相同的程序注释符号，即 "/**/"。"/*" 用于注释文字的开头，"*/" 用于注释文字的结尾，可以在程序中标识多行文字为注释。

10.1.4 表达式

简单的表达式可以是单个常量、变量、列名或标量函数。运算符可用于将两个或多个简单的表达式连接到一个复杂的表达式中。

10.2 流程控制语句

流程控制语句是用来控制程序执行和流程分支的语句。SQL Server 2019 可以使用的流程控制语句有 begin⋯end、if⋯else、case、while⋯continue、break、return、waitfor 等。

10.2.1 begin⋯end 语句

begin⋯end 语句代表着一个语句块的分界，其语法格式如下。

```
begin
    { sql_statement | statement_block }
end;
```

参数说明：{sql_statement | statement_block}表示使用语句块定义的任何有效的 T-SQL 语句或语句组。

注意：begin⋯end 语句块允许嵌套使用。

10.2.2 分支语句

1. if⋯else

其语法格式如下。

```
if (<expression1>)
then
  <expression2>
else
  <expression3>
```

参数说明：else 是可选部分，当有多条语句时，才使用 begin⋯end 语句块。

【例 10-4】 在职工表中，查找名字为王刚的用户，如果存在，则显示"有该用户"，否则显示"查无此人"。

```
if exists(select UserID  from UserMsg where UserName='王刚')
print '有该用户'
else
print '查无此人'
go
```

上述语句的执行结果如图 10-2 所示。

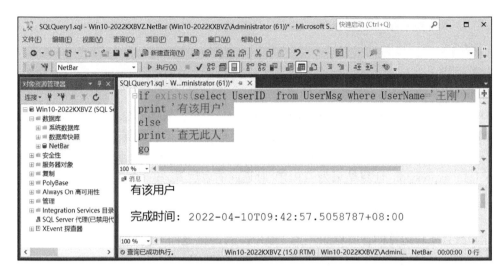

图 10-2　例 10-4 的执行结果

【例 10-5】查看有无机房编号为 CH0001001 的记录，如果有，则显示"有"，并查询该机房内的计算机台数。

```
if exists(select * from Computer where RoomID='CH0001001')
begin
   print '有'
   select count(*) 机器台数 from Computer  where RoomID='CH0001001'
end
```

上述语句的执行结果如图 10-3 所示。

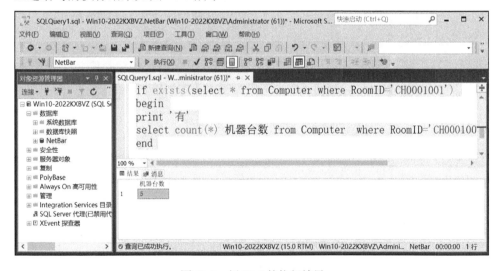

图 10-3　例 10-5 的执行结果

2. case…end

其语法格式如下。

```
case input_expression
   when when_expression then result_expression [ ...n ]
```

```
    [ else else_result_expression ]
end
```

参数说明：

1）input_expression：任意有效的表达式。

2）when when_expression：when_expression 是任意有效的表达式。input_expression 及每个 when_expression 的数据类型必须相同或必须是隐式转换的数据类型。

3）then result_expression：当 input_expression=when_expression 计算结果为 TRUE，或者 Boolean_expression 计算结果为 TRUE 时返回的表达式。result_expression 是任意有效的表达式。

4）else else_result_expression：比较运算的计算结果不为 TRUE 时返回的表达式。如果忽略此参数且比较运算的计算结果不为 TRUE，则 case 返回 NULL。

5）else_result_expression 是任意有效的表达式。else_result_expression 及任何 result_expression 的数据类型必须相同或必须是隐式转换的数据类型。

【例 10-6】使用 case 语句，判断 Computer 表中机器所属的机房名称。

```
select IPAddress,ComputerName,RoomID=
case RoomID
when 'CH0001001' then '普通机房'
when 'XC0002002' then '贵宾机房'
end
from Computer
```

上述语句的执行结果如图 10-4 所示。

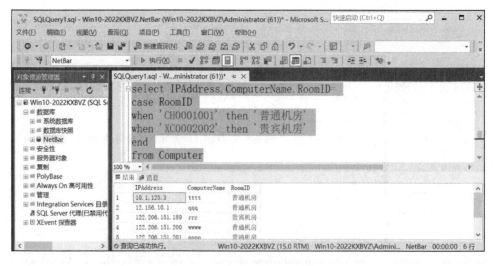

图 10-4 例 10-6 的执行结果

10.2.3 循环语句

数据库中完成循环功能的语句是 while 语句，其语法格式如下。

```
while Boolean_expression
    {sql_statement | statement_block | break | continue}
```

参数说明：

1）Boolean_expression：返回 TRUE 或 FALSE 的表达式。如果布尔表达式中含有 select 语句，则必须用括号将 select 语句括起来。

2）{sql_statement | statement_block}：T-SQL 语句或使用语句块定义的语句分组。若要定义语句块，请使用控制流关键字 begin 和 end。

3）break：从最内层的 while 循环中退出。

4）continue：使 while 循环重新开始执行，忽略 continue 关键字后面的任何语句。

【例 10-7】计算并输出 1～10（不包含 5）的值的和。

```
declare @index int=0
declare @sum int=0
while(@index<10)
begin
    set @index=@index+1
    if(@index=5)
      continue
    set @sum=@sum+@index
end
print @sum
```

上述语句的执行结果如图 10-5 所示。

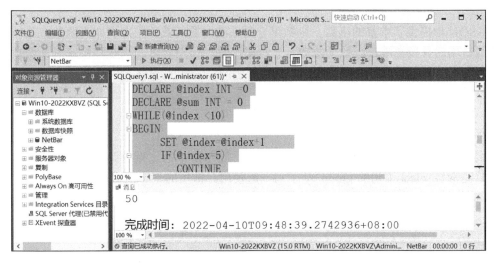

图 10-5　例 10-7 的执行结果

10.2.4　return 语句

return 语句的功能是从查询或过程中无条件退出。return 的执行是即时且完全的，可在任何时候用于从过程、批处理或语句块中退出。return 之后的语句是不执行的。其语法格式如下。

```
return [ integer_expression ];
```

其中，integer_expression 表示返回的整数值。存储过程可向执行调用的过程或应用程序返回一个整数值。

10.2.5 waitfor 语句

waitfor 语句是在达到指定时间或时间间隔之前，或者指定语句至少修改或返回一行之前，阻止执行批处理、存储过程或事务。其语法格式如下。

```
waitfor { DELAY 'time_to_pass' | TIME 'time_to_execute' }
```

参数说明：

1）DELAY：继续执行批处理、存储过程或事务之前必须经过的指定时段，最长可为24 小时。

2）'time_to_pass'：等待的时段。可以使用 datetime 数据可接受的格式之一指定time_to_pass，也可以将其指定为局部变量。不能指定日期。

3）'time_to_execute'：waitfor 语句完成的时间。可以使用 datetime 数据可接受的格式之一指定 time_to_execute，也可以将其指定为局部变量。不能指定日期。

【例 10-8】延迟 10 秒时间显示用户表的信息。

```
    waitfor DELAY '00:10';
    select * from UserMsg;
end;
```

10.3 函　　数

T-SQL 中提供了丰富的函数。函数可分为系统内置函数和用户自定义函数。系统内置函数最常用的有聚合函数、数学函数、字符串函数、日期和时间函数、系统统计函数等。用户自定义函数包括标量值函数和表值函数。

10.3.1 系统内置函数

1. 聚合函数

聚合函数对一组值执行计算并返回单个值。除 count 外，聚合函数都会忽略空值。聚合函数经常与 select 语句的 group by 子句一起使用。常用的聚合函数如表 10-1 所示。

表 10-1　常用的聚合函数

函数名	功能
AVG	返回一组值的平均值
COUNT	返回一组值中项目的数量，返回值为 int 类型
MAX	返回表达式或项目中的最大值
MIN	返回表达式或项目中的最小值
SUM	返回表达式或项的和，只能用于数字列
STDEV	返回表达式中所有值的统计标准偏差
STDEVP	返回表达式中所有值的填充统计标准偏差
VAR	返回表达式中所有值的统计标准方差

聚合函数只能在以下位置作为表达式使用：select 语句选择列表中、compute 或 compute by 子句中、having 子句中。

2. 数学函数

数学函数用于对数值表达式进行数学运算并返回结果。使用数学函数可以对 SQL Server 2019 软件提供的数值数据进行运算。常用的数学函数如表 10-2 所示。

表 10-2　常用的数学函数

类别	函数	功能
三角函数	SIN(float 表达式)	返回指定角度（单位为弧度）的三角正弦值
	COS(float 表达式)	返回指定角度（单位为弧度）的三角余弦值
	TAN(float 表达式)	返回指定角度（单位为弧度）的三角正切值
	COT(float 表达式)	返回指定角度（单位为弧度）的三角余切值
反三角函数	ASIN(float 表达式)	返回指定角度（单位为弧度）的三角反正弦值
	ACOS(float 表达式)	返回指定角度（单位为弧度）的三角反余弦值
	ATAN(float 表达式)	返回指定角度（单位为弧度）的三角反正切值
	ACOT(float 表达式)	返回指定角度（单位为弧度）的三角反余切值
对数函数	EXP(float 表达式)	返回指定的 float 表达式的指数值
	LOG(float 表达式)	计算以 2 为底的自然对数
	LOG10(float 表达式)	计算以 10 为底的自然对数
幂函数	POWER(数值表达式, Y)	幂运算，Y 为幂值
	SQRT(float 表达式)	返回 float 表达式的平方根
	SQUARE(float 表达式)	返回 float 表达式的平方
	ROUND(float 表达式)	对一个小数进行四舍五入运算
边界函数	FLOOR(数值表达式)	返回小于或等于指定表达式的最大整数
	CEILING(数值表达式)	返回大于或等于指定表达式的最小整数
符号函数	ABS(数值表达式)	返回一个数的绝对值
	SIGN(float 表达式)	根据参数是正或负，返回+1、−1 或 0
随机函数	RAND([seed])	返回 0～1 之间的 float 类型的随机数
PI 函数	PI( )	返回浮点数表示的圆周率

【例 10-9】 求 SIN(3)和|−5|的值。

```
select SIN(3),ABS(-5);
```

上述语句的执行结果如图 10-6 所示。

图 10-6　例 10-9 的执行结果

【例 10-10】求大于或等于 12.123 的最小整数，小于或等于 12.123 的最大整数。

```
select CEILING(12.123), FLOOR(12.123);
```

3. 字符串函数

字符串函数用于对二进制数据、字符串和表达式执行不同的运算。该类函数作用于 char、varchar、binary 等数据类型及可以隐式转换为 char 或 varchar 的数据类型。常用的字符串函数如表 10-3 所示。

表 10-3　常用的字符串函数

函数	功能
ASCII(字符表达式)	返回最左侧字符的 ASCII 码值
CHAR(整型表达式)	将 ASCII 值转换为对应的字符
LEFT(字符表达式, 整数)	返回从最左边开始指定个数的字符串
RIGHT(字符表达式, 整数)	返回从最右边开始指定个数的字符串
SUBSTRING(字符表达式, 起始点, n)	截取从起始点开始的 n 个字符
LTRIM(字符表达式)	清除字符串左边的空格
RTRIM(字符表达式)	清除字符串右边的空格
CHARINDEX(字符表达式 1, 字符表达式 2, [开始位置])	求子串的位置
REPLICATE(字符表达式, n)	返回复制字符串 n 次的结果
REVERSE(字符表达式)	反转字符串
STR(数字表达式)	数值转为字符串
REPLACE(字符串 1, 字符串 2, 字符串 3)	使用字符串 3 替换字符串 1 中的字符串 2

【例 10-11】使用'xxx'替换字符串'abcdefghicde'中的'cde'。

```
select REPLACE('abcdefghicde','cde','xxx');
```

上述语句的执行结果如图 10-7 所示。

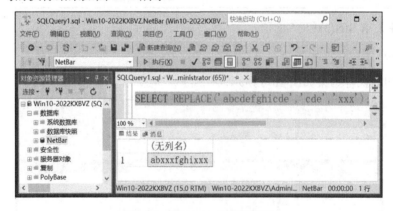

图 10-7　例 10-11 的执行结果

4. 日期和时间函数

对日期和时间函数的输入值执行操作，返回一个字符串、数字或日期和时间值。常用的日期和时间函数如表 10-4 所示。

表 10-4　常用的日期和时间函数

函数	功能
DATEADD(datepart, 数值, 日期)	返回增加一个时间间隔后的日期
DATEDIFF(datepart, 日期 1, 日期 2)	返回两个日期之间的时间间隔
DATENAME(datepart, 日期)	返回日期的文本表示
DATEPART(datepart, 日期)	返回某个日期的 datepart 代表的整数值
GETDATE( )	返回当前系统的日期和时间
DAY(日期)	返回日 datepart 代表的整数值
MONTH(日期)	返回月 datepart 代表的整数值
YEAR(日期)	返回年 datepart 代表的整数值

其中，参数 datepart 用于指定要返回新值的日期和时间的组成部分。

【例 10-12】输出当前日期。

```
select GETDATE();
```

上述语句的执行结果如图 10-8 所示。

图 10-8　例 10-12 的执行结果

【例 10-13】输出指定日期的天的数字。

```
print DAY('01/31/2020')
```

上述语句的执行结果如图 10-9 所示。

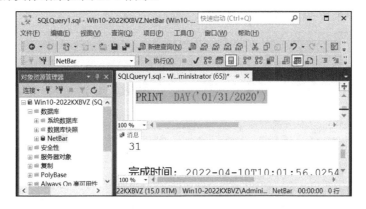

图 10-9　例 10-13 的执行结果

【例 10-14】计算两个日期之间相隔的天数。

```
print DATEDIFF(DAY, '01/31/2020', '07/31/2020')
```

上述语句的执行结果如图 10-10 所示。

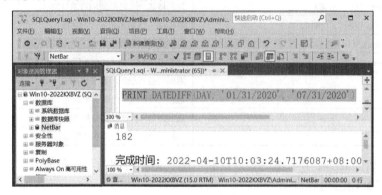

图 10-10　例 10-14 的执行结果

5. 系统统计函数

系统统计函数可以对 SQL Server 2019 软件中的值、对象和设置进行操作并返回有关信息。常用的系统统计函数如表 10-5 所示。

表 10-5　常用的系统统计函数

函数	功能
CAST(表达式 AS 目标数据类型)	将一种数据表达式转换为另一种数据表达式
CONVERT(目标数据类型, 表达式)	将一种数据表达式转换为另一种数据表达式
APP_NAME( )	返回当前会话的应用程序名称
DATALENGTH(表达式)	返回表达式的字节数
CURRENT_USER	返回当前用户的名称
HOST_NAME( )	返回工作站名称
OBJECT_ID(对象名)	返回数据库对象标识符

【例 10-15】输出当前日期，显示当前是某某年份。

```
print '当前是:'+CONVERT(char(4),YEAR(GETDATE()))+'年份';
```

上述语句的执行结果如图 10-11 所示。

图 10-11　例 10-15 的执行结果

10.3.2　用户自定义函数

系统还提供了可编程函数，用户可以根据需求进行编写，用户自定义函数具有以下特点。

1）可以把复杂的逻辑嵌入查询中。用户自定义函数可以为复杂的表达式创建新函数。

2）可以运用在一个表达式或 select 语句的 from 子句中，并且还可以绑定到架构。

3）函数一旦误用就会产生潜在的性能问题。例如，在 where 子句中使用任何函数，不管是用户自定义函数还是系统函数，都将减慢执行速度。

用户自定义函数根据返回值的不同分为标量值函数和表值函数两类。如果 returns 子句指定了一种标量数据类型，则函数为标量值函数。可以使用多条 T-SQL 语句定义标量值函数。如果 returns 子句指定表，则函数为表值函数。

1. 标量值函数

标量值函数是返回一个具体值的函数。函数可以接收多个参数并执行计算，然后通过 return 命令返回一个值。用户自定义函数中的每个可能代码路径都以 return 命令结尾。创建标量值函数的语法格式如下。

```
create function [ schema_name. ] function_name
( [ { @parameter_name [ as ][ type_schema_name. ] parameter_data_type
    [ = default ] [ readonly ] }
    [ ,...n ]
  ]
)
returns return_data_type
[ with <function_option> [ ,...n ] ]
    [ as ]
    begin
            function_body
        return scalar_expression
    end
[ ; ]
```

【例 10-16】创建一个函数 fun_name，给定某一个用户的编号，返回该用户的姓名。

```
create function fun_name (@UserID varchar(10))
returns varchar(50)
as
begin
    declare @name varchar(50)
    select @name=UserName from UserMsg
    where UserID = @UserID
    return @name
end
```

上述语句的执行结果如图 10-12 所示。

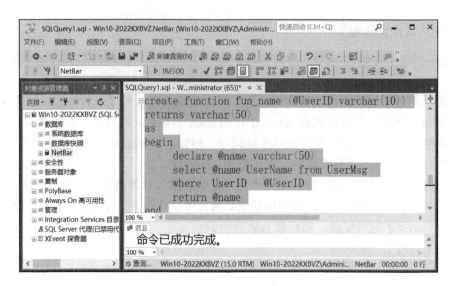

图 10-12　例 10-16 的执行结果

当函数创建成功后，可以在 SSMS 中相应的数据库文件下的"可编程性"列表下找到对应的标量值函数或表值函数，如图 10-12 所示。

2. 表值函数

创建表值函数的语法格式如下。

```
create function [ schema_name. ] function_name
( [ { @parameter_name [ as ] [ type_schema_name. ] parameter_data_type
    [ = default ] [ readonly ] }
    [ ,...n ]
  ]
)
returns table
    [ with <function_option> [ ,...n ] ]
    [ as ]
    return [ ( ] select_stmt [ ) ]
[ ; ]
```

【例 10-17】创建一个函数 fun_user_info，给定用户的编号，返回用户的所有信息。

```
create function fun_user_info (@UserID varchar(50))
returns table
as
    return (select * from UserMsg
        where UserID = @UserID)
```

上述语句的执行结果如图 10-13 所示。

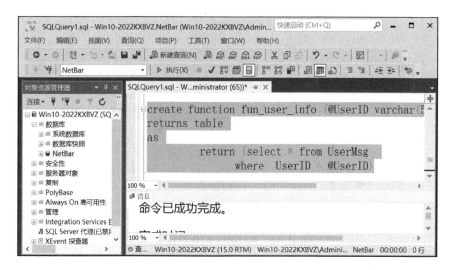

图 10-13　例 10-17 的执行结果

10.3.3　函数的调用与执行

函数执行的语法格式如下。

```
select 函数名([参数 1,参数 2])
```

【例 10-18】分别调用函数 fun_name 和 fun_user_info，查找编号为"NB000001"的用户姓名和个人所有信息。

```
select dbo.fun_name('NB000001')
```

上述语句的执行结果如图 10-14 所示。

图 10-14　例 10-18 的执行结果 1

```
select * from dbo.fun_user_info('NB000001')
```

上述语句的执行结果如图 10-15 所示。

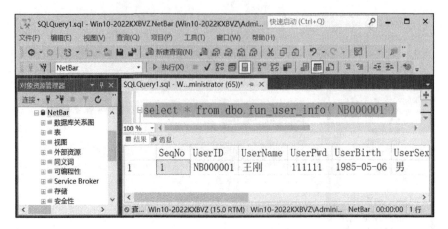

图 10-15 例 10-18 的执行结果 2

10.3.4 修改用户自定义函数

可以使用 alter function 语句修改用户自定义函数。但是,一般只能修改函数主体内容,不能修改函数名称。具体的修改语法格式如下。

1)标量值函数修改的语法格式如下。

```
alter function [ schema_name. ] function_name
( [ { @parameter_name [ as ][ type_schema_name. ] parameter_data_type
 [ = default ] }
 [ ,...n ]
]
)
returns return_data_type
 [ with <function_option> [ ,...n ] ]
 [ as ]
 begin
            function_body
     return scalar_expression
 end
[ ; ]
```

【例 10-19】修改函数 fun_name,使给定某一个用户的编号,返回该用户的联系方式。

```
alter function fun_name (@UserID varchar(10))
returns varchar(15)
as
begin
    return(select UserTel from UserMsg
        where UserID=@UserID)
end
```

上述语句的执行结果如图 10-16 所示。

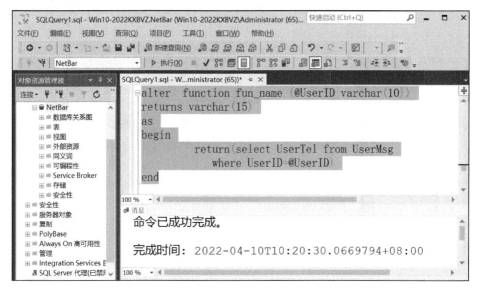

图 10-16 例 10-19 的执行结果

2）表值函数修改的语法格式如下。

```
alter function [ schema_name. ] function_name
( [ { @parameter_name [ as ] [ type_schema_name. ] parameter_data_type
  [ = default ] }
  [ ,...n ]
]
)
returns table
  [ with <function_option> [ ,...n ] ]
  [ as ]
  return [ ( ] select_stmt [ ) ]
[ ; ]
```

【例 10-20】修改函数 fun_user_info，给定用户的编号，返回用户的姓名、消费金额、所属管理员姓名。

```
alter function fun_user_info (@UserID varchar(10))
returns table
as
return (select UserName,NowConsumed,AdminName
        from UserMsg ,AdminMsg
      where UserMsg.AdminID=AdminMsg.AdminID
          and UserID=@UserID)
```

上述语句的执行结果如图 10-17 所示。

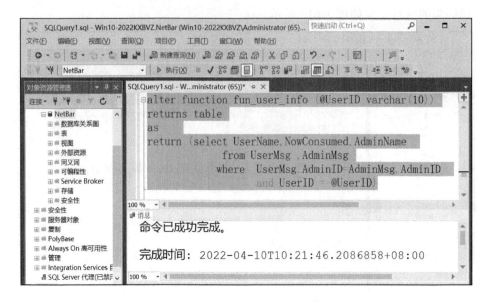

图 10-17 例 10-20 的执行结果

10.3.5 删除用户自定义函数

当用户自定义函数不需要使用时，可以使用 drop function 语句删除。删除自定义函数的语法格式如下。

```
drop function { [ schema_name. ] function_name } [ ,...n ]
```

【例 10-21】删除函数 fun_user_info。

```
drop function dbo.fun_user_info
```

上述语句的执行结果如图 10-18 所示。

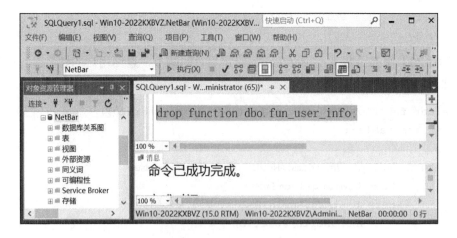

图 10-18 例 10-21 的执行结果

10.4　游　　标

在过程化 SQL 中，如果 select 语句只返回一条记录，则可以将该结果存放到变量中。当查询返回多条记录时，就要使用游标对结果集进行处理。尽管游标能遍历结果中的所有行，但它一次只指向一行。在数据库中，游标是一个十分重要的概念。

10.4.1　游标概述

游标提供了一种对从表中检索出的数据进行操作的灵活手段，就本质而言，游标实际上是一种能从包括多条数据记录的结果集中每次提取一条记录的机制。游标总是与一条 SQL 选择语句相关联，因为游标由结果集（可以是零条、一条或由相关的选择语句检索出的多条记录）和结果集中指向特定记录的游标位置组成。当决定对结果集进行处理时，必须声明一个指向该结果集的游标。

游标允许应用程序对查询语句 select 返回的行结果集中的每一行进行相同或不同的操作，而不是一次对整个结果集进行同一种操作；它还提供基于游标位置而对表中的数据进行删除或更新的能力；而且，正是游标把作为面向集合的 DBMS 和面向行的程序设计两者联系起来，使两个数据处理方式能够进行沟通。

10.4.2　游标的类型

SQL Server 支持 3 种类型的游标：T-SQL 游标、API 游标和客户端游标。

1. T-SQL 游标

T-SQL 游标由 DECLARE CURSOR 语法定义，主要用在 T-SQL 脚本、存储过程和触发器中。T-SQL 游标主要用在服务器中，由从客户端发送给服务器的 T-SQL 语句或是批处理、存储过程、触发器中的 T-SQL 进行管理。T-SQL 游标不支持提取数据块或多行数据。

2. API 游标

API 游标支持在 OLE DB、ODBC 及 DB_library 中使用游标函数，主要用在服务器中。每次客户端应用程序调用 API 游标函数，SQL Sever 的 OLE DB 提供者、ODBC 驱动器或 DB_library 的动态链接库（dynamic link library，DLL）都会将这些客户请求传送给服务器以对 API 游标进行处理。

3. 客户端游标

当在客户机上缓存结果集时才使用客户端游标。在客户端游标中，有一个默认的结果集被用来在客户机上缓存整个结果集。客户端游标仅支持静态游标而非动态游标。由于服务器游标并不支持所有的 T-SQL 语句或批处理，所以客户端游标常常仅被用作服务器游标的辅助。因为在一般情况下，服务器游标能支持大多数的游标操作。由于 API 游标和 T-SQL 游标使用在服务器端，所以也称服务器游标，又称后台游标，而客户端游标则称前台游标。在本章中我们主要讲述服务器（后台）游标。

10.4.3　创建游标

游标通常是指显式游标，因此在没有特别指明的情况，本书所说的游标都指显式游标。

要在程序中使用游标，必须首先声明游标。声明游标的语法格式如下。

```
declare cursor_name [ SCROLL ] CURSOR
  for select_statement
  [ for { READ ONLY | UPDATE [ OF column_name [ ,...n ] ] } ][;]
```

扩展的语法格式如下。

```
declare cursor_name CURSOR [ LOCAL | GLOBAL ]
  [ FORWARD_ONLY | SCROLL ]
  [ DYNAMIC | FAST_FORWARD ]
  [ READ_ONLY ]
  for select_statement
  [ FOR UPDATE [ OF column_name [ ,...n ] ] ][;]
```

参数说明：

1）cursor_name：所定义的 T-SQL 游标的名称。

2）SCROLL：指定所有的提取选项（FIRST、LAST、PRIOR、NEXT、RELATIVE、ABSOLUTE）均可用。如果未在 ISO DECLARE CURSOR 中指定 SCROLL，则 NEXT 是唯一支持的提取选项。如果也指定了 FAST_FORWARD，则不能指定 SCROLL。

3）select_statement：定义游标结果集的标准 select 语句。

4）READ ONLY：禁止通过该游标进行更新。

5）UPDATE [OF column_name [,...n]]：定义游标中可更新的列。

6）LOCAL：指定该游标的作用域是局部的。

7）GLOBAL：指定该游标的作用域是全局的。在连接服务器的过程中执行的任何存储过程或批处理中，都可以引用该游标名称。该游标仅在断开连接时隐式释放。

8）FORWARD_ONLY：指定游标只能从第一行滚动到最后一行。FETCH NEXT 是唯一支持的提取选项。

9）DYNAMIC：定义一个游标，以反映在滚动游标时对结果集中的各行所做的所有数据更改。

10）FAST_FORWARD：指定启用了性能优化的 FORWARD_ONLY、READ_ONLY 游标。如果指定了 SCROLL 或 FOR_UPDATE，则不能也指定 FAST_FORWARD。

10.4.4 游标的使用

使用 T-SQL 语句定义和操作游标有 5 个步骤：声明游标、打开游标、读取游标、关闭游标和释放游标。

1. 声明游标

使用关键词 declare 声明游标。

【例 10-22】创建游标 cursor_user，游标内容指向用户表中的个人信息。

```
declare cursor_user cursor
for select * from UserMsg;
```

上述语句的执行结果如图 10-19 所示。

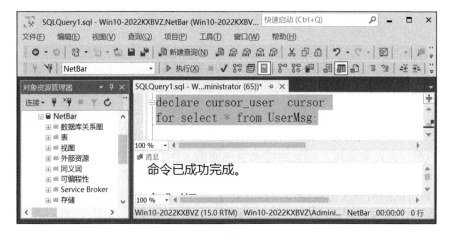

图 10-19 例 10-22 的执行结果

2. 打开游标

打开游标的关键词是 open，打开一个游标后才可以对其进行访问。使用 open 语句打开游标的语法格式如下。

```
open { { [ GLOBAL ] cursor_name } | cursor_variable_name }
```

【例 10-23】打开游标 cursor_user，输出游标中@@CURSOR_ROWS 的值。

```
open cursor_user
select @@CURSOR_ROWS;
```

上述语句的执行结果如图 10-20 所示。

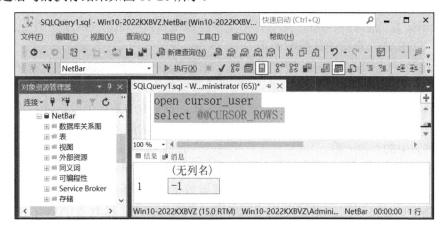

图 10-20 例 10-23 的执行结果

3. 读取游标

使用 fetch 语句来获取游标对应记录中的值，其语法格式如下。

```
fetch
    [ [ NEXT | PRIOR | FIRST | LAST
            | ABSOLUTE { n | @nvar }
            | RELATIVE { n | @nvar }
```

```
            ]
        from

    ]
{ { [ GLOBAL ] cursor_name } | @cursor_variable_name }
[ INTO @variable_name [ ,...n ] ]
```

参数说明：

1）NEXT：紧跟当前行返回结果行，并且当前行递增为返回行。如果 FETCH NEXT 为对游标的第一次提取操作，则返回结果集中的第一行。NEXT 为默认的游标提取选项。

2）PRIOR：返回紧邻当前行前面的结果行，并且当前行递减为返回行。如果 FETCH PRIOR 为对游标的第一次提取操作，则没有行返回且游标置于第一行之前。

3）FIRST：返回游标中的第一行并将其作为当前行。

4）LAST：返回游标中的最后一行并将其作为当前行。

5）ABSOLUTE { n | @nvar}：如果 n 或@nvar 为正，则返回从游标头开始向后的第 n 行，并将返回行变成新的当前行；如果 n 或@nvar 为负，则返回从游标末尾开始向前的第 n 行，并将返回行变成新的当前行；如果 n 或@nvar 为 0，则不返回行。n 必须是整数常量，并且@nvar 的数据类型必须为 smallint、tinyint 或 int。

6）RELATIVE { n | @nvar}：如果 n 或@nvar 为正，则返回从当前行开始向后的第 n 行，并将返回行变成新的当前行；如果 n 或@nvar 为负，则返回从当前行开始向前的第 n 行，并将返回行变成新的当前行；如果 n 或@nvar 为 0，则返回当前行。在对游标进行第一次提取时，如果在将 n 或@nvar 设置为负数或 0 的情况下指定 FETCH RELATIVE，则不返回行。n 必须是整数常量，@nvar 的数据类型必须为 smallint、tinyint 或 int。

7）GLOBAL：指定 cursor_name 涉及全局游标。

8）cursor_name：要从中进行提取的开放游标的名称。如果全局游标和局部游标都使用 cursor_name 作为它们的名称，那么在指定 GLOBAL 时，cursor_name 指的是全局游标；若未指定 GLOBAL，则指的是局部游标。

9）@cursor_variable_name：游标变量名，引用要从中进行提取操作的打开的游标。

10）INTO @variable_name[,...n]：允许将提取操作的列数据放到局部变量中。列表中的各变量从左到右与游标结果集中的相应列相关联。各变量的数据类型必须与相应的结果集中列的数据类型匹配，或是结果集中列数据类型所支持的隐式转换。变量的数目必须与游标选择列表中的列数一致。

FETCH 语句在执行时，可以使用全局变量@@FETCH_STATUS 返回上一次 FETCH 命令时的状态。在每次使用 FETCH 从游标中读取数据时，都应检索该变量的值，以确定 FETCH 的操作是否成功，从而进一步决定后面的操作。@@FETCH_STATUS 有 3 个不同的返回值，如表 10-6 所示。

表 10-6 @@FETCH_STATUS 的返回值

返回值	代表含义
0	FETCH 命令成功执行
−1	FETCH 命令失败或行数据超过游标数据结果集的范围
−2	所读取的数据已不存在

【例 10-24】利用游标 cursor_user 获取用户表中的数据。

```
fetch next from cursor_user;
while (@@FETCH_STATUS =0)
begin
fetch next from cursor_user;
end
```

上述语句的执行结果如图 10-21 所示。

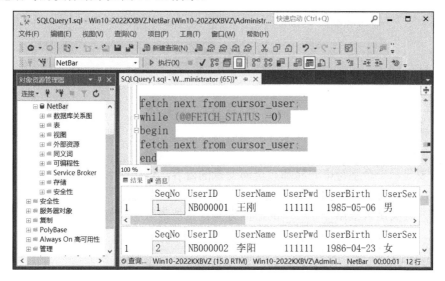

图 10-21　例 10-24 的执行结果

4. 关闭游标

游标使用完要及时关闭。使用 close 语句关闭游标，关闭后但不释放游标占用的数据结构。其语法格式如下。

```
close { { [ GLOBAL ] cursor_name } | cursor_variable_name }
```

【例 10-25】关闭游标 cursor_user。

```
close cursor_user;
```

5. 释放游标

游标关闭后，其定义仍然存在，需要时还可以使用 open 语句打开继续使用。如果确认游标不再被使用，则可以将其删除，释放其所占用的系统空间。删除游标时使用 deallocate 语句，其语法格式如下。

```
deallocate { { [ GLOBAL ] cursor_name } | @cursor_variable_name }
```

【例 10-26】删除游标 cursor_user。

```
deallocate cursor_user;
```

游标被释放后，在内存中就不存在了，若需要使用游标，就需要再次使用 declare 语句进行声明。

本 章 小 结

本章主要介绍了 SQL Server 2019 中常量与变量的基本使用方法、常用的流程控制语句、用户自定义函数和游标等内容。通过学习本章的内容，读者能够正确使用流程控制语句，理解数据库系统中的常量及系统内置函数，掌握用户自定义函数和游标的定义与基本使用方法。

思考与练习

一、填空题

1. 声明局部变量后要给局部变量赋值，可以使用_____或_____语句。
2. 返回上一次语句影响的数据行的行数的全局变量是_____。
3. 若要显示一个字符串、局部、全局变量的内容，就要用到_____语句。
4. SQL Server 支持 3 种类型的游标：_____、API 游标和客户端游标。
5. 用户定义函数根据_____的不同分为标量值函数和表值函数两类。

二、单选题

1. 注释单行语句的符号是（   ）。
   A．--   B．##   C．~~   D．/* */
2. 在聚合函数中，AVG 函数用于（   ）。
   A．求和   B．求差   C．求平均值   D．求积
3. 日期和时间函数用于对日期和时间数据进行各种不同的处理，如 GETDATE 用于（   ）。
   A．返回系统的时间   B．返回系统的月份
   C．返回系统的日期和时间   D．返回系统的年份
4. "select 'AB'+'CD'" 的执行结果是（   ）。
   A．ABC   B．AD   C．CD   D．ABCD
5. （   ）可用于检索游标中的记录。
   A．deallocate   B．drop   C．fetch   D．create

三、操作题

通过 SQL 语句解决以下问题：
1. 求半径为 2m、高为 3m 的圆柱体的体积。
2. 求字符串"abcdefg"的长度。
3. 取字符串"abcdefg"的第 2～5 个字母。
4. 计算 2011 年 10 月 1 日到今天已经多少天了。
5. 创建一个计算圆柱体体积的函数 myfun。

四、简答题

1. 简述函数的分类。
2. 简述游标的使用步骤。

第11章 存储过程

SQL Server 2019 可以像其他程序设计语言一样定义子程序，称为存储过程。存储过程是 SQL Server 2019 提供的强大的工具之一。若能够正确理解并使用它，则可以创建出健壮、安全且具有良好性能的数据库，可以为用户实现复杂的事务处理逻辑。

重点和难点
- 存储过程的创建
- 存储过程的参数
- 存储过程的调用

11.1 存储过程概述

存储过程是 SQL Server 数据库的重要组成部分，可以通过它实现数据的不同层面处理。存储过程是一组预编译的 T-SQL 语句，可以是一条或多条语句，它是封装重复性工作的一种方法，通过它可以实现复杂的事务处理。

1. 类型

在 SQL Server 2019 中有多种可以使用的存储过程。下面主要介绍常用的一些存储过程类型。

（1）系统存储过程

在安装 SQL Server 2019 时，自动创建了很多系统存储过程，大都存储在 master 和 msdb 数据库中，前缀为 sp_。系统存储过程主要是从系统表中获取信息，为系统管理员提供信息支持。例如，sp_help、sp_helpdb，通过系统存储过程可以获取数据库对象信息、数据库信息等详细内容。

（2）扩展存储过程

扩展存储过程是通过在 SQL Server 2019 开发环境外执行的动态链接库来实现的，提供从 SQL Server 实例到外部程序的接口，用于各种维护活动。扩展存储过程一般以 xp_为前缀。

（3）用户自定义存储过程

用户自定义存储过程是由用户编写的，内部封装了需要重复使用的功能代码。SQL Sever 2019 可以使用两种自定义存储过程类型，即 T-SQL 和 CLR，本书中主要介绍 T-SQL 存储过程。

2. 优缺点

（1）优点

存储过程具有以下优点。

1）执行效率高。一般的 T-SQL 语句每次执行都需要进行编译，而存储过程在创建时进行编译，在执行时无须再次编译，所以存储过程可以提高数据库应用程序的执行效率。

2）安全性高。通过设定存储过程的使用权，从而实现对应用户的数据访问限制，保证数据的安全。

3）减少网络通信流量。可以把部分复杂的业务逻辑交由存储过程进行处理，从而减少客户端和数据库服务器之间的数据传输次数，以减少网络通信流量。

4）方便实施企业规则。存储过程可以实现较复杂的业务逻辑，在企业数据库开发过程中运用广泛。

（2）缺点

存储过程除具有以上优点外，还具有以下缺点。

1）可移植性差。存储过程把应用程序逻辑和 SQL Server 产品进行绑定，使用存储过程中的封装业务逻辑将限制应用程序的可移植性。

2）不支持面向对象的设计。无法采用面向对象的方式将业务逻辑进行封装，所以不支持面向对象设计。

11.2　创建存储过程

T-SQL 用户存储过程一般在当前数据库中定义，默认情况下，归数据库所有者拥有。可以使用 create procedure 语句进行存储过程的创建，其语法格式如下。

```
create {PROC | PROCEDURE} procedure_name
  [ { @parameter data_type }
     [ VARYING ] [ = default ] [ OUT | OUTPUT ] [READONLY]
  ] [ ,...n ]
[ WITH <procedure_option> [ ,...n ] ]
[ FOR REPLICATION ]
as { <sql_statement> [;][ ...n ] | <method_specifier> }
[;]
<procedure_option> ::=
  [ ENCRYPTION ]
  [ RECOMPILE ]
<sql_statement> ::=
{ [ begin ] statements [ end ] }
```

参数说明：

1）procedure_name：新存储过程的名称。

2）@ parameter：过程中的参数。在 create procedure 语句中可以声明一个或多个参数，最多可以有 2100 个参数。

3）data_type：参数的数据类型。

4）VARYING：指定作为输出参数支持的结果集。该参数由存储过程动态构造，其内容可能发生改变，仅适用于 cursor 参数。

5）default：参数的默认值。如果定义了 default 值，则无须指定此参数的值即可执行过程。默认值必须是常量或 NULL。

6）OUTPUT：指定参数是输出参数，默认是输入参数。

7）READONLY：指定不能在过程的主体中更新或修改参数。如果参数类型为用户定义的表类型，则必须指定 READONLY。

8）RECOMPILE：指定数据库引擎不缓存该过程的计划，该过程在运行时编译。

9）ENCRYPTION：指定 SQL Server 将 create procedure 语句的原始文本转换为模糊格式进行加密。

10）FOR REPLICATION：指定不能在订阅服务器上执行为复制创建的存储过程。使用 FOR REPLICATION 选项创建的存储过程可用作存储过程筛选器，且只能在复制过程中执行。如果指定了 FOR REPLICATION，则无法声明参数。

11）<sql_statement>：要包含在过程中的一条或多条 T-SQL 语句。

11.2.1 不带参数的存储过程

不带参数的存储过程是相对比较简单的存储过程，下面通过示例进行介绍。

【例 11-1】创建一个存储过程 test，通过该存储过程可以获取每一个管理员的编号和姓名。

```
create proc test
as
begin
    select AdminID,AdminName
    from AdminMsg
end
```

上述语句的执行结果如图 11-1 所示。

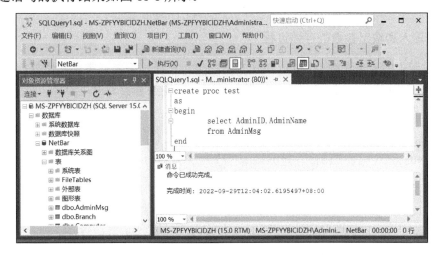

图 11-1　例 11-1 的执行结果

11.2.2 带输入参数的存储过程

带输入参数的存储过程可以有一个或多个输入参数，通过给定的输入参数来获取存储过程定义的结果。

【例 11-2】创建一个存储过程 GetUserMsgBySexAndAdminID，通过给定用户性别和管理员编号，获取用户编号、姓名和出生日期。

```
create procedure GetUserMsgBySexAndAdminID
(@Sex varchar(10),@AdminID varchar(10))
as
begin
    select UserID,UserName,UserBirth
    from  UserMsg where UserSex=@Sex and AdminID=@AdminID
end
```

上述语句的执行结果如图 11-2 所示。

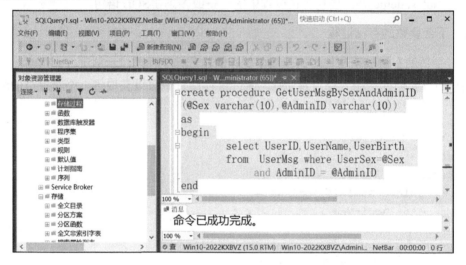

图 11-2　例 11-2 的执行结果

11.2.3　带输入和输出参数的存储过程

存储过程中的输出参数使用 out 关键字来指定，执行时需要有实参变量进行接收。

【例 11-3】创建一个存储过程 GetUserMsgByID，输入参数为用户编号，输出参数为用户姓名和出生日期。

```
create proc GetUserMsgByID
   (@UserID varchar(10),@UserName varchar(20) output,@UserBirth datetime
output)
   as
   begin
      select @UserName=UserName,@UserBirth=UserBirth
      from UserMsg where UserID = @UserID
   end
```

上述语句的执行结果如图 11-3 所示。

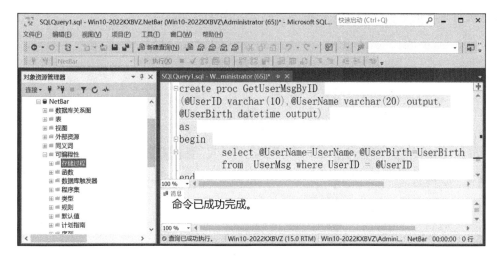

图 11-3　例 11-3 的执行结果

11.3　调用存储过程

可以使用 execute 语句来调用存储过程，其语法格式如下。

```
[ { exec | execute } ]
{
  [ @return_status = ]
  { module_name | @module_name_var }
    [ [ @parameter = ] { value
                       | @variable [ output ]
                       }
    ]
  [ ,...n ]
```

参数说明：

1）@return_status：可选的整型变量，存储过程执行后的返回状态。这个变量在用于 execute 语句之前时，必须在批处理、存储过程或函数中进行声明。在用于调用标量值用户自定义函数时，@return_status 变量可以为任意标量数据类型。

2）module_name：要调用的存储过程或用户自定义函数的完全限定或不完全限定名称。模块名称必须符合标识符规则。无论服务器的排序规则如何，扩展存储过程的名称总是区分大小写的。

3）@module_name_var：局部定义的变量名，代表模块名称。

4）@parameter：module_name 的参数，与在模块中定义的相同。参数名称前必须加上符号@。

5）value：传递给模块或函数的参数值。

6）@variable：用来存储参数或返回参数的变量。

7）output：指定模块或命令字符串返回一个参数。

【例 11-4】利用存储过程 GetUserMsgBySexAndAdminID 来获取编号为"CH000001"

的管理员管理下的女性用户的用户编号、姓名、出生日期。

```
execute GetUserMsgBySexAndAdminID '女','CH000001'
```

上述语句的执行结果如图 11-4 所示。

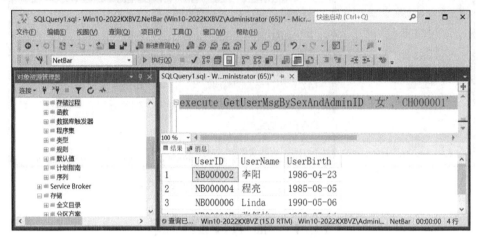

图 11-4　例 11-4 的执行结果

【例 11-5】利用存储过程 GetUserMsgByID 来获取编号为"NB000001"的用户姓名和出生日期。

```
declare @name varchar(50),@birth datetime
execute GetUserMsgByID 'NB000001',@name output,@birth output
print @name+' '+cast(@birth as varchar(20))
```

上述语句的执行结果如图 11-5 所示。

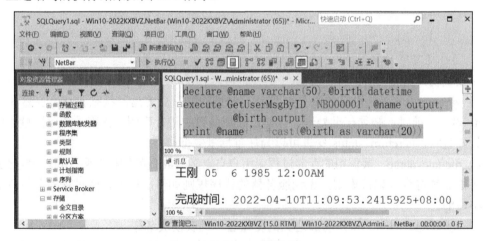

图 11-5　例 11-5 的执行结果

11.4　管理存储过程

在实际应用中，用户常会查看已经创建的存储过程，并根据业务或管理需要对其进行修改和删除。这些操作要使用不同的方法来实现。

11.4.1 修改存储过程

修改存储过程相当于对存储过程进行重新定义，只是名称保持不变，使用 alter procedure 语句进行存储过程的修改，其语法格式如下。

```
alter {proc | procedure} procedure_name
  [ { @parameter data_type }
     [ VARYING ] [ = default ] [ OUT | OUTPUT ] [READONLY]
  ] [ ,...n ]
[ with <procedure_option> [ ,...n ] ]
[ for REPLICATION ]
as { <sql_statement> [;][ ...n ] | <method_specifier> }
[;]
<procedure_option> ::=
  [ ENCRYPTION ]
  [ RECOMPILE ]
<sql_statement> ::=
{ [ begin ] statements [ end ]
```

【例 11-6】修改存储过程 test，通过该存储过程可以获取每一个管理员的个人详细信息。

```
alter procedure test
as
select * from AdminMsg
```

上述语句的执行结果如图 11-6 所示。

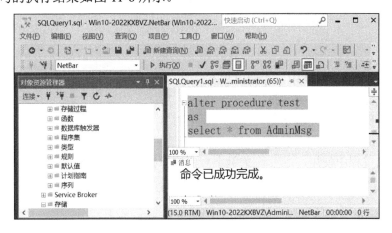

图 11-6 例 11-6 的执行结果

11.4.2 删除存储过程

可以使用 drop 命令删除存储过程。drop 命令用于从当前数据库中删除一个或多个存储过程，其语法格式如下。

```
drop { proc | procedure } { [ schema_name. ] procedure } [ ,...n ]
```

【例 11-7】删除存储过程 test。

```
drop  procedure test
```

上述语句的执行结果如图 11-7 所示。

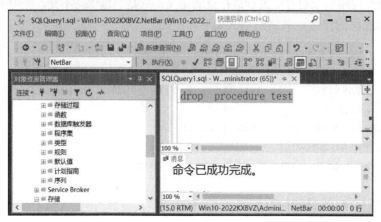

图 11-7　例 11-7 的执行结果

本 章 小 结

本章主要介绍了存储过程的基本概念、类型及其优缺点，以及存储过程的创建、调用与管理。通过学习本章的内容，读者能够了解存储过程的概念，理解存储过程的类型、优缺点及输入输出参数的使用，并掌握存储过程的创建、调用、管理等相关知识。

思考与练习

一、填空题

1. 在 SQL Server 2019 中，存储过程有_____、_____、_____3 类。
2. 创建存储过程的关键字是_____。
3. 执行存储过程的关键字是_____。
4. 删除存储过程的关键字是_____。
5. 在存储过程中使用_____关键字声明该参数为输出参数。

二、单选题

1. 对于下面的存储过程：create procedure myp1 @p int as select Sname,Age from student where Age=@p。如果在 student 表中查找年龄为 18 岁的学生，则正确的调用存储过程是（　　）。

    A．EXEC myp1 @p='18'　　　　　　　B．EXEC myp1 @p=18

    C．EXEC myp1 p='18'　　　　　　　　D．EXEC myp1 p=18

2. 下列关于系统存储过程的描述，正确的是（　　）。

    A．只能由系统使用　　　　　　　　　B．用户可以调用

    C．需要用户编写程序　　　　　　　　D．用户无权使用

3．用于修改存储过程的 SQL 语句为（　　　）。

    A．ALTER TABLE   B．ALTER DATABASE

    C．ALTER TRIGGER   D．ALTER PROCEDURE

4．下列关于存储过程的描述中，正确的是（　　　）。

    A．自定义存储过程与系统存储过程名称可以相同

    B．存储过程最多支持 128 层的嵌套

    C．命名存储过程中的标识符时，长度不能超过 128

    D．存储过程中的参数的个数不能超过 2100

三、简答题

简述存储过程的定义及其优点。

第12章 触 发 器

触发器是一种特殊类型的存储过程，它通过触发事件而被自动执行。自动执行意味着更少的手工操作及更小的出错概率。触发器用于强制实现复杂的完整性检查、不规范的数据维护等操作。触发器通常可以完成一定的业务规则，能够实现较复杂的功能约束。

重点和难点

● 触发器的定义

● inserted 表和 deleted 表

● 触发器的综合应用

12.1 触发器概述

触发器由相应的操作或事件激活而执行。触发器与表格紧密相连，当用户对表进行更新、插入和删除的操作时，系统会自动激活相应操作触发器定义的 SQL 语句，保证 SQL 语句所定义的规则能够实现效果。

1. 触发器的功能

1）强化约束：能够实现比 CHECK 语句更为复杂的约束。

① 触发器可以很方便地引用其他表的列，进行逻辑上的检查。

② 触发器在 CHECK 之后执行。

③ 触发器可以由插入、删除、更新等操作进行触发。

2）跟踪变化：它可以检测数据库中的更新操作，进而禁止数据库中未经许可的更新和变化，确保输入表中的数据的有效性。

3）级联运行：它可以检测数据库中的更新操作，并自动地级联操作整个数据库的不同表中的各项内容。

4）调用存储过程：为了方便数据库更新，触发器可以调用一个或多个存储过程。

2. 触发器的类型

SQL Server 2019 支持两种类型的触发器：DML 触发器和 DDL 触发器。

（1）DML 触发器

当数据库发生数据操纵语言（DML）事件时将调用 DML 触发器。DML 事件包括在指定表或视图中修改数据的 insert 语句、update 语句或 delete 语句，DML 触发器有助于在表或视图中修改数据强制业务规则，扩展数据的完整性。

DML 触发器的应用主要有以下几个。

1）实现数据库中的数据库级联更新。

2）防止恶意或错误的插入、更新及删除操作，并强制执行比 CHECK 约束定义的限制更为复杂的完整性控制。

3）引用其他表中的列，实施多表完整性控制。

4）评估数据修改前后表的状态，并根据该差异采取措施。

5）一个表中的多个同类 DML 触发器允许采取多个不同的操作来响应同一个修改语句。

DML 触发器通常可分为 3 类：AFTER 触发器、INSTEAD OF 触发器和 CLR 触发器。AFTER 触发器是在数据更新操作完成后触发；INSTEAD OF 触发器会取代原来要进行的操作，在数据操作之前被激活，数据真正的操作取决于触发器内部定义的 SQL 语句；CLR 触发器可以是 AFTER 或 INSTEAD OF 触发器，还可以是 DDL 触发器，它将执行在新托管代码编程模型中编写的方法。

（2）DDL 触发器

在执行 create、alter、drop 和其他 DDL 操作时激活的触发器称为 DDL 触发器。它用于执行管理任务，并强制影响数据库的业务规则。

12.2　创建触发器

创建 DML 触发器的语法格式如下。

```
create trigger [ schema_name . ]trigger_name
on { table | view }
[ with encryption]
{ for | after | instead of }
{ [ insert ] [ , ] [ update ] [ , ] [ delete ] }
as { sql_statement [ ; ]
```

创建 DDL 触发器的语法格式如下。

```
create trigger trigger_name
on { all server | database }
[ with encryption [ ,...n ] ]
{ for | after } { event_type | event_group } [ ,...n ]
as { sql_statement [ ; ] }
```

参数说明：

1）schema_name：DML 触发器所属架构的名称。

2）trigger_name：触发器的名称。trigger_name 必须遵循标识符规则，但 trigger_name 不能以#或##开头。

3）table | view：对其执行 DML 触发器的表或视图，有时称为触发器表或触发器视图。可以根据需要指定表或视图的完全限定名称。视图只能被 INSTEAD OF 触发器引用。

4）database：将 DDL 触发器的作用域应用于当前数据库。如果指定了此参数，则只要当前数据库中出现 event_type 或 event_group，就会激发该触发器。

5）all server：将 DDL 或登录触发器的作用域应用于当前服务器。如果指定了此参数，则只要当前服务器中的任何位置上出现 event_type 或 event_group，就会激发该触发器。

6）with encryption：对 create trigger 语句的文本进行模糊处理。使用 with encryption 可以防止将触发器作为 SQL Server 复制的一部分进行发布。不能为 CLR 触发器指定 with encryption。

7）for | after：after 指定 DML 触发器仅在触发 SQL 语句中指定的所有操作都已成功执行时才被触发。所有的引用级联操作和约束检查也必须在激发此触发器之前成功完成。如果仅指定 for 关键字，则 after 为默认值。不能对视图定义 AFTER 触发器。

8）INSTEAD OF：指定执行 DML 触发器而不是触发 SQL 语句，因此，其优先级高于触发语句的操作。对于表或视图，每个 insert、update 或 delete 语句最多可定义一个 INSTEAD OF 触发器。

9）{ [insert] [,] [update] [,] [delete] }：指定数据修改语句，这些语句可在 DML 触发器对此表或视图进行相应的修改操作时激活该触发器。必须至少指定一个选项。在触发器定义中允许使用上述选项的任意顺序组合。

10）event_type：执行之后激发 DDL 触发器的 T-SQL 事件的名称。DDL 事件中列出了 DDL 触发器的有效事件。

11）event_group：预定义的 T-SQL 事件分组的名称。执行任何属于 event_group 的 T-SQL 事件之后，都将激发 DDL 触发器。DDL 事件组中列出了 DDL 触发器的有效事件组。

触发器可以包含任意数量和种类的 T-SQL 语句，但也有例外。触发器是根据数据修改或定义语句来检查或更改数据的，它不应向用户返回数据。触发器中的 T-SQL 语句常常包含控制流语言。

DML 触发器使用 deleted 和 inserted 逻辑（概念）表来记录更新操作的数据。它们在结构上与该触发器所属的表结构完全相同。在数据内容方面：delete 表存储即将从数据库中消失的数据，包括删除操作的数据和更新操作的旧值；inserted 表存储即将写入数据库中的数据，包括插入操作的数据和更新操作的旧值。

【例 12-1】创建一个触发器 tri_deleteUser，该触发器的功能是当删除用户信息时，消费记录表中的相应用户的消费信息也被删除。

```
create trigger tri_deleteUser
on UserMsg
for delete
as
begin
  declare @UserID varchar(10)
  select @UserID=UserID from deleted
  delete from ConsumeHistory
  where  UserID=@UserID
end
```

上述语句的执行结果如图 12-1 所示。

【例 12-2】创建一个触发器 tri_userNum，当用户表信息发生增加或删除时，打印员工的人数。

```
create trigger tri_userNum
on UserMsg
for insert ,delete
as
```

```
begin
    declare @num int
    select @num=count(*)
    from UserMsg
    print '用户人数有'+cast(@num as char(10) )+'人'
end
```

上述语句的执行结果如图 12-2 所示。

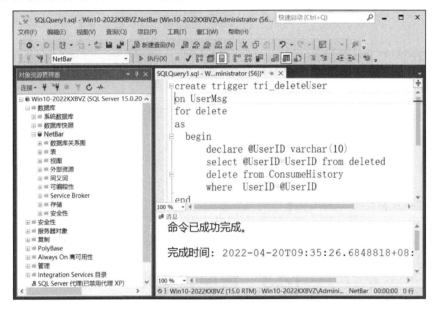

图 12-1 例 12-1 的执行结果

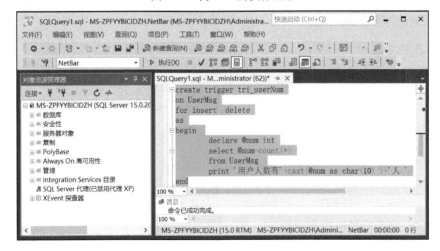

图 12-2 例 12-2 的执行结果

【例 12-3】创建一个 DDL 触发器 tri_dbManage，用于保护当前 SQL Server 服务器中的所有数据库不能被删除。

```
create trigger tri_dbManage
on all server
```

```
for DROP_DATABASE
as
raiserror ('对不起,您不能删除数据库',16,1)
rollback
```

触发器创建好后，在删除数据库时就会有相应的提示，如图 12-3 所示。先创建一个测试数据库 mydb，然后利用 drop 语句进行删除，则会激活触发器，输出相应的信息。

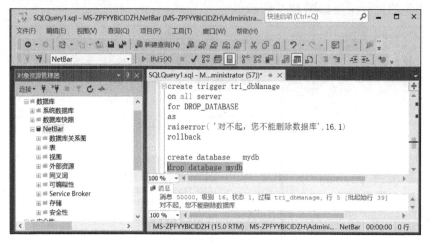

图 12-3　例 12-3 的执行结果

12.3　管理触发器

触发器能够实现比较复杂的功能及表之间的约束功能。对于用户创建的触发器，系统提供了常用的修改和删除功能。

12.3.1　修改触发器

修改 DML 触发器的语法格式如下。

```
alter trigger [ schema_name . ]trigger_name
on { table | view }
[ with encryption]
{ for | after | instead of }
{ [ insert ] [ , ] [ update ] [ , ] [ delete ] }
as { sql_statement [ ;
```

修改 DDL 触发器的语法格式如下。

```
alter trigger trigger_name
on { all server | database }
[ with  encryption [ ,...n ] ]
{ for | after } { event_type | event_group } [ ,...n ]
as { sql_statement [ ; ] }
```

其参数说明请参考 12.2 节中的相关的参数说明，这里不再赘述。

【例 12-4】修改触发器 trigger_employeeNum，使在职工表发生数据操作（insert、update、delete）时，输出职工人数。

```
alter trigger tri_userNum
on UserMsg
for insert ,delete,update
as
begin
    declare @num int
    select @num=count(*)
    from UserMsg
    print '用户人数有'+cast(@num as char(10) )+'人'
end
```

上述语句的执行结果如图 12-4 所示。

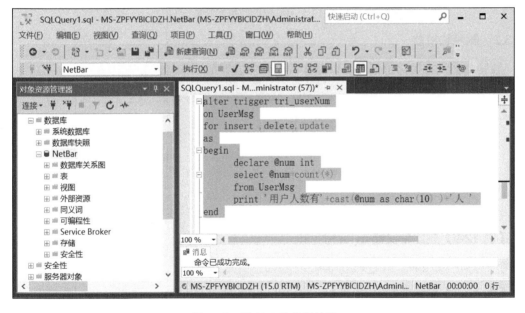

图 12-4　例 12-4 的执行结果

【例 12-5】修改触发器 tri_dbManage，用于保护当前 SQL Server 服务器中的所有数据库不被修改和删除。

```
alter trigger tri_dbManage
on all server
for DROP_DATABASE,ALTER_DATABASE
as
print '对不起,您不能修改或删除数据库'
rollback
```

上述语句的执行结果如图 12-5 所示。

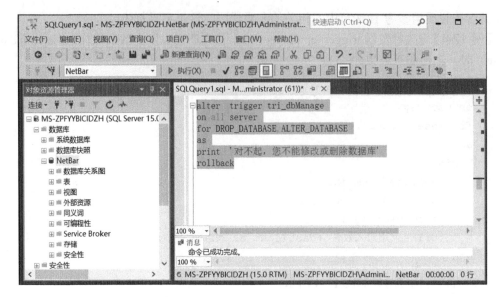

图 12-5 例 12-5 的执行结果

12.3.2 删除触发器

触发器在没有使用价值时可以删除，删除触发器的语法格式如下。

```
drop trigger [schema_name.]trigger_name [ ,...n ] [ ; ]
```

利用此语句可以删除指定名称的触发器。

```
drop trigger trigger_name [ ,...n ]
on { database | all server }
[ ; ]
```

该语句可以实现一次性删除某个数据库或某个服务器中的所有触发器。

【例 12-6】删除触发器 tri_userNum。

```
drop trigger tri_userNum
```

【例 12-7】删除触发器 tri_dbManage。

```
drop trigger tri_dbManage on all server
```

12.4 触发器的应用

场景 1：实施复杂的安全性检查。

【例 12-8】创建一个触发器 tri_secure，如果管理员编号不正确，禁止把数据插入用户表。

```
create trigger tri_secure
on UserMsg
after insert
as
    if not exists(select * from AdminMsg,inserted
```

```
                where AdminMsg.AdminID=inserted.AdminID)
    begin
        raiserror ('管理员编号不存在！',16,1)
        rollback
    end
```

上述语句的执行结果如图 12-6 所示。

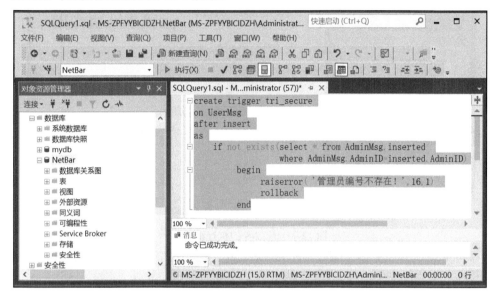

图 12-6　例 12-8 的执行结果

场景 2：级联修改。

【例 12-9】在管理员信息表中添加一个管理人数字段 AdminUserNum（记录每个管理员所管理的用户数量），创建一个触发器 AdminUserNumber_modify，当用户表的数量发生增加和删除时，则管理员表中对应的管理员的管理人数也发生变化。

```
alter table AdminMsg
add AdminUserNum int
go
update AdminMsg
set AdminUserNum =(select count(*) from UserMsg
where UserMsg.AdminID = AdminMsg.AdminID)
```

上述语句的执行结果如图 12-7 所示。

然后创建触发器 AdminUserNumber_modify 实现功能，如图 12-8 所示。

```
create trigger AdminUserNumber_modify
on UserMsg
after delete,insert
as
begin
    update AdminMsg
```

```
set AdminUserNum =(select count(*) from UserMsg
    where UserMsg.AdminID = AdminMsg.AdminID)
end
```

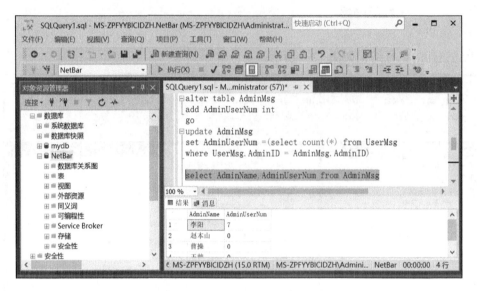

图 12-7　例 12-9 的执行结果 1

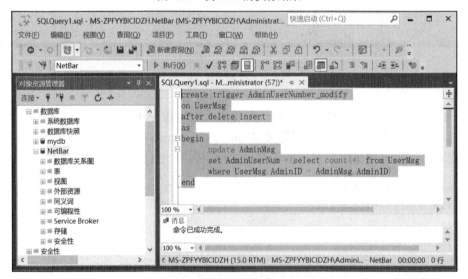

图 12-8　例 12-9 的执行结果 2

本 章 小 结

　　本章主要介绍了触发器的相关基本概念，以及触发器的创建、管理及其应用。通过学习本章的内容，读者能够了解触发器的功能与优缺点，理解触发器实现复杂约束的机制，掌握触发器中常用的 inserted 表和 deleted 表、触发器的正确使用方法等相关知识。

思考与练习

一、填空题

1. 触发器与表格紧密相连，当用户对表进行_____、_____和_____的操作时，系统会自动激活相应操作的触发器定义的 SQL 语句。

2. SQL Server 2019 支持两种类型的触发器：_____和_____。

3. DML 触发器通常可分为 3 类：_____、_____和_____。

4. 在执行_____、_____、_____和其他 DDL 操作时激活的触发器称为 DDL 触发器。

5. 在 DML 触发器中，_____和_____表保存了可能会被用户更改的行的旧值或新值。

二、简答题

1. 简述触发器的功能和作用。

2. AFTER 触发器和 INSTEAD OF 触发器的不同之处是什么？

第 13 章　事务与并发控制

事务和并发控制都是保证数据完整性的机制。事务是一系列的数据库操作，是数据库应用程序的基本逻辑单元，它通过保证数据库中一批相关数据操作能够全部完成达到保证数据完整性的目的。并发控制建立在多事务基础之上，通过并发控制机制保证数据的一致性和完整性。

本章将介绍与事务、并发控制技术相关的内容，包括事务的概念特点及常用语句，事务的应用案例、并发控制机制分类及应用。

重点和难点
- 事务的概念及特性
- 事务的创建及管理方法
- 常用的并发控制机制
- 事务和锁的相关操作

13.1　事务的基本概念

（1）事务的概念

事务是用户定义的一个数据库操作序列，这些操作要么全做，要么全部不做，是一个不可分割的整体。在关系数据库中，一个事务可以是一条 SQL 语句，也可以是一组 SQL 语句或整个程序。事务使用这种方式保证数据满足并发性和完整性的需求，它可以有效规避因部分语句被执行造成数据不一致的问题。需要注意的是，事务和程序是两个概念，一般来说一个程序中包含多个事务。

（2）事务的特性

事务具有 4 个特性：原子性（atomicity）、一致性（consistency）、隔离性（isolation）和持续性（durability），简称为 ACID 特性。

1）原子性。事务是数据库的逻辑工作单位，事务中包括的各种操作要么都做，要么都不做，不能只完成部分工作。

2）一致性。事务执行的结果必须是使数据库从一个一致性状态变到另一个一致性状态。当数据库只包含成功事务提交的结果时，数据库处于一致性状态。如果数据库系统运行中发生故障，就有可能存在某些事务未提交就被中断，这些未提交的事务有部分已经对数据库中的数据进行了更新，这时候数据库就处于一种不正确的状态，即不一致的状态。

3）隔离性。一个事务在执行过程中需要保证不受其他事务的影响，当多事务同时运行时，事务之间相互隔离、互不干扰。

4）持续性。持续性也称永久性，一个事务一旦提交将永久性地改变数据库，即使该事务产生的修改是不正确的，其也将一直持续。

事务的 4 个特性保证了一个事务要么成功提交，要么失败回滚，二者必居其一。因此，它对数据的修改具有可恢复性，即当事务失败时，它对数据的修改都会恢复到该事务执行前的状态。

13.2 事务的管理

事务以 begin transaction 开始，以 commit transaction 或 rollback transaction 语句结束。commit transaction 表示事务正常结束，提交给数据库；rollback transaction 表示事务非正常结束，撤销事务已经执行的部分操作，回滚到事务开始时的状态。

13.2.1 事务的处理

SQL Server 中的事务分为两类：隐式事务和显式事务。

1. 隐式事务

隐式事务又称系统定义的事务，一条 T-SQL 语句就是一个隐式事务，如执行如下语句。

```
create table student(id int, name char(10))
```

上述语句自身就是一个事务，它要么建立一个包含两列的表，要么对数据库没有任何影响。不会出现建立只含一列表的情况。

2. 显式事务

显式事务又称用户定义的事务。事务都有一个开头和一个结尾，它们指定了操作的边界，边界内的所有资源都参与同一个事务。当事务执行遇到错误时，将取消事务对数据库所做的修改。因此，需要把参与事务的语句放在一个 begin tran/commit 块中。

一个显式事务以 begin transaction 语句开始，以 commit transaction 或 rollback transaction 语句结束。事务的定义是一个完整的过程，指定事务的开始和表明事务的结束，两者缺一不可。其语法要求如下。

1）begin transaction：事务的起始点。

其语法格式如下。

```
begin { tran | transaction }
[ { transaction_name | @tran_name_variable }]
```

参数说明：

① transaction_name：分配给事务的名称。transaction_name 必须符合标识符规则，但标识符所包含的字符数不能大于 32。仅在最外面的 begin…commit 或 begin…rollback 嵌套语句对中使用事务名称。

② @tran_name_variable：用户定义的、含有有效事务名称的变量名称，必须使用 char、varchar、nchar 或 nvarchar 数据类型声明变量。

begin transaction 语句的执行会使全局变量@@TRANCOUNT 的值增加 1。

2）commit transaction：提交事务。

提交事务标志着事务的结束，一旦执行提交操作将不能回滚事务，其语法格式如下。

```
commit { tran | transaction } [ transaction_name | @tran_name_variable ] ]
```

参数说明：commit transaction 语句的执行会使全局变量@@TRANCOUNT 的值减少 1。

3）rollback transaction：回滚事务。

当事务遇到错误时，使用该语句可以使数据库回滚到事务的起始点。这条语句也标志着事务的结束，其语法格式如下。

```
rollback { tran | transaction }
    [ transaction_name | @tran_name_variable
  | savepoint_name | @savepoint_variable ]
```

参数说明：

① savepoint_name：save transaction 语句中的 savepoint_name。savepoint_name 必须符合标识符规则。当条件回滚只影响事务的一部分时，可以使用 savepoint_name。

② @ savepoint_variable：用户定义的、包含有效保存点名称的变量名称，必须使用 char、varchar、nchar 或 nvarchar 数据类型声明变量。

若事务回滚到起始点，则全局变量@@TRANCOUNT 的值减少 1；若回滚到保存点，则@@TRANCOUNT 的值不变。

13.2.2 事务的应用

事务在实际运用中被广泛应用于银行、医院等企事业单位的应用程序中，用于保证业务逻辑的完整性和有效性。

【例 13-1】利用事务和存储过程实现下面的应用。假设有银行账户关系表 Account（Accountnum，Total），分别表示账户号和账户金额，实现从账户 1 转指定数额的款项到账户 2 中。

```
create procedure transfer1
  @inAccount int,@outAccount int,@amount float
  as
  begin transaction
  declare @totalDepositOut Float,@totalDepositIn  Float ,@inAccountnum int;
  begin
    select @totalDepositOut= total from account where accountnum=@outAccount;
      if (@totalDepositOut is NULL)
        begin
          rollback;
          return;
        end
      if (@totalDepositOut<@amount)
        begin
          rollback;
          return;
        end
```

```
select @inAccountnum= Accountnum from account
       where accountnum=@inAccount;
if @inAccountnum is NULL
  begin
    rollback;
    return;
  end
update account SET Total=Total-@amount where Accountnum=@outAccount;
update account SET Total=Total+@amount where Accountnum=@inAccount;
commit;
end
```

13.3　并 发 控 制

事务并发执行会带来一些问题，如会产生多个事务同时存取同一数据的情况，也可能会存取和存储不正确的数据，破坏事务隔离性和数据库的一致性。所以 DBMS 必须提供有效的并发控制机制。

13.3.1　概念

事务是并发控制的基本单位，保证事务的 ACID 特性是事务处理的首要任务，而 ACID 特性可能遭到破坏的原因就是并发操作造成的。为了保证事务的隔离性和一致性，DBMS 要对并发操作进行调度，这就是 DBMS 的并发控制机制的任务。

下面通过一个实例说明并发操作带来数据的不一致性问题。

【例 13-2】飞机订票系统中的一个活动序列如下。

1）甲售票点（事务 T_1）读出某航班的机票数量 A，设 $A=16$。

2）乙售票点（事务 T_2）读出同一航班的机票数量 A，也为 16。

3）甲售票点卖出一张机票，修改数量 $A \leftarrow A-1$，所以 A 为 15，把 A 写回数据库。

4）乙售票点也卖出一张机票，修改数量 $A \leftarrow A-1$，所以 A 为 15，把 A 写回数据库。

结果明明卖出两张机票，数据库中的机票数量却只减少 1。

这种情况称为数据库的不一致性，是由并发操作引起的。在并发操作情况下，对 T_1 和 T_2 这两个事务的操作序列的调度是随机的。若按上面的调度序列执行，T_1 事务的修改就被丢失。这是由于第 4 步中 T_2 事务修改 A 并写回后覆盖了 T_1 事务的修改。

并发操作带来的数据不一致性包括丢失修改、不可重复读、读"脏"数据。为了方便，下面将事务读数据记为 R(x)，将事务写数据记为 W(x)。

1. 丢失修改

两个事务 T_1 和 T_2 读入同一数据并修改，T_2 的提交结果破坏了 T_1 提交的结果，导致 T_1 的修改被丢失，如表 13-1 所示。

表 13-1　丢失修改

步骤	T_1	T_2
①	R(A)=16	
②		R(A)=16

续表

步骤	T_1	T_2
③	$A \leftarrow A-1$ $W(A)=15$	
④		$A \leftarrow A-1$ $W(A)=15$

2. 不可重复读

不可重复读是指事务 T_1 读取数据后，事务 T_2 执行更新操作，使 T_1 无法再现前一次读取结果。其包括以下 3 种情形。

1）事务 T_1 读取某一数据后，事务 T_2 对其进行了修改，当事务 T_1 再次读该数据时，得到与前一次不同的值。如表 13-2 所示，T_1 读取 $B=100$ 进行运算，T_2 读取同一数据 B 对其进行修改后将 $B=200$ 写回数据库。T_1 再次读取 B 值时，发现和上一次的值不一致。

表 13-2 不可重复读

步骤	T_1	T_2
①	$R(A)=50$ $R(B)=100$ 求和=150	
②		$R(B)=100$ $B=B \times 2$ $W(B)=200$
③	$R(A)=50$ $R(B)=250$ （验证不对）	

2）事务 T_1 按照一定条件从数据库中读取了某些数据记录后，事务 T_2 删除了其中部分记录，当 T_1 再次按照相同的条件读取数据时，发现部分记录缺失而造成用户认为数据不一致。

3）事务 T_1 按照一定条件从数据库中读取了某些数据记录后，事务 T_2 添加了一些记录，当 T_1 再次按照相同的条件读取数据时，发现多了一些记录而造成用户认为数据不一致。

后两种不可重复读有时也称为幻影现象。

3. 读"脏"数据

读"脏"数据是指事务 T_1 修改某一数据并写回磁盘，事务 T_2 读取同一数据后，T_1 由于某种原因撤销，这使其修改的数据恢复原来的值，T_2 读到的数据值和数据库中的值不一致，则称 T_2 读到的数据为"脏"数据，即不正确的数据。如表 13-3 所示，T_1 将 C 值修改为 200，T_2 读到 C 为 200，而 T_1 由于某种原因撤销，其修改作废，C 恢复为原值 100，但 T_2 读到的 C 为 200，与数据库中的数据不一致，这就是"脏"数据。

表 13-3 读"脏"数据

步骤	T_1	T_2
①	$R(C)=100$ $C=C \times 2$ $W(C)=200$	
②		$R(C)=200$
③	ROLLBACK C 恢复为 100	

产生上述 3 类数据不一致的主要原因是并发操作破坏了事务的隔离性。并发控制可以通过正确的方式调度并发操作，使每一个事务的执行不受其他事务的干扰，以保证数据的一致性。

13.3.2　封锁

封锁是实现并发控制的一个非常重要的技术。封锁就是事务 T 在对某个数据对象（如表、记录等）操作之前，先向系统发出请求，对其加锁。加锁后事务 T 就对该数据对象有了一定的控制，在事务 T 释放它的锁之前，其他的事务不能更新此数据对象。

一个事务对某个数据对象加锁后究竟拥有什么样的控制是由封锁的类型决定的。基本封锁类型有两种：排他锁（eclusive locks，简记为 X 锁）、共享锁（share locks，简记为 S 锁）。

排他锁又称写锁。若事务 T 对数据对象 A 加上 X 锁，则只允许 T 读取和修改 A，其他任何事务都不能再对 A 加任何类型的锁，直到 T 释放 A 上的锁。从而保证其他事务在 T 释放 A 上的锁之前不能再读取和修改 A。

共享锁又称读锁。若事务 T 对数据对象 A 加上 S 锁，则事务 T 可以读 A 但不能修改 A，其他事务只能再对 A 加 S 锁，而不能加 X 锁，直到 T 释放 A 上的 S 锁。从而保证其他事务可以读 A，但在 T 释放 A 上的 S 锁之前不能对 A 做任何修改。

如果有两个事务对同一资源进行封锁，只要有一个事务添加了 X 锁，则另一个事务只能等待，X 锁与 S 锁、X 锁与 X 锁都是不相容的请求。如果有两个事务对同一资源进行封锁，只有一个事务添加了 S 锁，那么另一个事务也可以添加 S 锁，S 锁与 S 锁是相容的请求。

在对数据对象加锁时，需要约定一些规则，这些规则为封锁协议（locking protocol）。例如，约定何时申请 X 锁或 S 锁、约定持锁时间、约定何时释放等。对封锁的规则制定了不同的等级，就形成了各种不同的封锁协议。它们分别在不同程度上为并发操作的正确调度提供一定的保证。

1.　一级封锁协议

一级封锁协议是指事务 T 在修改数据 R 之前必须先对其加 X 锁，直到事务结束才释放。它可以防止丢失修改，并保证事务 T 是可恢复的，如表 13-4 所示。

表 13-4　防止丢失修改

步骤	T_1	T_2
①	Xlock A	
②	R(A)=16	
③		Xlock A 等待
④	$A \leftarrow A-1$ W(A)=15 Commit Unlock A	等待 等待 等待 等待
⑤		获得 Xlock A R(A)=15 $A \leftarrow A-1$
⑥		W(A)=14 Commit Unlock A

事务 T_1 在对 A 进行修改之前先对 A 加 X 锁,当 T_2 再请求对 A 加 X 锁时被拒绝。T_2 只能等待 T_1 释放 A 上的锁后获得对 A 的 X 锁,这时 T_2 读到的 A 已经是 T_1 更新过的值 15,T_2 按此新的 A 值进行运算,并将结果值 $A=14$ 写回磁盘。避免了丢失 T_1 的更新,由此可以实现拒绝丢失修改的操作。

在一级封锁协议中,如果仅仅是读数据而不对其进行修改,是不需要加锁的,所以它不能保证可重复读和不读"脏"数据。

2. 二级封锁协议

二级封锁协议是指在一级封锁协议的基础上加上事务 T 在读取数据 R 之前必须先对其加 S 锁,读完后即可释放 S 锁。二级封锁协议可以防止丢失修改和读"脏"数据,如表 13-5 所示。

表 13-5 不读"脏"数据

步骤	T_1	T_2
①	Xlock C R(C)=100 $C \leftarrow C \times 2$ W(C)=200	
②		Slock C 等待
③	ROLLBACK (C 恢复为 100) Unlock C	等待 等待 等待
④		获得 Slock C R(C)=100
⑤		Commit Unlock C

事务 T_1 在对 C 进行修改之前,先对 C 加 X 锁,修改其值后写回磁盘。T_2 请求在 C 上加 S 锁,因 T_1 已在 C 上加了 X 锁,T_2 只能等待。T_1 因某种原因被撤销,C 恢复为原值 100,T_1 释放 C 上的 X 锁后 T_2 获得 C 上的 S 锁,读 $C=100$。避免了 T_2 读"脏"数据。在二级封锁协议中,由于读完数据后即可释放 S 锁,所以它不能保证不可重复读。

3. 三级封锁协议

三级封锁协议是指在一级封锁协议的基础上加上事务 T 在读取数据 R 之前必须先对其加 S 锁,直到事务结束才释放。三级封锁协议可以防止丢失修改、读"脏"数据和不可重复读,如表 13-6 所示。

表 13-6 不可重复读

步骤	T_1	T_2
①	Slock A Slock B R(A)=50 R(B)=100 求和=150	
②		Xlock B 等待

续表

步骤	T_1	T_2
③	R(A)=50 R(B)=100 求和=150 Commit Unlock A Unlock B	等待 等待 等待 等待 等待 等待
④		获得 Xlock$B$ R(B)=100 $B \leftarrow B \times 2$
⑤		W(B)=200 Commit Unlock B

事务 T_1 在读 A、B 之前，先对 A、B 加 S 锁，其他事务只能再对 A、B 加 S 锁，而不能加 X 锁，即其他事务只能读 A、B，而不能对其进行修改。当 T_2 为修改 B 而申请对 B 加 X 锁时被拒绝，只能等待 T_1 释放 B 上的锁，T_1 为验算再读 A、B，这时读出的 B 仍是 100，求和结果仍为 150，即可重复读，T_1 结束后才释放 A、B 上的 S 锁，T_2 才获得对 B 的 X 锁。

封锁协议的主要区别是什么操作需要申请封锁，以及何时释放锁（即持锁时间）。不同的封锁协议使事务达到的一致性级别不同，封锁协议级别越高，一致性程度越高。不同级别的封锁协议与一致性保证如表 13-7 所示。

表 13-7　不同级别的封锁协议与一致性保证

封锁协议	X 锁		S 锁		一致性保证		
	操作结束 释放	事务结束 释放	操作结束 释放	事务结束 释放	不丢失修改	不读"脏" 数据	可重复读
一级封锁 协议		√			√		
二级封锁 协议		√	√		√	√	
三级封锁 协议		√		√	√	√	√

13.3.3　活锁与死锁

和操作系统一样，封锁的方法可能会产生活锁或死锁。

1. 活锁

当事务 T_1 封锁了数据 R，事务 T_2 又请求封锁 R，于是 T_2 等待。T_3 也请求封锁 R，当 T_1 释放了 R 上的封锁之后系统首先批准了 T_3 的请求，T_2 仍然等待。T_4 又请求封锁 R，当 T_3 释放了 R 上的封锁之后系统又批准了 T_4 的请求……T_2 有可能永远等待，这就是活锁的情形。

避免活锁最简单的方法是采用先来先服务的策略。当多个事务请求封锁同一数据对象时，按请求封锁的先后次序对这些事务排队，该数据对象上的锁一旦释放，首先批准申请队列中的第一个事务获得锁。

2. 死锁

当事务 T_1 封锁了数据 R_1，T_2 封锁了数据 R_2，T_1 又请求封锁 R_2，因 T_2 已封锁了 R_2，于是 T_1 等待 T_2 释放 R_2 上的锁。接着 T_2 又申请封锁 R_1，因 T_1 已封锁了 R_1，T_2 也只能等待 T_1 释放 R_1 上的锁，这样 T_1 在等待 T_2，而 T_2 又在等待 T_1，T_1 和 T_2 两个事务永远不能结束，形成死锁。

解决死锁的方法主要有两类：一类是采取一定措施来预防死锁的发生；另一类方法是允许发生死锁，采取一定手段定期诊断系统中有无死锁，若有则解除。

（1）死锁的预防

产生死锁的原因是两个或多个事务都已封锁了一些数据对象，然后又都请求对已被其他事务封锁的数据对象加锁，从而出现死等待。预防死锁的发生就是要破坏产生死锁的条件，主要有两种方法：一次封锁法和顺序封锁法。一次封锁法要求每个事务必须一次将所有要使用的数据全部加锁，否则就不能继续执行，该方法的缺点就是降低系统并发度。顺序封锁法是预先对数据对象规定一个封锁顺序，所有事务都按这个顺序实行封锁，其缺点是成本高，难以实现。

（2）死锁的诊断与解除

死锁的诊断一般使用超时法或事务等待图法。①超时法是如果一个事务的等待时间超过了规定的时限，就认为发生了死锁，其优点是实现简单，缺点是有可能误判死锁。时限若设置得太长，死锁发生后不能被及时发现。②事务等待图法是通过描绘事务等待图来进行死锁的判断与解除的方法。事务等待图是一个有向图 $G=(T，U)$。T 为节点的集合，每个节点表示正运行的事务；U 为边的集合，每条边用来表示事务等待的情况。若 T_1 等待 T_2，则 T_1、T_2 之间画一条有向边，从 T_1 指向 T_2，如图 13-1 所示，若图中检测到有环存在，则代表有死锁。

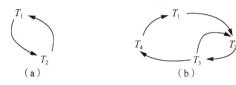

（a）　　　　　　　　　　（b）

图 13-1　事务等待图

DBMS 并发控制系统一旦检测到系统中存在死锁，就要设法解除。通常采用的方法是，选择一个处理死锁代价最小的事务，将其撤销，释放其持有的所有锁，使其他事务得以继续运行下去。当然对撤销的事务所执行的数据修改操作必须加以恢复。

本 章 小 结

本章主要介绍了事务、并发控制技术的内容，包括事务的概念、特性及常用语句，事务的应用场景，并发控制机制分类及应用。通过学习本章的内容，读者能掌握事务及并发控制技术的基本概念和原理，掌握事务的创建及管理方法，理解常用的并发控制机制及解决并发问题的基本操作方法和相关协议。

思考与练习

一、填空题

1. _____是指当事务提交或回滚后，SQL Server 自动开始事务。

2. 事务的开启语句是_____。

3. 事务一旦提交将改变数据库，即使该事务产生的修改不正确也将一直持续，这是事务的_____特征。

4. 标志着事务结束的是_____语句。

5. _____就是事务 T 在对某个数据对象（如表、记录等）操作之前，先向系统发出请求，对其加锁。

二、单选题

1. 为防止一个事务在执行时被其他事务干扰，应采取的措施是（　　）。
   A．完整性控制　　　B．访问控制　　　C．安全性控制　　　D．并发控制

2. 在 SQL Server 2019 中，限制最小的隔离级别是（　　）。
   A．读取提交　　　B．读取未提交　　　C．重复读　　　　D．序列化

3. 如果事务 T 获取了数据项 D 上的 X 锁，则 T 对 D（　　）。
   A．只能读不能写　　　　　　　　B．只能写不能读
   C．既可读又可写　　　　　　　　D．不能写不能读

4. 事务的特征不包括（　　）。
   A．原子性　　　B．安全性　　　C．隔离性　　　D．一致性

5. 如果事务 T_1 获取了数据项 D 上的 S 锁，则事务 T_2 对 D（　　）。
   A．只能读不能写　　　　　　　　B．只能写不能读
   C．既可读又可写　　　　　　　　D．不能写不能读

三、简答题

1. 试述事务的基本概念、特性及分类。

2. 并发操作可能会产生哪几类数据不一致？使用什么方法可以避免不一致的情况？

3. 什么是封锁？基本的封锁类型有哪些？

第 14 章 数据库备份与恢复

在数据库维护中，备份或恢复是重中之重的问题。尽管数据系统采用了各种措施来防止数据库的安全性和完整性遭到破坏，但由于软硬件故障、操作的失误等，数据库的数据遭到破坏的情况难以避免，因此 DBMS 必须具有将数据库从错误状态恢复到某一已知的正确状态的功能。为此，本章主要介绍数据库的备份与恢复相关知识。

重点和难点
- 数据库备份的概念及分类
- 数据库恢复的策略及模式

14.1 数据库备份

数据库系统在运行过程中可能由于程序错误、人为操作错误（如误删某个表）、硬件故障、自然灾难（如火灾、地震）、计算机病毒及人为盗窃等原因而发生数据的丢失或数据故障，对于任何领域来说，数据的丢失都可能产生严重的后果。数据库备份数据记录了在进行备份操作时数据库中所有数据的状态，若数据库因意外而损坏，这些备份文件将在数据库恢复时被用来恢复数据库。

1. 数据库备份的概念

数据库备份就是把数据库复制到转储设备的过程。其中，转储设备是指用于放置数据库副本的磁带或磁盘。磁盘是最常用的备份设备，用于备份本地文件和网络文件。磁带是大容量备份设备，仅用于备份本地文件。

2. 数据库备份的内容

数据库中数据的重要程度决定了数据恢复的必要性与重要性，即决定了数据如何备份。总体上来说，数据库需要备份的内容可分为 3 个部分：系统数据库内容、用户数据库内容和事务日志内容。

1）系统数据库记录了系统运行时的一些重要信息，是确保系统正常运行的重要依据，需要全部备份。

2）用户数据库是存储用户数据的存储空间集，通常用户数据库中的数据根据其重要性可分为关键数据和非关键数据。关键数据是用户非常重要的数据，需要全部备份。

3）事务日志记录了用户对数据的各种操作。事务是用户定义的一个数据库操作序列，这些操作要么全做，要么全不做，是一个不可分割的工作单位。对于事务日志，系统平时会自动管理和维护数据库中所有的日志文件，因此，事务日志备份所需要的时间少，但恢复所需要的时间较长。

3．备份的分类

（1）从物理与逻辑的角度分类

1）物理备份：其是将实际组成数据库的操作系统文件从一处复制到另一处的备份过程，通常是从磁盘到磁带。物理备份的方法主要有冷备份或脱机备份（在关闭数据库时进行备份）、热备份或联机备份（在数据库处于运行状态时进行备份）、温备份（在数据库锁定表格不可写入但可读的状态下进行备份）。

2）逻辑备份：对数据库逻辑组件（如表等数据库对象）的备份，即从数据库中抽取数据并存于二进制文件的过程。逻辑备份是对物理备份方式的一种补充，多用于数据迁移。

（2）从数据库的备份策略角度分类

1）完全备份：备份整个数据库的所有内容，包括事务日志。该备份类型需要比较大的存储空间来存储备份文件，备份时间也比较长，在还原数据时，也只需要还原一个备份文件。

2）差异备份：差异备份是完整备份的补充，只备份上次完整备份后更改的数据。相对于完整备份来说，差异备份的数据量比完整备份的数据量小，备份的速度也比完整备份要快。因此，差异备份通常作为常用的备份方式。在还原数据时，要先还原前一次做的完整备份，然后还原最后一次所做的差异备份，这样才能让数据库中的数据恢复到与最后一次差异备份时的内容相同。

3）事务日志备份：事务日志备份只备份事务日志中的内容。事务日志记录的是某一段时间内的数据库变动情况，因此在进行事务日志备份之前，必须要进行完整备份。与差异备份类似，事务日志备份生成的文件较小、占用时间较短，但是在还原数据时，除了先要还原完整备份，还要依次还原每个事务日志备份，而不是只还原最后一个事务日志备份（这是与差异备份的区别）。

4）文件和文件组备份：文件和文件组备份方式可以备份指定的数据库中的某些文件。该备份方式在数据库文件非常庞大时十分有效，由于每次只备份一个或几个文件或文件组，可以分多次来备份数据库，避免大型数据库备份的时间过长。另外，由于文件和文件组备份只备份其中一个或多个数据文件，当数据库中的某个或某些文件损坏时，可只还原损坏的文件或文件组备份。

14.2　数据库恢复

数据库恢复和数据库备份是相对应的操作，它是将数据库备份重新加载到系统中的过程，从而使数据库由存在故障的状态转变为无故障状态，即恢复到故障前的某个一致性状态。

14.2.1　数据库恢复策略

数据库系统中可能发生各种各样的故障，不同故障的恢复策略和方法也不一样，总体上可以分为以下几种策略。

1．事务内部故障的恢复

事务内部故障是指事务运行没有达到预期的终点，未能成功地提交事务，使数据库处于不正确状态的故障。事务内部故障有的可以通过事务程序本身发现，是可预期的故障，但更多的是不可预期的故障，如数据溢出等。

当发生事务内部故障时，可以利用日志文件撤销此事务已对数据库进行的修改，故这类恢复操作称为事务撤销。事务内部故障的恢复是由系统自动完成的，对用户是透明的。

2. 系统故障的恢复

系统故障又称软故障，是指造成系统停止运转的任何事件，使系统要重新启动，如停电、操作系统故障等。这类故障一方面会造成正在运行的事务非正常终止，使数据库在内存缓冲区中的数据丢失；另一方面会使某些已完成的事务可能有一部分甚至全部留在缓冲区，尚未写回磁盘上的物理数据库中。系统故障使这些事务对数据库的修改部分或全部丢失，这会使数据库中的数据处于不一致的状态。

当发生系统故障时，恢复操作是撤销故障发生时未完成的事务，重做已完成的事务。系统故障的恢复是由系统在重启时自动完成的，不需要用户干预。

3. 存储介质故障的恢复

存储介质故障又称硬故障，是指外存故障，如磁盘损坏、磁头碰撞等。这类故障将破坏数据库或部分数据库，并影响正在存取这部分数据的所有事务。存储介质故障发生的可能性小，但破坏性极大。

发生存储介质故障后，磁盘上的物理数据和日志文件被破坏，这是最严重的一种故障。存储介质故障的恢复方法是：首先，数据库管理员重装数据库；其次，数据库管理员装入最新的数据库的备份副本（距故障发生时刻最近的备份副本），装入相应最新的日志文件副本，数据库系统从中找出故障发生时已提交的事务的标识，将其记入重做队列；最后，数据库系统重做已完成的事务。

14.2.2 常用的数据库恢复模式

数据库恢复模式旨在控制事务日志维护，它是一种数据库属性，控制如何记录事务、事务日志是否需要（及允许）进行备份，以及可以使用哪些类型的还原操作。常用的数据库恢复模式有 3 种，分别如下。

1. 完整恢复模式

在完整恢复模式下，对数据库的所有操作都记录在数据库的事务日志中。当数据库遭到破坏之后，可以使用该数据库的事务日志迅速还原数据库。在完整恢复模式下，由于事务日志记录了数据库的所有变化，所以可以使用事务日志将数据库还原到任意的时刻点。但是，这种恢复模式耗费大量的磁盘空间。除非是那种事务日志非常重要的数据库备份策略，否则一般不建议使用这种恢复模式。

2. 简单恢复模式

在简单恢复模式下，数据库会自动把不活动的日志删除，因此简化了备份的还原，但因为没有事务日志备份，所以不能恢复到失败的时间点。通常，此模式只用于对数据安全要求不太高的数据库，并且在该模式下，数据库只能做完整备份和差异备份。

3. 大容量日志记录恢复模式

大容量日志记录恢复模式是对完整恢复模式的补充。简单地说就是要对大容量操作进行最小日志记录，节省日志文件的空间（如进行导入数据、批量更新、SELECT INTO 等操作时）。例如，一次在数据库中插入数十万条记录时，在完整恢复模式下每一个插入记录的动作都会记录在日志中，这会使日志文件变得非常大；而在大容量日志恢复模式下，只记录必要的操作，不记录所有日志，这样可以大大提高数据库的性能，但是由于日志不完整，一旦出现问题，数据将可能无法恢复。因此，一般只有在需要进行大量数据操作时才将恢复模式改为大容量日志恢复模式，数据处理完成后，立刻将恢复模式改为完整恢复模式。

本 章 小 结

本章主要介绍了数据库备份的概念、备份的内容、备份的分类、数据库恢复的策略及常用的数据库恢复模式等知识。在数据库维护中，备份和恢复是重中之重的问题，通过学习本章的内容，希望读者能够掌握相关的数据库备份与恢复方法。

思考与练习

一、填空题

1. _____需要备份整个数据库的所有内容，包括事务日志。
2. _____只备份事务日志中的内容。
3. _____旨在控制事务日志维护，它是一种数据库属性，控制如何记录事务、事务日志是否需要（及允许）进行备份，以及可以使用哪些类型的还原操作。
4. _____是最常用的备份设备，用于备份本地文件和网络文件。
5. _____是用户定义的一个数据库操作序列，这些操作要么全做，要么全不做，是一个不可分割的工作单位。

二、单选题

1. 在对数据库进行备份时，用户应备份的内容有（　　）。
   A. 记录用户数据的所有用户数据库
   B. 记录系统信息的系统数据库
   C. 记录数据库改变的事务日志
   D. 以上所有
2. 数据库备份从其备份策略可以分为（　　）。
   A. 完全备份　　　　　　　　B. 差异备份
   C. 事务日志备份　　　　　　D. 以上所有
3. 在 SQL Server 中提供了 4 种数据库的备份和恢复模式，其中（　　）对数据库中的部分文件或文件组进行备份。
   A. 完全备份　　　　　　　　B. 文件和文件组备份
   C. 事务日志备份　　　　　　D. 差异备份

4.（　　）只备份上次完整备份后更改的数据。

  A．差异备份   B．完全备份

  C．事务日志备份   D．文件和文件组备份

5．对经常要进行数据操作的数据库进行备份，需要在完全备份的基础上进行（　　）。

  A．完全备份   B．差异备份

  C．事务日志备份   D．文件和文件组备份

三、简答题

1．什么是数据库备份？

2．数据库恢复策略总体上有哪些？

3．常用的数据库恢复模式有哪些？

第15章 数据库应用系统开发案例
——以"图书管理系统"为例

图书馆人员结构复杂，管理人员数量有限，涉及方面广泛，如果使用手工操作处理图书借阅问题，工作将非常烦琐，需要大量的人力、物力、财力，运行效率也较低。对于图书管理人员来说，图书馆管理包括图书信息管理、图书类别管理、借阅信息管理、管理员信息管理等。这些项目在过去需要手工记录，不但麻烦，还经常出错，给广大用户带来了很多不便，因此，可开发一套图书管理系统软件，使管理员方便地管理图书及用户信息，并方便用户查找图书。

根据图书管理系统的数据存储需求和课程内容的综合实践要求，采用 SQL Server 提供数据库服务，并且提供一套方法用来操作、维护和管理这些数据。SQL Server 作为数据库服务器，能够响应来自客户端的连接和数据访问请求。在实际的数据库开发项目中，一般不使用 SQL Server 2019 DBMS 作为普通用户操作和管理的系统，通常使用特定的开发工具进行数据库应用系统界面的设计，使用户可以通过客户端程序提供的操作界面访问和管理数据库中的数据。例如，Java SSM、SpringCloud、ADO.NET 等工具，其中 ADO.NET 工具使用 C#作为程序设计界面语言，具有设计方便和数据库操作功能强大等特点，被广泛关注和使用。

这里以开发图书管理系统为例，从系统分析到代码的实现，介绍整个系统的完整开发流程。

15.1 数据库应用系统的开发过程

当前社会活动或多或少会产生一些数据，这些数据可能和我们的日常生活息息相关，也可能和我们的生产生活相关。这些数据都需要进行有效的管理和存储，从而为我们后期进行数据检索和数据处理提供一些便利，或者说提高生产效率。数据库系统就是为了一个特定的目标，把与该目标相关的数据进行存储，并围绕这一目标开发新的应用程序，通常把这些数据、数据模型及应用程序整体称为一个数据库应用系统。用户可以方便地操作该系统，对数据业务进行有效的管理和加工。

数据库应用系统的开发一般包括需求分析、系统初步设计、系统详细设计、编码、测试和系统运行维护等几个阶段，每个阶段都应提交相应的文档资料，包括需求分析报告、系统初步分析报告、系统详细分析报告、系统测试大纲、系统测试报告及操作使用说明书等文档。根据应用系统的规模和复杂程度，实际开发过程中往往要做一个灵活处理，有时会把 2 个甚至 3 个过程合并进行，不一定完全刻板地遵守设计与开发过程，产生过多的资料。但不管所开发的应用系统的复杂程度如何，需求分析、系统设计、编码、调试、修改这几个基本过程是不可缺少的。

15.2 系统使用的相关技术

15.2.1 C#程序设计概述

C#是微软公司推出的一种基于.NET 框架的、面向对象的高级编程语言。具体来说，C#是一种由 C 和 C++派生出来的面向对象的编程语言，在继承 C 和 C++强大功能的同时去掉了一些它们的复杂特性，使其成为 C 语言家族中的一种高效、强大的编程语言。C#以.NET 框架类库为基础，拥有类似 Visual Basic 的快速开发能力。C#由微软公司的安德斯•海尔斯伯格主持开发，并于 2000 年发布初始版本，希望借助这种语言来取代 Java。目前，C#已经成为 ECMA 国际信息和标准组织的标准规范。

C#的发音为"C sharp"，"#"读作"sharp"（/ʃɑːp/），命名受音乐中的音名"C♯"的启发。在音乐中，"C♯"表示 C 升半音，为比 C 高一点的音节；且"#"形似 4 个加号。微软公司借助这样的命名，以表示 C#在一些语言特性方面对 C++提升的寓意。由于显示器（标准字体、浏览器等）的技术限制，且大部分的键盘布局上不存在升记号（♯），所以井号（#）被用于此编程语言的名称中，约定在 ECMA-334 C#语言规范中。

15.2.2 Visual Studio 集成开发环境

Visual Studio（简称 VS）是微软公司的集成开发工具包产品，它拥有基本完整的开发工具集，它包括了整个软件生命周期中所需要的大部分工具，如 UML 工具、代码管控工具、集成开发环境等。

Visual Studio 的界面如图 15-1 所示。

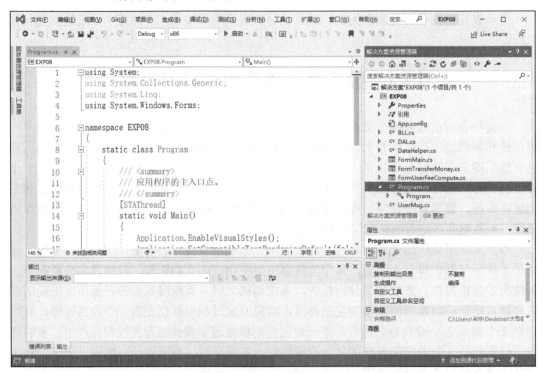

图 15-1　Visual Studio 的界面

应用程序的 C#代码显示于编辑器窗口中，会占用大部分空间。请注意，文本已自动着色，用于指示代码的不同方面，如关键字或类型。此外，代码中的垂直短虚线指示哪两个大括号相匹配，行号能够帮助用户查找代码。可以通过选择带减号的小方形来折叠或展开代码块。右侧的"解决方案资源管理器"窗格中列出了项目文件。

15.2.3　C#连接数据库相关技术

数据库应用程序的开发包括数据库设计和开发访问数据库数据的应用程序。前者可以使用 DBMS 来实现，后者则可以使用各种数据库访问工具来完成，如.net 平台的 ADO.NET 技术。

ADO.NET 是微软公司提供的一个通用的框架类库，该类库将跨越所有存在的 Windows API 函数，特别是包含一些经常使用的库，而且用户会发现 XML 和 ADO（Activex data object，Activex 数据对象）对象模型被集成在一个树状的类集合中。ADO.NET 是以开放数据库互连（open database connectivity，ODBC）的使用为标志而发展起来的一项数据库访问技术，ADO.NET 集成了所有和数据访问有关的类，这些类由一些数据容器对象组成，它具有强大的数据处理能力。ADO.NET 和 ADO 不一样，它是一个全新的数据访问程序模型，需要透彻地理解。然而，一旦用户使用了 ADO.NET，将会发现所有 ADO 数据的访问技巧，对用户在 ADO.NET 环境下编程是大有帮助的。当然，若没有 ADO 编程基础，也丝毫不影响 ADO.NET 的学习和使用，有时甚至能够摒弃不同编程技术的相互影响和干扰。

ADO.NET 用于连接数据源、执行命令和获取数据。作为一个轻量级的组件，ADO.NET 是数据源和应用程序之间的数据访问桥梁，它主要包括以下 4 个核心对象。

（1）Connection 对象

要想和数据库进行数据交互操作，应用程序和数据库之间必须建立数据访问通道，类似打电话先建立双方连接。因此，ADO.NET 应用程序需要先建立一个连接对象，然后才能与数据库进行交互，向数据源存取数据。为了适应不同数据库产品的数据连接需求，ADO.NET 提供了 SqlConnection（针对 SQL Server 数据库）、OracleConnection（针对 Oracle 数据库）、OledbConnection（针对非 SQL Server 和 Oracle 的数据库）、OdbcConnection（针对没有内置 OLEDB 的数据源）4 类数据库连接对象。由于各类数据库连接对象的操作基本相同，本章节结合前期课程需要，仅重点介绍 SQL Server 数据库操作对象。

要正确连接到数据库，就要模拟数据库管理工具连接数据库服务的过程。具体来说主要包括 3 步：首先打开数据库服务客户端，类似于创建数据库连接对象（Connection）；然后在客户端界面输入操作数据库所在的位置、登录账号和密码等信息，本步骤类似于数据库的连接字符串信息；最后单击连接字符串，相当于依据数据库连接字符串信息，打开操作数据库，当然如果遇到数据库连接字符串输入错误等情况也可能抛出异常。因此，数据库连接对象最重要的是确定连接模式和连接字符串。

创建连接 SQL Server 数据库的字符串一般有两种：一种是以 SQL 身份验证登录，另一种是以 Windows 身份验证登录。两种连接的格式如下。

SQL 验证登录：

```
Server=服务器名称;user=登录 SQL 的用户名;pwd=登录 SQL 的用户名的密码;database=
```
数据库名称;

Windows 验证登录：

```
Server=服务器名称;integrated security=SSPI;Initial Catalog=数据库名称;
```

访问本机数据库时，可以将服务器名称改为点（.）或"local"。

创建 Connection 对象前要先引入该对象所在的命名空间，如访问 SQL Server 数据库就要引入 System.Data.SqlClient 命名空间。创建 Connection 对象的语法格式如下。

```
SqlConnection 对象名=new SqlConnection(连接字符串);
```

要打开数据库只需调用 Connection 对象的 Open 方法即可，语法格式如下。

```
Connection 对象名.Open()
```

（2）Command 对象

在与数据源建立连接后，可以使用 Command 对象来对数据源进行查询、插入、删除和修改等操作。具体操作使用的是嵌入式 SQL 语句或参数化 SQL 语句，也可以使用存储过程。在不同的数据提供者内部，Command 对象的名称是不同的，在 SQL Server Data Provider 中称为 SqlCommand，而在 OLEDB Data Provider 中称为 OleDbCommand。

依据 Command 对象的 SQL 属性内容和操作类型获得数据操作结果，若是查询类操作将由 DataReader 或 DataAdapter 对象接收并输入 DataSet 中，从而完成对数据库数据操作的工作，若是更新类操作则返回影响数据的行数。

Command 对象的常用属性有 Connection、ConnectionString、CommandType、CommandText和 CommandTimeout。

（3）DataReader 对象

DataReader 对象提供了顺序的、只读的方式读取 Command 对象获得的数据结果集。正是因为 DataReader 是以顺序的方式连续地读取数据，所以 DataReader 会以独占的方式打开数据库连接。

由于 DataReader 只执行读操作，并且每次只在内存缓冲区中存储结果集的一条数据，所以使用 DataReader 对象的效率比较高，如果要查询大量数据，同时不需要随机访问和修改数据，DataReader 是优先的选择。但由于 DataReader 是持久独占连接直到本次访问完成后才释放连接对象，所以并发性能较差。

（4）DataAdapter 对象

DataAdapter 对象是 DataSet 和数据之间的桥梁，可以建立并初始化数据表对数据源执行 SQL 指令，与 DataSet 对象结合，提供 DataSet 对象存储数据，可视为 DataSet 对象的操作核心。在使用 DataAdapter 对象时，只需要设置表示 SQL 命令和数据库连接的两个参数，就可以通过 Fill 方法把查询结果放置在一个 DataSet 对象中。

在输入 DataSet 数据集时，需要使用 DataAdapter 对象的 Fill 方法来完成，语法格式如下。

```
DataAdapter 对象.Fill(DataSet 对象,映像源表的名称的字符串);
```

在更新数据源时，DataAdapter 对象的 Update 方法可以用来将 DataSet 中的更改解析回数据源。Update 方法将 DataSet 映像源表中的 DataTable 对象或 DataTable 名称用作参数。DataSet 实例包含已做出更改的 DataSet，DataTable 标识从中检索更改的表。当调用 Update 方法时，DataAdapter 将分析已做出的更改并执行相应的命令（insert、update 或 delete）。当 DataAdapter 需要对 DataRow 进行更改时，将使用 InsertCommand、UpdateCommand 或 DeleteCommand 来处理该更改。

使用数据适配器 DataAdapter 对象时，有一点是我们必须要注意的，即 DataSet 对象是从数据源中检索到数据在内存中进行缓冲的，过多使用 DataSet 对象将会非常占用资源，所以在编写程序时能使用 DataReader 对象代替的，尽量使用 DataReader 对象。

15.3　开发"图书管理系统"

15.3.1　系统需求分析

本次设计利用 Visual Studio 开发工具和 SQL Server 数据库来开发图书管理系统。该系统要解决图书管理过程中的基本业务，可以满足图书管理的基本要求，如添加信息、管理信息等。该系统能根据用户的需求快捷方便地为读者提供借阅服务。

图书管理系统具有传统的手工管理无法比拟的优点，如检索迅速、查找方便、可靠性高、存储量大、保存性好、寿命长、成本低等。这些优点能够极大地提高图书的管理效率，在当今全球信息化快速发展的阶段，有助于提升图书管理业务信息化建设的水平。

15.3.2　系统功能设计

图书管理系统主要分为两个模块：一个管理员模块和一个用户模块。具体系统模块图如图 15-2 所示。

1. 管理员模块

该模块主要实现对图书信息的添加、删除、修改和查询等操作。

添加功能：新增 1 本图书信息，主要包括图书的书名、出版社、作者和库存等信息，以书号作为唯一属性。

删除功能：对选中的图书进行删除操作。

修改功能：可以根据需要对已经存储的图书信息进行信息更新操作。

查询功能：为用户提供图书基本信息的查询，为后续图书的借阅、删除、更新等操作提供前期基础。查询时可以按照书名查询，也可以按照书号查询。

2. 用户模块

用户可以借阅或归还图书，借阅或归还之后，图书的库存会相应地增加或减少。

除了上述两个模块，每个模块都有管理员和用户的登录功能，用户和管理员的权限设置不同。

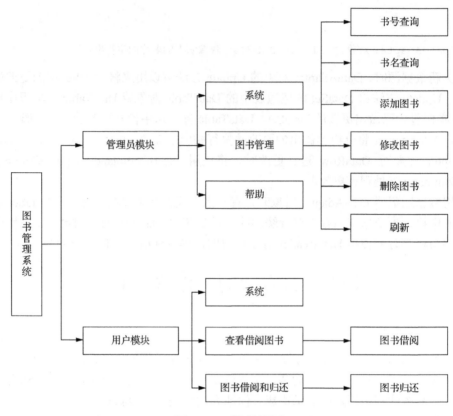

图 15-2　系统模块图

15.3.3　数据库设计

根据系统需求分析和设计规划，分析出系统的实体有用户、管理员、图书 3 个实体，实体之间的联系可以用 E-R 图表示，如图 15-3 所示。

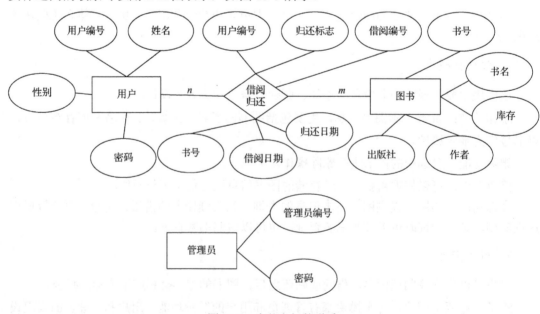

图 15-3　实体之间的联系

现在需要将数据库概念结构转换成 SQL Server 数据库所支持的实际数据模型，也就是数据库的逻辑结构。在实体及实体之间关系的基础上，形成数据库中表及各表之间的关系。图书管理系统包括用户（t_user）表、管理员（t_admin）表、图书（t_book）表和借阅（t_lend）表。各数据库表的设计如表 15-1～表 15-4 所示。

表 15-1　用户表

列名	数据类型	可否为空	说明
id	varchar(20)	NOT NULL	用户编号（主键）
name	varchar(50)	NULL	姓名
sex	char(2)	NULL	性别
pwd	varchar(50)	NOT NULL	密码

表 15-2　管理员表

列名	数据类型	可否为空	说明
id	varchar(20)	NOT NULL	管理员编号（主键）
pwd	varchar(50)	NOT NULL	密码

表 15-3　图书表

列名	数据类型	可否为空	说明
id	varchar(20)	NOT NULL	书号（主键）
name	varchar(50)	NULL	书名
author	varchar(50)	NULL	作者
press	varchar(50)	NULL	出版社
number	int	NULL	库存

表 15-4　借阅表

列名	数据类型	可否为空	说明
tid	varchar(20)	NOT NULL	借阅编号（主键）
userid	varchar(20)	NOT NULL	用户编号（外键）
bookid	varchar(20)	NOT NULL	书号（外键）
btime	Datetime	NOT NULL	借阅日期
rtime	Datetime		归还日期
flag	bit	NOT NULL	借阅标志

15.3.4　管理员模块的功能设计

在本系统中根据角色不同可分为管理员和用户，每个角色登录进入的界面不一样，其中管理员登录界面如图 15-4 所示。管理员主要管理图书的增、删、改、查，以及图书入库、出库等操作，其模块主要分为 4 个模块，即查询图书、添加图书、修改图书、删除图书。图书管理界面的设计效果如图 15-5 所示，其控件类型及参数设置如表 15-5 所示。

图 15-4　管理员登录界面

图 15-5　图书管理界面

表 15-5　用户上机登录窗体的主要控件及参数设置

控件类型	命名	属性
dataGridView1	系统默认	显示书籍信息
Label	系统默认	选中的图书是:
TextBox	textBox1	书号查询
TextBox	textBox2	书名查询
Button	button1	添加图书
Button	button2	修改图书
Button	button3	删除图书
Button	button4	刷新
Button	button5	书号查询
Button	Button6	书名查询

1. 查询图书模块

查询图书模块的核心代码如下。

```
namespace LibraryMS
{
```

```csharp
public partial class admin2 : Form
{
    public admin2()
    {
        InitializeComponent();
        pivot_table();        //窗体初始化时自动加载图书信息数据
    }
    //修改图书按钮的功能实现代码
    private void button2_Click(object sender, EventArgs e)
    {
        try
        {
            string id=dataGridView1.SelectedRows[0].Cells[0].Value.
ToString();
            string name=dataGridView1.SelectedRows[0].Cells[1].
Value.ToString();
            string author=dataGridView1.SelectedRows[0].Cells[2].
Value.ToString();
            string press=dataGridView1.SelectedRows[0].Cells[3].
Value.ToString();
            string number=dataGridView1.SelectedRows[0].Cells[4].
Value.ToString();
            admin22 admin=new admin22(id,name,author,press,number);
            admin.ShowDialog();
            pivot_table();
        }
        catch
        {
            MessageBox.Show("Error");
        }

    }

    private void admin2_Load(object sender, EventArgs e)
    {
        label2.Text=dataGridView1.SelectedRows[0].Cells[0].Value.
ToString()+dataGridView1.SelectedRows[0].Cells[1].Value.ToString();
    }
    //读取数据显示在表格中
    public void pivot_table()
    {
        dataGridView1.Rows.Clear();//清空旧数据
        DataBaseDao dao=new DataBaseDao();
        string sql="select * from t_book";
        IDataReader dc=dao.reader(sql);
```

```
        while (dc.Read())
        {
            dataGridView1.Rows.Add(dc[0].ToString(), dc[1].
ToString(), dc[2].ToString(), dc[3].ToString(), dc[4].ToString());
        }
        dc.Close();
        dao.close();

    }

    //根据书号进行查询
    public void pivot_tableID()
    {
        dataGridView1.Rows.Clear();//清空旧数据
        DataBaseDao dao=new DataBaseDao();
        string sql=$"select * from t_book where id ='{textBox1.Text}'";
        IDataReader dc=dao.reader(sql);
        while (dc.Read())
        {
            dataGridView1.Rows.Add(dc[0].ToString(), dc[1].
ToString(), dc[2].ToString(), dc[3].ToString(), dc[4].ToString());
        }
        dc.Close();
        dao.close();

    }

    //根据书名进行模糊查询
    public void pivot_tableName()
    {
        dataGridView1.Rows.Clear();//清空旧数据
        DataBaseDao dao=new DataBaseDao();
        string sql=$"select * from t_book where name like '%{textBox2.
Text}%'";
        IDataReader dc=dao.reader(sql);
        while (dc.Read())
        {
            dataGridView1.Rows.Add(dc[0].ToString(), dc[1].
ToString(), dc[2].ToString(), dc[3].ToString(), dc[4].ToString());
        }
        dc.Close();
        dao.close();

    }
}
```

```
    }
```

其中，根据书号进行查询时，使用书号作为查询的条件，显示该图书的详细信息。
根据书名查询使用的是模糊查询，语句如下。

```
select * from t_book where name like "*"
```

该语句能够根据条件中的部分信息，显示全部包含该信息的图书信息，不用输入全名
就可以查到图书的信息。

2．添加图书模块

在添加图书界面中，可以添加图书信息，填写不能为空的信息后单击"添加图书"按
钮即可，窗体设计效果如图 15-6 所示，添加图书模块的主要控件及参数设置如表 15-6 所
示，其核心代码如下。

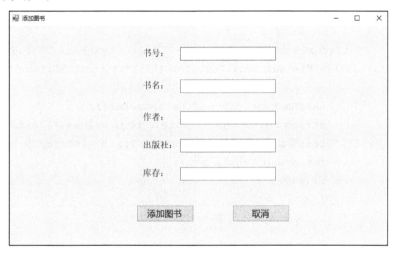

图 15-6　添加图书界面

表 15-6　添加图书模块的主要控件及参数设置

控件类型	命名	属性
Button	button1	添加图书
Button	button2	取消
Label	lable1、lable2、label3、label4、lable5	各种标签
TextBox	textbox1	书号：
TextBox	textbox2	书名：
TextBox	textbox3	作者：
TextBox	textbox4	出版社：
TextBox	textbox5	库存：

```
namespace LibraryMS
{
    public partial class admin21 : Form
    {
        public admin21()
        {
```

```
            InitializeComponent();
        }

        private void button2_Click(object sender, EventArgs e)
        {

            textBox1.Text="";
            textBox2.Text="";
            textBox3.Text="";
            textBox4.Text="";
            textBox5.Text="";

        }

        private void button1_Click(object sender, EventArgs e)
        {
            if(textBox1.Text.Trim()!=""  &&  textBox2.Text.Trim()!=""&&
textBox3.Text.Trim()!=""&& textBox4.Text.Trim()!=""&& textBox5.Text.Trim()!="")
            {
                DataBaseDao dao=new DataBaseDao();
                string sql=$"insert into t_book values('{textBox1.Text}',
'{textBox2.Text}','{textBox3.Text}','{textBox4.Text}',{textBox5.Text})";
                int n=dao.Excute(sql);
                if(n>0)
                {
                    MessageBox.Show("添加成功");
                }
                else
                {
                    MessageBox.Show("添加失败");
                }
                textBox1.Text="";
                textBox2.Text="";
                textBox3.Text="";
                textBox4.Text="";
                textBox5.Text="";
            }
            else
            {
                MessageBox.Show("输入不能为空");
            }
        }
    }
}
```

3. 修改图书模块

在修改图书页面中会显示已经选中的图书信息，可以对任何一个信息进行修改，界面设计效果如图 15-7 所示，但是要符合数据库中的数据结构逻辑，然后单击"修改图书"按钮即可完成图书的修改操作。修改图书模块的主要控件及参数设置如表 15-7 所示，其核心代码如下。

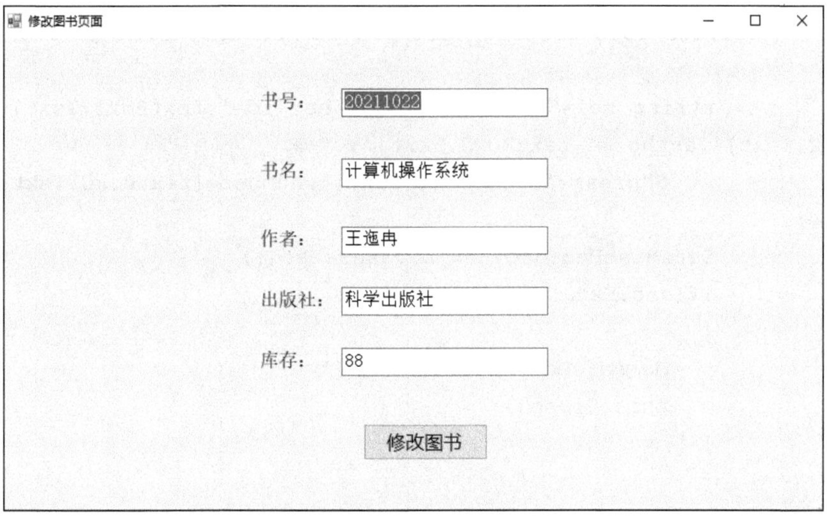

图 15-7　修改图书页面

表 15-7　修改图书模块的主要控件及参数设置

控件类型	命名	属性
Button	button1	修改图书
Label	lable1、lable2、label3、label4、lable5	各种标签
TextBox	textbox1	书号：
TextBox	textbox2	书名：
TextBox	textbox3	作者：
TextBox	textbox4	出版社：
TextBox	textbox5	库存：

```
namespace LibraryMS
{
    public partial class admin22 : Form
    {
        string ID="";
        public admin22()
        {
            InitializeComponent();
        }
        public admin22(string id,string name,string author,string press,
string number)
        {
```

```
            InitializeComponent();
            ID=textBox1.Text=id;
            textBox2.Text=name;
            textBox3.Text=author;
            textBox4.Text=press;
            textBox5.Text=number;
        }
        private void button1_Click(object sender, EventArgs e)
        {
            string sql=$"update t_book set id='{textBox1.Text}',[name]=
'{textBox2.Text}',author='{textBox3.Text}', " +
                $"press='{textBox4.Text}',number={textBox5.Text} where
id='{ID}'";
            DataBaseDao dao=new DataBaseDao();
            if(dao.Excute(sql)>0)
            {
                MessageBox.Show("修改成功");
                this.Close();
            }
        }
    }
}
```

4. 删除图书模块

先选中要删除的选项，然后单击"删除图书"按钮即可完成删除操作，其核心代码如下。

```
namespace LibraryMS
{
    public partial class admin2 : Form
    {
        public admin2()
        {
            InitializeComponent();
            pivot_table();
        }

        private void button2_Click(object sender, EventArgs e)
        {
            try
            {
                string id=dataGridView1.SelectedRows[0].Cells[0].Value.
ToString();
                string name=dataGridView1.SelectedRows[0].Cells[1].Value.
ToString();
                string author=dataGridView1.SelectedRows[0].Cells[2].
```

```
Value.ToString();
                string press=dataGridView1.SelectedRows[0].Cells[3].
Value.ToString();
                string number=dataGridView1.SelectedRows[0].Cells[4].
Value.ToString();
                admin22 admin=new admin22(id,name,author,press,number);
                admin.ShowDialog();
                pivot_table();
            }
            catch
            {
                MessageBox.Show("Error");
            }

        }

        private void admin2_Load(object sender, EventArgs e)
        {
            label2.Text=dataGridView1.SelectedRows[0].Cells[0].Value.
ToString()+dataGridView1.SelectedRows[0].Cells[1].Value.ToString();
        }
        //读取数据显示在表格中
        public void pivot_table()
        {
            dataGridView1.Rows.Clear();//清空旧数据
            DataBaseDao dao=new DataBaseDao();
            string sql="select * from t_book";
            IDataReader dc=dao.reader(sql);
            while(dc.Read())
            {
                dataGridView1.Rows.Add(dc[0].ToString(), dc[1].
ToString(), dc[2].ToString(), dc[3].ToString(), dc[4].ToString());
            }
            dc.Close();
            dao.close();

        }

        private void button3_Click(object sender, EventArgs e)
        {
            try
            {
                string id=dataGridView1.SelectedRows[0].Cells[0].
Value.ToString();//获取书号<        >
                label2.Text=id+dataGridView1.SelectedRows[0].Cells[1].
Value.ToString();
                DialogResult dr=MessageBox.Show("确认删除吗？", "信息提示",
MessageBoxButtons.OKCancel, MessageBoxIcon.Question);
```

```
            if(dr==DialogResult.OK)
            {
                string sql=$"delete from t_book where id='{id}'";
                DataBaseDao dao=new DataBaseDao();
                if (dao.Excute(sql)>0)
                {
                    MessageBox.Show("删除成功");
                    pivot_table();
                }
                else
                {
                    MessageBox.Show("删除失败"+sql);
                }
                dao.close();
            }
        }
        catch
        {
            MessageBox.Show("请先选中需要删除的表格", "信息提示",
Message BoxButtons.OK,MessageBoxIcon.Warning);
        }
    }
  }
}
```

除了图书信息的增、删、查、改，在管理员模块还有显示选中图书的信息功能，以及页面刷新功能等多个其他非核心功能模块，这些模块共同组成了系统的图书管理功能模块。

15.3.5 用户模块的功能设计

用户登录和管理员登录都在一个页面，本系统使用一个单选按钮来区分管理员和用户，如图 15-8 所示为用户登录界面。

图 15-8 用户登录界面

用户，也称读者，登录之后就可以进行借阅图书及归还操作，其主页面如图 15-9 所示。

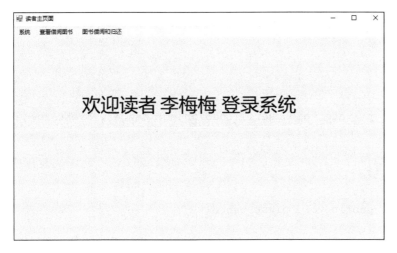

图 15-9　读者主页面

　　用户登录后，可以单击"查看借阅图书"链接，打开"查看借阅图书页面"窗口。在该窗口会显示用户所有可借阅图书的详细信息及目前库存，如图 15-10 所示。

书号	书名	作者	出版社	库存
20211022	计算机操作系统	王通冉	科学出版社	88
20211023	数据库	王通冉	科学出版社	50
20211024	高等数学	同济大学	高等教育出版社	19
20211025	系统设计与实现	李爱萍	人民邮电出版社	100
20211026	数据库技术	萨师煊	高等教育出版社	40
20211027	实用软件工程	吕云翔	人民邮电出版社	28
20211028	概率论与数理统计	同济大学	高等教育出版社	62
20211029	线性代数	北师大	人民出版社	22

图 15-10　"查看借阅图书页面"窗口

单击"图书借阅"按钮，"库存"数量就会相应地减少。借阅图书的核心代码如下。

```
namespace LibraryMS
{
    public partial class user11 : Form
    {
        public user11()
        {
            InitializeComponent();
            pivot_table();
        }
```

```csharp
private void ToolStripMenuItem_Click(object sender, EventArgs e)
{

}

private void user11_Load(object sender, EventArgs e)
{

}

public void pivot_table()
{
    dataGridView1.Rows.Clear();//清空旧数据
    DataBaseDao dao=new DataBaseDao();
    string sql="select * from t_book";
    IDataReader dc=dao.reader(sql);
    while (dc.Read())
    {
        dataGridView1.Rows.Add(dc[0].ToString(),
dc[1].ToString(), dc[2].ToString(), dc[3].ToString(), dc[4].ToString());
    }
    dc.Close();
    dao.close();

}

private void button1_Click(object sender, EventArgs e)
{
    string id=dataGridView1.SelectedRows[0].Cells[0].Value.
ToString();
    int number=int.Parse(dataGridView1.SelectedRows[0].Cells[4].
Value.ToString());
    if (number<1) {
        MessageBox.Show("库存不足,联系管理员");
    }
    else
    {
        string sql=$"insert into t_lend(userid,bookid,btime)
values('{Data.UId}','{id}',GETDATE());"+$"update t_book set number=number-1
where id ='{id}'";
        DataBaseDao dao=new DataBaseDao();
        if(dao.Excute(sql)>1){
            MessageBox.Show($"用户{Data.UName}借出图书{id}");
            pivot_table();
        }
```

```
            }
        }
    }
}
```

除了借阅图书，用户还可以查看自己已经借阅的图书及借阅日期，也可以归还借阅的图书。单击"图书借阅和归还"链接，在打开的"图书借阅和归还"窗口中会显示如图 15-11所示的信息。

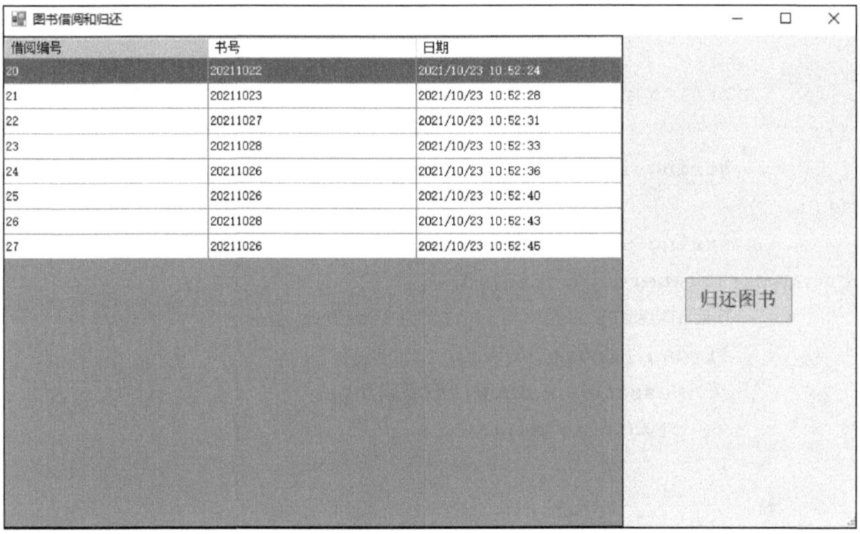

图 15-11　"图书借阅和归还"窗口所显示的信息

在该窗口中会显示已经借阅的图书及借阅日期，单击"归还图书"按钮，就可以实现图书的归还操作，其核心代码如下。

```
namespace LibraryMS
{
    public partial class user12 : Form
    {
        public user12()
        {
            InitializeComponent();
            pivot_table();
        }

        public void pivot_table()
        {
            dataGridView1.Rows.Clear();//清空旧数据
            DataBaseDao dao=new DataBaseDao();
            string sql=$"select  tid,bookid,[btime]  from  t_lend  where
userid='{Data.UId}'";
            IDataReader dc=dao.reader(sql);
            while (dc.Read())
```

```
                    {
                        dataGridView1.Rows.Add(dc[0].ToString(), dc[1].ToString(),
dc[2].ToString());
                    }
                    dc.Close();
                    dao.close();

            }
            private void button1_Click(object sender, EventArgs e)
            {
                    string no=dataGridView1.SelectedRows[0].Cells[0].Value.
ToString();
                    string id=dataGridView1.SelectedRows[0].Cells[1].Value.
ToString();
                    string sql=$"delete from t_lend where tid={no};update t_book
set number=number+1 where id='{id}'";
                    DataBaseDao dao=new DataBaseDao();
                    if(dao.Excute(sql)>1){
                        MessageBox.Show("归还成功");
                        pivot_table();
                    }
                }
            }
        }
```

第3部分 数据库高级编程

数据库应用非常广泛,随着大数据技术的迅猛发展,数据库技术越来越向高端发展。数据库应用仅仅依靠基本操作是远远不够的,大部分需求往往要编程来实现。本部分的内容主要介绍 T-SQL、多层软件设计、Crystal Reports 和 WCF 服务等高级数据库编程技术,最后以校园机房管理系统为例详细介绍一个课程综合实训项目,以此来提升读者的数据库高级编程能力。

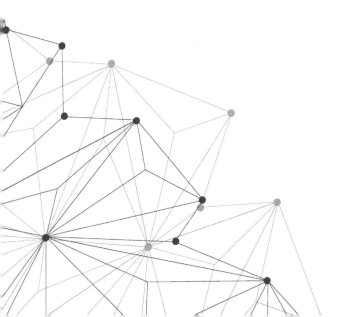

第16章　T-SQL 高级编程技术及其应用

标准 SQL 是高度非过程化的关系数据库操纵语言，具有操作统一、面向集合、功能丰富、使用简单等多项优点，但是其缺乏流程控制能力，难以实现应用业务中的逻辑控制，SQL 高级编程可以有效地克服标准 SQL 实现复杂应用方面的不足，提高应用系统和 RDBMS 之间的互操作性。

本章首先介绍在 T-SQL 中存储过程的应用和触发器的应用，然后介绍游标的应用和临时对象的应用，最后介绍数据库备份与恢复及自动化管理。

重点和难点
- 存储过程的应用
- 触发器的应用
- 游标的应用
- 临时对象的应用
- 数据库备份与恢复

16.1　T-SQL 存储过程在高级编程中的应用

在数据库应用程序的开发过程中，SQL 语句是应用程序与 DBMS 之间使用的主要编程接口。目前应用程序与 DBMS 进行交互的方法有两种：①记录操作命令存储在本地的应用程序中，应用程序每次根据需要向 DBMS 发送一条命令，并对返回的数据进行处理；②在 DBMS 中定义一个程序模块（存储过程等），其中记录了一系列的操作，每次应用程序只需调用该程序模块就可以完成相应的操作。这些存储模块在 SQL Server 中称为存储过程。

16.1.1　存储过程的基础知识

1. 存储过程的定义

将常用的或很复杂的工作，预先使用 SQL 语句写好并使用一个指定的名称存储起来，把这个过程称为存储过程。以后需要数据库提供与已定义好的存储过程的功能相同的服务时，只需调用 Execute，即可自动完成命令。

2. 存储过程的特点

1）存储过程只在创造时进行编译，以后每次执行存储过程时都不需再重新编译，而一般 SQL 语句每执行一次就编译一次，所以使用存储过程可提高数据库执行的速度。

2）当对数据库进行复杂操作（如对多个表进行更新、插入、删除等操作）时，可将此复杂操作使用存储过程封装起来与数据库提供的事务处理结合使用。

3）存储过程可以重复使用，可减少数据库开发人员的工作量。

4）安全性高，可设定只有某些用户才具有对指定存储过程的使用权。

3. 存储过程的语法模板

```
Create/Alter  Procedure  <存储过程名>
[(
@参数名  参数类型  [=default] [ output ]
[, ...n]
)]
As
Begin
{单个 SQL 语句 | 语句块}
End
```

4. 存储过程的交互式调用

```
Execute  <存储过程名>   [值表达式 [,...n]]
```

注意：调用时值表达式序列必须和定义时的参数序列顺序一致。

```
Execute  <存储过程名>  [@参数名=值表达式 [,...n]]
```

注意：调用时值表达式序列不必和定义时的参数序列顺序一致。

```
@return_status=<存储过程名>
```

注意：用于带返回值的存储过程调用，必须事先声明@return_status 变量才能使用。凡是在存储过程中定义的参数，执行时必须给出具体参数值（设置默认值的除外）；如果是输出参数，则需要在定义和调用时都带输入输出参数。

5. 存储过程的嵌入式调用

存储过程的嵌入式调用是指在类似 C/C++、Java、C#、PHP 等高级编程语言中调用存储过程，并根据存储过程的运行需要传递输入参数，接收输出参数和返回值。

1）输入参数。

类似 SQL 文本中的参数一样进行设置，这里不再赘述。

2）输出参数和返回值参数。

设置参数的类型（IN/OUT/Returns）及其数据类型，这里不再赘述。

3）查询结果集。

类似 SQL 查询语句一样处理结果集，这里不再赘述。

6. 存储过程的优缺点分析

1）存储过程的优点。

存储过程的优点如下：降低网络通信量、提高代码执行效率、平衡服务器负载、应用程序可获得更高的逻辑独立性。

2）存储过程的缺点。

存储过程的不足是代码移植性较差（但是数据库产品相对稳定，本缺陷可忽略）。

7. 案例应用分析

【案例题目】登录系统时，功能逻辑实现要求判断账号、密码是否正确，并根据需要输出该角色信息。

1）采用 C#前台开发实现登录业务流程控制。

2）采用存储过程实现登录业务流程控制，然后在 C#前端进行调用处理。

3）比较两者之间实现路径的不同，并体会其中的优缺点。

16.1.2　T-SQL 实现事务处理

1. 事务处理问题案例引入

社会上曾经出现过 ATM 机器出错被恶意取款的事情，问题出现的原因是，类似取款的操作包含了一系列数据库操作动作，这些动作是一个整体，不能分开执行，否则可能因为意外情况发生从而导致不可预估的事件。因此，数据库系统编程应考虑逻辑正确、流程清晰、性能高效等问题。

2. 事务的基本概念

事务是数据库执行的基本逻辑单元，一个事务（不管包含多少条 SQL 语句）作为一个整体，要么全部执行，要么全不执行。

事务的四大特性：原子性、一致性、隔离性、持续性。

事务类型：显式事务（拥有明显的事务开始和结束标记）和隐式事务（没有明显的事务开始和结束标记）。

显式事务操作关键语句：begin transaction（事务开始标记语句）、commit transaction（事务正常结束并提交事务，只影响本层事务，事务处理允许嵌套）、rollback transaction（事务异常结束并回滚事务，影响所有事务）。

3. T-SQL 事务处理流程

【案例题目】银行借记卡转账功能实现要求：转出账号、密码匹配；账户余额充足；转入账户账号和姓名匹配。满足则转账成功，否则失败。

1）没有采用事务控制的代码如下。

```
alter proc [dbo].[ProcTransferMoney_one]
(
    @OutUserID varchar(10),
    @OutUserPwd varchar(20),
    @InUserID varchar(10),
    @InUserName varchar(20),
    @Money decimal(18,2)
)
as
begin
    if Not Exists(select * from UserMsg where UserID = @OutUserID
        and UserPwd=@OutUserPwd)
        begin
            raiserror('转出账户不存在或密码错误。',16,1)
```

```
            return
        end

    if(select UserAmt from UserMsg where UserID=@OutUserID)-@Money<0
        begin
            raiserror('转出账户余额不足。',16,1)
            return
        end

    if Not Exists(select * from UserMsg where UserID=@InUserID
        and UserName=@InUserName)
        begin
            raiserror('转入账户不存在或账户和姓名不匹配',16,1)
            return
        end
        update UserMsg set UserAmt=UserAmt-@Money where UserID=@OutUserID
        update UserMsg set UserAmt=UserAmt+@Money where UserID=@InUserID
    end
```

思考:在单用户环境下,如果在这两条语句执行中间发生了不可臆测的系统故障(如突然停电),会对银行工作系统产生什么影响?在多用户并发环境下,可能在进行余额判断时满足条件,但在更新余额时却发现不足(如银行卡和网银同时处理的情况)。

2)采用事务方式处理银行转账的代码如下。

```
alter proc [dbo].[ProcTransferMoney_Three]
(
    @OutUserID varchar(10),
    @OutUserPwd varchar(20),
    @InUserID varchar(10),
    @InUserName varchar(20),
    @Money decimal(18,2)
)
as
begin
    set xact_abort on   --事务开关标志,默认是关闭
    begin transaction
    if Not Exists(select * from UserMsg where UserID=@OutUserID
        and UserPwd=@OutUserPwd)
        begin
            raiserror('转出账户不存在或密码错误。',16,1)
            rollback
            return
        end

    if(select UserAmt from UserMsg where UserID=@OutUserID) -@Money<0
        begin
            raiserror('转出账户余额不足。',16,1)
            rollback
```

```
                return
            end

        if Not Exists(select * from UserMsg where UserID=@InUserID
            and UserName=@InUserName)
            begin
                raiserror('转入账户不存在或账户和密码不匹配',16,1)
                rollback
                return
            end

        update UserMsg set UserAmt=UserAmt-@Money
        where UserID=@OutUserID
        --增加除 0 错误,模拟意外故障
        declare @div int
        set @div=0
        set @div=10/@div

        update UserMsg set UserAmt = UserAmt + @Money where UserID = @InUserID
        commit
        set xact_abort off
    end
```

存在的问题是异常包含预期异常和非预期异常，无法完美捕捉全部异常，逻辑流程相对混乱，不利于维护。

3）T-SQL 事务异常处理机制。

① 异常处理的重要结构和函数如下。

a. Try…Catch 结构：捕获并处理异常。

b. RaisError( )：根据需要人为产生可预期异常。

c. @@Error：错误号。

d. @@TranCount：当前事务的数量。

e. @@XACT_STATE( )：当前会话的事务状态。

f. 不可捕获：严重级别≤10 或≥20（数据库连接未中断的除外）。

② 异常信息获取的函数如下：ERROR_LINE( )、ERROR_SEVERITY( )、ERROR_MESSAGE( )、ERROR_STATE( )、ERROR_NUMBER( )、ERROR_PROCEDURE( )。

③ 完美的事务处理代码如下。

```
alter proc [dbo].[ProcTransferMoney_Fourth]
(
    @OutUserID varchar(10),
    @OutUserPwd varchar(20),
    @InUserID varchar(10),
    @InUserName varchar(20),
    @Money decimal(18,2)
)
```

```
as
begin
    set xact_abort on
    begin transaction
    begin try
        if Not Exists(select * from UserMsg where UserID=@OutUserID
            and UserPwd=@OutUserPwd)
            begin
                raiserror('转出账户不存在或密码错误。',16,1)
            end

        if(select UserAmt from UserMsg where UserID=@OutUserID)-@Money<0
            begin
                raiserror('转出账户余额不足。',16,1)
            end

        if Not Exists(select * from UserMsg where UserID=@InUserID
            and UserName=@InUserName)
            begin
                raiserror('转入账户不存在或账户和姓名不匹配',16,1)
            end
        update UserMsg set UserAmt=UserAmt-@Money where UserID=@OutUserID
        --增加除 0 错误
        declare @div int
        set @div=0
        set @div=10/@div
        update UserMsg set UserAmt=UserAmt+@Money where UserID=@InUserID
        commit
    end try
    begin catch
        if @@ERROR>0
            begin
                declare @ErrorMsg varchar(200),@ErrorServerity int,
@ErrorState int
                set @ErrorMsg='错误行号:'+convert(varchar,ERROR_LINE())+',
                错误信息:'+ERROR_MESSAGE()
                set @ErrorServerity=ERROR_SEVERITY()
                set @ErrorState=ERROR_STATE()
                raiserror(@ErrorMsg,@ErrorServerity,@ErrorState)
            end
        if @@TRANCOUNT>0
            begin
                rollback
            end
    end catch
    set xact_abort off
end
```

4）T-SQL 高效事务实现的原则如下。

① 不要在事务处理期间要求用户输入数据。

② 尽量不要在事务中进行浏览数据的操作。

③ 在所有的数据检索分析完成之前，不应该启动事务。

④ 事务的代码编写尽可能简短。

⑤ 在知道了必须要进行的修改之后，启动事务，执行修改语句，然后立即提交或回滚。

⑥ 在事务中尽量使访问的数据量最小化。

⑦ 尽量减少锁定数据表的行数，从而减少事务之间的竞争。

16.1.3　ADO.NET 中的事务处理

ADO.NET 中的事务处理包含单一数据库事务处理和分布式数据库事务处理两种形式。

（1）单一数据库事务处理

1）生成事务操作对象。由 Connection 对象的 BeginTransaction 方法生成事务处理对象。

2）设置事务操作序列。将执行过程中所有 Command 对象的事务属性设置为同一事务处理对象，这样就保证所有更新类命令属于同一个事务。

3）事务结束。使用 Try…Catch 语句块，如果事务执行正常，则在 Try 语句块中使用事务对象的 Commit 方法提交事务；否则，在 Catch 语句块中使用事务对象的 Rollback 方法回滚事务操作。

（2）分布式数据库事务处理

DBTransaction 类及其派生类的事务对象只能用于一个数据库的事务处理，而 TransactionScope 类可用于分布式多个数据库事务。利用 TransactionScope 类能够创建可提升事务，即可以根据需要自动提升为完全分布式事务的轻型（本地）事务。TransactionScope 的命名空间为 System.Transactions。

TransactionScope 类只有一个 Complete( )方法，指示事务正常结束。在释放该对象时，若还没有调用 Complete( )方法，则在释放该对象的同时，自动回滚事务。

TransactionScope 类表示的事务范围为，从创建该类的实例开始，到调用 Complete( )方法正常结束，或者释放实例时。分布式事务代码的书写模板如下。

```
using(TransactionScope transcope=new TransactionScope( ))
  {
    try{
        //事务执行正常时的操作序列
        transcope.Complete ( );
    }catch(Exception ex){
        //异常处理操作
    }finally{
        //善后处理:释放命令对象、连接对象
        transcope.Dispose ( );
    }
  }
```

16.1.4 数据库通用访问类的实现

（1）引入数据库通用访问类的原因

1）针对数据库 App，数据库访问是很重要且很频繁的事情。

2）代码可维护性好，代码重用率高。

3）数据库访问尽可能简单，开发人员可更关注业务逻辑实现。

（2）数据库通用访问类的创建原则

1）能够执行数据库中所有（或常用）的数据操纵。

2）要支持各种类型的事务处理操作。

3）尽量发挥配置文件的程序管理功能。

4）使用起来尽可能简单、方便。

（3）数据库通用访问类的实现

1）实现要点。

① 在构造函数中实例化 Connection 对象。

② 提供 DBUpdate 方法，用于单条更新类命令的执行。

③ 提供 DBQuery 方法，用于单条查询类命令的执行。

④ 事务支持方法：事务开始方法 BeginTransaction( )；事务处理方法 DBTransUpdate( )；事务正常结束方法 Commit( )；事务异常结束方法 RollBack( )。

2）实现样例。

```
class DataHelper
{
    SqlTransaction sqltrans=null;
    SqlConnection sqlconn=null;

    public DataHelper(string connstring)
    {
        sqlconn=new SqlConnection(connstring);
    }

    public void OpenConnection()
    {
        if(sqlconn.State!=ConnectionState.Open)
        {
            sqlconn.Open();
        }
    }

    public void CloseConnection()
    {
        if(sqlconn.State!=ConnectionState.Closed)
        {
            sqlconn.Close();
```

```
                }
            }

        public int DbUpdate(string sqlstr,CommandType cmdtype,SqlParameter[]
cmdparams)
            {
                try
                {
                    SqlCommand sqlcmd=new SqlCommand();
                    sqlcmd.Connection=sqlconn;
                    sqlcmd.CommandText=sqlstr;
                    sqlcmd.CommandType=cmdtype;

                    if(cmdparams!=null)
                    {
                        sqlcmd.Parameters.AddRange(cmdparams);
                    }

                    this.OpenConnection();
                    return sqlcmd.ExecuteNonQuery();

                }
                catch
                {
                    throw;
                }
                finally{
                    this.CloseConnection();
                }
            }

        public DataTable DbQuery(string sqlstr,CommandType cmdtype,
SqlParameter[] cmdparams)
            {
                try
                {
                    SqlCommand sqlcmd=new SqlCommand();
                    sqlcmd.Connection=sqlconn;
                    sqlcmd.CommandText=sqlstr;
                    sqlcmd.CommandType=cmdtype;

                    if(cmdparams!=null)
                    {
                        sqlcmd.Parameters.AddRange(cmdparams);
                    }
```

```
            SqlDataAdapter sqlda=new SqlDataAdapter();
            DataTable rdt=new DataTable();
            sqlda.SelectCommand=sqlcmd;
            sqlda.Fill(rdt);
            return rdt;
        }
        catch
        {
            this.CloseConnection();
            throw;
        }
    }


    public void BeginTransaction()
    {
        this.OpenConnection();
        sqltrans=sqlconn.BeginTransaction();
    }

    public void Commit()
    {
        sqltrans.Commit();
        this.CloseConnection();
    }

    public void RollBack()
    {
        if(sqltrans!=null)
        {
            sqltrans.Rollback();
        }
        this.CloseConnection();
    }

    public int DbTransUpdate(string sqlstr,CommandType cmdtype,
SqlParameter[] cmdparams)
    {
        try
        {
            SqlCommand sqlcmd=new SqlCommand();
            sqlcmd.Connection=sqlconn;
            sqlcmd.CommandText=sqlstr;
            sqlcmd.CommandType=cmdtype;
```

```
        if (cmdparams !=null)
        {
            sqlcmd.Parameters.AddRange(cmdparams);
        }
        sqlcmd.Transaction=sqltrans;
        return sqlcmd.ExecuteNonQuery();

    }
    catch
    {
        throw;
    }
    }
}
```

16.2　T-SQL 触发器在高级编程中的应用

触发器是 SQL Server 提供给程序员和数据分析员来保证数据完整性的一种方法，它是与表事件相关的特殊的存储过程，它的执行不是由程序调用，也不是手工启动，而是由事件来触发的，如当对一个表进行操作时就会激活它执行。触发器经常用于加强数据的完整性约束和业务规则等。

16.2.1　触发器概述

SQL Server 提供了两种主要机制来强制业务规则和数据完整性：约束和触发器。约束是实现域完整性要求高效且实用的重要方法，但约束无法用来解决多记录之间或多表之间的数据约束问题，且提供的是系统默认错误，晦涩难懂。触发器是一种特殊类型的存储过程，它在指定的表中数据发生变化时自动生效，调用触发器以响应 insert、update 或 delete 语句。触发器是特殊类型的存储过程，因此可以用来对表实施更加复杂的数据完整性控制，尤其是多记录和多表之间的数据完整性控制。在 SQL Server 中一个表可以有多个触发器，用户可以针对修改表操作分别设置触发器，也可以针对一个表上的特定操作设置多个触发器。

特别处理的是 SQL Server 将触发器和触发它的语句作为可在触发器中回滚的单个事务对待。如果在执行时检测到错误（如磁盘空间不足），则整个事务自动回滚。

16.2.2　触发器的类型

触发器定义一组操作，在响应对指定表的插入、更新或删除操作时将执行这些操作。执行这样的 SQL 操作时，触发器被认为是已激活的。触发器是可选的，并且可以使用 create trigger 语句定义。可将触发器与引用约束和检查约束配合使用，以强制执行数据完整性规则。还可以使用触发器来更新其他表、自动生成或变换插入或更新行的值或调用函数以执行如发出警报之类的任务。

SQL 支持触发器的类型有前触发器、后触发器和 INSTEAD OF 触发器。

（1）前触发器

前触发器是指在更新或插入操作之前运行的触发器。它可以在实际修改数据库之前修改要更新或插入的值。这些触发器可用来在需要时将应用程序中的输入（数据的用户视图）变换为内部数据库格式。

（2）后触发器

后触发器也称 AFTER 触发器，可通过 after 或 for 关键字来定义，其触发时机是在触发语句执行后和处理完任何约束后激发。AFTER 触发器只能作用于基本表。一个表可以建立多个 AFTER 触发器，AFTER 触发器不能访问两个临时表中的特殊字段（类似 text、image 等）。

（3）INSTEAD OF 触发器

INSTEAD OF 触发器可通过 instead of 关键字来定义，其触发时机是在代替触发语句执行并在处理约束之前激发。INSTEAD OF 触发器可作用于基本表或视图。一个表或视图只能建立一个 INSTEAD OF 触发器，含有级联删除操作的外键表不能定义 INSTEAD OF DELETE 触发器；含有级联更新操作的外键表不能定义 INSTEAD OF UPDATE 触发器。本类型触发器主要用于扩展视图支持的更新操作。

16.2.3 触发器操作涉及的两个隐性临时表

在触发器的"触发"过程中，有 inserted 和 deleted 两个临时表发生了作用。这两个特殊的临时表 inserted 和 deleted，仅仅在触发器运行时存在，它们在某一特定时间和某一特定表相关。一旦某一个触发器结束执行，相应地在两个表中的数据都会丢失。我们可以使用这两个表精确地确定触发器的动作对数据表所做的修改。这两个表在结构上与触发表的结构相同，它们可用于触发器的条件测试，但用户不能直接更改它们的内容。此外，在DELETE、INSERT 和 UPDATE 触发器中，禁止访问 inserted 和 deleted 表中的 text、ntext和 image 数据类型列。因此，应先深入了解 inserted 和 deleted 表的结构和内容，才能更好地了解 inserted 和 deleted 表所发挥的作用。

（1）inserted 和 deleted 表

1）表的结构：和触发器作用的对象完全相同。

2）表的数据：只和当次触发触发器的操作语句中的数据相关，inserted 表保存的是即将写入数据库中的数据，deleted 表保存的是即将从数据库中消失的数据。

3）存放位置：存在于内存和 tempdb 中，只能读取不能修改其中的数据。

4）生存周期：随着触发器的执行而诞生，随着触发器的执行完成自动消亡。

（2）两个临时表使用时的注意事项

1）SQL Server 不允许 AFTER 触发器引用 inserted 和 deleted 表中的 text、ntext 或image 列；然而，允许 INSTEAD OF 触发器引用这些列。

2）truncate table 语句功能类似于 delete 语句，但它并不会引发 DELETE 触发器，因为truncate table 语句没有记录。

3）writetext 语句不会引发 INSERT 或 UPDATE 触发器。

16.2.4　触发器的语法模板

```
create trigger  trigger_name
on  { table_name | view_name }
[ with encryption ]
after | instead of  {[insert][,update][,delete]}
as
begin
sql_statement_Block(触发器功能体语句块)
end
```

16.2.5　触发器案例应用

1. 自定义错误信息应用

【案例题目】优惠时间段折扣率的取值范围为(0,1)。若违反约定，则提示：您设置的该时间段的优惠折扣率有误，其正常区间应为(0, 1)。

1）实现步骤。

① 命名：Tri_TimeRate_SpanRate01。

② 作用对象：TimeRate。

③ 操作类型：insert、update。

④ 触发器类型：AFTER。

⑤ 实现步骤如下。

a. 从 inserted 表中读出 SpanRate 并保存。

b. 判断 SpanRate 数据是否超出取值范围(0, 1)。

c. 提示信息（raiserror）并回滚操作（rollback）。

2）具体实现代码如下。

```
create trigger [dbo].[Tri_TimeRate_SpanRate01]
on [dbo].[TimeRate] after insert,update
as
begin
    declare @SpanRate decimal(3,2)
    select @SpanRate=SpanRate from inserted
    if @SpanRate>=1 or @SpanRate<=0
      begin
        raiserror('您设置的该时间段的优惠折扣率有误,其正常区间应为(0, 1)。',16,1)
        rollback
        end
end
```

2. 表中多记录数据的约束

【案例题目】时间段设置冲突控制问题。同一部门的多个优惠时间段设置不能冲突，那如何避免同一部门的时间段冲突呢？

1）数据冲突情况分析。

时间段冲突情况分析如图 16-1 所示。

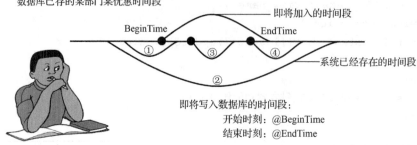

数据冲突情况分析：BeginTime<@EndTime && EndTime>@BeginTime

数据库已存的某部门某优惠时间段

即将加入的时间段

BeginTime　　　　　EndTime

①　　③　　④

②

系统已经存在的时间段

即将写入数据库的时间段：

开始时刻：@BeginTime

结束时刻：@EndTime

图 16-1　时间段冲突情况分析

2）实现步骤分析。

① 命名：Tri_TimeRate_TimeConflict。

② 作用对象：TimeRate。

③ 操作类型：insert、update。

④ 触发器类型：AFTER。

⑤ 实现步骤如下。

a. 从 inserted 表中读出@BeginTime、@EndTime、@BranchID。

b. 时间冲突条件：@BeginTime<EndTime && @EndTime > BeginTime 且满足冲突条件的行数>1。

c. 根据功能进行处理，提示错误信息并回滚操作。

3）具体实现代码如下。

```
create trigger [dbo].[Tri_TimeRate_TimeConflict]
on [dbo].[TimeRate]
after insert,update
as
begin
    declare @BranchID varchar(6),@BeginTime varchar(8)
    declare @EndTime varchar(8),@Rows int

    select @BranchID=BranchID,@BeginTime=BeginTime,@EndTime=EndTime
    from inserted
    select @Rows=count(*) from TimeRate where BranchID=@BranchID and
(@BeginTime<EndTime and @EndTime>BeginTime )

    if @Rows>1
    begin
        raiserror('新设置的时间段与已有的数据冲突。',16,1)
        rollback
    end
end
```

3. 多表数据约束处理

【案例题目】ATM 无限取款。借记卡请求取款不能超过其账户余额，又该如何进行控制呢？

1）实现步骤分析如下。

① 命名：Tri_FundMx_UserAmtLimited。

② 作用对象：FundMX。

③ 操作类型：insert（思考：为何没有 update、delete 呢？如何解决？）。

④ 触发器类型：AFTER。

⑤ 实现步骤如下。

a. 从 inserted 表中读出 UserID、OperAmt。

b. 从 UserMsg 表中根据 UserID 读出其账户余额。

c. 根据实际情况，进行具体应用的处理。

2）具体实现代码如下。

```
create trigger [dbo].[Tri_FundMx_UserAmtLimited]
on [dbo].[FundMx]
after insert
as
begin
    declare  @UserID varchar(6),@OperAmt decimal(18,2)
    select @UserID=UserID,@OperAmt=OperAmt from inserted
    if @OperAmt=0
      begin
        raiserror('操作金额不能为 0',16,1)
        rollback
      end
    if @OperAmt<0
    begin
        if(select NowBalance from UserMsg where UserID=@UserID)+
@OperAmt<0
        begin
            raiserror('用户账户余额不足。',16,1)
            rollback
        end
    end
    update UserMsg set NowAmtAdded=NowAmtAdded+@OperAmt
    where UserID=@UserID
end
```

4. 触发器应用总结

触发器的主要应用为实现数据库中复杂数据的完整性控制，具体包括用户自定义错误信息、表中多记录之间的数据完整性控制、多表之间的数据完整性控制等。

16.3 T-SQL 游标在高级编程中的应用

主语言是面向记录的，一组主变量一次只能存放一条记录，仅使用主变量并不能完全满足 SQL 语句向应用程序输出数据的要求，即从某一结果集中逐一地读取一条记录。那么如何解决这种问题呢？游标为我们提供了一种极为优秀的解决方案。

游标实际上是一种能从包括多条数据记录的结果集中每次提取一条记录的机制。游标可以被看作一个查询结果集（可以是零条、一条或由相关的选择语句检索出的多条记录）和结果集中指向特定记录的游标位置组成的一个临时文件，提供了在查询结果集中向前或向后浏览数据、处理结果集中数据的能力。有了游标，用户就可以访问结果集中任意一行数据，在将游标放置到某行之后，就可以在该行或从该位置的行块上执行操作。

16.3.1 游标的基础知识

（1）游标的概念

游标是一种数据访问机制，它允许用户访问单独的数据行，而非对整个行集进行操作，这样可以降低系统开销和潜在的阻隔情况。从另一个角度来看，游标是用户使用 T-SQL 代码可以获得数据集中最紧密的数据的一种方法。

（2）游标的使用

声明游标：

```
declare 游标名 cursor for select 语句
```

打开游标：

```
open 游标名
```

读取数据：

```
fetch next from 游标名 into 局部变量序列
```

关闭游标：

```
close 游标名
```

释放游标：

```
deallocate 游标名
```

（3）游标数据读取状态

1）@@Fetch_Status：0 表示 Fetch 语句操作成功，<0 表示失败。

2）@@CURSOR_ROWS：获取最近一次打开的游标中记录的行数。

16.3.2 游标应用案例

【案例题目】计算用户 1 天的上机费用。现假设网吧某机房基本收费标准为 3 元/时，试计算：某天一客户在 CH0001 分店 06:30:15～18:55:35 之间的消费金额。分店优惠时间段及其折扣费率设置信息如表 16-1 所示。

表 16-1　分店优惠时间段及其折扣率设置信息

序列号	机构 ID	开始时间	结束时间	时间段优惠率
1	CH0001	11:50:00	14:20:00	0.5
2	CH0001	00:00:00	07:00:00	0.2
3	CHO001	22:00:00	23:59:59	0.3
4	XC0002	10:00:00	13:30:00	0.4

（1）实现思路分析

计算用户 1 天的上机费用主要是将 1 天的上机时间根据部门优惠时间段设置，进行分段划分，然后计算上机费用并汇总。具体实现算法描述如下。

步骤 1：读取用户登录计算机归属部门优惠时间段的设置信息，筛选与结算时间段相关的优惠时间段设置信息（条件：优惠时间段开始时间<上机结束时间&&优惠时间段结束时间>上机开始时间），并按开始时间升序排列。

步骤 2：针对每个优惠时间段完成以下操作，如果上机开始时间<优惠时间段开始时间<上机结束时间，则将上机开始时间至优惠时间段开始时间的上机时间段写入数据库的 TimeSep 表中，并将上机开始时间设置为优惠时间段开始时间；然后判断优惠时间段的结束时间是否小于上机结束时间，如果满足，则将上机开始时间至优惠时间段的结束时间段写入数据库的 TimeSep 表中，并将上机开始时间设置为优惠时间段的结束时间，否则将上机开始时间至上机结束时间段写入数据库的 TimeSep 表中，并将上机开始时间设置为上机结束时间。

步骤 3：所有优惠时间段处理完成，如果上机开始时间仍然小于上机结束时间，则将上机开始时间至上机结束时间段写入数据库的 TimeSep 表中。

步骤 4：分段计算费用并求和。

（2）实现过程细节

字符串时间如何计算其时间间隔；计算的中间数据结果采用永久表暂时保存。

（3）具体实现代码

```
create proc [dbo].[ProcTimeSep]
(
    @BranchID varchar(6),
    @BeginTime varchar(8),
    @EndTime varchar(8),
    @ConsumeAmt decimal(10,2) output
)
as
begin
    Truncate table TimeSep
    --1 设置标准费用
    declare @BRate decimal(4,2)
    set @BRate=3

    --2 获取优惠时间段数据
    declare @TBeginTime varchar(8),
```

```
            @TEndTime varchar(8),
            @TSpanRate decimal(4,2),
            @BeginDate datetime,
            @EndDate datetime,
            @TimeSpan int


      declare TimeSepCursor cursor for select BeginTime,EndTime,SpanRate
from TimeRate
      where BranchID=@BranchID and (@BeginTime<EndTime and @EndTime>
BeginTime) order by BeginTime
      open TimeSepCursor
      Fetch Next from TimeSepCursor into @TBeginTime,@TEndTime,@TSpanRate


      while @@Fetch_status=0
        begin
          IF @BeginTime<@TBeginTime
            begin
              set @BeginDate='2019-01-01 '+@BeginTime
              set @EndDate='2019-01-01 '+@TBeginTime
              set @TimeSpan=DateDiff(second,@BeginDate,@EndDate)
              insert into TimeSep (BeginTime,EndTime,TimeSpan,Rate)
              values(@BeginTime,@TBeginTime,@TimeSpan,@BRate)
              set @BeginTime=@TBeginTime
            end


          if @TEndTime<@EndTime
            begin
              set @BeginDate='2019-01-01'+@BeginTime
              set @EndDate='2019-01-01'+@TEndTime

              set @TimeSpan=DateDiff(second,@BeginDate,@EndDate)
              insert into TimeSep (BeginTime,EndTime,TimeSpan,Rate)
              values(@BeginTime,@TEndTime,@TimeSpan,@BRate*@TSpanRate)
              set @BeginTime=@TEndTime
            end
          else
            begin
              set @BeginDate='2019-01-01'+@BeginTime
              set @EndDate='2019-01-01'+@EndTime
              set @TimeSpan=DateDiff(second,@BeginDate,@EndDate)
              insert into TimeSep (BeginTime,EndTime,TimeSpan,Rate)
              values(@BeginTime,@EndTime,@TimeSpan,@BRate*@TSpanRate)
              set @BeginTime=@EndTime
            end
```

```
        Fetch Next from TimeSepCursor into @TBeginTime,@TEndTime,
@TSpanRate
          end
        if @BeginTime<@EndTime
          begin
            set @BeginDate='2019-01-01'+@BeginTime
            set @EndDate='2019-01-01'+@EndTime
            set @TimeSpan=DateDiff(second,@BeginDate,@EndDate)
            insert into TimeSep (BeginTime,EndTime,TimeSpan,Rate)
            values(@BeginTime,@EndTime,@TimeSpan,@BRate)
          end
        close TimeSepCursor
        deallocate TimeSepCursor
        select @ConsumeAmt=sum(ConsumeAmt) from TimeSep
    end
```

（4）实现方法思考

刚才的实现过程中存在什么缺陷？采用永久表作为中间数据暂存地，存在什么隐患？多天上机费用如何计算？

16.4　临时对象的应用

实现费用计算时采用永久表作为中间结果数据表，可能存在多用户并发操作导致数据异常隐患，有时并发无法控制，数据正确性无法保障。这些永久表视图过多，以后维护麻烦，系统运行效率下降，同时，代码过长，理解与维护也比较麻烦。临时表和表变量都能够有效地作为表结构数据集的临时存储对象，实现了多用户操作数据隔离和事务控制功能，而且使用非常方便（与基本表相似），效率较高。

16.4.1　临时表对象

临时表就是用来暂时保持临时数据的一个数据库对象，用完之后表中的数据就没有了。数据库临时表与基本表相同，唯一区别是表名前面带#（本地临时表）或##（全局临时表）。特别注意：全局临时表如果使用不当，会造成与永久表一样的后果，因此务必慎用。

（1）临时表概述

1）临时表以会话作为其作用域。本地临时表在创建该临时表的存储过程及其所有嵌套存储过程中均有效。除非使用 drop table 语句显式除去临时表，否则临时表将在退出其作用域时由系统自动除去：当存储过程完成时，将自动除去在存储过程中创建的本地临时表。由创建表的存储过程执行的所有嵌套存储过程都可以引用此表，但调用创建此表的存储过程的进程无法引用此表。

2）临时表存在于 tempdb 中。临时表的访问可能造成物理 I/O，数据更新操作需要日志来确保一致性，需要锁机制进行并发控制。

3）临时表可创建索引，也可定义统计数据，对查询进行优化。

4）临时表在当前会话结束后会自动删除。

（2）临时表的使用注意事项

1）临时表的命名字符数不能超过 116 个，基本可以满足需要。

SQL Server 中基本表的表名最长为 128 个字符，因为基本表在应用程序运行的任何时刻都只有一个。而临时表不一样，如果本地临时表是由多个用户同时执行的存储过程或应用程序创建，则 SQL Server 必须能够区分由不同用户创建的临时表，因此预留一定位数用于表达多用户。为此，SQL Server 在内部为每个本地临时表的表名追加一个数字后缀。为了允许追加后缀，为本地临时表指定的表名 table_name 不能超过 116 个字符。

2）大数据集查询统计，需要查询优化，推荐使用临时表。

临时表可以进行查询优化，提高查询效率，主要表现在以下两个方面：针对临时表，SQL Server 自动创建和维护统计数据，可提供对 SQL 语句的查询优化；如果不能满足要求，还可以在临时表上创建索引对查询进行优化。

3）临时表的某些操作可能导致存储过程重编译。

SQL Server 语句及存储过程的执行需要经过 4 步才能完成，即语法分析、语义分析、查询优化、查询执行。而语法分析、语义分析和查询优化是存储过程编译的重要且较费时的环节。而创建存储过程的目的是希望 SQL Server 为该存储过程创建一个查询计划以省掉这 3 个过程，提高程序的执行效率。

临时表的致命缺陷：由于某些临时表操作引起的存储过程重新编译。启动重新编译时，整个批处理或过程均进行重新编译；某些情况下重新编译存储过程的开销远远大于所带来的优势，对于大型过程尤其如此。

4）如果客户连接数很多，那么最好不要使用临时表。

因为多用户并发操作时，tempdb 数据库会锁得很严重，程序运行效率大幅度下降。针对此问题，微软专家建议，此时可以考虑改用表变量来解决此问题。

16.4.2 表变量对象

表变量在 SQL Server 2000 中首次被引入。表变量的具体定义包括列定义、列名、数据类型和约束。而在表变量中可以使用的约束包括主键约束、唯一约束、NULL 约束和检查约束（外键约束不能在表变量中使用）。

（1）表变量声明

```
declare  @表变量名  table  （字段定义的序列）
declare  @ChargeSum table
(
      AdminID varchar(4),
   AdminName varchar(50)
)
```

（2）表变量概述

1）表变量存在于内存。

2）表变量有明确的作用域：只在定义该表变量的函数、存储过程中有效。

3）表变量在进行多表连接操作时必须使用表别名。

4）表变量不能创建索引和定义统计数据。

5）表变量不能使用 Select Into 语句和 Insert Into Exec 存储过程，但可以在 Insert Into

Select 语句中使用。

（3）表变量的使用注意事项

1）对于较小的临时计算用数据集，推荐使用表变量。

2）如果数据集比较大，在代码中用于临时计算，同时这种临时使用都是简单的全数据集扫描或不需要考虑优化的 SQL 访问，也可以考虑使用表变量。

3）如果代码的运行实例很多，就要特别注意表变量对服务器内存的消耗。

4）表变量致命缺陷：表变量不能互相赋值，也不能作为参数互相传递；表变量也不能创建索引和定义统计信息，可能影响大数据集的查询性能，尤其是对索引和统计信息依赖度较高的查询。比较幸运的是，中间数据集一般比较小，不需要进行优化处理。

16.4.3　临时表和表变量

在数据库中使用表时，经常会遇到两种使用表的方法，分别是使用临时表和使用表变量。在实际使用时，要灵活地在存储过程中运用它们，虽然它们实现的功能大多是一样的，但如何在一个存储过程中在临时表和表变量之间来回切换呢？

简单地总结，对于较小的临时计算用数据集推荐使用表变量。如果数据集比较大，在代码中若用于临时计算，同时这种临时使用永远都是简单的全数据集扫描而不需要考虑优化，如没有分组或分组很少的聚合（如 COUNT、SUM、AVERAGE、MAX 等），也可以考虑使用表变量。使用表变量的另外一个考虑因素是应用环境的内存压力，如果代码的运行实例很多，就要特别注意内存变量对内存的消耗。表变量和临时表的对比如表 16-2 所示。

表 16-2　表变量和临时表的对比

比较项目	表变量	临时表
数据的存储位置	内存	磁盘
存在边界（生命周期）	批处理	会话
是否可以创建索引	否	是
是否可以使用统计数据	否	是
是否可以在多会话中访问	否	是
是否需要锁机制	否	是
是否需要日志	否	是

一般对于大的数据集推荐使用 SQL Server 临时表，同时创建索引，或者通过 SQL Server 的统计数据自动创建和维护功能来提供访问 SQL 语句的优化。如果需要在多个用户会话之间交换数据，当然临时表就是唯一的选择了。需要提及的是，由于临时表存放在磁盘中，因此要注意磁盘的调优。

16.4.4　临时对象在项目应用时的选择

在数据库高级编程中，选择临时对象的原则有以下几个。

1）数据量的大小。

2）重新编译的可能性。

3）查询类型及其对统计信息的依赖性。

通常情况下，应尽量使用表变量。除非数据量非常大（在这种情况下，可以在临时表中创建索引以提高查询性能），或者在一个会话中的多个存储过程或多个会话中重复使用该表（表变量无法实现）。

假设都可以实现，针对不同的应用，各种方案的效率可能也不一样。微软建议做一个测试：验证表变量和临时表对于特定的查询或存储过程，哪个更有效。

16.4.5 案例应用分析

1. 多源矛盾数据结果集

【案例题目】某机房管理单位聘请多个管理员负责收银工作，主管一般会定期根据某查询时间区间对管理员的收费情况进行统计，并催收款项。

系统要求如下：要列出所有管理员的充值、退款情况；结果信息包括账号、姓名、充值总额、退款总额、充值净额；采用存储过程来实现数据统计功能。

1）实现逻辑分析。

步骤 1：创建存储过程，需要两个参数，即@BeginTime 和@EndTime。

步骤 2：声明 3 个表变量分别用来保存管理员的基本信息、管理员的充值统计信息、管理员的退款统计信息，其中充值和退款信息来源于同一个表中的同一个字段，必须分开统计。

步骤 3：使用 Insert Into Select 语句填充 3 个表变量的数据。

步骤 4：使用连接查询返回管理员收费统计结果集。

2）具体实现代码如下。

```
create proc [dbo].[ProcAdminFundSummary]
(
    @BeginTime datetime,
    @EndTime datetime
)
as
begin
    --时间预处理
    set @BeginTime=convert(varchar(10),@BeginTime,120)+'00:00:00'
    set @EndTime=convert(varchar(10),@EndTime,120)+'23:59:59'

    declare @AdminMsg table(
        AdminID varchar(10),
        AdminName varchar(50)
    )

    declare @Charge table(
        AdminID varchar(10),
        ChargeAmt decimal(10,2)
    )

    declare @Refund table(
        AdminID varchar(10),
        RefundAmt decimal(10,2)
```

```
)

insert into @AdminMsg select AdminID,AdminName from AdminMsg

insert into @Charge select AdminID,sum(OperAmt) from FundMx
where OperAmt > 0 and OperTime between @BeginTime and @EndTime
group by AdminID

insert into @Refund select AdminID,sum(OperAmt) from FundMx
where OperAmt < 0 and OperTime between @BeginTime and @EndTime
group by AdminID

select A.AdminID,AdminName,isnull(ChargeAmt,0) as ChargeAmt,
    isnull(RefundAmt,0) as RefundAmt
from @AdminMsg as A left join @Charge as B on A.AdminID = B.AdminID
    left join @Refund as C on A.AdminID = C.AdminID
end
```

2. 中间表结构数据集

【案例题目】采用表变量实现 16.3 节中的游标应用案例，即依据优惠时间段设置计算 1 天内的上机费用。

```
create proc [dbo].[ProcTimeSep]
(
    @IP varchar(15),
    @BeginTime varchar(8),
    @EndTime varchar(8),
    @ConsumeAmt decimal(10,2) output
)
as
begin
    --Truncate table TimeSep
    --0 首先创建表变量来保存用户计费划分段
    declare @TimeSep table(
        SeqNo bigint identity(1,1),
        BeginTime varchar(8),
        EndTime varchar(8),
        TimeSpan int,
        Rate decimal(4,2),
        ConsumeAmt as TimeSpan*Rate/3600
    )
    --1 设置标准费用
    declare @BRate decimal(4,2)
    select @BRate=BRate from ViewBranchRoomComputer where IP=@IP
```

```
--2 获取优惠时间段数据
declare @TBeginTime varchar(8),
       @TEndTime varchar(8),
       @TSpanRate decimal(4,2),
       @BeginDate datetime,
       @EndDate datetime,
       @TimeSpan int


declare TimeSepCursor cursor for select BeginTime,EndTime,SpanRate
from TimeRate
where BranchID=(select BranchID from ViewBranchRoomComputer where
IP=@IP)
    and (@BeginTime<EndTime and @EndTime>BeginTime)
order by BeginTime


open TimeSepCursor
Fetch Next from TimeSepCursor into @TBeginTime,@TEndTime,@TSpanRate


while @@Fetch_status=0
begin
    if @BeginTime<@TBeginTime
      begin
        set @BeginDate='2019-01-01'+@BeginTime
        set @EndDate='2019-01-01'+@TBeginTime
        set @TimeSpan=DateDiff(second,@BeginDate,@EndDate)
        insert into @TimeSep (BeginTime,EndTime,TimeSpan,Rate)
        values(@BeginTime,@TBeginTime,@TimeSpan,@BRate)
        set @BeginTime=@TBeginTime
      end

    if @TEndTime<@EndTime
    begin
        set @BeginDate='2019-01-01'+@BeginTime
        set @EndDate='2019-01-01'+@TEndTime
        set @TimeSpan=DateDiff(second,@BeginDate,@EndDate)
        insert into @TimeSep (BeginTime,EndTime,TimeSpan,Rate)
        values(@BeginTime,@TEndTime,@TimeSpan,@BRate*@TSpanRate)

        set @BeginTime=@TEndTime
    end
    else
    begin
        set @BeginDate='2019-01-01'+@BeginTime
        set @EndDate='2019-01-01'+@EndTime
        set @TimeSpan=DateDiff(second,@BeginDate,@EndDate)
```

```
            insert into @TimeSep (BeginTime,EndTime,TimeSpan,Rate)
            values(@BeginTime,@EndTime,@TimeSpan,@BRate*@TSpanRate)
            set @BeginTime=@EndTime
        end
    Fetch Next from TimeSepCursor into @TBeginTime,@TEndTime,
@TSpanRate
        end

    if @BeginTime<@EndTime
    begin
        set @BeginDate='2019-01-01'+@BeginTime
        set @EndDate='2019-01-01'+@EndTime
        set @TimeSpan=DateDiff(second,@BeginDate,@EndDate)
        insert into @TimeSep (BeginTime,EndTime,TimeSpan,Rate)
        values(@BeginTime,@EndTime,@TimeSpan,@BRate)
    end

    close TimeSepCursor
    deallocate TimeSepCursor
    select @ConsumeAmt=sum(ConsumeAmt) from @TimeSep
end
```

16.5　数据库备份与恢复及自动化管理

随着信息技术的飞速发展，信息安全的重要性日趋明显。数据库备份是保证信息安全的一个重要方法。只要发生数据传输、数据存储和数据交换，就有可能产生数据故障。这时，如果没有采取数据库备份和数据恢复手段与措施，就会导致数据的丢失。有时造成的损失是无法弥补与估量的。

16.5.1　数据库备份设备

备份设备是用来存放备份数据的物理设备。备份设备包括磁盘、磁带和命名管道。当建立一个备份设备时，要给该设备分配一个逻辑备份名和一个物理备份名。

物理备份名是指操作系统识别该设备所使用的名称，即操作系统中的备份位置。逻辑备份名是指物理设备名的一个别名，比较简单易记。

16.5.2　备份策略机制

（1）全库备份

全库备份就是将数据库做一个复制备份。

优点：操作和规划简单，因为备份成了一个定期执行的单一操作，在恢复时只需要一步操作就可以将数据库恢复到以前的状态。

缺点：可能会造成数据丢失。当数据库出现意外后，用户最多能够把数据库恢复到最近一次备份操作结束时的状态，自从上次备份结束以后的所有数据库修改都将丢失。

（2）差异备份

差异备份只记录自上次数据库备份后发生更改的数据。差异备份比数据库备份小而且备份速度快，因此可以更经常地备份，从而减少丢失数据的危险。

使用差异备份的情况主要包括以下几种。

1）自上次数据库备份后数据库中只有较少的数据发生更改，尤其是多次修改相同的数据，此时差异备份尤为有效。

2）使用简单恢复模型，希望进行更频繁的备份，但不希望进行频繁的完整数据库备份。

3）使用的是完全恢复模型或大容量日志记录恢复模型，希望花费最少的时间在还原数据库时前滚事务日志备份。

（3）事务日志备份

事务日志是自上次备份事务日志后对数据库执行的所有事务的一系列更新操作记录。事务日志备份比数据库备份使用的资源少，因此可以比数据库备份更经常地创建事务日志备份，最大限度地减少数据丢失的危险。

一般情况下，事务日志备份可以以小时甚至分钟为间隔。

（4）差异备份和事务日志备份的区别

差异备份和事务日志备份的区别在于：差异备份记录的是从上次完整数据库备份以来发生的所有数据变更；事务日志备份记录的是自上次事务日志备份以来对数据库执行的所有事务的一系列记录。就应用而言，如果不要求数据恢复到精确的故障点，则采用完整数据库备份+差异备份即可，否则可采用全库备份+差异备份+事务日志备份的备份策略。当然，备份的频率依次（全库备份、差异备份、事务日志备份）提高。

16.5.3 备份操作命令

（1）全库备份

全库备份的操作命令如下。

```
backup database <数据库名称>
to <备份设备>
[ with
  [ name='备份集名称']
  [,description='关于备份的描述']
  [,init | noinit ]
]
```

（2）差异备份

差异备份的操作命令如下。

```
backup database <数据库名称>
to <备份设备>
[ with differential
  [ ,name='备份集名称']
  [,description='关于备份的描述']
```

```
      [,init | noinit ]
   ]
```

（3）事务日志备份

事务日志备份的操作命令如下。

```
backup  log  <数据库名称>
to  <备份设备>
[ with
   [name='备份集名称']
   [,description='关于备份的描述']
   [,init | noinit ]
]
```

16.5.4　数据库备份及恢复

（1）数据库备份策略

数据库备份的策略是，一般根据需要一个月或一周进行一次全库备份；一天进行一次数据库差异备份；一小时或几小时进行一次事务日志备份。

（2）数据库恢复策略

数据库恢复的策略是，首先恢复最新的全库备份，其次恢复最后一次的差异备份，最后依次恢复最后一次差异备份以来进行的事务日志备份。

16.5.5　数据库备份自动化

数据库备份自动化的步骤如下。

1）启动 SQL 代理服务。

2）创建作业，在作业中设置实现备份策略的命令序列。

3）创建调度，设置开始执行时间和执行周期。

本 章 小 结

本章首先介绍了在 T-SQL 中存储过程的应用、触发器的应用，然后介绍了游标的应用和临时对象的应用，最后介绍了数据库备份与恢复及自动化管理。通过学习本章的内容，读者能够掌握 T-SQL 中常用数据库技术的使用，为高级编程打下坚实的基础。

思考与练习

1. 什么是存储过程？它是怎么实现的？它具有什么优缺点？

2. T-SQL 高效事务实现的原则有哪些？

3. 数据库通用访问类是如何实现的？

4. SQL 支持的触发器的类型有哪些？它的操作涉及哪两个隐性临时表？

5. 游标在数据库编程中起什么作用？

6. 临时表对象具有哪些特征？使用它时应该注意哪些事项？

7．表变量对象具有哪些特征？使用它时应该注意哪些事项？

8．简述临时表对象和表变量对象的区别。

9．选择临时对象的原则一般有哪些？

10．数据库备份的策略是什么？数据库恢复的策略是什么？

第 17 章　规范化软件开发

在一些规模较小的软件开发企业，很容易出现研发不规范的问题，认为操作人员少，就可以不注重研发顺序，这样就很容易延缓整个生产过程的进度，降低效率。另外，有的开发人员专业水平不高，导致软件系统混乱或漏洞百出，这都会影响一个企业的发展。所以，研发人员必须遵守一定的规范，如技术规范、编程语言运用的操作规范、软件设计方法的规范等。在实际开发过程中，也可能因为外界原因，使开发人员降低质量要求，造成整个团队的研发水平不高。努力提高计算机软件开发人员的专业技术水平、积极促进计算机软件开发规范化的落实是目前一个十分重要的任务。从某方面来说，计算机软件开发的规范化程度决定了软件的生存周期的长短。加强计算机软件开发规范化的主要内容是指在特定条件下对计算机软件的运行环境进行设定，在满足软件的应用性能和质量需求的基础上，拟定完善的软件用户须知准则，并对软件开发和应用进行必要的说明。要规范计算机软件开发，首先必须详细了解用户对软件的需求，然后对计算机软件的运行环境进行分析和评估，在此基础上明确软件开发的规则。

本章首先介绍软件开发规范化理论；其次阐述多层软件设计思想；最后讲解一个开发案例，详细说明多层软件设计思想的应用。

重点和难点
- 软件开发规范化理论
- 软件架构
- MVC 设计模式
- 分层系统架构

17.1　软件开发规范化理论

计算机软件开发需要解决的问题有很多，尤其是规范化问题，一个不规范的程序会使整个计算机系统陷入瘫痪，一个不规范的动作指令会影响整个操作程序，所以对于计算机软件开发者来说，规范是首先要做到的。

软件的开发周期可以被划分为可行性研究与计划、需求分析、概要设计、详细设计、编码实现、组装测试、确认测试、使用和维护这几个阶段，在实际的软件开发过程中遵循相应的开发规范，有利于清晰化每一个软件开发阶段，具体明确开发任务，使项目负责人对项目进行有效的管理，增强开发人员之间的交流合作，从而提高所开发软件系统的质量，缩短开发时间，减少开发维护费用，使软件开发活动更加科学。下面介绍软件开发中几个重要阶段的规范化理论。

1. 软件设计规范化

计算机软件设计开发主要是依据用户要求设计研发计算机系统软件或计算机系统中的

某一部分应用软件，是一项涉及很多方面的系统工程。因此，软件开发者需要对市场的需求、客户的要求、设计人员的技术层次等方面进行综合的分析，而后开始设计软件。为此，在设计开发前要充分了解软件的运行环境，在深入调研后再进行设计开发。同时根据用户的不同需求，确定设计风格和内容，进而严格遵循计算机软件设计标准，进行概要设计和详细设计，把具体设计策略、软件内部构造和制作流程进行安排部署，并呈现给用户。

（1）软件概要设计的规范化

概要设计的标准就是按照用户的需求，根据产品的不同建立各系统模块的目标软件系统，对这些模块的接口下达指令，使它们紧紧联系在一起并链接到下一个模块，做到层层相联系。为此，开发者要不断规范概要设计，有能力建立起能够管理整个软件系统的数据库，并使其中的每个模块都要形成相配套的管理方案，并在这一过程中，把各模块的接口尽可能地进行简单化处理。这样各模块既能分工合作，又能紧密联系，有效地保证了系统持续稳定地运行，进而保障用户能够清晰地理解软件的设计。

（2）软件详细设计的规范化

所谓软件详细设计，就是对概要设计标准全面进行细化，把概要设计一项一项地分解开来，使概要设计的内容得到更加详尽的解释说明，然后把各模块进行系统、精确、全面的阐述，最终使各模块的概要设计功能进一步细化分解。为此，开发者要具体围绕算法和软件内部构造这两个方面，及时规范模块的输出、输入及它们的性能，把每一个模块进行细化，划分具体的功能。需要注意的是，开发者在进一步规范计算机软件设计研发中，必须使软件的设计具有精确的算法和内部构造，这样不仅会对拟写的源代码有帮助作用，还会使软件设计更科学合理。最后软件开发者还要根据用户需求，在积极完善详细设计标准的基础上，才可以进行系统规范的计算机软件设计研发。在研发过程中，仍需要对软件各模块都进行程序上的划分，只有在准确评估了检测报告后，利用各模块接口的精准性能，才能对计算机软件进行系统的、有程序的、循序渐进的设计研发，才能保证计算机软件的先进、合理和高效。

2．软件编码规范化

计算机软件编码规范化是保证计算机软件正常运行的核心，因此计算机软件编码规范化是目前规范计算机软件开发的重要工作。在对计算机进行软件编码时，应该以软件设计规范化的标准为基础，再在此基础上以用户的相关要求为核心进行软件编码。这样才能开发出适合用户要求的软件，同时又能够保证软件的正常使用。开发人员在进行程序的编写过程中力求程序结构清晰简单，每个单个程序段不要超过 200 行；在程序的实现功能上力求清晰易懂，代码需要最简化，在最大限度地避免垃圾程序的产生，这样可以极大地减少程序运行所需要的空间。在程序的编写过程中，尽量使用标准化库函数和公共函数，在变量的制定上不要随意地定义，要包含一定的实际意义，可以被其他的工作人员读懂，同时不要在大程序段中随意地定义全局函数。在程序代码的编写过程中，需要注重对运行内存的考虑，在中间变量使用结束之后，一定要及时释放内存空间。在常用的功能中，需要考虑将实现的程序编写成固定的函数，以简化模块的编程过程。在编写程序的过程中需要注意使用简单易懂的语句，减少技巧化程度高的程序语句，对不常用的程序代码进行必要的注释。在程序编写过程中需要考虑对主变量的定义，在定义中需要考虑变量的数据类型、结构的要素。在处理面向对象化的操作时，需要在之前对该步骤进行必要的解释和定义。

3. 软件检测规范化

一般来说，在规模比较大的软件开发实施过程中，犯错是难以避免的，而要有效地消除错误，在软件生存周期中进行软件检测是十分必要的，它几乎是软件研发过程中一个不可或缺的阶段，软件检测决定着软件的生存周期及其产品的研发质量。加强软件检测的最主要的目的是根据软件研发需求规定中的功能和性能需求及检测计划等内容来对软件的功能系统进行检测，看是否达到质量要求，还要提供相应的用户使用需求准则和应用操作说明书等。规范软件检测的过程，首先，必须要有用户代表一起加入软件检测；其次，必须对软件系统的各功能模块进行完整的检测测试；再次，要对检测数据、预期结果等进行预留存档；最后，还要建立相对独立的软件测试小组对软件性能等进行最后的确认测试。

软件检测结束后，要写项目总结报告，对检测结果进行分析、评估。计算机软件设计研发是根据用户需求来实现的，是一种计算机系统或系统中的部分软件，每一台计算机中安装的软件是不同的，它是根据用户的不同需求而添加的，它包括办公软件、商业软件、家庭应用软件等不同类型，软件的使用者要想得到合法的软件使用权，就必须得到软件研发机构的许可，这样，一个计算机软件才具有了真正的生命力。

软件设计检测标准的规范程度依赖于软件检测环境的规范化发展，通过建立完善的检测环境来提高软件功能检测的性能。软件检测部门应该对软件研发人员提供更多的技术支持。目前，随着科技的进一步发展，软件检测工具也有了比较大的变化，许多企业的软件检测都由过去传统的手动检测发展到现如今的自动化检测，检测标准也逐渐过渡到以量化标准为准，而随着软件检测标准的不断完善，软件检测工具的应用也更趋于全面。目前，越来越多的企业开始趋向于由检测方为研发方提供检测工具，让软件研发人员的开发进程更加顺畅。此外，检测方还很乐于为软件研发方提供软件检测的教育指导，以此来促进软件检测标准的完善化发展。这种两个部门之间的合作关系有利于软件研发方在进行软件开发的过程中充分落实软件检测制度，也能够有效地减轻研发方的软件检测压力，促使软件研发过程更加标准化，这样通过检测方与研发方的合作一起提升软件产品的研发质量和研发标准，保证软件产品最终实现软件研发和软件检测双向水平的提升和发展。

4. 软件维护规范化

计算机软件维护是保证软件生存周期的一个重要内容。软件维护的主要任务是对软件的任务系统进行维修，对在计算机研发阶段未被检测出来的错误进行改正，使软件系统能够正常运行，保证其功能和性能的良好状态。软件维护阶段的规范化要求维修必须在严格的规范和相关准则的规定下进行，不能出现旧的错误没有解决，又出现新的错误的情况，尽可能地减少软件维修的负面效果。软件维修应该在严格的规范和制度控制下按部就班地进行，维修步骤和过程必须有详细的记录，即填写规范化的维修检测报告。此外，软件维修人员还要对维修检测报告进行评估分析，主要包括检测软件原有的问题是否得到解决。以及维修所需要的人力、物力、资金及软件维修所需要的时间周期等内容。在确认检测后，填写最后的维修检测确认报告，通知用户软件维修已结束。

计算机应用日益广泛，想要实现软件开发的可靠性、安全性和实用性就必须在软件开发过程中进行必要的约束和控制,在满足用户需求的基础上,尽可能地在成本控制、风险屏蔽和提高效率等方面进行开发,只有规范软件开发过程中的各方面,才可以增加软件编写的可读性,有利于不同软件设计者之间的交流协作,使后期软件的更改和维护更加方便快捷,使软件编写项目得到更好的效果。

17.2 多层软件设计思想

多层结构设计具有模块重用性好、程序可维护性高、物理分布灵活、开发并行性高的优点,如能将它应用于数据库系统开发,将会极大地提高效率,增强软件的鲁棒性和可维护性。

17.2.1 层次结构概述

社会化大分工颠覆性地提高了整个社会的劳动效率。这种分工的思想也贯穿于软件的发展历史过程中,即子程序→函数过程→对象→组件→层。分工的内容越来越完备,抽象的层次越来越高,建模的粒度越来越大,和现实世界的距离也越来越近。

在软件系统结构设计上,也存在着这种分工的思想,那就是层次结构。著名的层次结构如开放系统互联参考模型。层次结构的特点是,上层使用下层提供的服务,且仅通过层次间的特定接口获取下层服务,下层通过特定接口为上层提供特定服务,且不依赖于上层,也不知道上层的存在。下层与相邻上层之间为一对多的关系,即同一个下层可能为不同的上层提供服务。

软件多层结构是一种基于组件和服务的,将系统不同层次的功能对应分散在不同软件层次上的软件系统结构设计观念。多层结构设计带来的直接优点是,模块重用性好、程序可维护性高、物理分布灵活、开发并行性高、系统进化容易。

1)可重用性:由于业务层独立存在,所以业务层中的各种服务可以被不同的应用程序使用。将组件的重用范围从以前的单个项目扩展到企业范围内的多个项目。

2)配置灵活性:由于软件系统被分成了独立的三层或多层,可以按照企业业务的功能需求和性能需求灵活配置各层次的物理位置、功能划分、计算机数量等,为需求迅速增长的分布式应用提供了实现基础。

3)开发并行性:由于层与层之间是采用基于服务的存取,并且是独立存在的,所以各层可以在约定好的接口下并行开发。

4)系统进化的容易度:当软件需求变更或技术进步时,只需要更改相应层中的组件,在保证接口不变的情况下,不会影响系统的其他部分,也不需要重新测试系统的其他部分。而且层与层之间采用基于服务的调用方式,所以,当业务规则变化时,只要更新单一的业务层,运行表示层的各客户端便自动地获得按照新的业务规则处理的能力。在基于业务层服务的基础上,可以采用渐增的方式增加客户端应用种类和接入媒体,因而系统可扩展性很好。层次之间通过接口的隔离来进行基于服务的调用,降低了系统的复杂性。

17.2.2 软件架构

1. 软件架构的概念

软件架构是一系列相关的抽象模式,用于指导大型软件系统各方面的设计。软件架构是一个系统的草图。软件架构描述的对象是直接构成系统的抽象组件。各组件之间的连接则明确和相对细致地描述组件之间的通信。在实现阶段，这些抽象组件被细化为实际的组件，如具体为某个类或对象。在面向对象领域中，组件之间的连接通常使用接口来实现。

2. 软件架构的分类

根据关注的角度不同，可以将架构分成逻辑架构和物理架构两种类型。

1）逻辑架构：即软件系统中组件之间的关系，组件包括用户界面、数据库、外部系统接口、业务逻辑组件等。例如，我们说一个系统由表示层、业务层和数据层组成，就是从逻辑架构的角度来认识该系统。逻辑架构一般与软件设计相关。

2）物理架构：即软件组件是怎样安装到硬件上的，物理架构一般与软件部署相关。常见的物理架构有两种：C/S 架构和 B/S 架构。

① C/S 架构。

C/S 架构，即客户机/服务器结构。客户机和服务器都是网络上的计算机，服务器为客户机提供网络必需的资源，客户机依靠服务器获得所需要的网络资源。同时，客户机可以看作请求某种服务（如数据库服务）的应用程序，服务器也可以看作为其他程序提供某种服务的应用程序，即 C/S 结构也可以基于单机实现。但无论是基于网络实现还是基于单机实现，客户机与服务器直接都是基于网络协议进行通信的，具体 C/S 软件架构如图 17-1所示。

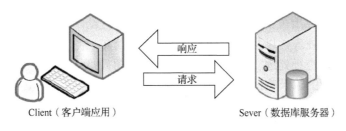

图 17-1　C/S 软件架构示意图

C/S 架构的优点：可以将任务合理分配到客户端和服务器端来实现，降低了系统的通信开销。目前大多数应用软件系统是 C/S 形式的两层结构。

C/S 架构的缺点：传统的 C/S 体系结构虽然采用的是开放模式，但这只是系统级的开放性，在特定的应用中无论是客户端还是服务器端都还需要特定的软件支持。C/S 结构的软件不仅需要针对不同的操作系统开发不同版本的软件，而且每台客户机都需要安装客户端程序，加之产品的更新换代十分快，已经难以适应百台计算机以上局域网用户同时使用。

② B/S 架构。

B/S 架构，即浏览器（browser）/服务器（server）结构。它是随着 Internet 技术的兴起，对 C/S 结构的一种变化或改进的结构。在这种结构下，用户工作界面是通过 WWW 浏览器来实现的，极少部分事务逻辑在前端实现，但是主要事务逻辑在服务器端实现。

B/S 架构的优点：从安装部署的角度来看，B/S 架构的应用程序可以在任何地方进行操作而不用安装任何专门的软件，只要有一台能上网的计算机就能使用。从软件开发的角度来看，B/S 架构的应用程序大大简化了客户端计算机的载荷，减轻了系统维护与升级的成本和工作量，降低了用户的总体成本。

B/S 架构的缺点：与 C/S 架构一样，B/S 架构程序是以"请求—响应"的方式进行工作的。唯一不同是需要浏览器端不断向服务器（Web）端请求新的网页，才能进行数据更新。而浏览器端具有被动性和滞后性，因此无法及时获取实时的数据并改变情况，而且即使网页中仅需要部分数据发生变化时，服务器端也必须重新发送整个网页，从而加重了服务器、网络的负担，降低了数据传输、应用的效率。

17.2.3　MVC 设计模式

MVC 模式是 model-view-controller 的缩写，中文翻译为"模型-视图-控制器模式"。MVC 应用程序总是由这 3 个部分组成。Event 导致控制器改变模式或视图，或者同时改变两者。只要控制器改变了模式的数据或属性，所有依赖的视图都会自动更新。同理，只要控制器改变了视图，视图就会从潜在的模式中获取数据来刷新自己。MVC 模式最早是 smalltalk 语言研究团提出的，应用于用户交互应用程序中。

MVC 模式是一个复杂的架构模式，其实现也显得非常复杂。但是，我们已经总结出了很多可靠的设计模式，多种设计模式结合在一起，使 MVC 模式的实现变得相对简单易行。

1.　MVC 的设计思想

MVC 把一个应用的输入、处理和输出流程按照模式、视图和控制器的方式进行分离，这样一个应用被分成了 3 个层——模型层、视图层和控制层。

视图代表用户交互界面，随着应用越来越复杂，以及规模越来越大，界面的处理也变得具有挑战性。一个应用可能有很多不同的视图，MVC 设计模式对于视图的处理仅限于视图上数据的采集和处理，以及用户的请求，而不包括在视图上的业务流程的处理。业务流程的处理交予模型进行处理。例如，一个订单的视图只接收来自模型的数据并显示给用户，以及将用户界面的输入数据和请求传递给控制和模型。

模型是根据业务流程/状态的处理及业务规则制定的。业务流程的处理过程对其他层来说是黑箱操作，模型接收视图请求的数据，并返回最终的处理结果。业务模型的设计可以说是 MVC 最主要的核心。目前流行的 EJB 模型就是一个典型的应用例子，它从应用技术实现的角度对模型做了进一步的划分，以便充分利用现有的组件，但它不能作为应用设计模型的框架。它仅仅告诉你按这种模型设计就可以利用某些技术组件，从而减少了技术上的困难。对一个开发者来说，就可以专注于业务模型的设计。MVC 设计模式告诉我们，把应用的模型按一定的规则抽取出来，抽取的层次很重要，这也是判断开发人员是否优秀的设计依据。抽象与具体不能隔得太远，也不能太近。MVC 并没有提供模型的设计方法，而只告诉你应该组织管理这些模型，以便于模型的重构和提高重用性。我们可以使用面向对象编程来进行比喻，MVC 定义了一个顶级类，告诉它的子类你只能做这些，但没办法限制你做这些。这点对编程的开发人员非常重要。

业务模型还有一个很重要的模型那就是数据模型。数据模型的主要内容就是实体对象的数据持续化，如将一张订单保存到数据库，从数据库获取订单。我们可以将这个模型单独列出，所有有关数据库的操作只限制在该模型中。

控制可以理解为用户接收请求，将模型与视图匹配在一起，然后共同完成用户请求的过程。划分控制层的作用也很明显，它清楚地告诉你，它就是一个分发器，选择什么样的模型和视图，可以完成什么样的用户请求。控制层并不做任何的数据处理。例如，用户单击一个链接，控制层接收请求后，并不处理业务信息，它只把用户的信息传递给模型，告诉模型做什么，选择符合要求的视图返回给用户。因此，一个模型可能对应多个视图，一个视图可能对应多个模型。

模型、视图与控制器的分离，使一个模型可以具有多个显示视图。如果用户通过某个视图的控制器改变了模型的数据，所有其他依赖于这些数据的视图都应反映到这些变化。因此，无论何时发生了何种数据变化，控制器都会将变化列通知所有的视图，导致显示的更新。这实际上是一种模型的变化——传播机制。模型、视图、控制器三者之间的关系和各自的主要功能，如图 17-2 所示。

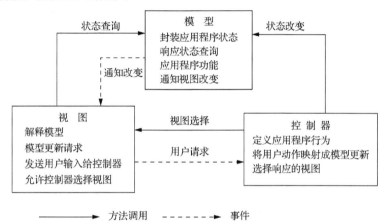

图 17-2　模型、视图、控制器三者之间的关系和各自的主要功能

2. MVC 的优点

首先，最重要的是应该有多个视图对应一个模型的能力。在目前用户需求快速变化的情况下，可能有多种方式访问应用的要求。例如，订单模型可能有本系统的订单、网上订单，或者其他系统的订单，但对于订单的处理都是一样的，也就是说订单的处理是一致的。按 MVC 设计模式，一个订单模型及多个视图即可解决问题。这样减少了代码的复制，即减少了代码的维护量，一旦模型发生改变，也易于维护。

其次，由于模型返回的数据不带任何显示格式，因而这些模型也可直接应用于接口的使用。

再次，由于一个应用被分离为 3 层，因此有时改变其中的一层就能满足应用的改变。改变一个应用的业务流程或业务规则时，只需改动 MVC 的模型层即可。控制层的概念也很有效，由于它把不同的模型和不同的视图组合在一起完成不同的请求，所以控制层可以说是包含了用户请求权限的概念。

最后，它还有利于软件工程化管理。由于不同的层各司其职，每一层不同的应用具有某些相同的特征，可以很方便地通过工程化、工具化的框架管理程序代码。

3. MVC 的不足

MVC 的不足体现在以下几个方面。

1）增加了系统结构和实现的复杂性。对于简单的界面，严格遵循 MVC 模式，使模型、视图与控制器分离，但这会增加结构的复杂性，并可能产生过多的更新操作，降低运行效率。

2）视图与控制器间的连接过于紧密。视图与控制器是相互分离但联系紧密的部件，视图没有控制器的存在，其应用是很有限的，反之亦然，这样就妨碍了它们的独立重用。

3）视图对模型数据的低效率访问。依据模型操作接口的不同，视图可能需要多次调用才能获得足够的显示数据。对未变化数据的不必要的频繁访问，也将损害操作性能。

4）目前，一般高级的界面工具或构造器不支持 MVC 模式。改造这些工具以适应MVC 的需要和建立分离的部件的代价是很高的，从而造成使用 MVC 的困难。

17.2.4 分层的系统架构

解决一类问题的方法可能会有很多种，但每种解决方法都应该体现一定的通用性。基于图形用户界面的桌面应用程序，从软件的部署角度考虑，C/S 是最适合的系统架构。那么如何通过代码构建整个系统呢？这就涉及软件的逻辑架构设计。

系统的逻辑架构有一层、两层、三层之分。"层"在体系架构设计中是一个抽象的概念，它是对系统组件功能的界定。使用面向对象思想构建的系统，通过组成系统的各对象间的彼此通信来实现其所提供的各项功能，所以不同的组件有不同的责任。

任何软件系统功能实现都离不开数据的支持，根据数据用途的不同，可以把构成系统的各组件划分为 3 类：用于数据显示的组件、用于数据处理的组件、用于数据存取的组件。

（1）基于一层的系统逻辑架构

与数据显示相关的组件一般被划分为表示层。表示层是系统与用户之间进行交互的界面，它除了能够显示数据，还负责从用户那里获取数据。如果在表示层中编写了与数据处理相关的业务逻辑代码（如在登录界面类中包含了验证登录名和密码是否合法的代码），那么以这种方法实现的系统就是基于一层体系架构的应用程序。一层体系架构很容易理解且便于实现，适合构建界面简单、业务也不算复杂的应用程序。

（2）基于两层的系统逻辑架构

当用户界面比较复杂时（包含了多种界面组件），如果在表示层中再添加具体的业务实现代码（包括数据处理和与数据存取相关的代码），那么随着系统功能的增加，程序维护的难度也会逐渐增大。当用户的需求发生了变动或界面设计稍有变化时，就必须对表示层代码"大动干戈"，这就是所谓的"牵一发而动全身"。

因此，为了便于程序维护，通常的解决方法是，将具体的业务实现代码从表示层分离出来，然后封装在专门的类中。当表示层需要时可以随时调用业务处理类中的相应方法。这样，如果界面设计或业务规则发生变化，则表示层与业务处理代码之间的牵扯程度就会尽可能减小，从而降低了代码维护的成本。我们就把与业务处理相关的一系列组件类划分为业务层，以表示层和业务层构建的系统就是基于两层架构的应用程序。

和一层体系架构相比，两层架构的系统设计降低了界面与业务逻辑代码之间的依赖关系（即通常所说的耦合度），提高了系统的可维护性。那么程序员是不是从此就可以高枕无忧了呢？事实上并非如此。在基于两层架构的应用程序中，业务层组件一般会把数据处理的结果保存到数据库系统中，因此大部分业务层组件中包含了与数据访问相关的代码，这些代码通常都会存在一定的冗余。当数据的存储方式发生变化（如更换了数据库或改用文件保存数据）时，所有与数据访问相关的业务层代码全部都要更改。如果以这种方式维护一个大型的应用程序，代码修改的工作量可想而知，这对于程序员来说简直就是一个噩梦。

那么借鉴两层架构的设计思想，是不是也可以考虑把数据访问代码从业务层中分离出来呢？答案是肯定的。

（3）基于三层的系统逻辑架构

我们把与数据存取相关的代码从业务层分离出来，然后封装在专门的类中，再将这些类划分为一个逻辑层，这就是三层体系架构中的数据访问层。

数据访问层组件主要负责与数据库打交道。它可以从数据库中检索数据，然后将数据交由业务层进行处理，或者将来自业务层的处理结果保存到数据库中。

三层体系架构的最大特点是提高了代码的重用性，从而进一步降低了系统的维护成本，因此它在大型应用程序的设计与开发中得到了广泛的应用。不仅如此，三层体系架构的设计思想在实际运用过程中还得到了进一步的扩展，以至出现了四层、五层，甚至多层体系架构的系统设计方法。

下面总结三层体系架构中各层的具体功能。

1）表示层：与用户交互的系统界面，负责采集用户数据或显示业务层的处理结果。

2）业务层：数据加工厂，负责处理来自表示层和数据访问层的业务数据。

3）数据访问层：负责在业务层和数据库之间交换数据。

应用程序的分层体系结构虽然提高了系统的扩展性和可维护性，但它并不是"放之四海而皆准"的法则。系统会因为层与层之间的交互而增加额外的代码量，并且层分得越多，层和层之间的频繁调用也会降低系统的执行效率。总之，只有在对系统的运行效率和它的可维护性之间进行认真的权衡之后，才能为"我的系统设计真的需要分层吗？"这个问题得出正确的答案。

（4）实体层组件

实体层的出现源于分层体系架构中层与层之间数据传递的需要。通常情况下，数据以方法参数的形式在层和层之间进行传递。例如，在三层体系架构中，表示层通过调用业务组件的方法，把从用户那里收集到的数据以参数的形式传递给业务层进行处理，数据处理完成后，业务层再调用数据访问组件的相关方法，把处理结果再以参数形式传递给数据访问层。随着业务数据的增多，以参数的形式传递数据就会变得越来越不方便。试想一下，如果调用每个方法都需要传递 10 个以上的参数，那么相信大多数程序员连各方法的参数个数都难以记住，就更不要说每个参数的含义了。因此，为了方便数据的传递，分层体系架构中引入了"实体"的概念。

在面向对象的思想中，可以把逻辑相关的一组数据封装在一个对象中，该对象就可以作为数据的载体为其他组件提供数据服务，也就是说，可以把对象作为方法参数进行传递，这个对象就是我们所说的"实体"，构建这个实体对象的模板就是"实体类"。

在分层体系架构的实现过程中，通常把数据库中的表作为构建实体类的依据，即表中的一个字段对应实体类中的一个属性。因此，数据库中的每个表都可以创建一个对应的实体类。所有这些实体类的集合就被划分为一个实体层，实体层的作用就是为系统中的其他逻辑层组件提供数据服务。每个实体层组件在创建时只包含了若干个属性字段，还有访问这些字段的 get 方法和 set 方法，在实体层组件中不应包含任何与业务相关的代码实现。那么如何使用实体层组件为其他各层提供数据服务呢？下面以三层体系架构进行说明。

1）在表示层中使用实体层组件。

使用方法 1：可以将用户在界面上的输入信息封装到已创建的实体对象中。例如，要完成用户注册的功能，首先需要创建一个 User 实体类，接下来把用户在界面上填写的注册信息封装在 User 实体类对象中，然后调用业务层组件的方法将 User 对象传递给业务层。

使用方法 2：获得业务层返回的实体对象，调用对象的 get 方法得到实体对象的属性值，然后更新界面组件的状态。

2）在业务层中使用实体层组件。

使用方法 1：业务层从表示层获取实体对象，可以调用实体对象的 set 方法更改其属性信息，然后将实体对象传递给数据访问层。例如，要实现在线购物的功能，业务层得到购物车实体对象后，调用其 setQuantity 方法更新商品数量。

使用方法 2：业务层接收来自数据访问层的数据查询结果（通常查询结果都封装在实体集合中），然后将查询结果返回表示层。

3）在数据访问层中使用实体层组件。

使用方法 1：数据访问层从数据库中检索信息，然后将检索结果（一般是表中的一行数据）封装在一个实体对象中，如果是多行数据则封装到一个实体集合中，最后将检索结果返回业务层。

使用方法 2：从业务层得到实体对象，调用实体对象的 get 方法得到属性值，最后将实体信息保存到数据库中。

17.3 多层软件开发案例

下面以多层软件设计思想为指导，采用 MVC 设计模式，设计实现一个银行转账案例，来说明多层软件设计的实现。

【案例题目】银行转账逻辑实现。逻辑控制要求如下。

1）每次转账不能超过 5000 元。

2）转出账户逻辑判断：账号是否存在？转出账户密码是否与账号匹配？转出账户是否被锁定？转出账户余额是否充足？

3）转入账户逻辑判断：账号是否存在？账号与姓名是否匹配？账号是否被锁定？

4）转账逻辑控制：当天转账金额累计不超过 20000 元；当天转账次数不能超过 5 次。

5）满足以上条件，转账成功；否则转账失败。

17.3.1 常规软件设计的实现步骤

（1）创建用户实体类

```
class NetUser
{
    string userID;
    public string UserID
    {
        get { return userID; }
```

```
        set { userID=value; }
    }
    string userName;
    public string UserName
    {
        get { return userName; }
        set { userName=value; }
    }
    string userPwd;
    public string UserPwd
    {
        get { return userPwd; }
        set { userPwd=value; }
    }
    decimal userNowBalance;
    public decimal UserNowBalance
    {
        get { return userNowBalance; }
        set { userNowBalance=value; }
    }
    bool lockFlag;
    public bool LockFlag
    {
        get { return lockFlag; }
        set { lockFlag=value; }
    }
}
```

（2）创建数据库通用访问类

本步骤可以直接使用 16.1.4 节创建的数据库通用访问类，但要注意命名空间的设置。

（3）项目操作 UI 界面

1）新建 Windows 窗体，命名为 MainForm。

2）进入 MainForm 窗体，将窗体的 Text 属性设置为"银行转账 DEMO"，将分辨率设置为 800 像素×600 像素，窗体的主要控件及属性设置如表 17-1 所示。

表 17-1　MainForm 窗体的主要控件及属性设置

控件类型	命名	属性
Label	系统默认	银行转账 DEMO
Label	系统默认	转出账户：
Label	系统默认	密码：
Label	系统默认	转入账号：
Label	系统默认	姓名：
Label	系统默认	转账金额：

续表

控件类型	命名	属性
TextBox	textBoxOutID	—
TextBox	textBoxOutPwd	PasswordChar：*
TextBox	textBoxInID	—
TextBox	textBoxInName	—
TextBox	textBoxMoney	—
Button	btnTransferMoney	Text：转账
Button	btnReset	Text：重置

窗体其他显示样式及效果可以根据实际情况具体调节，如字体的大小和颜色等。具体设计效果如图 17-3 所示。

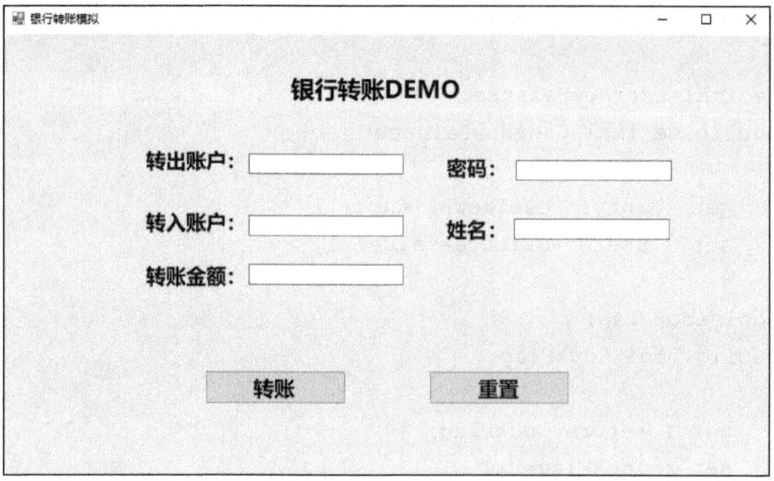

图 17-3　银行转账 DEMO 样例窗体

（4）"转账"按钮功能的逻辑实现

下面程序中的注释使用数字进行标识，以便区别。

```
private void btnTransferMoney_Click(object sender, EventArgs e)
{
    //1 采集界面用户输入数据
    NetUser userout=new NetUser();
    userout.UserID=textBoxOutID.Text.Trim();
    userout.UserPwd=textBoxOutPwd.Text;

    NetUser userin=new NetUser();
    userin.UserID=textBoxInID.Text.Trim();
    userin.UserName=textBoxInName.Text.Trim();
    SqlDataHelper dataHelper=null;
    int result=0;
    try
    {
        dataHelper=new SqlDataHelper();
```

```
decimal money=Convert.ToDecimal(textBoxMoney.Text.Trim());

//2  应用业务逻辑处理
//2.1 转账金额不能超过 5000 元
if(money>5000)
{
    throw new Exception("用户每次转账金额不能超过 5000 元。");
}
//2.2 转出账户判断
//2.2.1 创建操作数据库的 SQL 命令字符串
string outsql="select UserPwd,LockFlag,UserNowBalance"
        +"from NetUser where UserID=@UserID";
//2.2.2 创建 SQL 命令执行所需要的参数数组
SqlParameter[] outparam=new SqlParameter[]{
    new SqlParameter("@UserID",userout.UserID)
};
//2.2.3 调用通用访问类的查询方法获取结果
DataTable outdt=dataHelper.DbQuery(outsql, CommandType.Text,
outparam);
//2.2.4 封装数据对象
NetUser userout_db=null;
if(outdt.Rows.Count>0)
{
    userout_db=new NetUser();
    userout_db.UserID=userout.UserID;
    userout_db.UserPwd=outdt.Rows[0]["UserPwd"].ToString();
    userout_db.LockFlag=Convert.ToBoolean(outdt.Rows[0]
["LockFlag"]);
    userout_db.UserNowBalance=Convert.ToDecimal(outdt.Rows[0]
["UserNowBalance"]);
}
//2.2.5 转出账户的业务逻辑处理
if(userout_db==null)
{
    throw new Exception("转出账号不存在。");
}
else
{
    if(userout_db.UserPwd!=userout.UserPwd)
    {
        throw new Exception("转出账号密码错误。");
    }
    else
    {
        if(!userout_db.LockFlag)
```

```
            {
                throw new Exception("转出账号被锁定。");
            }
            else
            {
                if(userout_db.UserNowBalance<money)
                {
                    throw new Exception("转出账号余额不足。");
                }
            }
        }
    }
//2.3 转入账户判断
//2.3.1 创建操作数据库的 SQL 命令字符串
string insql="select LockFlag,UserName"
        +"from NetUser where UserID=@UserID";
//2.3.2 创建 SQL 命令执行所需要的参数数组
SqlParameter[] inparam=new SqlParameter[]{
    new SqlParameter("@UserID",userin.UserID)
};
//2.3.3 调用通用访问类的查询方法获取结果
DataTable indt=dataHelper.DbQuery(insql, CommandType.Text,
inparam);
//2.3.4 封装数据对象
NetUser userin_db=null;
if (indt.Rows.Count>0)
{
    userin_db=new NetUser();
    userin_db.UserID=userin.UserID;
    userin_db.LockFlag=Convert.ToBoolean(indt.Rows[0]
["LockFlag"]);
    userin_db.UserName=indt.Rows[0]["UserName"].ToString();
}
if(userin_db==null)
{
    throw new Exception("转入账号不存在。");
}
else
{
    if(userin.UserName!=userin_db.UserName)
    {
        throw new Exception("转入账号的用户名和账号不匹配。");
    }
    else
    {
```

```
                    if(!userin_db.LockFlag)
                    {
                        throw new Exception("转入账号被锁定。");
                    }
                }
            }
//2.4 数据库操作
//2.4.1 创建操作数据库的 SQL 命令字符串
string fundsql="select isnull(sum(FundAmt),0),count(*)"
        +"from FundOperate where UserID=@UserID and FundAmt<0"
        +"and datediff(day,HappenTime,getdate())=0";
//2.4.2 创建 SQL 命令执行所需要的参数数组
SqlParameter[] fundparam=new SqlParameter[]{
    new SqlParameter("@UserID",userout.UserID)
};
//2.4.3 调用通用访问类的查询方法获取结果
DataTable funddt=dataHelper.DbQuery(fundsql, CommandType.Text,
fundparam);

        if(-1*Convert.ToDecimal(funddt.Rows[0][0])+money>20000)
        {
            throw new Exception("当天转账金额不能超过 20000 元。");
        }
        if(Convert.ToDecimal(funddt.Rows[0][1])>=5)
        {
            throw new Exception("当天转账次数不能超过 5 次。");
        }
//2.5 转账操作
string tsql="insert into FundOperate (AdminID,UserID,FundAmt)"
    +"values (@AdminID,@UserID,@FundAmt)";
SqlParameter[] toutparam=new SqlParameter[]{
    new SqlParameter("@AdminID","20120801"),
    new SqlParameter("@UserID",userout.UserID),
    new SqlParameter("@FundAmt",-1*money)
};
SqlParameter[] tinparam=new SqlParameter[]{
    new SqlParameter("@AdminID","20120801"),
    new SqlParameter("@UserID",userin.UserID),
    new SqlParameter("@FundAmt",money)
};
try{
    dataHelper.BeginTransaction();
    dataHelper.DbTransUpdate(tsql, CommandType.Text, toutparam);
    dataHelper.DbTransUpdate(tsql, CommandType.Text, tinparam);
    dataHelper.Commit();
```

```
            }
            catch
            {
                dataHelper.RollBack();
                throw;
            }
            MessageBox.Show("转账成功!!! ");
        }
        catch (Exception ex)
        {
            MessageBox.Show(ex.Message);
        }
    }
```

（5）案例实现分析

本项目功能实现的逻辑要求非常复杂，涉及 10 多次数据库操作，若直接实现则出现以下问题。

1）功能逻辑代码实现较长，难以理解和读懂。

2）代码不利于重复使用，且不容易维护。尤其是涉及账户类的逻辑判断，可能在系统中经常使用，但是一层实现则将多个功能耦合在一起，不利于重复使用。

3）影响软件开发人员的思维关注度。大型项目软件开发时，功能实现逻辑一般要求较为复杂，控制点位较多，如果程序员在界面数据采集、逻辑处理、数据库访问等不同类型的代码之间进行切换，很容易导致逻辑关注度不够，从而出现软件 Bug。

17.3.2 采用多层软件结构的实现步骤

在 17.3.1 节的（1）～（3）步的基础上完成如下步骤。

（1）创建数据访问层

在下面代码的注释中，数字序号与 17.3.1 节中的代码中的注释序号一致，以便对照参考。

```
class DAL
{
    public NetUser GetUserMsgByID(string userid)
    {
        //2.2.1 创建操作数据库的 SQL 命令字符串
        string sql="select UserName,UserPwd,LockFlag,UserNowBalance "+"
from NetUser where UserID=@UserID";
        //2.2.2 创建 SQL 命令执行所需要的参数数组
        SqlParameter[] cmdparams=new SqlParameter[]{
            new SqlParameter("@UserID",userid)
        };
        //2.2.3 调用通用访问类的查询方法获取结果
        DataTable userdt=new SqlDataHelper() .DbQuery(sql, CommandType.
Text, cmdparams);
```

```
        //2.2.4 封装数据对象
        NetUser user=null;
        if(userdt.Rows.Count>0)
        {
            user = new NetUser();
            user.UserID=userid;
            user.UserName=userdt.Rows[0]["UserName"].ToString();
            user.UserPwd=userdt.Rows[0]["UserPwd"].ToString();
            user.LockFlag=Convert.ToBoolean(userdt.Rows[0]["LockFlag"]);
            user.UserNowBalance = Convert.ToDecimal(userdt.Rows[0]
["UserNowBalance"]);
        }

        return user;
    }

    public void GetOutUserSummary(string userid, ref decimal money, ref
int times)
    {
        string fundsql="select isnull(sum(FundAmt),0),count(*)"
                +"from FundOperate where UserID=@UserID and FundAmt<0"
                +"and datediff(day,HappenTime,getdate())=0";
        //2.4.2 创建 SQL 命令执行所需要的参数数组
        SqlParameter[] fundparam=new SqlParameter[]{
                new SqlParameter("@UserID",userid)    };
        //2.4.3 调用通用访问类的查询方法获取结果
        DataTable funddt=new SqlDataHelper().DbQuery(fundsql,
CommandType.Text, fundparam);

        money=-1*Convert.ToDecimal(funddt.Rows[0][0]);
        times=Convert.ToInt16(funddt.Rows[0][1]);
    }

    public void TransferMoney(string outid,string inid,decimal money)
    {
        SqlDataHelper dataHelper=new SqlDataHelper();
        //2.5 转账操作
        string tsql="insert into FundOperate (AdminID,UserID,FundAmt)"
            +"values (@AdminID,@UserID,@FundAmt)";
        SqlParameter[] toutparam=new SqlParameter[]{
                new SqlParameter("@AdminID","20120801"),
                new SqlParameter("@UserID",outid),
                new SqlParameter("@FundAmt",-1*money)
            };
        SqlParameter[] tinparam=new SqlParameter[]{
```

```
                    new SqlParameter("@AdminID","20120801"),
                    new SqlParameter("@UserID",inid),
                    new SqlParameter("@FundAmt",money)
                };
            try
            {
                dataHelper.BeginTransaction();
                dataHelper.DbTransUpdate(tsql, CommandType.Text, toutparam);
                dataHelper.DbTransUpdate(tsql, CommandType.Text, tinparam);
                dataHelper.Commit();
            }
            catch
            {
                dataHelper.RollBack();
                throw;
            }
        }
    }
```

（2）创建业务逻辑层

```
class BLL
{
    private int MoneyLimited(decimal money)
    {
        if(money>5000)
        {
            return 1;
        }
        return 0;
    }

    private int OutAccountDealing(NetUser userout,decimal money)
    {
        decimal moneyout=0;
        int timesout=0;
        DAL dal=new DAL();
        NetUser userout_db=dal.GetUserMsgByID(userout.UserID);
        //2.2.5 转出账户的业务逻辑处理
        int flag=0;
        if(userout_db==null)
        {
            flag=2;                 //代表用户账号不存在
        }
        else
        {
```

```
            if(userout_db.UserPwd!=userout.UserPwd)
            {
                flag=3;              //转出密码错误
            }
            else
            {
                if(!userout_db.LockFlag)
                {
                    flag=4;          //转出账号被锁定
                }
                else
                {
                    if(userout_db.UserNowBalance < money)
                    {
                        flag=5;   //转出账号余额不足
                    }
                }
            }
            dal.GetOutUserSummary(userout.UserID,ref moneyout,ref
timesout);
            if(moneyout+money>20000)
            {
                flag=6;              //当天转账金额超过 20000 元
            }
            if (timesout>4)
            {
                flag=7;              //当天转账次数已达到 5 次
            }
        }
        return flag;
    }
    private int InAccountDealing(NetUser userin)
    {
        DAL dal=new DAL();
        NetUser userin_db=dal.GetUserMsgByID(userin.UserID);
        if(userin_db==null)
        {
        return 8;                //转入账号不存在
        }
        else
        {
            if(userin.UserName!=userin_db.UserName)
            {
                return 9;         //转入账号的用户名和账号不匹配
            }
```

```
            else
            {
                if(!userin_db.LockFlag)
                {
                    return 10;   //转入账号被锁定
                }
            }
        }
        return 0;
    }


    public int TransferMoney(NetUser userout, NetUser userin, decimal
money)
    {
        int flag=this.MoneyLimited(money);
        if(flag!=0)
        {
            return flag;
        }
        flag=this.OutAccountDealing(userout, money);
        if (flag !=0)
        {
            return flag;
        }
        flag=this.InAccountDealing(userin);
        if(flag!=0)
        {
            return flag;
        }
        new DAL().TransferMoney(userout.UserID, userin.UserID, money);
        return 0;
    }
}
```

（3）"转账"按钮功能的逻辑实现

```
public void btnTransferMoney_MultiLayer_Click(object obj, EventArgs e)
{
    try
    {
        //1 采集界面数据
        NetUser userout=new NetUser();
        userout.UserID=textBoxOutID.Text.Trim();
        userout.UserPwd=textBoxOutPwd.Text;
        NetUser userin=new NetUser();
        userin.UserID=textBoxInID.Text.Trim();
```

```csharp
            userin.UserName=textBoxInName.Text.Trim();
            decimal money=Convert.ToDecimal(textBoxMoney.Text.Trim());
            //2 委托业务逻辑层进行业务处理
            int flag=new BLL().TransferMoney(userout,userin,money);
            //3 显示处理结果
            string errormsg="";
            switch (flag)
            {
                case 0:
                    errormsg+="转账成功!!! ";
                    break;
                case 1:
                    errormsg+="转账金额最高为 5000 元!!! ";
                    break;
                case 2:
                    errormsg+="转出账户不存在!!! ";
                    break;
                case 3:
                    errormsg+="转出账户密码错误!!! ";
                    break;
                case 4:
                    errormsg+="转出账户被锁定!!! ";
                    break;
                case 5:
                    errormsg+="转出账户金额不足!!! ";
                    break;
                case 6:
                    errormsg+="当天转账金额超过 20000 元!!! ";
                    break;
                case 7:
                    errormsg+="当天转账次数已达到 5 次!!! ";
                    break;
                case 8:
                    errormsg+="转入账号不存在!!! ";
                    break;
                case 9:
                    errormsg+="转入账号的用户名和账号不匹配!!! ";
                    break;
                case 10:
                    errormsg+="转入账号被锁定!!! ";
                    break;
            }

            MessageBox.Show(errormsg);
        }
```

```
catch (Exception ex)
{
    MessageBox.Show(ex.Message);
}
}
```

　　至此，基于多层软件结构思想的银行转账 DEMO 功能逻辑已经全部实现，请读者对照 17.3.1 节和 17.3.2 节相同注释的代码，体会多层软件设计思想的优缺点。

本 章 小 结

　　本章首先介绍了软件开发规范化理论，其次介绍了多层软件设计思想，包括层次结构的概念、软件架构、MVC 设计模式和分层系统架构，最后以银行转账逻辑的实现为例介绍了多层软件设计思想的应用。通过学习本章的内容，读者应能够理解常见的软件开发规范化理论，掌握多层软件设计的思想和方法，为数据库软件的应用开发打下坚实的基础。

思考与练习

1. 软件的开发周期可以划分为几个阶段？
2. 请简要说明软件设计规范化的含义。
3. 软件编码规范化有哪些要求？
4. 软件检测规范化和软件维护规范化时都要注意哪些事项？
5. 多层结构设计具有什么优点？
6. 什么是软件架构？它可以分为几种类型？
7. 什么是 MVC 设计模式？

第 18 章　Crystal Reports 技术

数据报表，作为商业系统中必不可少的功能（或称为模块），随着这些年大数据、BI（一款商务智能软件）、数据决策的流行，数据报表也逐渐成为商业系统中的核心功能（模块）。报表控件的出现就是为了极大地简化复杂数据报表的设计、调试、预览、打印、导出等功能代码开发，让开发人员将精力和时间投入数据整理、准备及 UI 方面。本章主要介绍 Crystal Reports 的基本概念，以及 Crystal Reports 的两种方法——PULL 模式和 PUSH 模式，通过实例介绍两种模式的应用，并对其进行对比分析，给出使用建议。

重点和难点

● Crystal Reports 的使用
● PULL 模式
● PUSH 模式

18.1　Crystal Reports 概述

Crystal Reports 是 Visual Studio 环境用于创建报表的标准工具，利用 Crystal Reports 可以创建交互式的优质报表。Crystal Reports 不仅能为 WinForm 和 WebForm 创建报表，还能将报表作为 Web 服务存放在 Web 服务器。Crystal Reports 提供了"水晶报表设计器"用于创建并格式化报表样式，大大减少了代码编写量。

1．Crystal Reports 的特点

Crystal Reports 软件（也称水晶报表软件）具有如下特点。

1）可以使用各种资料制作报表。

2）可享用功能强大的设计与格式设定功能。

3）结合弹性的分析。

4）最快的报表处理能力。

5）灵活的报表传送作业。

6）可扩充的 Web 报表制作。

7）可嵌入 Windows 及 Web 应用程序。

8）具有针对网站环境设计的报表制作功能。

9）支持应用程序的强大报表制作功能。

10）可享用前所未有的弹性与操控能力。

2．Crystal Reports 的安装步骤

1）下载 Crystal Reports 13 对于 Visual Studio 支持的 2 个文件，即 CRforVS_13_0_17 和 CRforVS_redist_install_64bit_13_0_17。

2）重启 Visual Studio，在项目上新建项，此时多了一个 Repoting 的项目模板，模板中包含一个 Crystal Report 选项，选择该选项即可创建报表模板的.rpt 文件。

3）在使用水晶报表的网站项目上，添加如下 4 个引用，即 CrystalDecisions.CrystalReports. Engine、CrystalDecisions.ReportSource、CrystalDecisions.Shared、CrystalDecisions.Web。

4）打开 C:inetpubwwwroot 文件夹，并找到 aspnet_client 文件夹，将此文件夹复制到网站项目的根目录。这个文件夹中的文件，是水晶报表打印页面所需的用户界面样式文件，如果不复制这个文件夹，则在打印页面看不到任何东西，包括水晶报表打印的工具栏。

以上 4 步完成后，即可调用模板文件进行打印了。

3．Crystal Reports 的两种应用方法

Crystal Reports 在应用时有两种方法，分别是拉模式（PULL）和推模式（PUSH）。

1）拉模式：在水晶报表生成时，数据源是水晶报表文件中设置的 SQL 操作语句从数据库中提取出来的，在编程时不用重写 SQL 语句，但要加上登录信息。

2）推模式：在水晶报表生成时，数据源是依据用户报表呈现需求，进行程序逻辑编程重构生成的数据集对象。也就是说，推模式使用 dataset 组装水晶报表。

4．Crystal Reports 的组件

水晶报表在 Visual Studio 中有两种组件，在 Web 项目中分别是 CrystalReportSource 和 CrystalReportViewer；在 Form 项目中分别是 CrystalReport 和 CrystalReportViewer。Crystal ReportSource 和 CrystalReport 是水晶报表的数据提供者，而 CrystalReportViewer 是水晶报表的浏览器。

5．报表教学案例

下面以一个案例说明 Crystal Reports 的应用，并对其相关知识进行讲解。

【案例题目】打印管理员收费明细报表，具体要求如下。

1）在项目主窗体输入管理员编号，具体设计效果如图 18-1 所示。

2）报表样式的设计效果如图 18-2 所示。

3）管理员编号信息传递到报表中的文本框中进行显示。

4）依据编号查询类似姓名等唯一性信息，并使用文本框进行显示。

5）采用表格方式展示用户收费明细信息，具体内容包括记录号、用户账号、用户姓名、充值时间、充值金额等。

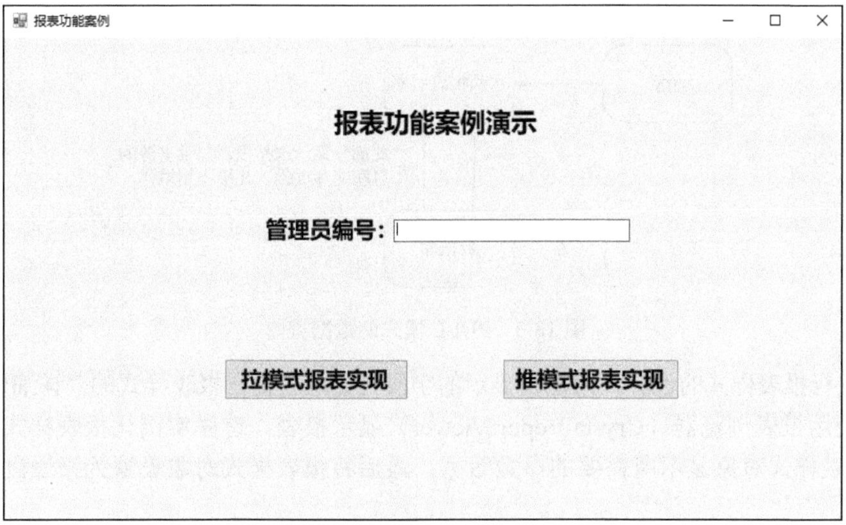

图 18-1　主窗体的设计效果

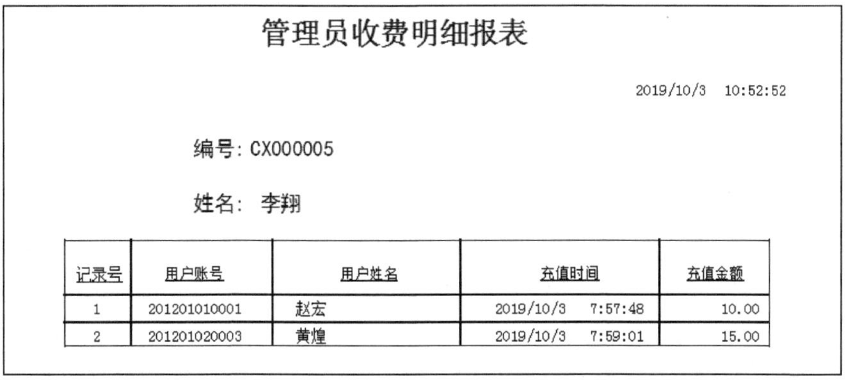

管理员收费明细报表

2019/10/3　10:52:52

编号: CX000005

姓名:　李翔

记录号	用户账号	用户姓名	充值时间	充值金额
1	201201010001	赵宏	2019/10/3　7:57:48	10.00
2	201201020003	黄煌	2019/10/3　7:59:01	15.00

图 18-2　报表样式的设计效果

18.2　PULL 模式与教学案例实现

1. PULL 模式的实现机制

在 PULL 模式下，应用程序由水晶报表模板（引擎）直接连接数据库（源），从数据库（源）中读取数据（在水晶报表中设置好数据库信息，以及相关的表）。当在程序中调用水晶报表引擎并挂载模板后，水晶报表引擎会根据模板中的数据库信息，以及表信息主动连接数据库，返回数据给报表模板，模板根据设计样式进行呈现。PULL 模式的数据流向如图 18-3 所示。

2. PULL 模式的实现步骤

1）创建 Crystal Reports 空白报表。

2）设置到数据源的连接：数据库专家。

3）创建报表来源数据的数据库执行命令：尤其注意参数的设定。

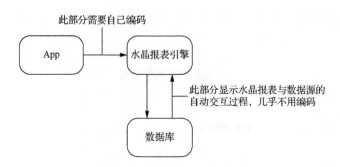

图 18-3　PULL 模式的数据流向

4）进行报表样式的设计，须重复显示的字段内容应放置在报表样式的"详细资料"中。

5）使用报表浏览器（CrystalReportViewer）显示报表。首先实例化报表样式对象；其次设置报表样式对象显示所需要的参数数据；最后将报表样式对象设置为报表浏览器对象的报表源。

3．PULL 模式的教学案例实现

（1）新建报表样式

新建 CrystalReport 报表样式，命名为 PullReport.rpt。

（2）设置报表运行的数据源

1）在报表样式 PullReport 中打开"数据库专家"，在"数据"标签的"可用数据源"列表框选择"创建新连接"选项。

2）选择"OLE DB（ADO）建立新连接"选项，在打开的"OLE DB（ADO）"数据库连接提供程序对话框中选择"Microsoft OLE DB Provider for SQL Server"选项，单击"下一步"按钮，打开"OLE DB（ADO）"连接目标数据源信息对话框。

3）在"OLE DB（ADO）"连接目标数据源信息对话框中，根据需要设置数据库服务器实例名称、认证模式和账户密码、数据库名称等信息，然后单击"完成"按钮。

4）单击新创建数据库连接列表中的"添加命令"按钮，创建两条数据库查询命令，相关命令及其参数设置如图 18-4 和图 18-5 所示。

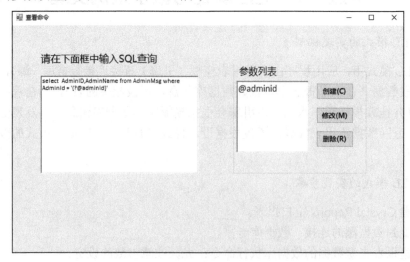

图 18-4　管理员基本信息查询命令

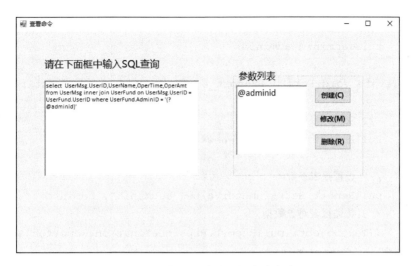

图 18-5　管理员充值明细查询命令

（3）设计报表运行样式

在 PullReport 报表样式中，打开字段资源管理器，加载数据库中的数据字段，并根据
需要设计报表运行样式，具体如图 18-6 所示。

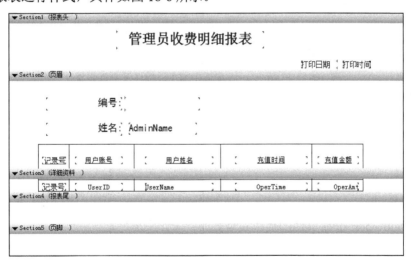

图 18-6　PULL 模式的报表显示效果

（4）创建报表加载窗体

1）新建 WinForm 窗体，命名为 FormPullReport，将其 WindowState 属性设置为
Maximized。

2）在 FormPullReport 中添加 CrystalReportViewer 组件，命名为 crvPull。

3）加载报表样式并设置查询参数、文本字段等数据信息。

```
public partial class FormPullReport : Form
{
    string adminid;
    public FormPullReport(string adminid)
    {
```

```
            InitializeComponent();
            this.adminid=adminid;
        }
        private void FormPullReport_Load(object sender, EventArgs e)
        {
            //1 实例化报表样式
            PullReport pullReport=new PullReport();

            //2 设置报表参数
            pullReport.SetParameterValue("@adminid", adminid);
            //3 传递报表对象数据
            ((TextObject)(pullReport.ReportDefinition.ReportObjects
["TextAdminID"])).Text=adminid;
            //4 将报表对象放置到报表浏览器中
            crvPull.ReportSource=pullReport;
        }
    }
```

（5）创建案例运行的主窗体

1）创建 WinForm 窗体，命名为 FormReport，具体设计样式如图 18-1 所示，窗体中的主要控件及属性设置如表 18-1 所示。

表 18-1　FormReport 窗体中的主要控件及属性设置

控件类型	命名	属性
Label	系统默认	Text：报表功能案例演示
Label	系统默认	Text：管理员编号：
TextBox	textBoxAdminID	—
Button	btnPullReport	Text：拉模式报表实现
Button	btnPushReport	Text：推模式报表实现

2）btnPullReport 按钮事件的代码实现如下。

```
private void btnPullReport_Click(object sender, EventArgs e)
{
    string adminid=textBoxAdminID.Text.Trim();
    FormPullReport formPullReport=new FormPullReport(adminid);
    formPullReport.Show();
}
```

至此，PULL 模式实现报表打印功能已经介绍结束，可自行调试运行并展示报表效果。

18.3　PUSH 模式与教学案例实现

1. PUSH 模式的实现机制

在 PUSH 模式下，由应用程序从数据库（源）获取数据，然后把数据推送给水晶报表引擎。水晶报表本身不与数据库进行交互。PUSH 模式的数据流向如图 18-7 所示。

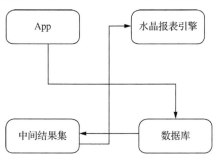

图 18-7　PUSH 模式的数据流向

2. PUSH 模式的实现步骤

1）创建报表所需数据的数据集对象。

2）创建空白报表样式，然后将数据集添加到数据库专家。

3）进行报表样式的设计，需要重复显示的字段内容应放置在报表样式的"详细资料"中。

4）使用报表浏览器（CrystalReportViewer）显示报表。首先实例化报表样式对象；其次设置报表样式对象的数据源（事先准备好的 DataTable 对象）；然后设置报表样式对象中部分组件的显示数据；最后将报表样式对象设置为报表浏览器对象的报表源。

3. PUSH 模式的教学案例实现

（1）设置配置文件信息

```xml
<?xml version="1.0"?>
<configuration>
  <configSections>
  </configSections>
  <connectionStrings>
    <add   name="NetBar"  connectionString="server=(local)\SQLEXPRESS;
Integrated Security =SSPI;database=NetBar" />
  </connectionStrings>
  <startup useLegacyV2RuntimeActivationPolicy="true">
    <supportedRuntime version="v4.0" sku=".NETFramework,Version=v4.0"/>
  </startup>
</configuration>
```

（2）创建数据库通用访问类
本步骤可直接使用 16.1.4 节创建的数据库通用访问类，但要注意命名空间的设置。

（3）创建数据访问层

```
class ReportDAL
{
    public DataTable GetAdminMsgByID(string adminid)
    {
```

```
        string sqlstr="select AdminName,AdminImage from AdminMsg where
AdminID=@AdminID";
            SqlParameter[] cmdparams=new SqlParameter[]{
                new SqlParameter("@AdminID",adminid)};
            return new DataHelper().DbQuery(sqlstr, CommandType.Text,
cmdparams);
        }


        public DataTable GetFundMxByAdminID(string adminid)
        {
            string sqlstr="select UserMsg.UserID,UserName,OperTime,OperAmt"
                    +"from UserMsg inner join UserFund on UserMsg.UserID=
UserFund.UserID where UserFund.AdminID=@AdminID";

            SqlParameter[] cmdparams=new SqlParameter[]{
                new SqlParameter("@AdminID",adminid)
            };
            return new DataHelper().DbQuery(sqlstr, CommandType.Text,
cmdparams);
        }
    }
```

（4）创建业务逻辑层

```
    class ReportBLL
    {
        public DataTable GetAdminMsgByID(string adminid)
        {
            return new ReportDAL().GetAdminMsgByID(adminid);
        }
        public DataTable GetFundMxByID(string adminid)
        {
            return new ReportDAL().GetFundMxByAdminID(adminid);
        }
    }
```

（5）设计报表运行样式

1）新建 CrystalReport 报表样式，命名为 PushReport.rpt。

2）在项目命名空间新建数据集，命名为 PushDS.xsd，具体数据集样式如图 18-8 所示。

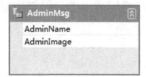 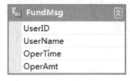

图 18-8　PUSH 模式的数据集样式

3）将数据集样式添加到报表样式中。在 PUSH 报表样式中，首先打开"数据库专家"；其次选择"数据"标签中的"可用数据源"列表框中的"项目数据"选项；再次在"ADO.NET"数据集中选择第 2）步中创建的数据集样式；最后将其添加到报表样式中。

4）设计 PUSH 报表显示效果样式。采用标签显示提示性文字，在字段资源管理器中选择要加载的数据源样式。具体效果如图 18-6 所示。

（6）创建报表加载窗体

1）新建 WinForm 窗体，命名为 FormPushReport，将其 WindowState 属性设置为 Maximized。

2）在 FormPushReport 中添加 CrystalReportViewer 组件，命名为 crvPush。

3）将报表真实数据源与样式数据源进行绑定，具体代码如下。

```
public partial class FormPushReport : Form
{
    string adminid;
    DataSet rpds;
    public FormPushReport(string adminid,DataSet ds)
    {
        InitializeComponent();
        this.adminid=adminid;
        this.rpds=ds;
    }

    private void FormPushReport_Load(object sender, EventArgs e)
    {
        PushReport pushReport=new PushReport();
        pushReport.SetDataSource(rpds);
        ((TextObject)(pushReport.ReportDefinition.ReportObjects
["TextAdminID"])).Text=adminid;   //设置报表样式中文本框的数据
        crvPush.ReportSource=pushReport;
    }
}
```

（7）创建案例运行主窗体

项目主窗体 FormReport 的 btnPushReport 按钮事件的代码实现如下。

```
private void btnPush_Click(object sender, EventArgs e)
{
    //1 获取管理员编号数据
    string adminid=textBoxAdminID.Text.Trim();
    //2 获取该管理员相关的基本信息及资金操作信息
    DataSet rpds=new DataSet();
    ReportBLL rpbll=new ReportBLL();
    DataTable adminMsg=rpbll.GetAdminMsgByID(adminid);
```

```
        DataTable fundMsg=rpbll.GetFundMxByID(adminid);

        adminMsg.TableName="AdminMsg";
        fundMsg.TableName="FundMsg";
        rpds.Tables.Add(adminMsg);
        rpds.Tables.Add(fundMsg);
        FormPushReport formPushReport=new FormPushReport(adminid, rpds);
        formPushReport.Show();
    }
```

至此，项目的整个功能完全实现，可以单击"调试"按钮显示运行效果。

18.4 PULL 模式和 PUSH 模式的特点

PUSH 模式是一种建立在客户服务器上的机制，就是由服务器主动将信息发往客户端的技术。同传统的 PULL 模式相比，最主要的区别在于 PUSH 技术是由服务器主动向客户机发送信息，而 PULL 技术则是由客户机主动请求信息。PUSH 技术的优势在于信息的主动性和及时性。PUSH 模式和 PULL 模式也称"推"技术和"拉"技术。

所谓"推"技术，是与"拉"技术相对的，就是服务器根据事先规定的设置文件，主动向浏览器递送信息的技术。"推"技术与使用浏览器查找的"拉"信息技术不同，它是根据用户的需求，有目的性地按时将用户感兴趣的信息主动发送到用户的计算机中。就像广播电台播音，"推"技术主动将最新的新闻和资料推送给客户，使用户不必上网搜索。

1. PULL 模式的特点

优点：代码量少、执行效率高、开发速度快。

缺点：①报表模板独占一个数据库连接，只有当报表对象释放后才释放该连接对象，且持有时间比较长（打印、翻页等），多用户系统环境下少一个连接对象对系统性能的影响较大；②灵活性较差，除了 SQL 语句对数据的控制，几乎不能再对数据进行额外加工；③维护不太方便，因为代码主要由系统进行维护，发现错误后很难定位。

2. PUSH 模式的特点

优点：①可以共用系统数据库连接，减少数据库连接损耗；②可方便地自由组合多数据源（如多数据库等）；③灵活多变。

缺点：①当传输数据低于数据产生能力时，一旦大数据到达连接对象，就会导致数据堆积、处理缓慢，甚至服务崩溃；②连接对象需要维护和每个数据对象之间的会话，这样会降低效率。

3. 项目开发时的选择

1）对于有大量报表清单且访问用户较少的应用项目，则建议采用 PULL 模式，加快开发速度。

2）其他情况则建议采用 PUSH 模式，以便进行项目管理与维护。

本 章 小 结

　　本章首先介绍了 Crystal Reports 的基本概念，然后介绍了 Crystal Reports 的两种模式——PULL 模式和 PUSH 模式，通过实例介绍了两种模式的具体应用，并进行了对比分析，给出了使用建议。通过学习本章的内容，读者能够理解并掌握 Crystal Reports 技术，掌握各种使用方法，为数据库软件的设计开发打下坚实的基础。

思考与练习

　　1．Crystal Reports 具有什么特点？它有哪两种应用方法？

　　2．什么是 PULL 模式？它的实现步骤是什么？

　　3．什么是 PUSH 模式？它的实现步骤是什么？

　　4．PUSH 模式和 PULL 模式的优缺点分别是什么？

　　5．在项目开发时，怎样选择 PUSH 模式和 PULL 模式？

第 19 章 WCF 服务编程

WCF 的全称是 Windows Communication Foundation，它是微软公司设计的一组数据通信应用程序开发接口，可以翻译为 Windows 通信基础框架（或 Windows 通信接口），它是.NET 框架的一部分，由.NET Framework 3.0 开始引入。WCF 是.NET 提供的一种服务，可以将自己写的程序（如从数据库中读取数据操作等）分装成服务后，发布到服务器上，然后会生成一个网址。客户端在编程时，可以引用这个服务，并使用这个服务中提供的功能。WCF 的最终目标是通过进程或不同的系统、通过本地网络或通过 Internet 收发客户和服务之间的消息。

本章主要介绍 WCF 的基本概念、服务契约及其实现、服务宿主托管实现和服务客户端调用实现，阐述 WCF 宿主创建和 WCF 服务托管的实现步骤。

重点和难点
- WCF 基本概念
- WCF 编程模型及其实现
- WCF 契约
- WCF 服务托管

19.1 WCF 基础知识

WCF 是 Windows 平台下各种分布式技术的集大成者，它合并了 Web 服务、.Net Remoting、消息队列和 Enterprise Services 的功能，并集成在 Visual Studio 中，它将各种通信技术完全地整合在一起，提供了一套统一的 API。WCF 提供的服务，是软件开发技术进化到一定程度的结果，是软件编程技术的集大成者。下面简要介绍软件开发和软件工程的发展。

19.1.1 软件开发及软件工程的发展

软件是由计算机程序和程序设计的概念发展演化而来的，是在程序和程序设计发展到一定规模并逐步商品化的过程中形成的。

1. 软件开发的各阶段

软件开发主要包括程序设计阶段、软件设计阶段和软件工程阶段等。

（1）程序设计阶段

程序设计阶段出现在 1946～1955 年。此阶段的特点是，尚无软件的概念，程序设计主要围绕硬件进行开发，规模很小，工具简单，无明确分工（开发者和用户），程序设计追求节省空间和编程技巧，无文档资料（除程序清单外），主要用于科学计算。

（2）软件设计阶段

软件设计阶段出现在 1956～1970 年。此阶段的特点是，硬件环境相对稳定，出现了"软件作坊"的开发组织形式。开始广泛使用产品软件（可购买），从而建立了软件的概念。随着计算机技术的发展和计算机应用的日益普及，软件系统的规模越来越庞大，高级编程语言层出不穷，应用领域不断拓宽，开发者和用户有了明确的分工，社会对软件的需求量剧增。但软件开发技术没有重大突破，软件产品的质量不高，生产效率低下，从而导致了"软件危机"的产生。

（3）软件工程阶段

自 1970 年起，软件开发进入了软件工程阶段。由于"软件危机"的产生，迫使人们不得不研究、改变软件开发的技术手段和管理方法。从此软件进入了软件工程时代。此阶段的特点是，硬件已向巨型化、微型化、网络化和智能化 4 个方向发展，数据库技术已成熟并广泛应用，第三代、第四代语言出现。

2. 软件危机与应对方法

从 20 世纪 60 年代中期到 20 世纪 70 年代中期是计算机系统发展的第二个时期，在这一时期，软件开始作为一种产品被广泛使用，出现了"软件作坊"（专职应别人的需求写软件）。软件开发的方法基本上仍然沿用早期的个体化软件开发方法，但软件的数量急剧膨胀，软件需求日趋复杂，维护的难度越来越大，开发成本非常高，而失败的软件开发项目却屡见不鲜。"软件危机"就这样开始了！

"软件危机"使人们开始对软件及其特性进行更深一步的研究，人们改变了早期对软件的不正确看法。早期那些被认为是优秀的程序常常很难被别人看懂，通篇充满了程序技巧。现在人们普遍认为优秀的程序除了功能正确、性能优良，还应该容易看懂、容易使用、容易修改和扩充。

1968 年，北大西洋公约组织的计算机科学家在联邦德国召开的国际学术会议上第一次提出了"软件危机"（software crisis）这个名词。概括来说，软件危机包括以下两方面的问题。

1）如何开发软件，以满足不断增长、日趋复杂的需求。

2）如何维护数量不断膨胀的软件产品。

为了迎接软件危机的挑战，人们进行了不懈的努力。这些努力大致上是沿着两个方向同时进行的。

第一个方向是从管理的角度，希望实现软件开发过程的工程化。这方面最为著名的成果就是提出了大家都很熟悉的"瀑布式"生命周期模型。它是在 20 世纪 60 年代末"软件危机"后出现的第一个生命周期模型，即分析→设计→编码→测试→维护。

后来，又有人针对该模型的不足，提出了快速原型法、螺旋模型、喷泉模型等对"瀑布式"生命周期模型进行补充。现在，它们在软件开发的实践中被广泛使用。

这方面的努力，还使人们认识到了文档的标准及开发者之间、开发者与用户之间的交流方式的重要性。一些重要文档格式的标准被确定下来，包括变量、符号的命名规则及原代码的规范式。

软件工程发展的第二个方向，侧重于对软件开发过程中的分析、设计方法进行研究。这方面的重要成果就是在 20 世纪 70 年代风靡一时的结构化开发方法，即面向过程的开发或结构化方法，以及结构化的分析、设计和相应的测试方法。

软件工程的目标是研制、开发、生产出具有良好的软件质量和费用合算的产品。费用合算是指软件开发运行的整个开销能满足用户要求的程度，软件质量是指该软件能满足明确的和隐含的需求能力有关特征和特性的总和。软件质量可用 6 个特性来进行评价，即功能性、可靠性、易使用性、效率、维护性、易移植性。

3. 软件工程的定义

软件工程是一门研究用工程化方法构建和维护有效的、实用的和高质量的软件的学科。它涉及程序设计语言、数据库、软件开发工具、系统平台、标准、设计模式等方面。

4. 软件工程的各阶段

（1）面向对象的软件工程

自从 1985 年首次提出面向对象的概念以来，面向对象技术作为一种全新的软件开发方法开始在软件工程领域广泛使用。20 世纪 80 年代末 90 年代初，面向对象的软件工程方法呈现百花齐放、百家争鸣的局面。其中，引人注意的是以 Booch、Rumbaugh 和 Jacobson 为代表的 3 种面向对象技术。这 3 种主要的面向对象方法各有优缺点，而希望使用面向对象方法的用户并不深知这些方法的优缺点及相互之间的差异，因而很难根据应用特点选择合适的建模方法和建模语言。于是，出现了 UML。面向对象技术在软件工程领域的全面应用即是面向对象的软件工程方法。它包括面向对象的分析、面向对象的设计、面向对象的编程、面向对象的测试和面向对象的软件维护等主要内容。面向对象的分析和设计建模技术是面向对象软件工程方法的重要组成部分。面向对象的软件工程方法的最大特点是面向用例（UseCase）。用例代表某些用户可见的功能，实现一个具体的用户目标。用例代表一类功能而不是使用该功能的某一具体实例。用例是精确描述需求的重要工具，贯穿于整个软件开发过程，包括对系统的测试和验证过程。

（2）基于组件的软件工程

如何更好地实现软件重用一直是软件工程的重要研究课题。面向对象技术的出现是软件开发技术的巨大进步，但怎样实现大粒度的重用以提高软件的可维护性和可扩展性仍是一个难题，基于组件的软件工程的发展可从根本上解决这一问题。由于 COM/DCOM、JavaBeans/EJB 等组件标准的出现，基于组件的软件工程趋向实用。1990 年，在基于面向对象技术的基础上发展了组件技术，它丰富了重用手段和方法，逐渐成为研究的热点。组件是可用来构成软件系统的即插即用（plug and play）的软件成分，是可以独立地制造、分发、销售、装配的二进制软件单元。基于组件的软件工程是指使用装配可重用软件组件的方法来构造应用程序。它包含了系统分析、构造、维护和扩展的各方面，在这些方面中都是以组件方法为核心的。

（3）面向服务的软件工程

面对市场需求的快速变化，要求企业系统具有敏捷服务、快速重构、资源重用及自由扩充等特点。这样就应运而生了面向服务的体系结构（service oriented architecture，SOA）。它定义了构成系统的服务，通过描述服务之间的交互提供特定的功能特性，并且将服务映射为具体的某种实现技术。SOA 的核心概念是服务,即把软件的某些功能独立出来,使之能独立运行,并且在逻辑关系上和运行的应用系统成为一个层次。它接收来自所有授权对象的请求,使服务可以同时为多个应用程序提供相同的功能,大大增大软件复用程度,减少开发和维护成本。一个服务是服务提供者为实现服务请求而执行的一个工作单元(应用程序),是一些已定义的操作,也就是说,一个服务实现了一个应用的功能,它是一个粗粒度的、可发现的软件实体,通过一组松散耦合和基于消息的模型与其他的应用或服务交互。

5. 软件工程发展趋势

(1)需求工程

专业化的角色,日益复杂的业务创新,全球分布的团队及互联网级的交付速度,这些都对需求获取的正确性和有效性提出了更高的要求。需求工程的研究和实施会成为近期的热点,其中用例技术会被更广泛而正确地应用,而相关工具的研发也会成为热点。

(2)DSSA 和 MDD

随着软件应用的日益普及,软件已经超出了将手动流程自动化的范畴,而开始成为业务创新的主要推动力。因此,引入捕获特定领域内最先进需求及其实现架构的 DSSA(domain specific software architecture,特定领域软件架构)成为行业客户的热点之一。而且,DSSA 的引入将 MDD(model driven development,模型驱动的开发)门槛大大降低了,也使基于 DSSA 的 MDD 支撑工具成为可能,从而可以极大地提高开发效率并保证软件质量。

(3)迭代/敏捷

随着软件交付周期的日益加快,迭代化开发已经成为大多数软件开发团队的必选项。但是迭代对整个团队的需求、架构、协同及测试能力都提出了更高的要求,现在许多开发团队都在试图导入迭代化开发。敏捷可以被看成迭代化开发的一种导入方式,只不过敏捷的范围其实比迭代化开发更大一些。

(4)持续集成

持续集成是保证迭代化开发质量的主要方式,通过持续集成可以利用自动化的方式来尽量自动地保证代码质量。随着迭代和敏捷的流行,持续集成相关的工具成为现在市场上的新热点,如持续集成框架 IBM Rational BuildForge、开源软件 CruiseControl、代码静态分析工具 Klocwork Insigtlt 和 IBM Rational Software Analyzer 等。

(5)基于实践的过程框架

开发角色的专业化和分布的全球化都要求软件开发过程更加规范,而敏捷又要求过程必须紧密贴合项目的实际需要,因此传统的大一统的过程无法符合这一需求。新一代的过程将以实践为核心,项目可以通过组装所需的不同实践来获得贴近项目要求的过程。

(6)全球化软件协作交付

全球化的世界必然带来全球化的软件交付模式。根据 Forrester 的数据,目前 87%的开发团队是分布式的,56%的开发团队有两个以上的开发地点,同时企业的合并和收购趋势不断产生众多新的分布式开发团队,企业为了提供全球化的 24×7 支持和开发能力,也在不断加强全球化软件协作交付的能力。随着软件外包市场的蓬勃发展和软件工程工具的进步,越来越多的企业开始打造软件交付的日不落帝国：他们在美国完成项目概念设计，在欧洲完成系统架构设计，在中国完成软件编码和测试，在印度为软件用户提供售后支持。在强大的软件工程工具和平台的支撑下，他们开始与时间赛跑，在全球化软件交付环境中，他们几乎实现了 24 小时不间断的软件交付和支持服务。

19.1.2　WCF 的基本概念

WCF 是微软公司通用的服务架构平台，其目的在于创建一个通用的 WCF 技术服务平台，如图 19-1 所示，可以在各种不同的协议（如 TCP、UDP、HTTP）下使用，仅仅通过终端的配置而不需要修改代码实现就能适应不同的工作环境，从而降低了分布式系统开发者的学习曲线，并统一开发标准。

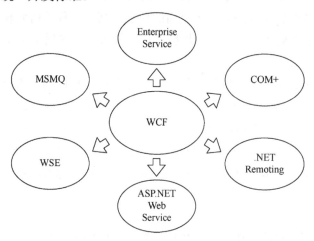

图 19-1　WCF 技术服务平台

WCF 为服务提供了运行时环境（runtime environment），使开发者能够将 CLR 类型公开为服务，又能够以 CLR 类型的方式使用服务。WCF 是微软公司对一系列产业标准定义的实现，包括服务交互、类型转换、封送（marshaling）及各种协议的管理。同时，WCF 还提供了设计优雅的可扩展模型，使开发人员能够丰富它的基础功能。事实上，WCF 自身的实现正是利用了这样一种可扩展模型。WCF 的大部分功能包含在一个单独的程序集 System.ServiceModel.dll 中，命名空间为 System.ServiceModel。WCF 是.NET 的一部分，因此它只能运行在支持它的操作系统上。

19.1.3　服务的概念

服务是公开的一组功能的集合。从软件设计的角度考虑，软件设计思想经历了从函数发展到对象，从对象发展到组件，再从组件发展到服务的几次变迁。在这样一个漫长的发展旅程中，最后发展到服务的一步可以说是最具革新意义的一次飞跃。面向服务（service-orientation，SO）是一组原则的抽象，是创建面向服务应用程序的最佳实践。一个面向服务应用程序将众多服务聚集到单个逻辑的应用程序中，这就类似于面向组件的应用程序聚合组件，或者面向对象的应用程序聚合对象，如图 19-2 所示。

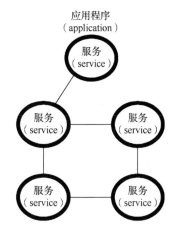

图 19-2　面向服务编程结构

　　服务可以是本地的，也可以是远程的，可以由多个参与方使用任意技术进行开发。服务与版本无关，服务内部包含了诸如语言、技术、平台、版本与框架等诸多概念，而服务之间的交互，则只允许指定的通信模式。服务的客户端只是使用服务功能的一方。理论上讲，客户端可以是任意的 Windows 窗体类、ASP.NET 页面或其他服务。客户端与服务通过消息的发送与接收进行交互。消息可以直接在客户端与服务之间进行传递，也可以通过中间方进行传递。WCF 中的消息通常为 SOAP 消息（注意，WCF 的消息与传输协议无关，这与 Web 服务不同），因此 WCF 服务可以在不同的协议之间传输，而不仅限于 HTTP（hyper text transfer protocol，超文本传输协议）。WCF 客户端可以与非 WCF 服务完成交互操作，而 WCF 服务也可以与非 WCF 客户端交互。不过，如果需要同时开发客户端与服务，则创建的应用程序两端都要求支持 WCF，这样才能利用 WCF 的特定优势。因为服务的创建对于外界而言是不透明的，所以 WCF 服务通常通过公开元数据的方式描述可用的功能及服务可能采用的通信方式。元数据的发布可以预先定义，它与具体的技术无关，如采用基于 HTTP-GET 方式的 WSDL（web service description language，万维网服务描述语言），或者符合元数据交换的行业标准。一个非 WCF 客户端可以将元数据作为本地类型导入本地环境中。相似地，WCF 客户端也可以导入非 WCF 服务的元数据，然后以本地 CLR 类与接口的方式进行调用。

19.1.4　服务执行边界

　　WCF 服务不允许客户端直接与服务交互，即使是本地服务也不行。客户端和服务是通过代理将调用转发给服务的，具体如图 19-3 和图 19-4 所示。WCF 允许客户端跨越执行边界和服务通信：在同一台机器中，客户端可调用同一个应用程序域中的服务，也可以在同一个进程中跨应用程序域调用，甚至跨进程调用；WCF 还可以跨越机器边界通信（客户端可与服务跨越因特网或局域网交互）。

　　WCF 不论本地对象或远程对象，都使用代理调用服务。不用考虑服务的位置，保持一致的编程模型。这样做的优点是不因服务位置的改变而影响客户端；简化编程模型；可以使用代理机制拦截 WCF 服务请求等。

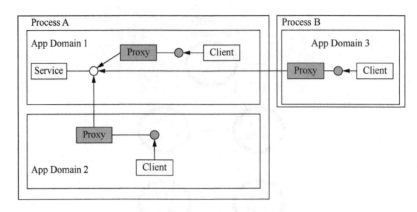

图 19-3　服务的本地执行机制

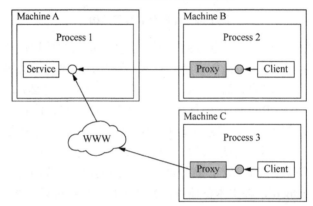

图 19-4　服务的远程执行机制

19.2　HelloIndigoDemo 教学案例

19.2.1　教学案例的具体实现

1. 服务契约及其实现

1）创建 HelloIndigoService 项目，定义服务契约。

```
namespace HelloIndigoService
{
    [ServiceContract]
    public interface IHelloIndigo
    {
        [OperationContract ]
        string HelloIndigo(string name);
    }
}
```

2）创建 HelloIndigoServiceImpl 项目，实现服务契约。

```
namespace HelloIndigoServiceImpl
```

```
    {
        public class HelloIndigoImpl:IHelloIndigo
        {
            public string HelloIndigo(string name)
            {
                return "欢迎"+name+"学习 WCF 服务编程。";
            }
        }
    }
```

注意：在 HelloIndigoServiceImpl 项目中添加 HelloIndigoService 项目引用。

2. 服务宿主托管实现

创建 HelloIndigoHost 项目，生成服务托管主机对象，托管服务。

1）在配置文件中配置主机服务信息。

```xml
<?xml version="1.0" encoding="utf-8"?>
<configuration>
  <system.serviceModel>
    <services>
      <service name="HelloIndigoServiceImpl.HelloIndigoImpl"
behaviorConfiguration="service">
        <endpoint contract="HelloIndigoService.IHelloIndigo"
                binding="netTcpBinding"
                address="tcp"></endpoint>
        <endpoint contract="IMetadataExchange"
                binding="mexHttpBinding"
                address="mex"></endpoint>

        <host>
          <baseAddresses>
            <add baseAddress="net.tcp://211.67.147.101:9999"/>
            <add baseAddress="http://211.67.147.101:9996"/>
          </baseAddresses>
        </host>
      </service>
    </services>

    <behaviors>
      <serviceBehaviors>
        <behavior name="service">
          <serviceMetadata httpGetEnabled="true"/>
        </behavior>
      </serviceBehaviors>
    </behaviors>
  </system.serviceModel>
```

```
</configuration>
```

2）创建服务宿主窗体。服务宿主窗体控件及其主要属性设置如表 19-1 所示，具体设计效果样例如图 19-5 所示。

表 19-1　服务宿主窗体控件及其主要属性设置

控件类型	命名	属性
Label	系统默认	Text：HelloIndigo 服务宿主项目
Label	系统默认	Text：服务状态：
TextBox	textBoxServiceState	—
Button	btnOpenService	Text：启动服务
Button	btnStopService	Text：停止服务

图 19-5　HelloIndigo 服务宿主窗体

3）实现服务托管服务，具体代码如下。

```
namespace HelloIndigoHost
{
    public partial class FormHost : Form
    {
        ServiceHost host;
        public FormHost()
        {
            InitializeComponent();
        }

        private void btnOpenService_Click(object sender, EventArgs e)
        {
            host=new ServiceHost(typeof(HelloIndigoImpl));
            host.Open();
            textBoxServiceState.Text="服务已启动,等待调用中";
```

```
    }
    private void btnStopService_Click(object sender, EventArgs e)
    {
        host.Close();
        textBoxServiceState.Text="服务已停止";
    }
  }
}
```

注意：在 HelloIndigoHost 项目中添加 HelloIndigoServiceImpl、HelloIndigoService 等项目的引用。

3. 服务客户端调用实现

创建 HelloIndigoClient 客户端项目，实现客户端调用服务。

1）在配置文件添加契约配置。

```xml
<?xml version="1.0" encoding="utf-8"?>
<configuration>
    <system.serviceModel>
        <bindings>
            <netTcpBinding>
                <binding name="NetTcpBinding_IHelloIndigo"> </binding>
            </netTcpBinding>
        </bindings>
        <client>
            <endpoint address="net.tcp://211.67.147.101:9999/tcp"
binding="netTcpBinding"
                bindingConfiguration="NetTcpBinding_IHelloIndigo"
contract="HelloService.IHelloIndigo"
                name="NetTcpBinding_IHelloIndigo">
                <identity>
                    <userPrincipalName value="localhost"/>
                </identity>
            </endpoint>
        </client>
    </system.serviceModel>
</configuration>
```

2）创建服务调用客户端窗体。服务调用客户端窗体的控件及其主要属性设置如表 19-2 所示，具体样例如图 19-6 所示。

表 19-2　服务调用客户端窗体的控件及其主要属性设置

控件类型	命名	属性
Label	系统默认	Text：服务调用客户端
Label	系统默认	Text：用户姓名：

续表

控件类型	命名	属性
Label	系统默认	Text：调用结果：
TextBox	textBoxUserName	—
TextBox	textBoxResult	—
Button	btnUse	Text：调用
Button	btnReset	Text：重置

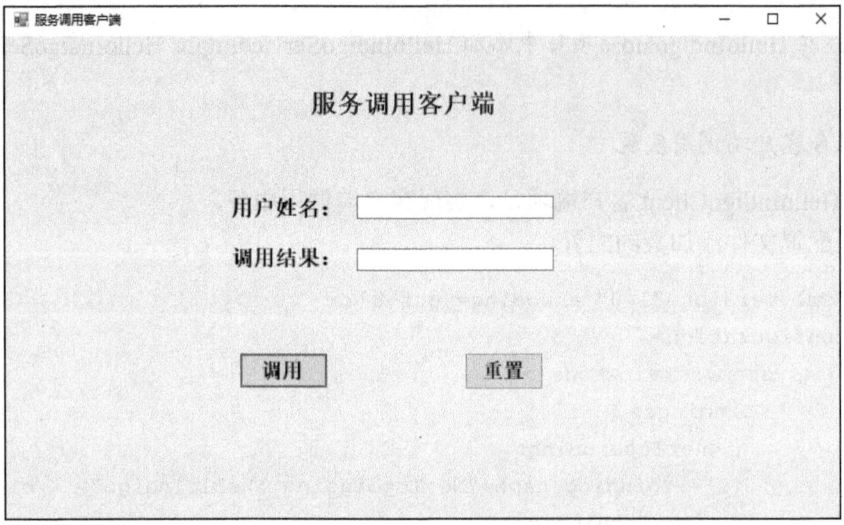

图 19-6　服务客户端窗体

3）实现客户端调用服务，具体代码如下。

```
namespace HelloIndigoClient
{
    public partial class FormClient : Form
    {
        public FormClient()
        {
            InitializeComponent();
        }

        private void btnUse_Click(object sender, EventArgs e)
        {
            IHelloIndigo proxy=ChannelFactory<IHelloIndigo>.CreateChannel
(new NetTcpBinding(), new EndpointAddress("net.tcp://211.67.147.101:
9999/tcp"));

            string username=textBoxUserName.Text.Trim();
            string result=proxy.HelloIndigo(username);
            textBoxResult.Text=result;
        }
```

```
        }
    }
```

注意：在 HelloIndigoClient 项目中添加服务主机发布的远程 HelloIndigoService 服务引用。

至此，HelloIndigo 项目演示完毕，可以运行并显示项目的运行效果。

19.2.2　WCF 编程模型及其相关概念

1. WCF 编程模型

在 WCF 体系框架中，所有系统功能业务逻辑服务都以服务的形式托管在服务主机中，并在特定地址以特定协议发布服务访问形式。应用客户端不能直接访问服务端服务，只能通过服务代理以服务端指定的地址、协议和形式访问服务，具体如图 19-7 所示。

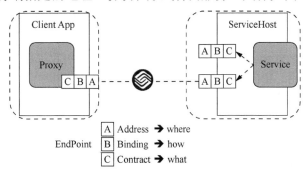

图 19-7　WCF 编程模型

2. WCF 服务地址

WCF 服务都有唯一的地址，地址包含服务的位置及传输协议。服务位置包括 IP 地址（或机器名）、站点（或网站）、通信端口、命名管道等。

（1）TCP 服务

TCP（transmission control protocol，传输控制协议）服务采用 net.tcp 协议进行传输，主要用于局域网内数据的传输，默认端口是 808，可自行指定。

服务地址形式：net.tcp://211.67.147.101:9001/Service。

绑定协议名称：NetTcpBinding。

（2）HTTP 服务

HTTP 服务使用 HTTP 进行传输，也可以使用 HTTPS 协议进行安全传输。HTTP 协议主要用于对外提供基于 Internet 的服务，默认端口是 80，可自行指定。

服务地址形式：http://211.67.147.101:9001/Service。

绑定协议名称：BasicHttpBinding。

（3）IPC 服务

IPC（inter process communication，进程间通信）服务采用 net.pipe 协议进行传输，即使用 Windows 的命名管道机制。WCF 中使用命名管道机制的服务只能接收来自同一台机器的调用，故基地址中的机器名或域名必须为本地计算机名或 localhost。

服务地址形式：net.pipe://localhost/UserService。

绑定协议名称：NetNamedPipeBinding。

3. WCF 服务绑定

绑定封装了诸如传输协议、消息编码、通信模式、可靠性、安全性、事务传播及互操作性等特征。客户端的 Binding 和服务端的 Binding 必须完全相同。WCF 提供了 5 种常用的绑定：基本绑定 BasicHttpBinding、TCP 绑定 NetTcpBinding、IPC 绑定 NetNamedPipeBinding、Web 服务（WS）绑定 WSHttpBinding、MSMQ 绑定 NetMsmqBinding。本书将以前 4 种绑定协议为例讲述其具体应用。

（1）基本绑定

基本绑定能够将 WCF 服务发布为传统的 ASMX Web 服务，使原客户端可与新的服务协作；如果客户端采用基本绑定，那么新的客户端就能够与原 ASMX 服务协作。

（2）TCP 绑定

TCP 绑定使用 TCP 协议实现在 Intranet 中跨机器的通信，支持多种特性，包括可靠性、事务性、安全性及 WCF 之间通信的优化。前提：客户端和服务端都必须使用 WCF。

（3）IPC 绑定

IPC 绑定使用命名管道为同一机器通信进行传输。这种绑定最为安全，因为它不能接收来自机器外部的调用。IPC 绑定支持的特性与 TCP 相似，同时也是性能最佳的绑定，因为其协议比 TCP 协议更加简单。

（4）WS 绑定

WS 绑定使用 HTTP 或 HTTPS 协议进行传输，为基于 Internet 的通信提供多种特性（如可靠性、安全性、事务性）等，这些特性均遵循 WS-*标准。Web 服务作为实现 SOA 中的最主要手段，与 Web 服务相关的标准大多以"WS-"作为名称的前缀，所以统称为 WS-*。

4. WCF 服务契约

WCF 的所有服务都会公开为契约。契约与平台无关，是描述服务功能的标准方式。WCF 定义了 4 种类型的契约。

（1）WCF 服务契约

服务契约描述了客户端能够执行的服务操作。

（2）WCF 数据契约

数据契约定义了与服务交互的数据类型。WCF 为内建类型，如 int 和 string 隐式地定义了契约；我们也可以非常便捷地将定制类型定义为数据契约。

（3）WCF 错误契约

WCF 错误契约用于自定义错误异常的 WCF 异常契约，错误契约定义了服务抛出的错误，以及服务处理错误和传递错误到客户端的方式。

（4）WCF 消息契约

消息契约允许服务直接与消息交互。消息契约可以是类型化的，也可以是非类型化的。如果系统要求互操作性，或者遵循已有的消息格式，那么消息契约会非常有用。除非要利用消息契约的灵活性、强大的功能及可扩展性，否则应该避免使用它，因为这往往会适得其反，增加开发的复杂程度。在大多数情况下，使用消息契约意味着要自定义应用程序的上下文，这样就可以使用自定义消息来实现。

19.2.3 WCF 服务编程的实现流程

WCF 服务编程的实现流程如下。

1）定义数据契约。

2）定义服务契约。

3）实现服务功能逻辑。

4）服务端需要为服务构建 ServiceHost 的服务宿主实例，并暴露 EndPoints，打开通信通道提供服务。

5）客户端需要服务契约和数据契约副本、服务暴露的 EndPoints 信息，然后依据这些信息生成服务的客户端代理，即为特定的 EndPoint 构建通信通道，然后通过客户端代理调用服务操作。

19.3　ComplexDataDemo 教学案例

本教学案例主要是在 HelloIndigoDemo 的基础上引入复杂数据类型；在功能上要求从数据库读取用户账号、姓名、密码、出生日期、照片等信息。

19.3.1　ComplexDataDemo 项目的实现流程

1. 项目契约实现

创建 ComplexDataService 服务及其实现项目。

（1）UerMsg 数据契约实现

```
namespace ComplexDataService
{
    [DataContract(Namespace="http://schemas.zknu.edu.cn")]
    public class UserMsg
    {
        string userID;
        [DataMember]
        public string UserID
        {
            get { return userID; }
            set { userID=value; }
        }

        string userName;
        [DataMember]
        public string UserName
        {
            get { return userName; }
            set { userName=value; }
        }

        string userPwd;
        [DataMember]
        public string UserPwd
```

```
        {
            get { return userPwd; }
            set { userPwd=value; }
        }

        DateTime userBirth;
        [DataMember]
        public DateTime UserBirth
        {
            get { return userBirth; }
            set { userBirth=value; }
        }


        byte[] userPhoto;
        public byte[] UserPhoto
        {
            get { return userPhoto; }
            set { userPhoto=value; }
        }
    }
}
```

（2）数据库通用访问类实现

本步骤可直接使用 16.1.4 节创建的数据库通用访问类，但要注意命名空间的设置。

（3）创建用户信息访问服务契约

```
namespace ComplexDataService
{
    [ServiceContract]
    public interface IUserService
    {
        [OperationContract]
        int UserRegist(UserMsg user);

        //[OperationContract]
        //UserMsg GetUserMsgbyID(string userid);

        [OperationContract]
        List<UserMsg> GetUserMsgBySex(string sex);
    }
}
```

（4）创建用户信息访问的服务数据访问层

```
namespace ComplexDataService
```

```
    {
        public class UserDAL
        {
            public int AddUserMsg(UserMsg user)
            {
                string sqlstr="insert into UserMsg (UserID,UserName,UserPwd,
UserBirth)"+"values (@UserID,@UserName,@UserPwd,@UserBirth)";

                SqlParameter[] cmdparams=new SqlParameter[]{
                    new SqlParameter("@UserID",user.UserID),
                    new SqlParameter("@UserName",user.UserName),
                    new SqlParameter("@UserPwd",user.UserPwd),
                    new SqlParameter("@UserBirth",user.UserBirth)
                };

                return new DataHelper().DbUpdate(sqlstr, CommandType.Text,
cmdparams);
            }

            public List<UserMsg>GetUserMsgBySex(string sex)
            {
                string sqlstr="select UserID,UserName,UserPwd,UserBirth from
UserMsg where UserSex=@Sex";

                SqlParameter[] cmdparams=new SqlParameter[]{
                    new SqlParameter("@Sex",sex)
                };

                DataTable dt=new DataHelper().DbQuery(sqlstr, CommandType.
Text, cmdparams);

                List<UserMsg>userlist=new List<UserMsg>();

                for(int cnt=0; cnt<dt.Rows.Count; cnt++)
                {
                    UserMsg user=new UserMsg();

                    user.UserID=dt.Rows[cnt]["UserID"].ToString();
                    user.UserName=dt.Rows[cnt]["UserName"].ToString();
                    user.UserPwd=dt.Rows[cnt]["UserPwd"].ToString();
                    user.UserBirth=(DateTime)dt.Rows[cnt]["UserBirth"];

                    userlist.Add(user);
                }
```

```
                return userlist;
            }
        }
    }
```

（5）创建用户信息访问的服务业务逻辑层

```
namespace ComplexDataService
{
    public class UserBLL
    {
        public int AddUserMsg(UserMsg user)
        {
            return new UserDAL().AddUserMsg(user);
        }

        public List<UserMsg> GetUserListBySex(string sex)
        {
            return new UserDAL().GetUserMsgBySex(sex);
        }
    }
}
```

（6）实现用户信息访问的服务契约

```
namespace ComplexDataService
{
    public class UserServiceImpl : IUserService
    {
        public int UserRegist(UserMsg user)
        {
            return new UserBLL().AddUserMsg(user);
        }
        public List<UserMsg> GetUserMsgBySex(string sex)
        {
            return new UserBLL().GetUserListBySex(sex);
        }
    }
}
```

2. 服务托管宿主实现

项目服务采用 Console 控制台应用程序进行发布托管。创建 Host 项目，添加 ComplexDataService 项目的引用。

（1）配置服务 ABC 信息

```
<?xml version="1.0" encoding="utf-8"?>
<configuration>
```

```xml
<connectionStrings>
  <add name="NetBar"
       connectionString="Server=(local);Integrated Security=SSPI;
database=NetBar"/>
</connectionStrings>


<system.serviceModel>
  <services>
    <service name="ComplexDataService.UserServiceImpl"
behaviorConfiguration="userbehavior">
      <endpoint contract="ComplexDataService.IUserService"
             binding="netTcpBinding"
             address="net.tcp://127.0.0.1:9996"></endpoint>

      <endpoint contract="IMetadataExchange"
             binding="basicHttpBinding"
             address="http://127.0.0.1:9998"></endpoint>
    </service>
  </services>

  <behaviors>
    <serviceBehaviors>
      <behavior name="userbehavior">
        <serviceMetadata httpGetEnabled="true" httpGetUrl="http://127.
0.0.1:9999"/>
      </behavior>
    </serviceBehaviors>
  </behaviors>
</system.serviceModel>
</configuration>
```

（2）Host 宿主托管服务

```csharp
namespace Host
{
    class Program
    {
        static void Main(string[] args)
        {
            ServiceHost host=new ServiceHost(typeof(ComplexDataService.
UserServiceImpl));
            host.Open();
            Console.WriteLine("服务已经启动......");
            Console.ReadLine();
        }
    }
```

```
        }
```

3. 服务客户端实现

项目服务采用 Console 控制台应用程序进行服务调用测试。创建 Client 项目。

1）启动 Host 项目，发布托管服务。

2）在 Client 项目中通过添加服务引用，发现 Host 托管的 ComplexDataService 服务，并添加引用。

3）创建数据契约，务必保障数据契约的命名空间与服务端一致。

```csharp
namespace Client
{
    [DataContract(Namespace="http://schemas.zknu.edu.cn")]
    public class UserMsg
    {
        string userID;
        [DataMember]
        public string UserID
        {
            get { return userID; }
            set { userID=value; }
        }

        string userName;
        [DataMember]
        public string UserName
        {
            get { return userName; }
            set { userName=value; }
        }

        string userPwd;
        [DataMember]
        public string UserPwd
        {
            get { return userPwd; }
            set { userPwd=value; }
        }

        DateTime userBirth;
        [DataMember]
        public DateTime UserBirth
        {
            get { return userBirth; }
            set { userBirth=value; }
```

```
        }
    }
}
```

4）创建服务端代理类 UserServiceClient。

```
namespace Client
{
    class UserServiceClient
        :ClientBase<IUserService>,IUserService
    {
        public int UserRegist(UserMsg user)
        {
            return Channel.UserRegist(user);
        }
        public List<UserMsg> GetUserMsgBySex(string sex)
        {
            return Channel.GetUserMsgBySex(sex);
        }
    }
}
```

5）生成服务代理，执行服务调用。

```
namespace Client
{
    class Program
    {
        static void Main(string[] args)
        {
            UserServiceClient client=new UserServiceClient();
            List<UserMsg> userlist=client.GetUserMsgBySex("男");
            foreach (UserMsg user in userlist)
            {
                Console.WriteLine("UserID:{0}", user.UserID);
                Console.WriteLine("UserName:{0}", user.UserName);
                Console.WriteLine("UserPwd:{0}", user.UserPwd);
                Console.WriteLine("UserBirth:{0}", ser.UserBirth.
ToShortDateString());
                Console.WriteLine("\r\n");
            }
            Console.ReadLine();
        }
    }
}
```

至此，ComplexDataDemo 项目全部实现完成，可以多实例启动进行测试和效果演示。

19.3.2　WCF 契约定义

1. 数据契约

采用 DataContract 和 DataMember 属性定义。由 DataMember 明确成员是否参与序列化，可应用于字段或属性。属性序列号默认顺序为字母顺序，可通过 order 指定序列化顺序（0起始），通过 IsRequired 属性指定序列化之前是否可以为 null。

```
[DataContract(Namespace="http://schemas.zknu.edu.cn")]
public class UserMsg
{
    string userID;
    [DataMember]
    public string UserID
    {
        get { return userID; }
        set { userID=value; }
    }
}
```

定义规范：命名空间以 http://schemas. 作为前缀。

例如，http://schemas.zknu.edu.cn/数据契约名。

数据契约可以是组合数据契约，即将一个数据契约类作为另一个数据契约类的数据成员。这样数据契约就具有递归的性质，在发布合成数据契约时，它所包含的所有数据契约都会被自动发布。

面向对象编程允许子类替换基类，但 WCF 不允许这样做。因为 WCF 服务端与客户端传递的是对象的状态，而不是对象的引用。KnownType 特性允许指定数据契约能够接收的子类。

2. 服务契约

服务契约采用 ServiceContract 属性定义，只有接口和类可标记该属性，其他都不允许。

```
[ServiceContract]
public interface IHelloIndigoService
{

}
```

1）服务契约最好建立在接口上。

2）一个类可以通过继承和实现多个标记了 ServiceContract 属性的契约来支持多个服务契约（如多契约发布于一个 ServiceHost 主机）。

3）WCF 只能识别默认构造函数，因此服务实现类上尽量避免带参构造函数。

4）为了降低契约名称的冲突概率，可以使用 ServiceContract 属性的 Name 属性定义服务的别名，使用 NameSpace 属性设置服务的命名空间。

3. 操作契约

操作契约使用 perationContract 属性定义，只允许标记到方法，而不能标记到属性、索引器和事件上。契约操作不能使用引用对象参数，只能使用基本类型或数据契约。

```
[ServiceContract]
public interface IHelloIndigoService
{
        [OperationContract]     //HelloIndigo 是操作契约,可以发布为服务
        string HelloIndigo(string name);
        ////HelloWorld 不是操作契约,不可以发布为服务
        string HelloWorld(string name);
}
```

19.4　WCF 服务托管

服务必须托管在宿主进程中，单个宿主进程可以托管多个服务，而相同的服务类型也可托管在多个宿主进程中。

服务的宿主类型包括 Console APP、WinForm APP、Windows Service、IIS（internet information service）。

1. WCF 宿主创建

创建宿主的方法：创建 ServiceHost 类的对象。

1）创建 ServiceHost 对象时，需要为其构造函数提供服务类型，可以选择默认的基地址。可以将基地址设置为空，也可以将服务配置为使用不同的基地址。

ServiceHost 拥有基地址集合，使服务能够接收来自多个地址和协议的调用，同时只需要使用相对的 URI（uniform resource identifier，统一资源标识符）。

2）每个 ServiceHost 实例都与特定的服务类型相关，如果宿主进程需要运行多个服务类型，则必须创建与之匹配的多个 ServiceHost 实例。

3）ServiceHost 对象通过 Open 方法允许调用传入，通过 Close 方法终结宿主实例，完成调用。

2. WCF 服务托管模式

1）Self-Hosting in a Managed Application：Console/WinForm Application，简单但不适合于企业级应用。

2）Managed Windows Services：随操作系统自动启动，受服务权限限制，安全性比较好。

3）IIS：仅支持 http Binding 且 IIS 中的托管 WCF 服务非常不稳定，需要经常重启 Web 服务器。此外，限制服务只能使用 HTTP 显然无法满足 Intranet 内部的要求。

4）Windows Process Activation Service（WAS）：最适合于企业级部署应用；除 IIS 提供的功能外，支持大多数的通信协议。

本 章 小 结

本章主要介绍了 WCF 的基本概念，服务契约及其实现、服务宿主托管的实现和服务客户端的调用实现，以及 WCF 宿主创建和 WCF 服务托管的实现步骤，并给出了 HelloIndigoDemo 和 ComplexDataDemo 两个教学案例。通过学习本章的内容，读者能够理解并掌握 WCF 技术的基本概念和应用方法。

思考与练习

1. 什么是 WCF？它具有哪些功能？
2. 软件开发分为哪几个阶段？它的实现步骤是什么？
3. 什么是软件危机？它包含哪几个方面的问题？为解决软件危机，人们进行了两个方向的努力，这两个方向是什么？
4. WCF 服务允许客户端直接与服务交互吗？为什么？
5. 项目契约的实现步骤是什么？
6. WCF 服务托管是如何实现的？

第20章　课程教学综合实训项目——校园机房管理系统的设计与实现

前面介绍了 T-SQL、多层软件设计、Crystal Reports 和 WCF 服务等高级数据库编程技术。本章在上述技术的基础上，以校园机房管理系统的开发为例，介绍一个课程综合实训项目，按照软件工程开发的步骤，从项目需求和功能描述、数据库设计，到设计搭建软件架构、功能模块的实现，进行了详细的说明，以此来提高读者的数据库高级编程能力。

20.1　校园机房管理系统项目概述

校园机房管理系统总体介绍	
项目名称	校园机房管理系统
代码量	15000 行
项目简介	该系统可以对校园机房乃至网吧运营提供自动化的管理功能
项目目的	① 掌握 ADO.NET 数据库访问技术 ② 掌握 Windows 图形化界面设计技术 ③ 掌握 Crystal Reports 技术 ④ 掌握三层软件设计思想 ⑤ 掌握.NET 平台基于 SOA 的服务编程架构（WCF 技术） ⑥ 掌握 T-SQL 高级编程技术，包括存储过程、触发器、游标等
涉及的主要技术	ADO.NET 数据库访问、SQL Server 2019（存储过程、事务处理、触发器、游标、临时对象等）、Crystal Reports、WCF 服务编程、Windows 服务、三层思想等
编程环境	前台开发环境：Visual Studio 2010 后台数据库类型：Microsoft SQL Server 2019
项目特点	① 基于.NET 平台 SOA 架构，采用 C#语言开发 ② 项目属于 C/S 与 B/S 混合架构，允许多机协同工作 ③ 采用三层结构设计思想，程序的开发和部署更加容易 ④ 充分利用 T-SQL 高级编程技术，保障软件的健壮性、可维护性，提升系统的运行性能
技术重点	① 多层软件开发思想 ② 使用数据库高级编程技术完成比较复杂的业务逻辑处理 ③ WCF 服务编程
技术难点	① 三层软件架构设计思想 ② T-SQL 高级编程技术完成复杂的业务逻辑处理 ③ WCF 服务编程架构的应用

20.2　校园机房管理系统开发的步骤

基于数据库技术的校园机房管理系统，它的设计与开发一般包括以下几个步骤。

1．需求分析

1）依据用户业务管理需求，制定系统开发建议书。

2）对业务需求初步调研，得出用户的总体需求，了解新系统应达到的总体目标，写出主要业务需求说明书。

3）进行可行性分析，给出可行性分析报告。

4）对业务需求进行详细调研，调查系统应达到的功能目标；调查新系统应用环境的现状，包括组织概况、组织环境、现行系统的状况，对新系统认识的基础、资源状况；调查新系统用户的人员状况，包括管理人员、技术人员、用户群数量等，写出业务需求规范说明书。

5）制定项目开发计划，双方商定项目开发计划书。

2．系统设计

1）进行业务流程设计，写出业务流程设计书（业务流程图）。

2）系统功能设计，划分子系统和功能模块，设计详细功能，给出系统功能设计说明书（系统功能树形结构图）。

3）系统数据结构设计，采用具体的 DBMS，设计项目数据库的逻辑和物理结构，并实施必要的完整性控制。建立系统数据字典、数据库关系图、数据流程图、系统用例图等。

3．系统开发

1）程序设计与编码：首先基于特定的平台与软件设计思想，搭建软件总体架构；然后团队合作进行详细编码，采用源代码管理工具保证源码文件的完整性和一致性。

2）系统调试：根据系统说明书和系统实施方案，对程序设计的结果进行全面的检查，找出并纠正其中的错误，把错误尽量消灭在系统正式运行以前。

3）编写系统使用说明书，包括系统运行环境的介绍、应用系统的介绍、操作说明、系统输出报表的相关说明、系统管理与维护说明等。

4．系统测试

1）正确性测试：设计测试用例，验证系统每个功能业务逻辑是否满足设计要求。

2）系统性能测试：系统的并发性、操作响应时间、稳定性等是否满足用户设计需求。

3）其他测试：包括权限设置、系统安全（如 SQL 注入等）等。

5．系统运行

1）考虑数据安全等因素，做好数据库的转储与恢复。

2）随着数据规模的增加，数据库性能需要实时监督、分析和改造。

6．系统维护

随着时间的推移，用户业务流程可能发生改变，需要对系统进行重组织和重改造等操作。因此，系统正式运行后，需要定期和用户沟通系统的使用情况和业务流程变化情况，通过业务流程改造或新增进行实时系统维护。

限于教学环境，暂不体现团队合作开发及压力测试等部分教学内容。下面将从几个大的方面介绍校园机房管理系统的设计与实现。

20.3　项目需求及功能描述

1. 项目需求描述

目前，大多数高校根据自身需要建立了公共机房供正常教学和学生业余上机使用。一般情况下，机房零散分布于学校各教学院系或部门。为了提高计算机的使用效率，公共机房除了满足正常教学工作，还在业余时间对学生收费开放。另外，为了满足公安局网警支队网络监控的需要，机房管理要能够跟踪用户的当前及历史上机记录，准确定位责任人等。因此，为了提高校园机房的管理效率，需要设计与开发一个校园机房管理系统。

目前，机房管理现状描述如下：学校中有多个部门（院系），部分部门因为教学等需要拥有 1 个或多个机房，每个机房拥有多台计算机，每个机房根据计算机配置及新旧程度不同可以设定不同的费率，但物价局限定学校机房的收费标准最高为 5 元/小时。拥有机房的部门可以根据时段上机情况设定一定的折扣以吸引用户上机。此外，学校进行机房的充值和收入结算以部门（院系）为单位。

系统从用户的角度分为不同的角色：超级管理员、校级财务管理员、部门管理员、机房管理员、收费管理员等。其中，超级管理员角色主要负责系统运行基础参数的配置，如部门（院系）信息及其部门管理员设置、院系管理机信息设置等。校级财务管理员角色主要负责机房充值款的上交和机房收入的分配等工作，具体包括部门充值款上交与机房收入支出的明细与汇总查询、资金分配比例设置等。部门管理员角色主要负责部门内部用户（机房管理员、收费管理员、值班员）管理与授权、部门优惠时间段设置、收费管理员充值款汇总与明细查询、部门收入与支取明细与汇总查询、与收费管理员的资金结算及校级财务管理员的资金结算等。机房管理员角色主要负责机房、计算机、机房费率等信息维护工作。收费管理员角色主要负责用户注册与销户、用户充值与退款、充值历史明细与统计信息查询、充值款上交情况查询统计等功能。系统的具体功能如图 20-1 所示。

2. 项目技术要求

由于本章教学内容是对本书前期基础知识的综合应用，所以项目使用的技术包含本书的所有内容，具体如下。

1）采用 SOA 架构构建软件总体项目框架，具体为基于.NET 平台、采用 WCF 技术构建服务应用程序。

2）在局域网范围内采用 TCP 协议通信，速度和质量都可以得到保障。

3）核心服务采用 Windows 服务托管，不仅保障服务管理的便利性（24 小时无人值守，随系统自动启动等），还可基于多种网络协议（TCP、HTTP、NamedPipes 等）提供信息服务。

4）充分利用数据库技术进行项目数据库设计与实现，具体技术包括完整性控制机制、存储过程（异常处理机制）、事务并发控制技术、游标技术、临时对象技术、数据备份与恢复等。

5）项目总体采用 4 层 C/S 架构，具体为数据库端、服务端、管理端和客户端，详细模式请参照 20.5 节中的软件整体架构，这里不再赘述。

6）若涉及报表相关功能，使用 Crystal Reports 技术实现报表的展示与打印。

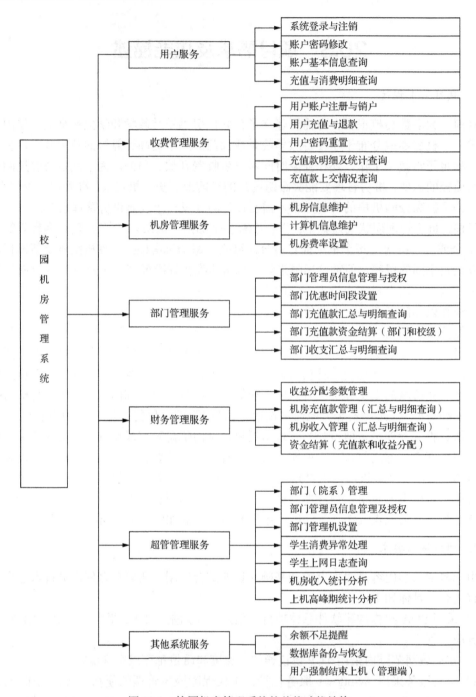

图 20-1　校园机房管理系统的总体功能结构

20.4　数据库设计

根据该系统的需求描述及功能结构图，总结得出系统的实体包括部门、机房、计算机、优惠时间段、管理员、用户、系统运行参数等。

实体间的关系描述如下。

1）每个部门可以包含多个机房，拥有独立的优惠时间段设置信息，但可以设置多个优惠时间段；每个机房包含多台计算机，但每个机房可以单独设置费率；计算机信息中的 IP 地址和计算机名不能重复。

2）每个部门拥有多个管理员，但管理员不能同时在多个部门兼职。校园机房用户可以在校园内开放的任意计算机上消费。

3）管理员分为多种角色（包括超级管理员、校级财务管理员、部门管理员、机房管理员、收费管理员等），不同的角色拥有不同的功能操作权限，具体参见系统功能框架图（图 20-1），管理员到角色之间是多对多的关系，即一个管理员可以具有多个角色，一个角色可以分配给多个管理员，但有一定的限制：每个部门只有一个部门管理员，也只有一个超级管理员。

4）收费管理员直接与用户接触，包括用户账户注册与销户、用户充值与退款等，很明显管理员与用户之间是多对多的关系。

5）一个用户账户同时只能在一台计算机上登录使用，即不允许一号多登；另外为提高管理效率，使用用户在线关系和消费历史关系表达用户的消费情况。

6）系统运行基础参数主要负责管理系统运行过程中的主要参数设置，如收益分配的比例设置、用户登录时的账户金额最低限制等，该关系与其他数据库关系之间没有直接的引用关系，主要涉及业务逻辑的处理等。

通过以上分析，最终整理得到的 E-R 图如图 20-2 所示。

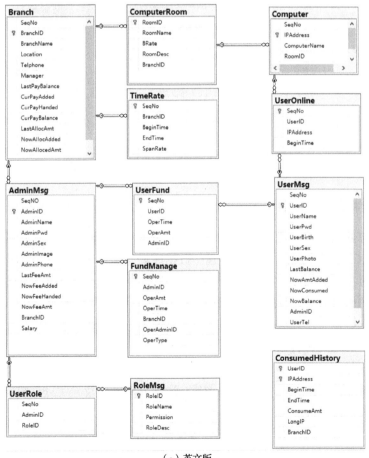

（a）英文版

图 20-2　E-R 图

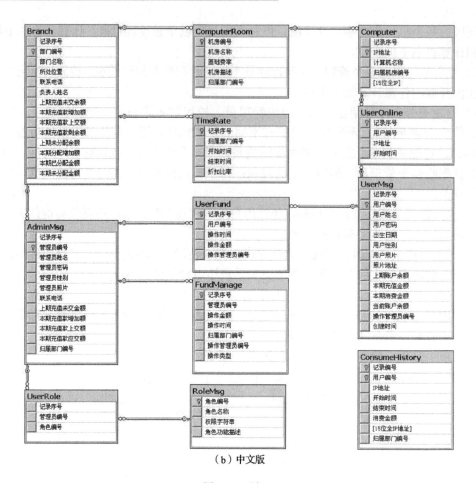

（b）中文版

图 20-2（续）

20.5 搭建软件整体架构

20.5.1 软件架构的总体要求

鉴于项目总体技术及功能实现要求，项目软件整体架构设计主要包括以下几个方面。

1）基于 WCF 技术构建 4 层结构，包括数据库端、服务端、管理端和客户端。其中数据库端主要部署项目数据库（数据库采用集中式架构），仅允许服务端访问数据库；服务端提供项目所需的所有服务，包括第三方接口服务（本章中不介绍此部分），仅允许管理端与其交互；管理端提供客户端到服务端的数据中继服务与其他辅助系统运行的功能，仅允许其管辖下的客户端与其进行通信交互；客户端提供用户的基本服务，并为其管理端提供本地计算机控制服务。

2）采用存储过程实现项目核心业务逻辑，注意采用事务及异常处理机制保障业务逻辑的健壮性和代码的规范性。

3）为保证数据传输效率，项目总体实现采用 TCP 进行通信。

4）为保证总控服务的 24 小时无人值守式运行，服务端服务采用 Windows 服务发布。

5）管理端服务分为核心服务（用户服务和余额不足提醒服务）和辅助服务（除核心服

务外的所有服务），其中核心服务采用 Windows 服务发布，辅助服务采用 Windows 窗体项目实现。

6）客户端基于 WCF 技术提供本机消息提示和关机等服务，采用 Windows 窗体项目托管服务，并实现客户端功能。

结合以上描述，绘制项目总体软件结构图，如图 20-3 所示。

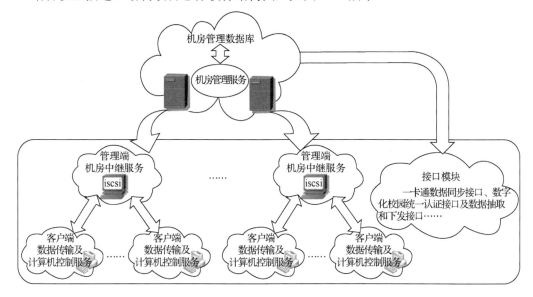

图 20-3　项目总体软件结构图

20.5.2　搭建软件总体架构

基于 20.5.1 节的分析，项目总体软件架构的搭建步骤如下。

1）创建名为 NetBar 的空白解决方案。

2）创建服务端项目：首先创建名为 NetBarServerService 的 WCF 服务应用程序项目；然后创建名为 NetBarServerHost 的 Windows 服务应用程序项目，添加 NetBarServerService 项目的引用，并为该项目添加安装程序。服务端安装程序的主要参数设置如表 20-1 所示。

表 20-1　服务端安装程序的主要参数设置

对象名称	属性	值
serviceProcessInstaller	Name	netBarServerServiceProcessInstaller
	Account	LocalSystem
serviceInstaller	Name	netBarServerServiceInstaller
	ServiceName	netBarServerService
	DisplayName	校园机房服务端

3）创建管理端项目：首先创建名为 NetBarManagerService 的 WCF 服务应用程序项目；然后创建名为 NetBarManagerCoreHost 的 Windows 服务应用程序项目，添加 NetBarManager Service 项目的引用，并为该项目添加安装程序，管理端安装程序的主要参数设置如表 20-2 所示；最后创建名为 NetBarManagerAidHost 的 Windows 窗体项目，添加 NetBarManagerService 项目的引用，用于完成 NetBar 项目的日常功能操作。

表 20-2　管理端安装程序的主要参数设置

对象名称	属性	值
serviceProcessInstaller	Name	netBarManagerServiceProcessInstaller
	Account	LocalSystem
serviceInstaller	Name	netBarManagerServiceInstaller
	ServiceName	netBarManagerService
	DisplayName	校园机房管理端

4）创建客户端项目：首先创建名为 NetBarClientService 的 WCF 服务应用程序；然后创建名为 NetBarClientHost 的 Windows 窗体项目，添加 NetBarClientService 项目的引用。

20.6　项目核心功能实现

由于项目较大，实现所有业务功能显得比较累赘，所以本节将挑选系统各部分的核心业务进行实现，给出样例让学生参考并自主学习与实现其他功能。

20.6.1　登录与注销功能的实现

本节的主要任务是实现客户端的登录与注销功能，能够对消费者的上机过程进行自动化管理。由于登录过程涉及账户注销问题，没有登录直接测试注销也显得不太符合常理，因此登录与注销功能同时实现。

1. 登录与注销业务的逻辑实现

（1）登录与注销的功能描述

用户上机登录时，在登录界面输入登录账号和密码后，单击"登录"按钮即可实现登录功能。如果登录失败，则给予相关信息提示；若登录成功，则提示该账户的成功登录信息，并进入用户客户端功能操作主界面。注销时，用户选择客户端功能操作主界面的上机注销功能，单击"注销"按钮即可完成注销操作。

（2）登录与注销的实现算法流程描述

1）注销实现算法描述。

客户端注销流程的描述如下：客户端获取用户上机账号，通过管理端服务传递到服务端服务，并调用数据库存储过程实现注销后将数据返回到客户端，客户端进行注销，注销结果信息提示后，进行关机操作。注销过程的具体实现算法描述如下。

步骤 1：判断用户账号是否登录，若没有登录，返回 1，提示"账户未登录，无须注销"信息，并强制关机，否则转到步骤 2。

步骤 2：计算用户上机费用，首先将用户上机信息从在线信息表转移到用户上机历史记录表；其次增加用户上机消费总金额；然后将本次上机消费金额在参与收益分配部门之间进行收益分配；最后返回上机用户姓名、开始时间、结束时间、消费金额、账户余额等信息。

提示：本系统收益分配涉及部门为机房拥有部门、财务部门、网络管理部门。

2）登录实现算法描述。

客户端登录流程描述如下：客户端获取用户上机账号、密码，登录计算机 IP 和计算机名后，通过管理端服务传递到服务端服务，并调用数据库存储过程实现登录后，将数据返回到客户端，客户端进行登录结果信息提示和其他业务处理。具体实现算法的描述如下。

步骤 1：判断用户账号是否存在，如果不存在，则返回 1，客户端提示"用户账号不存在"信息；否则判断密码和账号是否匹配，如果不匹配，则返回 2，客户端提示"用户账号和密码不匹配"信息；否则转到步骤 2。

步骤 2：判断计算机 IP 是否存在，如果不存在，则返回 2，客户端提示"系统中不存在登录计算机的 IP 地址"信息；否则判断计算机名和 IP 地址是否匹配，如果不匹配，则返回 2，客户端提示"当前计算机的 IP 地址和计算机名不匹配"信息；否则转到步骤 3。

步骤 3：判断用户账号是否在其他计算机登录，如果存在则注销，并返回远程计算机的 IP 地址，客户端对远程计算机发起关机命令，强制关机，然后转到步骤 4。

步骤 4：判断用户账户余额是否满足系统设定的最低登录账户余额，如果不满足，则返回 5，客户端提示"您的账户余额低于系统设定的最低登录账户余额"信息，否则转到步骤 5。

步骤 5：判断当前计算机是否有其他用户登录，如果有则注销，然后转到步骤 6。

步骤 6：判断用户是否已在当前计算机登录，如果未登录，则在数据库中登记用户上线信息，否则转到步骤 7。

步骤 7：登录成功，返回 0，并输出用户姓名、账户余额、上机开始时间等信息。

（3）登录与注销的存储过程实现

对登录与注销的实现算法流程描述进行总结，使用模块化思想设计，其大致分为 4 步来实现：用户 1 天费用计算（ProcTimeSep）→用户上机总费用计算（ProcUserConsumeFeeCompute）→用户上机注销过程实现（ProcUserLogOFF）→用户登录过程实现（ProcUserLogIn）。在 16.4 节已经完成用户 1 天的上机费用的计算，下面主要介绍后面 3 步的具体实现。

1）用户上机总费用计算。

如果用户上机过程在 1 天内完成，则直接调用用户 1 天费用计算存储过程 ProcTimeSep 即可完成结账业务；如果用户上机时间段跨越 1 天，此时需要将用户的全部上机时间划分为 3 个部分分别处理：①上机开始日期的费用结算，即上机日期的具体时间到当天 23:59:59；②中间间隔完整天数的费用结算，即 N 个 00:00:00 至 23:59:59；③上机结束日期的费用结算，即 00:00:00 至结束上机日期的具体时间。具体功能实现代码如下。

```
create proc [dbo].[ProcUserConsumeFeeCompute]
(
    @IP varchar(15),            --结算计算机 IP 地址
    @BeginTime datetime,        --上机开始时间
    @EndTime datetime,          --上机结束时间
    @ConsumeAmt decimal(18,2) output --本次上机消费金额
)
as
begin
    declare @dayspan int,       --上机开始时间与结束时间之间间隔的天数
```

```
            @BTime varchar(8),--开始时间的时间部分
            @ETime varchar(8)  --结束时间的时间部分

      declare @TempAmt decimal(18,2)--调用 ProcTimeSep 的输出参数变量

      --1 初始化本次上机消费金额
      set @ConsumeAmt=0

      --2 计算上机开始时间与上机结束时间之间间隔的天数
      set @dayspan=datediff(day,@BeginTime,@EndTime)

      --3 如果间隔天数为1,则代表用户上机当天内结束,
      --  则直接调用当天费用计算方法返回结果,否则分 3 段进行处理
      if @dayspan=0
         begin
            set @BTime=convert(varchar(8),@BeginTime,108)
            set @ETime=convert(varchar(8),@EndTime,108)
            exec ProcTimeSep @IP,@BTime,@ETime,@TempAmt output
            set @ConsumeAmt=@ConsumeAmt+@TempAmt
         end
      else
         begin
            --上机开始当天费用计算
            set @BTime=convert(varchar(8),@BeginTime,108)
            set @ETime='23:59:59'
            exec ProcTimeSep @IP,@BTime,@ETime,@TempAmt output
            set @ConsumeAmt=@ConsumeAmt+@TempAmt

            --上机中间间隔完整天数的费用计算
            set @BTime='00:00:00'
            set @ETime='23:59:59'
            exec ProcTimeSep @IP,@BTime,@ETime,@TempAmt output
            set @ConsumeAmt=@ConsumeAmt+@TempAmt * (@dayspan-1)

            --上机结束当天费用计算
            set @BTime='00:00:00'
            set @ETime=convert(varchar(8),@EndTime,108)
            exec ProcTimeSep @IP,@BTime,@ETime,@TempAmt output
            set @ConsumeAmt=@ConsumeAmt+@TempAmt
         end
   end
```

2)用户上机注销过程实现。

根据注销过程算法描述,用户上机注销过程的实现代码如下。

```
   create proc [dbo].[ProcUserLogOFF]
```

```
(
    @UserID varchar(12)
)
as
begin
    set xact_abort on

    --1 判断当前用户是否在线,如果不在线,返回
    if Not Exists(select * from UserOnline where UserID=@UserID)
        begin
            return 1
        end

    declare @IP varchar(15),              --注销记录的 IP 地址
            @BeginTime datetime,          --注销记录的上机开始时间
            @EndTime datetime,            --注销记录的上机结束时间
            @ConsumeAmt decimal(10,2),    --注销记录的消费金额
            @LongIP varchar(15),          --注销记录涉及计算机的 IP 地址
            @BranchID varchar(10),        --注销记录涉及计算机的归属部门编号
            @BranchAllocRate decimal(3,2),--计算机归属部门的收益比例
            @CwbAllocRate decimal(3,2),   --财务部门的收益分配比率
            @NetAllocRate decimal(3,2),   --网络管理部门的收益分配比率
            @UserName varchar(50),        --注销用户姓名
            @UserAmt decimal(18,2)        --注销后用户的账户余额

    --2 获取注销用户的消费记录相关登记信息
    select @IP=IP,@BeginTime=BeginTime,
        @LongIP=LongIP,@BranchID=BranchID
    from ViewUserOnline where UserID=@UserID

    --3 设置注销时间
    set @EndTime=getdate()

    --4 调用用户上机总费用计算过程计算上机费用
    exec ProcUserConsumeFeeCompute @IP,@BeginTime,@EndTime,
        @ConsumeAmt output

    --5 获取参与收益分配部门的收益分配比率
    select @BranchAllocRate=convert(int,ParamValue)/100.0
    from RunSets where ParamName='BranchAllocRate'

    select @CwbAllocRate=convert(int,ParamValue)/100.0
    from RunSets where ParamName='CwbAllocRate'

    select @NetAllocRate=convert(int,ParamValue)/100.0
```

```
        from RunSets where ParamName='NetAllocRate'


--6 进行注销后的数据维护
begin transaction
begin try
    --6.1 删除当前用户在线信息
    delete from UserOnline where UserID=@UserID
    --6.2 添加用户消费历史记录信息
    insert into ConsumeHistory (UserID,IP,BeginTime,EndTime,
        ConsumeAmt,LongIP,BranchID)
    values (@UserID,@IP,@BeginTime,@EndTime,@ConsumeAmt,
        @LongIP,@BranchID)
    --6.3 更新用户消费总金额
    update UserMsg
    set NowAmtConsumed=NowAmtConsumed+@ConsumeAmt
    where UserID=@UserID
    --6.4 收益分配
    update Branch set NowAllocAdded=NowAllocAdded+
        @ConsumeAmt * @BranchAllocRate
    where BranchID=@BranchID

    update Branch set NowAllocAdded=NowAllocAdded+
        @ConsumeAmt * @NetAllocRate
    where BranchID='NET005'

    update Branch set NowAllocAdded=NowAllocAdded+
        @ConsumeAmt * @CwbAllocRate
    where BranchID='CWB006'


    commit
end try
begin catch
    --首先处理错误
    if @@ERROR>0
        begin
            declare @ERRORMSG VARCHAR(1000),
                    @SERVERITY INT,
                    @STATE INT
            set @ERRORMSG='错误行号:'+convert(varchar,ERROR_LINE())
            set @ERRORMSG=@ERRORMSG+';错误信息为:'+ERROR_MESSAGE()
            set @SERVERITY=ERROR_SEVERITY()
            set @STATE=ERROR_STATE()
            raiserror(@ERRORMSG,16,@STATE)
```

```
            end
        --然后处理事务回滚
        if @@TRANCOUNT>0
            begin
                rollback
            end
    end catch


    --7 设置用户姓名和账户余额
    select @UserName=UserName,@UserAmt=NowAmt
    from UserMsg where UserID=@UserID


    --8 返回客户端所需注销数据
    select @UserName as UserName,@BeginTime as BeginTime,
        @EndTime as EndTime,@ConsumeAmt as ConsumeAmt,
        @UserAmt as UserAmt


    return 0
    set xact_abort off
end
```

3）用户上机登录过程实现。

根据用户上机登录过程算法描述，其实现代码如下。

```
create proc [dbo].[ProcUserLogIn]
(
    @UserID varchar(12),                --用户编号
    @UserPwd varchar(50),               --用户密码
    @IP varchar(15),                    --登录计算机 IP 地址
    @ComputerName varchar(20),          --登录计算机名称

    @UserName varchar(50) output,       --用户姓名
    @UserAmt decimal(10,2) output,      --用户账户余额
    @UserLogIP varchar(15) output,      --当前用户已登录计算机的 IP 地址
    @BeginTime datetime output          --用户上机登录时间
)
as
begin
    set nocount on
    declare @LoggedUserID varchar(12),  --当前计算机登录的其他用户编号
        @UserLowestAmt decimal(10,2)    --系统限定账户登录时的最低余额

    --1 用户编号不存在
    if Not Exists(select * from UserMsg where UserID=@UserID)
        begin
            return 1
```

```
        end

    --2 用户编号和密码不匹配
    if Not Exists(select * from UserMsg
        where UserID=@UserID and UserPwd=@UserPwd)
        begin
            return 2
        end

    --3 用户登录的计算机 IP 地址不存在
    if Not Exists(select * from Computer where IP=@IP)
        begin
            return 3
        end

    --4 用户登录的计算机名称与 IP 地址不匹配
    if Not Exists(select * from Computer
        where IP=@IP and ComputerName=@ComputerName)
        begin
            return 4
        end

    --5 判断当前账户是否在其他计算机登录
    --5.1 根据当前用户编号在在线用户表中查询登录 IP
    select @UserLogIP=IP from UserOnline where UserID=@UserID

    --5.2 如果登录 IP 不为空,且不等于当前计算机 IP,则注销用户
    if @UserLogIP is not null and @IP <> @UserLogIP
        begin
            exec ProcUserLogOFF @UserID
        end

    --6 判断登录账户余额是否小于系统设定的登录最低限额
    --6.1 查询账户余额
    select @UserAmt=NowAmt,@Username=UserName
    from UserMsg where UserID=@UserID

    --6.2 获取系统设置的登录用户最低账户余额
    select @UserLowestAmt=convert(decimal(3,2),ParamValue)
    from RunSets where ParamName='UserLowestAmt'

    --6.3 进行逻辑判断
    if @UserAmt<@UserLowestAmt
        begin
            return 5
```

```
        end

    --7 判断用户登录的 IP 是否有用户登录
    --7.1 根据登录 IP 查询在线用户编号
    select @LoggedUserID=UserID  from UserOnline where IP=@IP

    --7.2 如果用户编号存在且不等于当前登录用户编号
    --则注销该用户,以便当前账户登录
    if @LoggedUserID is not null and @UserID <> @LoggedUserID
        begin
            exec ProcUserLogOFF @LoggedUserID
        end

    --7.3 判断当前账户是否为一次登录
    --若为第一次登录则登记上机信息,否则无须该操作
    if Not Exists(select * from UserOnline where UserID=@UserID)
        begin
            insert into UserOnline (UserID,IP) values (@UserID,@IP)
        end

    --7.4 返回用户登录时间
    select @BeginTime=BeginTime
    from UserOnline where UserID=@UserID

    return 0
    set nocount off
end
```

2. 登录与注销业务的服务端实现

（1）服务端服务的创建与实现

1）删除项目默认对象。

在 NetBarServerService 项目中删除接口 IService1 和 WCF 服务 Service1。

2）创建项目对象管理命名空间。

首先在 NetBarServerService 项目下添加 Model、NetBarDAL、NetBarBLL、Services 文件夹，分别保存实体层、数据访问层、业务逻辑层及服务层的对象，然后在 Services 文件夹下添加 Aid 和 Core 两个文件夹，分别用于管理系统辅助服务和核心服务对象。

3）创建数据库通用访问类。

在数据访问层 NetBarDAL 文件夹下添加名为 DataHelper 的类，其代码如下。

```
public class DataHelper
{
    //声明事务对象和数据库连接对象
    SqlTransaction sqltrans=null;
    SqlConnection sqlconn=null;
```

```csharp
//在构造函数中读取数据库连接字符串,并实例化数据库连接对象
public DataHelper()
{
    string connstring=ConfigurationManager .ConnectionStrings
["NetBar"].ConnectionString;
    sqlconn=new SqlConnection(connstring);
}

//打开数据库连接对象
public void OpenConnection()
{
    if(sqlconn.State!=ConnectionState.Open)
    {
        sqlconn.Open();
    }
}

//关闭数据库连接对象
public void CloseConnection()
{
    if(sqlconn.State!=ConnectionState.Closed)
    {
        sqlconn.Close();
    }
}

//数据库单条更新类命令的执行
public int DbUpdate(string sqlstr, CommandType cmdtype,
    SqlParameter[] cmdparams)
{
    try
    {
        SqlCommand sqlcmd=new SqlCommand();
        sqlcmd.Connection=sqlconn;
        sqlcmd.CommandText=sqlstr;
        sqlcmd.CommandType=cmdtype;

        if(cmdparams!=null)
        {
            sqlcmd.Parameters.AddRange(cmdparams);
        }

        this.OpenConnection();
        return sqlcmd.ExecuteNonQuery();
```

```
        }
        catch
        {
            throw;
        }
        finally
        {
            this.CloseConnection();
        }
    }

//数据库查询类命令的执行
    public DataTable DbQuery(string sqlstr, CommandType cmdtype,
SqlParameter[] cmdparams)
    {
        try
        {
            SqlCommand sqlcmd=new SqlCommand();
            sqlcmd.Connection=sqlconn;
            sqlcmd.CommandText=sqlstr;
            sqlcmd.CommandType=cmdtype;

            if(cmdparams!=null)
            {
                sqlcmd.Parameters.AddRange(cmdparams);
            }

            SqlDataAdapter sqlda=new SqlDataAdapter();
            DataTable rdt=new DataTable();
            sqlda.SelectCommand=sqlcmd;
            sqlda.Fill(rdt);
            return rdt;
        }
        catch
        {
            this.CloseConnection();
            throw;
        }
    }

//开始事务
    public void BeginTransaction()
    {
        this.OpenConnection();
        sqltrans=sqlconn.BeginTransaction();
```

```
    }

    //提交事务
    public void Commit()
    {
        sqltrans.Commit();
        this.CloseConnection();
    }

    //回滚事务
    public void RollBack()
    {
        if(sqltrans!=null)
        {
            sqltrans.Rollback();
        }
        this.CloseConnection();
    }

    //事务更新命令执行
    public int DbTransUpdate(string sqlstr, CommandType cmdtype,
        SqlParameter[] cmdparams)
    {
        try
        {
            SqlCommand sqlcmd=new SqlCommand();
            sqlcmd.Connection=sqlconn;
            sqlcmd.CommandText=sqlstr;
            sqlcmd.CommandType=cmdtype;

            if(cmdparams!=null)
            {
                sqlcmd.Parameters.AddRange(cmdparams);
            }
            sqlcmd.Transaction=sqltrans;
            return sqlcmd.ExecuteNonQuery();
        }
        catch
        {
            throw;
        }
    }
}
```

4）在数据访问层 NetBarDAL 文件夹下添加名为 UserDAL 的数据访问类，并添加用户登录（UserLogin）和注销（UserLogOff）的数据访问方法，其具体代码如下。

```
public class UserDAL
{
    /// <summary>
    ///用户登录
    /// </summary>
    /// <param name="userid">用户编号</param>
    /// <param name="userpwd">用户密码</param>
    /// <param name="ip">登录计算机 IP 地址</param>
    /// <param name="computername">计算机名称</param>
    /// <param name="username">用户姓名</param>
    /// <param name="useramt">用户当前账户余额</param>
    /// <param name="loggedip">当前用户远程登录 IP 地址</param>
    /// <param name="begintime">上机开始时间</param>
    /// <returns>登录状态:具体意义见算法描述</returns>
    public int UserLogin(string userid, string userpwd,
        string ip, string computername, out string username,
        out decimal useramt, out string loggedip,
        out DateTime begintime)
    {
        string sqlstr="ProcUserLogIn";
        SqlParameter[] cmdparams=new SqlParameter[]{
            new SqlParameter("@UserID",userid),
            new SqlParameter("@UserPwd",userpwd),
            new SqlParameter("@IP",ip),
            new SqlParameter("@ComputerName",computername),

            new SqlParameter("@UserName",SqlDbType.VarChar,
                50,ParameterDirection.Output,true,0,0,null,
                DataRowVersion.Current,null),
            new SqlParameter("@UserAmt",SqlDbType.Decimal,
                9,ParameterDirection.Output,true,18,2,null,
                DataRowVersion.Current,null),
            new SqlParameter("@UserLogIP",SqlDbType.VarChar,
                15,ParameterDirection.Output,true,0,0,null,
                DataRowVersion.Current,null),
            new SqlParameter("@BeginTime",SqlDbType.DateTime,
                8,ParameterDirection.Output,true,0,0,null,
                DataRowVersion.Current,null),

            new SqlParameter("@RValue",SqlDbType.Int,
                4,ParameterDirection.ReturnValue,true,0,0,
                null,DataRowVersion.Current,null),
        };
```

```
try
{
    new DataHelper().DbQuery(sqlstr,
        CommandType.StoredProcedure, cmdparams);

    if(cmdparams[4].Value.GetType().ToString()=="System.
DBNull")
    {
        username="";
    }
    else
    {
        username=cmdparams[4].Value.ToString();
    }

    if(cmdparams[5].Value.GetType().ToString()=="System.
DBNull")
    {
        useramt=0;
    }
    else
    {
        useramt=Convert.ToDecimal(cmdparams[5].Value);
    }

    if(cmdparams[6].Value.GetType().ToString()=="System.
DBNull")
    {
        loggedip="";
    }
    else
    {
        loggedip=cmdparams[6].Value.ToString();
    }

    if(cmdparams[7].Value.GetType().ToString()=="System.
DBNull")
    {
        begintime=Convert.ToDateTime("2000-1-1");
    }
    else
    {
        begintime=Convert.ToDateTime(cmdparams[7].Value);
    }
```

```
            return Convert.ToInt16(cmdparams[8].Value);
        }
        catch
        {
            throw;
        }
    }

    /// <summary>
    ///用户注销
    /// </summary>
    /// <param name="userid">用户编号</param>
    /// <param name="username">用户姓名</param>
    /// <param name="begintime">上机开始时间</param>
    /// <param name="endtime">上机结束时间</param>
    /// <param name="consumeamt">用户消费金额</param>
    /// <param name="useramt">本次消费后的账户余额</param>
    /// <returns>注销状态：具体意义参见算法描述</returns>
    public int UserLogoff(string userid, out string username,
        out DateTime begintime, out DateTime endtime,
        out decimal consumeamt, out decimal useramt)
    {
        string sqlstr="ProcUserLogOFF";

        SqlParameter[] cmdparams=new SqlParameter[]{
            new SqlParameter("@UserID",userid),
            new SqlParameter("@RValue",SqlDbType.Int)
        };

        cmdparams[1].Direction=ParameterDirection.ReturnValue;

        try
        {
            DataTable dt=new DataHelper().DbQuery(sqlstr,
                CommandType.StoredProcedure, cmdparams);

            int state=Convert.ToInt16(cmdparams[1].Value);

            if(state==0)
            {
                username=dt.Rows[0]["UserName"].ToString();
                begintime=Convert.ToDateTime(dt.Rows[0]["BeginTime"]);
                endtime=Convert.ToDateTime(dt.Rows[0]["EndTime"]);
                consumeamt=Convert.ToDecimal(dt.Rows[0]["ConsumeAmt"]);
```

```
            useramt=Convert.ToDecimal(dt.Rows[0]["UserAmt"]);
        }
        else
        {
            username="";
            begintime=DateTime.Now;
            endtime=DateTime.Now;
            consumeamt=0;
            useramt=0;
        }
        return state;
    }
    catch
    {
        throw;
    }
  }
}
```

5）在业务逻辑层文件夹 NetBarBLL 下添加名为 UserBLL 的业务逻辑类，并添加用户登录和注销的方法，具体实现代码如下。

```
public class UserBLL
{
    public int UserLogin(string userid, string userpwd, string ip,
        string computername, out string username,
        out decimal useramt, out string loggedip,
        out DateTime begintime)
    {
        try
        {
            return new UserDAL().UserLogin(userid, userpwd, ip,
                computername, out username, out useramt,
                out loggedip, out begintime);
        }
        catch
        {
            throw;
        }
    }

    public int UserLogoff(string userid, out string username,
        out DateTime begintime, out DateTime endtime,
        out decimal consumeamt, out decimal useramt)
```

```
    {
        try
        {
            return new UserDAL().UserLogoff(userid, out username,
                out begintime, out endtime, out consumeamt,
                out useramt);
        }
        catch
        {
            throw;
        }
    }
}
```

6）在服务层 Services.Core 文件夹下添加用户登录与注销服务契约并实现，具体实现步骤如下。

步骤 1：创建用户登录与注销的服务契约，具体实现代码如下。

```
[ServiceContract]
public interface IServerUserService
{
    [OperationContract]
    int UserLogin(string userid, string userpwd, string ip,
        string computername, out string username,
        out decimal useramt, out string loggedip,
        out DateTime begintime);

    [OperationContract]
    int UserLogoff(string userid, out string username,
        out DateTime begintime, out DateTime endtime,
        out decimal consumeamt, out decimal useramt);
}
```

步骤 2：创建用户登录与注销服务契约的 WCF 服务实现类，具体实现代码如下。

```
public class ServerUserServiceImpl : IServerUserService
{
    public int UserLogin(string userid, string userpwd, string ip,
        string computername, out string username,
        out decimal useramt, out string loggedip,
        out DateTime begintime)
    {
        try
        {
            return new UserBLL().UserLogin(userid, userpwd, ip,
                computername, out username, out useramt,
```

```
                out loggedip,out begintime);
        }
        catch
        {
            throw;
        }
    }

    public int UserLogoff(string userid, out string username,
        out DateTime begintime, out DateTime endtime,
        out decimal consumeamt, out decimal useramt)
    {
        try
        {
            return new UserBLL().UserLogoff(userid, out username,
                out begintime, out endtime, out consumeamt,
                out useramt);
        }
        catch
        {
            throw;
        }
    }
}
```

（2）服务端宿主项目的功能实现

1）添加 System.ServiceModel 程序集的引用。

2）添加配置文件，并添加如下配置信息。

```
<?xml version="1.0"?>
<configuration>
    <system.serviceModel>
        <services>
            <service name="NetBarServerService.Services.Core
                .ServerUserServiceImpl"
                behaviorConfiguration="netBarCoreServicesBehavior">
                <endpoint contract="NetBarServerService.Services.Core
                    .IServerUserService" binding="netTcpBinding"
                    bindingConfiguration="tcpBindingBehavior"
                    address="core" ></endpoint>
                <endpoint contract="IMetadataExchange"
                    binding="mexTcpBinding" address=""></endpoint>
                <host>
                    <baseAddresses>
                        <add baseAddress
```

```
                        ="net.tcp://211.67.150.99:9999"/>
                    <add baseAddress="http://211.67.150.99:9996"/>
                </baseAddresses>
            </host>
        </service>
    </services>
    <behaviors>
        <serviceBehaviors>
            <behavior name="netBarCoreServicesBehavior">
                <serviceMetadata httpGetEnabled="true"/>
                <serviceDebug
                    includeExceptionDetailInFaults="true"/>
            </behavior>
        </serviceBehaviors>
    </behaviors>

    <bindings>
        <netTcpBinding>
            <binding name ="tcpBindingBehavior">
                <readerQuotas
                    maxStringContentLength="2147483647"/>
                <security mode="None"></security>
            </binding>
        </netTcpBinding>
    </bindings>
</system.serviceModel>

<connectionStrings>
    <add name ="NetBar" connectionString="server=(local);
        Integrated Security=SSPI;database=NetBar"/>
</connectionStrings>

<startup>
    <supportedRuntime version="v4.0"
        sku=".NETFramework,Version=v4.0"/>
</startup>
</configuration>
```

3）将项目中的 Service1.cs 更名为 ServerService.cs，并在代码视图添加如下代码。

```
public partial class ServerService : ServiceBase
{
    public ServerService()
    {
        InitializeComponent();
    }
```

```
    ServiceHost host;

    protected override void OnStart(string[] args)
    {
        host=new ServiceHost(typeof(NetBarServerService.Services.Core.
ServerUserServiceImpl));
        host.Open();
    }
    protected override void OnStop()
    {
        host.Close();
    }
}
```

3. 登录与注销业务的管理端实现

（1）管理端服务的创建与实现

1）删除创建项目时默认的服务契约 IService1 和 WCF 服务实现类 Service1 对象。

2）在 NetBarManagerService 项目下添加 ClientServices、ManagerServices、Server Services、Model 等文件夹，分别用于管理客户端、管理端、服务端服务对象和实体类对象；然后在 ManagerServices 下添加 Core 文件夹用于管理系统核心服务对象。

3）创建服务端的服务代理类。

步骤 1：在 ServerServices 文件夹下添加服务契约，具体实现代码如下。

```
[ServiceContract]
public interface IServerUserService
{
    [OperationContract]
    int UserLogin(string userid, string userpwd, string ip,
        string computername, out string username,
        out decimal useramt, out string loggedip,
        out DateTime begintime);

    [OperationContract]
    int UserLogoff(string userid, out string username,
        out DateTime begintime, out DateTime endtime,
        out decimal consumeamt, out decimal useramt);
}
```

步骤 2：在 ServerServices 文件夹下添加服务契约代理类，具体实现代码如下。

```
public class ServerUserServiceClient:ClientBase<IServerUserService>,
IServerUserService
{
    public int UserLogin(string userid, string userpwd, string ip,
```

```
        string computername, out string username,
        out decimal useramt, out string loggedip,
        out DateTime begintime)
    {
        return Channel.UserLogin(userid,userpwd,ip, computername,
            out username, out useramt, out loggedip,
            out begintime);
    }


    public int UserLogoff(string userid, out string username,
        out DateTime begintime, out DateTime endtime,
        out decimal consumeamt, out decimal useramt)
    {
        return Channel.UserLogoff(userid, out username,
            out begintime, out endtime, out consumeamt,
            out useramt);
    }
}
```

4）在 ManagerServices.Core 命名空间下添加管理端核心服务契约及其实现，其具体步骤如下。

步骤 1：添加用户登录与注销的中继服务契约，具体代码如下。

```
[ServiceContract]
public interface IManagerUserService
{
    [OperationContract]
    int UserLogin(string userid, string userpwd, string ip,
        string computername, out string username,
        out decimal useramt, out string loggedip,
        out DateTime begintime);

    [OperationContract]
    int UserLogoff(string userid, out string username,
        out DateTime begintime, out DateTime endtime,
        out decimal consumeamt, out decimal useramt);
}
```

步骤 2：添加用户登录与注销的中继服务契约实现类，具体代码如下。

```
public class ManagerUserServiceImpl:IManagerUserService
{
    public int UserLogin(string userid, string userpwd, string ip,
        string computername, out string username,
        out decimal useramt, out string loggedip,
        out DateTime begintime)
```

```
        {
            ServerUserServiceClient serverClient=new
ServerUserServiceClient();
            return serverClient.UserLogin(userid, userpwd, ip,
                computername, out username, out useramt, out loggedip,
                out begintime);
        }

        public int UserLogoff(string userid, out string username,
            out DateTime begintime, out DateTime endtime,
            out decimal consumeamt, out decimal useramt)
        {
            ServerUserServiceClient serverClient
                =new ServerUserServiceClient();
            return serverClient.UserLogoff(userid, out username,
                out begintime, out endtime, out consumeamt,
                out useramt);
        }
    }
```

（2）管理端核心业务宿主项目的功能实现

1）添加 System.Configuration 和 System.ServiceModel 程序集的引用。

2）将项目中的 Service1 更名为 ManagerCoreService，并切换到代码视图添加如下代码。

```
    public partial class ManagerCoreService : ServiceBase
    {
        ServiceHost host;

        public ManagerCoreService()
        {
            InitializeComponent();
        }

        protected override void OnStart(string[] args)
        {
            try
            {
                //启动管理端服务
                host=new ServiceHost(typeof(NetBarManagerService.
ManagerServices.Core.ManagerUserServiceImpl));

                host.Open();
            }
            catch(Exception ex)
            {
```

```
            //将异常信息写入日志文件
            File.AppendAllText(@"e:\error.txt",DateTime.Now.ToString
()+ex.Message+"\r\n");
        }
    }

    protected override void OnStop()
    {
        host.Close();
        remindTimer.Enabled=false;
    }
}
```

3）添加配置文件。

```xml
<?xml version="1.0"?>
<configuration>
    <system.serviceModel>
        <services>
            <service name="NetBarManagerService.ManagerServices.Core.
ManagerUserServiceImpl"
                    behaviorConfiguration="managerUserServiceBehavior">
                <endpoint contract="NetBarManagerService.ManagerServices.
Core.IManagerUserService"
                    binding="netTcpBinding"
                    bindingConfiguration="tcpBindingBehavior"
                    address="core"></endpoint>
                <endpoint contract="IMetadataExchange"
                    binding="mexTcpBinding" address="" ></endpoint>
                <host>
                    <baseAddresses>
                        <add  baseAddress="net.tcp://122.206.151.144:
8899"/>
                        <add baseAddress="http://122.206.151.144:8896"/>
                    </baseAddresses>
                </host>
            </service>
        </services>
        <behaviors>
            <serviceBehaviors>
                <behavior name="managerUserServiceBehavior">
                    <serviceMetadata httpGetEnabled="true"/>
                    <serviceDebug includeExceptionDetailInFaults="true"/>
                </behavior>
            </serviceBehaviors>
```

```
            </behaviors>

            <bindings>
                <netTcpBinding>
                    <binding name="tcpBindingBehavior">
                        <readerQuotas maxStringContentLength="2147483647"/>
                        <security mode="None"></security>
                    </binding>
                </netTcpBinding>
            </bindings>

            <client>
                <endpoint contract="NetBarManagerService
                    .ServerServices.IServerUserService"
                    binding="netTcpBinding"
                    bindingConfiguration="tcpBindingBehavior"
                    address="net.tcp://211.67.150.99:9999/core">
                </endpoint>
            </client>
        </system.serviceModel>
        <startup>
            <supportedRuntime version="v4.0"
                sku=".NETFramework,Version=v4.0"/>
        </startup>
    </configuration>
```

4. 登录与注销业务的客户端实现

（1）客户端服务的创建与实现

1）将 NetBarClientService 项目中的 WCF 服务契约 IService1 和 WCF 服务类 Service1 删除。

2）在项目中添加 ManagerServices 和 ClientServices 文件夹，分别用于保存管理端的服务代理和客户端的服务及实现对象。

3）创建管理端的服务代理，实现流程如下。

步骤 1：在 ManagerServices 文件夹下，创建管理端的服务契约 IManagerUserService，具体实现代码如下。

```
[ServiceContract]
public interface IManagerUserService
{
    [OperationContract]
    int UserLogin(string userid, string userpwd, string ip,
        string computername, out string username,
```

```
        out decimal useramt, out string loggedip,
        out DateTime begintime);

    [OperationContract]
    int UserLogoff(string userid, out string username,
        out DateTime begintime, out DateTime endtime,
        out decimal consumeamt, out decimal useramt);
}
```

步骤 2：在 ManagerServices 文件夹中，创建服务契约代理类 ManagerUserService-Client，具体实现代码如下。

```
public class ManagerUserServiceClient:ClientBase<IManagerUserService>,
IManagerUserService
{
    public int UserLogin(string userid, string userpwd, string ip,
        string computername, out string username,
        out decimal useramt, out string loggedip,
        out DateTime begintime)
    {
        return Channel.UserLogin(userid,userpwd,ip, computername,
            out username, out useramt, out loggedip, out begintime);
    }

    public int UserLogoff(string userid, out string username,
        out DateTime begintime, out DateTime endtime,
        out decimal consumeamt, out decimal useramt)
    {
        return Channel.UserLogoff(userid, out username,
            out begintime,out endtime,out consumeamt,out useramt);
    }
}
```

4）客户端服务的创建与实现。

步骤 1：在 ClientServices 文件夹下，创建 ComputerControl 类，用于计算机关机控制类库的实现，具体实现代码如下。

```
public static class ComputerControl
{
    [StructLayout(LayoutKind.Sequential, Pack=1)]
    internal struct TokPriv1Luid
    {
        public int Count;
        public long Luid;
        public int Attr;
    }
```

```
[DllImport("kernel32.dll",ExactSpelling=true)]
internal static extern IntPtr GetCurrentProcess();

[DllImport("advapi32.dll", ExactSpelling=true,SetLastError=true)]
internal static extern bool OpenProcessToken(IntPtr h, int acc,
    ref IntPtr phtok);

[DllImport("advapi32.dll", SetLastError=true)]
internal static extern bool LookupPrivilegeValue(string host,
    string name, ref long pluid);

[DllImport("advapi32.dll", ExactSpelling=true,SetLastError=true)]
internal static extern bool AdjustTokenPrivileges(IntPtr htok,
    bool disall, ref TokPriv1Luid newst,int len, IntPtr prev, IntPtr
relen);

[DllImport("user32.dll", ExactSpelling=true,SetLastError=true)]
internal static extern bool ExitWindowsEx(int flg, int rea);

internal const int SE_PRIVILEGE_ENABLED=0x00000002;
internal const int TOKEN_QUERY=0x00000008;
internal const int TOKEN_ADJUST_PRIVILEGES=0x00000020;
internal const string SE_SHUTDOWN_NAME="SeShutdownPrivilege";
internal const int EWX_LOGOFF=0x00000000;
internal const int EWX_SHUTDOWN=0x00000001;
internal const int EWX_REBOOT=0x00000002;
internal const int EWX_FORCE=0x00000004;
internal const int EWX_POWEROFF=0x00000008;
internal const int EWX_FORCEIFHUNG=0x00000010;

private static void DoExitWin(int flg)
{
    bool ok;
    TokPriv1Luid tp;
    IntPtr hproc=GetCurrentProcess();
    IntPtr htok=IntPtr.Zero;
    ok=OpenProcessToken(hproc,TOKEN_ADJUST_PRIVILEGES|TOKEN_QUERY,
ref htok);
    tp.Count=1;
    tp.Luid=0;
    tp.Attr=SE_PRIVILEGE_ENABLED;
```

```
            ok=LookupPrivilegeValue(null, SE_SHUTDOWN_NAME,ref tp.Luid);
            ok=AdjustTokenPrivileges(htok, false, ref tp, 0, IntPtr.Zero,
IntPtr.Zero);
            ok=ExitWindowsEx(flg, 0);
        }


        public static void ShutDown(int seconds)
        {
            System.Timers.Timer timer=new System.Timers.Timer();
            timer.AutoReset=false;
            timer.Elapsed+=new System.Timers.ElapsedEventHandler(timer_
Elapsed);

            timer.Interval=1000*seconds;
            timer.Enabled=true;
        }

        private static void timer_Elapsed(object source,
            System.Timers.ElapsedEventArgs e)
        {
            DoExitWin(EWX_SHUTDOWN);
        }
    }
```

步骤 2：在 ClientServices 文件夹下，创建客户端的服务契约 IClientUserService，其具体实现代码如下。

```
    [ServiceContract]
    public interface IClientUserService
    {
        /// <summary>
        ///本地消息显示服务
        /// </summary>
        /// <param name="msg">显示的消息</param>
        [OperationContract]
        void ShowMsg(string msg);

        /// <summary>
        ///本地关机服务
        /// </summary>
        /// <param name="seconds">关机间隔秒数</param>
        [OperationContract]
```

```
    void ShutDown(int seconds);
}
```

步骤 3：在 ClientServices 文件夹下，创建客户端的服务契约实现类 IClientUser-Service，其具体实现代码如下。

```
public class ClientUserServiceImpl : IClientUserService
{
    public void ShowMsg(string msg)
    {
        MessageBox.Show(msg,"信息提示",MessageBoxButtons.OK,
            MessageBoxIcon.Warning,MessageBoxDefaultButton.Button1);

    }

    public void ShutDown(int seconds)
    {
        ComputerControl.ShutDown(seconds);
    }
}
```

（2）客户端窗体项目的设计与功能实现

客户端功能的基本流程如下：启动客户端程序时，首先出现的是用户上机登录界面（FormUserLogin），用户上机登录成功后加载客户端功能界面（FormUserClient），通过客户端菜单功能，在窗体的 Panel 面板上加载具体的功能操作界面（如 FormUserLogOff）。因此首先在客户端项目中分别添加名为 FormUserLogin、FormUserClient 和 FormUserLogOff 的 Windows 窗体。

1）修改 FormUserClient 和 FormUserLogOff 窗体的构造函数。

成功登录窗体后，需要将用户账号传递给 FormUserClient，并续传至其加载的其他功能操作窗体（如注销窗体），本项目采用构造函数将用户账号在多窗体之间进行传递。因此修改客户端功能窗体和用户注销窗体的默认构造函数为带参构造，修改后的构造函数代码如下。

① 客户端功能窗体的构造函数。

```
public FormUserClient(string userid)
    {
        InitializeComponent();
    }
```

② 用户注销窗体的构造函数。

```
public FormUserLogOff(string userid)
    {
        InitializeComponent();
    }
```

2）配置客户端的配置文件。

在客户端添加应用程序配置文件，配置信息如下。

```xml
<?xml version="1.0"?>
<configuration>
    <system.serviceModel>
        <client>
            <endpoint contract="NetBarClientService.ManagerServices.
IManagerUserService"
                binding="netTcpBinding"
                bindingConfiguration="tcpBindingBehavior"
                address="net.tcp://122.206.151.144:8899/core">
            </endpoint>
        </client>

        <bindings>
            <netTcpBinding>
                <binding name="tcpBindingBehavior">
                    <readerQuotas maxStringContentLength="2147483647"/>
                        <security mode="None"></security>
                </binding>
            </netTcpBinding>
        </bindings>

    </system.serviceModel>

    <startup>
        <supportedRuntime version="v4.0"
            sku=".NETFramework,Version=v4.0"/>
    </startup>
</configuration>
```

3）登录窗体的设计与实现。

步骤 1：设计登录窗体。

进入用户上机登录窗体的设计窗口，将窗体的 Text 属性设置为"机房客户端"，分辨率设置为 800 像素×600 像素，其主要控件及属性设置如表 20-3 所示。

表 20-3　用户上机登录窗体主要控件及属性设置

控件类型	命名	属性
GroupBox	系统默认	清空 Text 属性字符串
Label	系统默认	Text：用户上机登录
Label	系统默认	Text：用户账号：
Label	系统默认	Text：用户密码：

控件类型	命名	属性
TextBox	textBoxUserID	—
TextBox	textBoxUserPwd	PasswordChar：*
Button	btnUserLogin	Text：登录
Button	btnReset	Text：重置

窗体其他显示样式及效果可以根据实际情况具体调节，如字体的大小和颜色等。具体设计效果可以参照图 20-4。

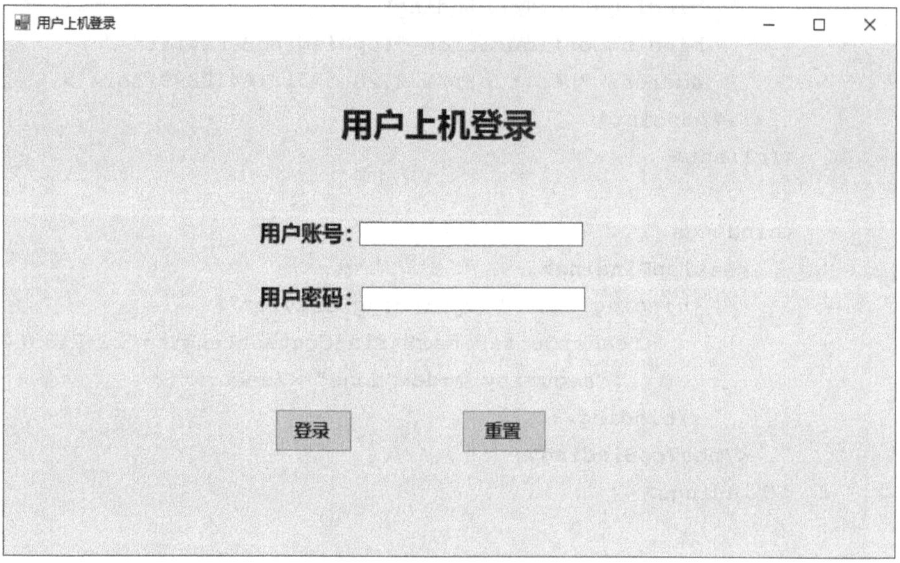

图 20-4　用户上机登录窗体

步骤 2：窗体的 Load 事件托管客户端服务。客户端使用 Load 事件托管自身受控服务 IClientUserService，可在客户端窗体启动后自动加载服务，以接受运行过程中管理端发送的消息提示、关机控制等命令。

```
private void FormUserLogin_Load(object sender, EventArgs e)
{
    string computername=Dns.GetHostName();
    string ip=Dns.GetHostAddresses(computername)[0].ToString();

    ServiceHost host=new ServiceHost(typeof(ClientUserServiceImpl));

    NetTcpBinding netTcpBinding=new NetTcpBinding()
    {
        ReaderQuotas=new XmlDictionaryReaderQuotas()
        {
            MaxStringContentLength=2147483647
```

```
        },
        Security=new NetTcpSecurity()
        {
            Mode=SecurityMode.None
        }
    };

    host.AddServiceEndpoint("NetBarClientService.ClientServices.
IClientUserService",
        netTcpBinding,"net.tcp://"+ip+":7799");

    host.Open();
}
```

步骤 3："登录"按钮 Click 事件的实现及逻辑处理。

```
private void btnUserLogin_Click(object sender, EventArgs e)
{
    try
    {
        ManagerUserServiceClient manageClient=new
ManagerUserServiceClient();
        string userid=textBoxUserID.Text.Trim();
        string userpwd=textBoxUserPwd.Text;
        string computername=Dns.GetHostName();
        string ip=Dns.GetHostAddresses(computername)[0].ToString();

        string username, loggedip;
        decimal useramt;
        DateTime begintime;

        int loginstate=manageClient.UserLogin(userid, userpwd, ip,
computername, out username, out useramt, out loggedip, out begintime);

        switch (loginstate)
        {
            case 0:
                MessageBox.Show(this, "恭喜您,登录成功\r\n"+"姓名:"+
username+"\r\n"+"账户余额:"+useramt.ToString()+"\r\n"+"登录时间:"+begintime.
ToString(),"信息提示", MessageBoxButtons.OK,MessageBoxIcon.Information,
MessageBoxDefaultButton.Button1);
```

```
                    this.Hide();
                    FormUserClient formClient=new FormUserClient(userid);
                    formClient.Show();
                    break;
              case 1:
                    MessageBox.Show(this, "登录失败,原因:用户账号不存在。","错误提
示", MessageBoxButtons.OK,MessageBoxIcon.Warning,MessageBoxDefaultButton.
Button1);
                    break;
              case 2:
                    MessageBox.Show(this, "登录失败,原因:用户账号和密码不匹配。",
"错误提示", MessageBoxButtons.OK,MessageBoxIcon.Warning,
MessageBoxDefaultButton.Button1);
                    break;
              case 3:
                    MessageBox.Show(this, "登录失败,原因:系统中不存在登录计算机的
IP地址。","错误提示", MessageBoxButtons.OK, MessageBoxIcon.Warning,
MessageBoxDefaultButton.Button1);
                    break;
              case 4:
                    MessageBox.Show(this, "登录失败,原因:当前计算机IP地址和计算机
名 不 匹 配 。 "," 错 误 提 示 ", MessageBoxButtons.OK, MessageBoxIcon.Warning,
MessageBoxDefaultButton.Button1);
                    break;
              case 5:
                    MessageBox.Show(this, "登录失败,原因:您的账户余额为"+useramt.
ToString()+"元,低于系统设定的最小金额。","错误提示", MessageBoxButtons.OK,
MessageBoxIcon.Warning, MessageBoxDefaultButton.Button1);
                    break;
          }

          //判断自己是否在其他计算机登录,若是则关闭该计算机
          if(loggedip!="" && loggedip!=ip)
          {
              NetTcpBinding netTcpBinding=new NetTcpBinding()
              {
              ReaderQuotas=new XmlDictionaryReaderQuotas()
              {
                  MaxStringContentLength=2147483647
              },
```

```
Security=new NetTcpSecurity()
{
    Mode=SecurityMode.None
}

};

IClientUserService proxy=ChannelFactory<IClientUserService>.
CreateChannel(netTcpBinding, new EndpointAddress("net.tcp://"+loggedip+":
7799"));

                proxy.ShutDown(5);
                proxy.ShowMsg("您的账号已在其他计算机登录,本计算机将强制关机。");
            }
        }
        catch(Exception ex)
        {
            File.AppendAllText(@"E:\Log.txt",ex.Message);
        }
    }
```

步骤 4："重置"按钮功能的实现代码如下。

```
private void btnReset_Click(object sender, EventArgs e)
{
    textBoxUserID.Clear();
    textBoxUserPwd.Clear();
}
```

步骤 5：屏蔽"关闭"按钮。

为了防止用户恶意关闭窗体，将"关闭"按钮置于不可用状态，为此需要在 LoginForm 窗体类中添加如下代码。

```
/// <summary>
/// 屏蔽"关闭"按钮
/// </summary>
private const int CP_NOCLOSE_BUTTON=0x200;
protected override CreateParams CreateParams
{
get
    {
        //得到父类的创建窗体时的参数
```

```
CreateParams myCp=base.CreateParams;
//加入 CS_NOCLOSE_BUTTON 样式
myCp.ClassStyle=myCp.ClassStyle|CP_NOCLOSE_BUTTON;
return myCp;
    }
}
```

4）客户端功能窗体的设计与实现。

步骤 1：设计客户端功能窗体。

客户端功能窗体主要为用户提供服务操作界面，其主要属性设置如表 20-4 所示。

表 20-4　客户端功能窗体的主要属性设置

属性	值
Text	机房客户端
分辨率	800 像素×600 像素

窗体上包含一个菜单控件和一个 Panel 控件，其主要属性设置如表 20-5 所示。

表 20-5　客户端功能窗体的控件及主要属性设置

控件名称	命名	属性设置
MenuStrip 添加 5 个菜单项	menuItemUserLogoff	无
	menuItemModifyUserPwd	无
	menuItemUserChargeHistory	无
	menuItemUserConsumeHistory	无
	menuItemUserMsg	无
Panel	panelNetBar	Dock：Fill

窗体其他显示样式及效果可以根据实际情况具体调节，具体设计效果可以参照图 20-5。

图 20-5　客户端功能窗体的设计效果图

步骤 2：声明 userid 字段接收登录窗体传过来的用户账号数据，以便后续使用。具体实现步骤为，首先在窗体类中声明 userid 字段，其次在构造函数中对其赋值，具体代码如下。

```
string userid;
public FormUserClient(string userid)
    {
        InitializeComponent();
        this.userid=userid;
    }
```

步骤 3：客户端功能窗体主要负责加载具体的功能窗体，项目采用单文档界面技术加载窗体，即同时只能在功能面板加载一个窗体进行功能操作。为了实现此功能，分以下两步实现。

首先，创建私有方法 LoadFunForm 加载子窗体，具体代码如下。

```
private void LoadFunForm(Form form)
{
    panelNetBar.Controls.Clear();
    form.TopLevel=false;
    form.Parent=panelNetBar;
    form.WindowState=FormWindowState.Maximized;
    form.Show();
}
```

其次，在菜单项 Click 事件中实例化具体窗体，调用 LoadFunForm 在功能面板加载窗体，如"注销"菜单功能的实现代码如下。

```
private void menuItemUserLogoff_Click(object sender, EventArgs e)
{
    FormUserLogOff form=new FormUserLogOff(userid);
    LoadFunForm(form);
}
```

5）注销窗体的设计与实现。

步骤 1：用户上机注销窗体的设计。

用户上机注销窗体的设计和登录窗体的设计相似，不过该窗体中的账号和密码都不能修改（备注：客户注销仅需根据用户账号即可完成注销操作，因此，这里的密码文本框的数据是虚设的）。该窗体中的控件及主要属性设置如表 20-6 所示。

表 20-6　上机注销窗体控件及主要属性设置

控件类型	命名	属性设置
GroupBox	系统默认	清空 Text 属性字符串
Label	系统默认	Text：用户上机登录
Label	系统默认	Text：用户账号
Label	系统默认	Text：用户密码
TextBox	textBoxUserID	—
TextBox	textBoxUserPwd	Text：**********
Button	btnUserLogOff	Text：注销
Button	btnCancel	Text：取消

窗体其他显示样式及效果可以根据实际情况具体调节,具体设计效果可以参照图 20-6。

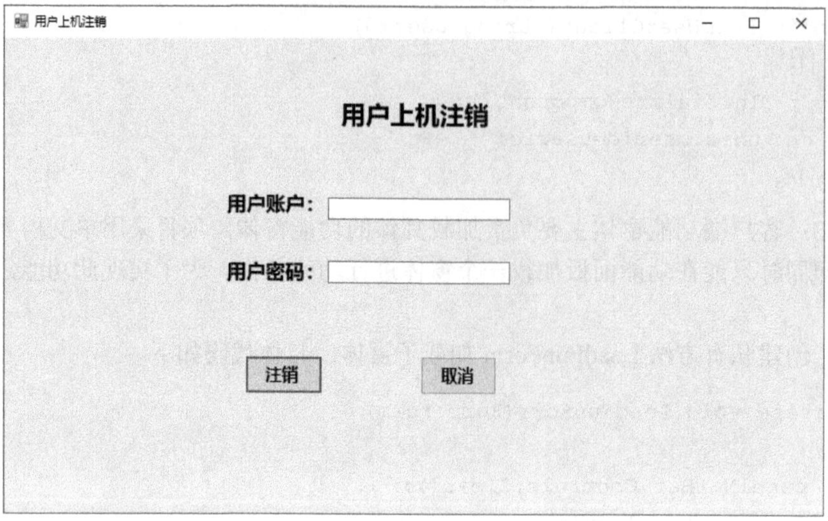

图 20-6　用户上机注销窗体的设计效果图

注意:注销窗体的分辨率要略小于客户端窗体中功能显示面板的分辨率,且为无标题窗体。

步骤 2:在构造函数中将构造参数(用户账号:userid)直接设置到用户账号文本框中,在构造函数中添加如下代码。

```
textBoxUserID.Text=userid;
```

步骤 3:在"注销"按钮的 Click 事件中完成注销逻辑的实现,具体实现代码如下。

```
private void btnUserLogoff_Click(object sender, EventArgs e)
{
    //1 实例化管理端服务代理对象
    ManagerUserServiceClient managerClient=new
ManagerUserServiceClient();

    //2 获取界面数据,声明输出参数
    string userid=textBoxUserID.Text.Trim();
    string username;
    DateTime begintime,endtime;
    decimal consumeamt, useramt;

    //3 调用管理端注销服务,获取执行结果
    int state=managerClient.UserLogoff(userid, out username,
        out begintime,out endtime,out consumeamt,out useramt);

    //4 等待 5 秒关机
    NetBarClientService.ClientServices.ComputerControl.ShutDown(5);
```

```
//5 显示处理结果
if(state==1)
{
    MessageBox.Show(this,"注销失败,您的账户未在服务器登录。","错误提示",
MessageBoxButtons.OK,MessageBoxIcon.Warning);
}
else
{
    string msgstr="注销成功,欢迎您下次再来。\r\n\r\n";
    msgstr+="用户姓名: "+username+"\r\n\r\n";
    msgstr+="开始时间: "+begintime+"\r\n\r\n";
    msgstr+="结束时间: "+endtime+"\r\n\r\n";
    msgstr+="消费金额: "+consumeamt+"\r\n\r\n";
    msgstr+="账户余额: "+useramt+"\r\n\r\n";

    MessageBox.Show(this,msgstr,"信息提示",MessageBoxButtons.OK,
MessageBoxIcon.Information);
}
}
```

至此,登录与注销的所有实现过程介绍完毕。

5.　本节涉及知识点总结

（1）数据库高级编程

本部分主要采用 T-SQL 高级编程中的存储过程、事务处理和异常处理机制、游标和临时对象等技术来实现项目核心业务逻辑,不仅保证了业务处理流程的正确性、健壮性等,更重要的是保证了业务处理的效率、网络通信效率和访问控制安全性等。

（2）多层软件设计思想

三层软件设计思想是多层软件设计中经典的结构,主要包括 4 个部分:实体层、界面层、业务逻辑层和数据访问层。

界面层对象主要负责与用户交互,接收用户的输入,并显示处理结果;业务逻辑层对象主要负责具体应用的业务流程处理,简称数据加工厂;数据访问层对象主要负责与数据库交互,为业务逻辑层提供数据访问服务;实体层对象主要完成数据封装,用于界面层、业务逻辑层和数据访问层之间进行数据传递。

三层设计思想虽然增加了软件的复杂度,但是提高了软件的代码复用率和可维护性。

（3）.NET 平台基于 SOA 架构的 WCF 编程框架

针对分布式应用程序的开发,微软公司在其.NET 平台的早期版本设计了多种分布式编程模型。例如,要以一种能够实现从任何平台访问信息的方式来共享信息,则应使用 Web 服务（也称 ASMX Web 服务）。如果只想在客户端和正在 Windows 操作系统上运行的服务器之间移动数据,则应使用.NET 远程处理。如果需要事务处理通信,则应使用企业服务（DCOM）;或者如果需要排队的模型,则应使用消息队列（也称 MSMQ）。由于各分布式编程模型的设计原理和实现步骤不同,且彼此之间的功能存在相互重叠性（如.NET Remoting 可以开发 SOAP/HTTP 通信）,不同的技术选择会导致不同的编程模型,还会大大增加开发人员的学习成本等，加之 SOA 软件体系架构的盛行，微软公司重新审视了.NET 平台的所有分布式编程模型，并设计了一个统一的编程框架模型，对分布式应用开发提供最基本、最有弹性的支持，这就是 WCF。

WCF 是微软公司为构建面向服务的应用提供的分布式通信编程框架，是.NET Framework 3.5 的重要组成部分。使用该框架，开发人员可以构建跨平台、安全可靠和支持事务处理的企业级互联网应用解决方案，且能与已有系统兼容协作。

WCF 是微软公司分布式应用程序开发的集大成者，它整合和扩展了现有分布式系统的开发技术，如.NET Remoting、Web Services、Web Services Enhancements 和 MSMQ 等，形成了.NET 平台分布式应用程序开发的统一框架，简化了 SOA 框架的应用，极大地方便了开发人员进行 WCF 应用程序的开发和部署，同时也降低了 WCF 应用开发的复杂度。

WCF 支持大量的 Web 服务标准，包括 XML、XSD、SOAP、Xpath、WSDL 等标准和规范，所以对于现有的标准，开发人员能够方便地进行移植。同时 WCF 可以使用 Attribute 属性进行 WCF 应用程序配置，提高了 WCF 应用的灵活性。

总之，在.NET 平台，采用基于 SOA 的 WCF 编程模型，可以简单快速地构建跨平台、安全可靠、支持事务并发处理等高级特性的分布式应用程序。

（4）Windows API 编程

Windows API 为 Windows 操作系统应用程序接口，其实它就是一个类库，程序员使用这些类库可以很方便地实现 Windows 操作系统的控制功能，如图形化用户界面控制、图像设备接口控制等功能。

本节主要采用 Windows API 实现计算机关机功能，还有屏蔽窗体的"关闭"按钮功能等。

（5）Windows 服务编程

Windows 服务应用程序的优势：①支持大多数的通信协议，并可采用操作系统安全机制进行服务管理，尤其在局域网环境下，采用 TCP 协议进行 WCF 服务通信，效率和安全性极高；②Windows 服务可随操作系统自动启动，与来电自动开机功能结合实现 24 小时无人值守。

6. 问题集锦

（1）C#引用外部方法介绍

有时需要调用一些已经存在的功能（如 Windows 中的一些功能，C++中已经编写好的一些方法），C#有没有方法可以直接使用这些原本已经存在的功能呢？答案是肯定的，可以通过 C#中的 DllImport 直接调用这些功能。

DllImport 所在的命名空间为 using System.Runtime.InteropServices;。

DllImportAttribute 属性提供对从非托管 DLL 导出的函数进行调用（所必需的信息），作为最低要求，必须提供包含入口点的 DLL 的名称。

DllImport 属性定义如下。

```
namespace System.Runtime.InteropServices
{
    [AttributeUsage(AttributeTargets.Method)]
```

```
public class DllImportAttribute: System.Attribute
{
    public DllImportAttribute(string dllName) {...}
    public CallingConvention CallingConvention;
    public CharSet CharSet;
    public string EntryPoint;
    public bool ExactSpelling;
    public bool PreserveSig;
    public bool SetLastError;
    public string Value {get {...}}
}
}
```

说明:

1) DllImport 只能放置在方法声明上。

2) DllImport 具有单个定位参数:指定包含被导入方法的 DLL 名称的 dllName 参数。

3) DllImport 具有以下 6 个命名参数。

① CallingConvention 参数:指示入口点的调用约定。如果未指定 CallingConvention,则使用默认值 CallingConvention.Winapi。

② CharSet 参数:指示用在入口点中的字符集。如果未指定 CharSet,则使用默认值 CharSet.Auto。

③ EntryPoint 参数:给出 DLL 中入口点的名称。如果未指定 EntryPoint,则使用方法本身的名称。

④ ExactSpelling 参数:指示 EntryPoint 是否必须与指示的入口点的拼写完全匹配。如果未指定 ExactSpelling,则使用默认值 false。

⑤ PreserveSig 参数:指示方法的签名应当被保留还是被转换。当签名被转换时,它被转换为一个具有 HRESULT 返回值和该返回值的一个名为 retval 的附加输出参数的签名。如果未指定 PreserveSig,则使用默认值 true。

⑥ SetLastError 参数:指示方法是否保留上一错误。如果未指定 SetLastError,则使用默认值 false。

4) 它是一次性属性类。

5) 此外,使用 DllImport 属性修饰的方法必须具有 extern 修饰符。

DllImport 的用法如下。

```
DllImport("MyDllImport.dll")]
private static extern int mySum(int a,int b);
```

(2) User32.dll 动态链接库中 SetWindowPos 方法的使用介绍

SetWindowPos 函数的功能是将一个窗口在三维空间中移动,利用它可以改变一个窗口的位置,甚至可以在 Z 轴上改变(Z 轴决定了一个窗口和其他窗口的前后关系),还可以改变窗口的尺寸。为了实现 TopMost 类型的窗口,只需要调用该函数,将窗口放在所有窗口的前面并永远保持在最前面即可。

1) 函数声明。要想在 C#中使用 SetWindowPos 函数,则必须在程序的代码模块中进行如下的函数声明。

```
[System.Runtime.InteropServices.DllImport("user32.dll", EntryPoint=
"SetWindowPos")]
public static extern int SetWindowPos(int hWnd, int hWndInsertAfter, int
x, int y, int cx, int cy, int wFlags);
```

2）参数说明。

SetWindowPos 函数中各参数的含义说明如下。

① hWnd：要移动的窗口的句柄（可以使用窗体的 hwnd 属性）。

② hWndInsertAfter：关于如何在 Z 轴上放置窗口的标记。

③ x：相当于窗口的 Left 属性。

④ y：相当于窗口的 Top 属性。

⑤ cx：相当于窗口的 Right 属性。

⑥ cy：相当于窗口的 Bottom 属性。

⑦ wFlags：关于如何移动窗口的标记。

3）hWndInsertAfter 参数的可能取值及其含义说明。

① 某一窗口的句柄：将窗口放在该句柄指定的窗口后面。

② HWND_BOTTOM(1)：将窗口放在 Z 轴的最后，即所有窗口的后面。

③ HWND_TOP(0)：将窗口放在 Z 轴的前面，即所有窗口的前面。

④ HWND_TOPMOST(-1)：使窗口成为 TopMost 类型的窗口，这种类型的窗口总是在其他窗口的前面，直到它被关闭。

⑤ HWND_NOTOPMOST(-2)：将窗口放在所有 TopMost 类型窗口的后面、其他类型窗口的前面。

4）wFlags 参数的可能取值及含义说明。

① SWP_DRAWFRAME(&H20)：移动窗口后重画窗口及其上的所有内容。

② SWP_HIDEWINDOW(&H80)：隐藏窗口，窗口隐藏后既不出现在屏幕上也不出现在任务栏上，但它仍然处于激活状态。

③ SWP_NOACTIVATE(&H10)：窗口移动后不激活窗口，当然，如果窗口在移动前就是激活的则例外。

④ SWP_NOCOPYBITS(&H100)：当窗口移动后，不重画它上面的任何内容。

⑤ SWP_NOMOVE(&H2)：不移动窗口（即忽略 X 和 Y 参数）。

⑥ SWP_NOSIZE(&H1)：不改变窗口尺寸（即忽略 cx 和 cy 参数）。

⑦ SWP_NOREDRAW(&H8)：请勿从屏幕上移除之前位置的窗口图像。

⑧ SWP_NOZORDER(&H4)：不改变窗口的 Z 轴位置（即忽略 hWndInsertAfter 参数）。

⑨ SWP_SHOWWINDOW(&H40)：显示窗口（之前必须使用过 SWP_HIDEWINDOW 隐藏窗口）。

前面已提到，利用 SetWindowPos 函数可以决定窗口在 Z 轴中的位置，具体如何放置，需要对 hWndInsertAfter 参数赋予合适的值。

另外，wFlags 参数为 SetWindowPos 函数移动窗口提供了附加的特性，可以通过 or 运算将若干个 wFlags 结合在一起使用，如 SWP_NOMOVE or SWP_NOSIZE 既不移动窗口又不改变窗口的尺寸。但是要注意不要将功能冲突的值结合使用，如 SWP_HIDEWINDOW or

SWP_SHOWWINDOW。

20.6.2　余额不足提醒服务的实现

类似移动电话通话，如果不及时检测用户通话费用与账户余额之间的差额情况，可能会导致用户通话完毕账户余额为负数的情况，这为后面用户欠费追缴和收益分配问题留下了隐患。机房计费也存在这种情况，如果不及时检查用户上机费用，也可能产生消费后账户余额为负的情况，最后可能需要花费一定的代价去催收用户欠款，如果形成坏账，这些坏账处理还将降低部门机房的开放收益等。

1. 余额不足提醒服务业务的逻辑实现

（1）余额不足提醒功能描述

余额不足提醒是各部门管理机周期性地根据其 IP 地址到服务器查询其管理范围内的计算机在线情况，逐一计算截至统计时刻每一个在线用户的上机费用，如果用户账户余额扣减上机费用后的余额达到余额不足提醒条件，则进行余额不足提醒操作，具体包括两类：一类是仅提醒消息，另一类是提醒消息后关闭计算机。

（2）余额不足提醒实现算法的步骤描述

根据以上余额不足提醒功能描述，其实现算法描述如下。

步骤 1：设置余额不足提醒统计时间。

步骤 2：获取系统设定的余额不足信息提醒金额和强制关机金额数据。

步骤 3：读取发起余额不足提醒控制的管理机管理范围内计算机的在线情况及相关用户的基本信息。

步骤 4：针对步骤 3 获取的信息逐一进行上机费用计算，并判断关联用户与上机费用的差额是否满足余额不足提醒的条件，若满足条件，则记入余额不足提醒中间表。

步骤 5：处理完成后，返回余额不足提醒中间表中记录的数据。

步骤 6：管理端从服务端获取信息后，根据账户余额与上机费用的差额和强制关机金额比较的结果，给予客户端信息提示或信息提示后强制关机。

（3）余额不足提醒存储过程实现

根据余额不足提醒功能实现算法的描述，具体实现代码如下。

```
CREATE proc [dbo].[ProcUserFeeNotEnoughRemind]
(
    @ServerIP varchar(15),          --管理机 IP 地址
    @ShutDownAmt decimal(3,2) out   --余额不足提醒强制关机金额
)
as
begin
    declare @Remind table(
        UserID varchar(12),         --提醒用户编号
        UserName varchar(50),       --提醒用户姓名
        IP varchar(15),             --用户在线 IP 地址
        BeginTime datetime,         --用户上机开始时间
        EndTime datetime,           --提醒统计时刻
        ConsumeAmt decimal(18,2),   --截至统计时刻用户的消费金额
```

```
    Balance decimal(18,2)              --用户账户余额
)
```

--声明与@Remind表中字段相关的局部变量

```
declare @UserID varchar(12), @UserName varchar(50),@IP varchar(15),
@BeginTime datetime, @EndTime datetime, @Balance decimal(18,2),@ConsumeAmt
decimal(18,2), @RemindAmt decimal(3,2)
```
    --设置结算时间
```
set @EndTime=getdate()
```
    --读取系统设定的余额不足提醒金额
```
select @RemindAmt=convert(decimal(3,2),ParamValue)
from RunSets where ParamName='RemindAmt'
```
    --获取强制关机金额
```
select @ShutDownAmt=convert(decimal(3,2),ParamValue)
from RunSets where ParamName='ShutDownAmt'
```

--声明游标：获取本管理机管理范围内的所有计算机在线信息
```
declare UserOnLineCursor cursor
for select UserID,IP,UserName,BeginTime,NowAmt
    from ViewUserOnLine   where ServerIP=@ServerIP
```

--打开游标
```
open UserOnLineCursor
```
--读取游标数据进行处理
```
fetch next from UserOnLineCursor
into @UserID,@IP,@UserName,@BeginTime,@Balance
```

--读取数据成功
```
while @@fetch_status = 0
    begin
        --调用用户上机总费用计算获取上机费用
        exec ProcUserConsumeFeeCompute @IP,@BeginTime,
            @EndTime,@ConsumeAmt output

        --判断账户金额剩余情况
        if @Balance-@ConsumeAmt<@RemindAmt
            begin
                insert into @Remind (UserID,UserName,IP,
                    BeginTime,EndTime,ConsumeAmt,Balance)
                Values (@UserID,@UserName,@IP,@BeginTime,
                    @EndTime,@ConsumeAmt,@Balance)
            end

        --读取下一个数据
```

```
        fetch next from UserOnLineCursor
        into @UserID,@IP,@UserName,@BeginTime,@Balance
    end
    --关闭与释放游标
close UserOnLineCursor
deallocate UserOnLineCursor

--返回余额不足提醒数据
select UserID,UserName,IP,BeginTime,EndTime,ConsumeAmt,
    Balance from @Remind
End
```

2．余额不足提醒服务的服务端实现

1）在 NetBarServerService 项目的 Model 文件夹下，添加数据契约 RemindMsg，其实现代码如下。

```
[DataContract(Namespace="http://schemas.zknu.edu.cn/data")]
public class RemindMsg
{
    string userId;
    [DataMember]
    public string UserId
    {
        get { return userId; }
        set { userId=value; }
    }

    string userName;
    [DataMember]
    public string UserName
    {
        get { return userName; }
        set { userName=value; }
    }

    string ip;
    [DataMember]
    public string Ip
    {
        get { return ip; }
        set { ip=value; }
    }

    DateTime beginTime;
    [DataMember]
```

```
        public DateTime BeginTime
        {
            get { return beginTime; }
            set { beginTime=value; }
        }

        DateTime endTime;
        [DataMember]
        public DateTime EndTime
        {
            get { return endTime; }
            set { endTime=value; }
        }

        decimal consumeAmt;
        [DataMember]
        public decimal ConsumeAmt
        {
            get { return consumeAmt; }
            set { consumeAmt=value; }
        }

        decimal balance;
        [DataMember]
        public decimal Balance
        {
            get { return balance; }
            set { balance=value; }
        }
    }
```

2）添加余额不足提醒操作契约。

在 NetBarServerService.Services.Core 命名空间下的服务契约 IServer-UserService 中添加获取余额不足提醒数据的操作契约，实现代码如下。

```
    [OperationContract]
    List<RemindMsg> GetRemindMsgByServerID(string serverip,out decimal
shutdownamt);
```

3）添加数据访问方法。

在 NetBarServerService.NetBarDAL 命名空间下的 UserDAL 中添加数据访问方法，实现代码如下。

```
    /// <summary>
    ///根据管理机 IP 地址获取其管理范围内计算机的余额不足提醒数据
    /// </summary>
```

```
/// <param name="serverip">管理机 IP</param>
/// <param name="shutdownamt">强制关机金额</param>
/// <returns>余额不足提醒数据集合</returns>
public List<RemindMsg> GetRemindMsgByServerID(string serverip,
    out decimal shutdownamt)
{
    List<RemindMsg> remindlist=new List<RemindMsg>();

    string sqlstr="ProcUserFeeNotEnoughRemind";

    SqlParameter[] cmdparams=new SqlParameter[]{
        new SqlParameter("@ServerIP",serverip),
        new SqlParameter("@ShutDownAmt",SqlDbType.Decimal,5,
            ParameterDirection.Output,true,3,2,null,
            DataRowVersion.Current,null)
    };

    try
    {
        DataTable dt=new DataHelper().DbQuery(sqlstr,
            CommandType.StoredProcedure, cmdparams);

        //首先设置最小关机金额
        shutdownamt=Convert.ToDecimal(cmdparams[1].Value);

        //封装提醒数据
        foreach (DataRow dr in dt.Rows)
        {
            RemindMsg remind=new RemindMsg();

            remind.UserId=dr["UserID"].ToString();
            remind.UserName=dr["UserName"].ToString();
            remind.Ip=dr["IP"].ToString();
            remind.BeginTime=Convert.ToDateTime(dr["BeginTime"]);
            remind.EndTime=Convert.ToDateTime(dr["EndTime"]);
            remind.ConsumeAmt=Convert.ToDecimal(dr["ConsumeAmt"]);
            remind.Balance=Convert.ToDecimal(dr["Balance"]);

            remindlist.Add(remind);
        }

        return remindlist;
    }
    catch
```

```
        {
            throw;
        }
    }
```

4）添加业务逻辑中余额不足提醒的方法。

在 NetBarServerService.NetBarBLL 命名空间下的 UserBLL 中添加逻辑处理方法，实现代码如下。

```
public List<RemindMsg> GetRemindMsgByServerID(string serverip,
    out decimal shutdownamt)
{
    try
    {
        return new UserDAL().GetRemindMsgByServerID(serverip,
            out shutdownamt);
    }
    catch
    {
        throw;
    }
}
```

5）在 NetBarServerService.Services.Core 命名空间下的服务契约实现类 ServerUser ServiceImpl 中添加余额不足提醒服务的实现，实现代码如下。

```
public List<RemindMsg> GetRemindMsgByServerID(string serverip,
    out decimal shutdownamt)
{
    try
    {
        return new UserBLL().GetRemindMsgByServerID(serverip,
            out shutdownamt);
    }
    catch
    {
        throw;
    }
}
```

3. 余额不足提醒服务的管理端实现

1）在管理端项目中添加服务端数据契约、服务操作契约及其在管理端代理类中的实现，具体步骤如下。

步骤 1：在 NetBarManagerService.Model 命名空间下添加 RemindMsg 数据契约，实现代码和服务端的 RemindMsg 数据契约完全一致，这里不再赘述。

步骤 2：在 NetBarManagerService.ServerServices.Core 命名空间下的服务契约 IServer UserService 中添加余额不足提醒数据获取的方法声明，实现代码同服务端的 IServerUserService 中名为 GetRemindMsgByServerID 的方法，这里不再赘述。

步骤 3：在 NetBarManagerService.ServerServices.Core 命名空间下的服务契约代理类 Server UserServiceClient 中添加获取余额不足提醒数据的实现方法，实现代码如下。

```
public List<RemindMsg> GetRemindMsgByServerID(string serverip,
    out decimal shutdownamt)
{
    return Channel.GetRemindMsgByServerID(serverip,
        out shutdownamt);
}
```

2）在 NetBarManagerCoreHost 项目的配置文件中添加余额不足提醒调度周期参数，配置信息如下。

```
<appSettings>
    <!--余额不足提醒时间间隔以分钟为单位-->
    <add key="RemindSpan" value="1"/>
</appSettings>
```

3）在 NetBarManagerCoreHost 中的 ManagerCoreService 类中完成余额不足提醒的定期调度功能，实现步骤如下。

步骤 1：在类 ManagerCoreService 中添加字段，实现代码如下。

```
Timer remindTimer;
```

注意：这里的 Timer 是 System.Timers 程序集中的 Timer 组件，它是编程模式的定时器组件。

步骤 2：在类 ManagerCoreService 中添加定时器的定时启动的事件，用于完成余额不足提醒数据的获取及流程控制，实现代码如下。

```
private void remindTimer_Elapsed(object source,
    System.Timers.ElapsedEventArgs e)
{
    //1 获取本管理机的 IP 地址
    string serverip=Dns.GetHostAddresses(
        Dns.GetHostName())[0].ToString();
    decimal shutdownamt;

    //2 创建服务端代理对象,调用服务获取提醒数据
    ServerUserServiceClient serverClient=new ServerUserServiceClient();

    List<RemindMsg> remindlist=serverClient.GetRemindMsgByServerID
(serverip,out shutdownamt);
```

```
//3 根据提醒数据,控制客户端进行信息提示或主动关机
string username;
DateTime begintime,endtime;
decimal consumeamt,useramt;
foreach (RemindMsg rm in remindlist)
{
    try
    {
        //3.1 创建客户端代理
        string useraddr="net.tcp://"+rm.Ip+":7799";
        NetTcpBinding netTcpBinding=new NetTcpBinding()
        {
            ReaderQuotas=new XmlDictionaryReaderQuotas()
            {
                MaxStringContentLength=2147483647
            },
            Security=new NetTcpSecurity()
            {
                Mode=SecurityMode.None
            }
        };

        IClientUserService userClient=ChannelFactory
<IClientUserService>.CreateChannel(netTcpBinding, new EndpointAddress(useraddr));

        //3.2 控制客户端进行信息提示或关机操作
        decimal amt=rm.Balance-rm.ConsumeAmt;
        string msg="亲,本次消费后您的账户余额为"+amt+"元,请及时充值。\r\n";
        msg+="若您本次消费后账户余额低于"+shutdownamt+"元,系统将强制注销您
使用的计算机。"+"\r\n";
        msg+="上机开始时间: "+rm.BeginTime.ToString()+"\r\n";
        msg+="上机结束时间: "+rm.EndTime+"\r\n";
        msg+="本次消费金额: "+rm.ConsumeAmt+"\r\n";
        msg+="当前账户余额: "+rm.Balance+"\r\n";

        //3.3 控制客户端提醒余额不足信息或关机操作
        try
        {
            if (amt<shutdownamt)
            {
                serverClient.UserLogoff(rm.UserId,out username, out
begintime, out endtime, out consumeamt, out useramt);

                userClient.ShutDown(3);
            }
```

```
                userClient.ShowMsg(msg);
            }
            catch(Exception ex)
            {
                File.AppendAllText(@"e:\error.txt", DateTime.Now.
ToString()+"调用错误："+ex.Message+"\r\n");
            }
        }
        catch(Exception ex)
        {
            File.AppendAllText(@"e:\error.txt", DateTime.Now.ToString()+
"建立通信通道错误："+ex.Message+"\r\n");
        }
    }
}
```

步骤 3：在类 ManagerCoreService 的方法 OnStart 中，启动定时器，实现代码如下。

```
try
{
    int remindspan=Convert.ToInt32(ConfigurationManager.AppSettings
["RemindSpan"]);
    //1 启动定时提醒服务
    remindTimer=new Timer();
    remindTimer.AutoReset=true;
    remindTimer.Elapsed+=new ElapsedEventHandler(remindTimer_Elapsed);

    remindTimer.Interval=remindspan*60*1000;
    remindTimer.Enabled=true;

    //2 启动管理端服务:此处代码已经在前期实现登录和注销服务时添加
    host=new ServiceHost(typeof(NetBarManagerService.ManagerServices.
Core.ManagerUserServiceImpl));

    host.Open();

}
catch(Exception ex)
{
    //将异常信息写入日志文件
    File.AppendAllText(@"e:\error.txt", DateTime.Now.ToString()
        + "启动定时服务故障" + ex.Message + "\r\n");
}
```

步骤 4：在类 ManagerCoreService 的方法 OnStop 中，关闭定时器，实现代码如下。

```
remindTimer.Enabled=false;
```

至此，项目核心功能介绍完，请读者根据项目逻辑顺序启动并调试运行。

本 章 小 结

本章主要在 T-SQL、多层软件设计、Crystal Reports 和 WCF 服务等高级数据库编程技术的基础上，以校园机房管理系统的开发为例，介绍了一个课程教学综合实训项目。按照软件工程开发的步骤，本章从项目需求和功能描述、数据库设计，到设计搭建软件架构及功能模块的实现，进行了详细的说明，主要介绍了登录与注销功能的实现、余额不足提醒服务的实现等项目核心功能模型的实现。通过学习本章的内容，读者能够理解该项目实现的方法与原理，掌握相关的开发技术，为后续开发软件奠定良好的基础。

思考与练习

1. 信息管理系统开发的基本步骤有哪些？
2. 校园机房管理系统项目的技术要求都是什么？
3. 校园机房管理系统项目的软件架构体现在哪些方面？

附录 课程实验教学任务

附录 1 数据库基本操作实验教学

实验 1 数据库创建与管理

1. 实验目的

1）掌握数据库正确的命名规则。
2）掌握数据库的创建方法。
3）掌握数据库文件的修改与删除方法。

2. 实验内容及要求

1）创建一个数据库 sample_db，该数据库主数据库文件的逻辑名为 sample_db，物理文件名称为 sample.mdf，初始大小为 5MB，最大为 30MB，增长速度为 5%；数据库日志文件的逻辑名称为 sample_log，保存日志的物理文件名称为 sample.ldf，初始大小为 1MB，最大为 8MB，增长速度为 128KB。

2）将 sample_db 数据库中的主数据库文件的初始大小修改为 15MB，最大修改为 50MB。

3）修改数据库名称为 sample。

4）给数据库 sample 添加数据文件 sample1，自定义日志文件 sample1_log 的大小。

5）删除 sample 数据库中的 sample1 文件。

6）删除 sample 数据库。

3. 思考与分析

1）简述文件的逻辑名称与物理名称的区别。
2）请说明创建数据库语法中常用的参数含义。

实验 2 数据表操作

1. 实验目的

1）掌握创建数据表的基本语法。
2）掌握常用的数据类型。
3）掌握常用的字段修改方法。

2. 实验内容及要求

创建用于企业管理员工的数据库，数据库名为 YGGL，包含员工的信息、部门信息及员工的薪水信息。数据库 YGGL 包含 3 个表，即 Employees 员工信息表、Departments 部门信息表、Salary 员工薪水情况表，它们的表结构如附表 1-1～附表 1-3 所示。

附表 1-1　Employees 表结构

列名	数据类型	长度	是否允许空值	说明
employees	int		否	员工编号，主键，自动增长（1，1）
name	char	10	是	姓名
education	char	4	是	学历
birthday	date		是	出生日期
sex	char	2	是	性别
workyear	tinyint		是	工作时间
address	varchar	20	是	地址
phonenumber	char	12	是	电话
departmentID	char	3	是	员工部门号·

附表 1-2　Departments 表结构

列名	数据类型	长度	是否允许空值	说明
departmentID	char	3	否	部门编号，主键
departmentname	char	20	是	部门名称
note	text		是	备注

附表 1-3　Salary 表结构

列名	数据类型	长度	是否允许空值	说明
employmeeID	char	6	否	员工编号，主键
income	float		否	收入
outcome	float		否	支出

使用 T-SQL 命令完成以下操作。

1）将表 Salary 名称修改为 Sal。

2）将表 Emloyees 中的 address 列的名称修改为 addr。

3）将表 Emloyees 中修改后的列 addr 的数据类型修改为 varchar(100)。

4）在表 Emloyees 中增加 nation（民族）字段。

5）删除表 Emloyees 中的 nation（民族）字段。

3. 思考与分析

1）选择合适数据类型的依据是什么？

2）简述修改表字段的方法。

实验 3　数据完整性

1. 实验目的

1）掌握正确的数据类型。

2）掌握数据完整性的几种约束方法。

3）掌握对约束管理的基本方法。

2.　实验内容及要求

1）创建一个学生管理数据库 Stu_M。

2）使用 T-SQL 语句在数据库中定义 3 个基本表：学生表（Student）、课程表（Course）和选课表（SC），表结构如附表 1-4～附表 1-6 所示。

附表 1-4　学生表的表结构

属性名	数据类型	可否为空	含义
Sno	int	否	学号，主键
Sname	varchar(20)	否	学生姓名，唯一
Ssex	char(2)	可	性别，只能是"男"或"女"
Sage	tinyint	可	年龄，默认值为 18
Sdept	varchar(30)	可	所在院系

附表 1-5　课程表的表结构

属性名	数据类型	可否为空	含义
Cno	int	否	课程号，主键
Cname	varchar(20)	否	课程名
Cpno	int	可	先行课
Credit	tinyint	可	学分

附表 1-6　选课表的表结构

属性名	数据类型	可否为空	含义
Sno	int	否	学号，联合主键
Cno	int	否	课程号
Grade	float	可	成绩

3）对课程表，增加对 Cname 的唯一约束。

4）对课程表，增加 Cpno 参考 Cno 的外键约束（自表外键，也称表内外键，这样的表称为自关联表）。

5）对选课表，增加外键约束（2 条命令），键名分别为 sc_fk_sno 和 sc_fk_cno。①为 Sno 字段添加外键 sc_fk_sno；②为 Cno 字段添加外键 sc_fk_cno。

6）给课程表的 Credit 字段添加约束，要求学分在 0～5 之间。

7）给选课表的 Grade 字段添加默认值约束，默认为 0。

8）删除学生表中 Sname 字段上的唯一性约束。

3.　思考与分析

1）简述常见的几种约束。

2）简述自关联表的概念。

3）简述唯一性约束与非空约束的关系。

实验 4　数据查询

1. 实验目的

1）掌握常用的 select 查询语句。

2）掌握聚合函数及计算列的使用方法。

3）掌握创建别名的方法。

4）掌握特殊运算符的使用方法。

5）能够正确使用子查询和嵌套查询。

6）掌握常用的内连接查询。

7）掌握外连接的使用方法。

2. 实验内容及要求

下载并运行"学生课程系统数据库.txt"（提供电子资料文件）中的 SQL 语句，安装实验所需的数据库。按照以下要求进行操作。

1）查询所有年龄在 20 岁以下的学生姓名及年龄。

2）查询考试成绩有不及格的学生学号。

3）查询年龄在 20～23 岁之间的学生姓名、系别及年龄。

4）查计算机学院和网络工程学院的学生总人数。

5）查询既不是文学院也不是数学学院的学生姓名和性别。

6）查询所有姓"刘"的学生姓名、学号和性别。

7）查询姓"上官"且全名为 3 个汉字的学生姓名。

8）查询所有不姓"张"的学生姓名。

9）查询缺考的学生学号和课程号。

10）查询计算机学院 20 岁以下的学生学号和姓名。

11）查询全体学生的情况，查询结果按所在系升序排列，对同一系中的学生按年龄降序排列。

12）计算选修了 4 号课程的学生平均成绩。

13）计算选修了 4 号课程的学生最高分数。

14）查询各课程号与相应的选课人数。

15）查询计算机学院选修了 1 门以上课程的学生学号。

16）查询选修了 2 号课程的学生姓名。

17）查询与"张三"在同一个学院学习的学生学号、姓名和系别。

18）查询选修课程名为"数据库"的学生学号和姓名。

19）查询每个学生及其选修课程的情况（分别使用 from 子句和 where 子句）。

20）查询与"上官鸿"在同一学院的学生姓名（使用连表查询）。

21）查询选修了 2 号课程且成绩在 80 分以上的学生，返回学号和姓名字段。

22）查询每个学生选修的课程名及其成绩，返回学号、姓名、课程名称及成绩字段。

23）统计每一年龄选修课程的学生人数。

24）查询选修课程名为"数据库"的学生学号和姓名。

25）查询选修了全部课程的学生姓名。

26）查询所有学生的选课情况（包含未选课的学生），返回学号、姓名和课程名称字段。

27）查询所有学生选修所有课程的基本情况，返回学生表和课程表的所有字段。

3.　思考与分析

1）简述 where 子句与 having 子句的区别。

2）简述内连接与外连接的区别。

实验 5　视图

1.　实验目的

1）熟悉数据库的视图概念。

2）熟练掌握数据库视图的相关操作。

2.　实验内容及要求

执行"学生课程系统数据库"文件中的代码创建对应的数据库，在 StudentManage 数据库中使用 SQL 语句完成以下操作。

1）从 Student 表中建立查询所有男生信息的视图 STU_SEX，视图的列名为 SNO、SNAME、SSEX 和 SAGE。

2）通过 STU_SEX 分别添加一条男生信息（201215125,'孙武','男',21）和一条女生信息（201215126,'李兰','女',20），看是否能够成功。

3）从 Course 表中建立查询所有课程选修课程信息的视图 COURSE_PRE，视图的列名为课程号、课程名和选修课名称。

4）从 SC 表中建立查询成绩大于等于 85 的学生成绩信息的视图 STU_CJ1，视图的列名为学号、课程号和成绩。

5）从 Student、SC 和 Course 这 3 个表中建立查询学生选修情况的视图 STU_CJ2，视图的列名为姓名、课程名称和成绩。

6）从 Student、SC 和 Course 这 3 个表中建立视图 STU_CJ3，查询学生选修课程成绩小于 90 的成绩情况。视图的列名为姓名、课程名称和成绩。

7）利用 SQL 命令修改视图 STU_SEX。把视图的列名改为学号、姓名、性别和年龄，并加上"with check option"选项。通过该视图分别添加一条男生信息（201215127,'王刚','男',20）和一条女生信息（201215128,'林徐','女',18），看是否能够成功。

8）删除视图 STU_CJ3。

3.　思考与分析

1）简述视图的作用。

2）简述视图与基本表的区别。

3）简述视图中 with check option 语句的作用。

实验 6　T-SQL 编程

1.　实验目的

1）熟悉数据库中变量的声明与赋值。

2）熟练掌握程序控制流语句。

3）熟练掌握简单的用户自定义函数。

2. 实验内容及要求

执行"学生课程系统数据库"文件中的代码创建对应的数据库，在 StudentManage 数据库中使用 SQL 语句完成以下操作。

1）求不大于-1.23 的整数。

2）求字符"d"的 ASCII 码值。

3）拼接"My""S""QL"3 个字符串。

4）找出字符串"Text"的长度。

5）找到字符串"foobarbar"最右边的 5 个字符。

6）使用"Ww"替换字符串"www.mysql.com"中的"w"。

7）获取系统当前日期是今年的第几天。

8）获取 100 天后的日期。

9）定义一个函数 myselect，返回一个整数 666，并调用该函数。

10）定义一个函数 myselect2，该函数的功能是查询"刘晨"的学号，并调用该函数。

11）定义一个函数 myselect3，该函数的功能是根据学生的姓名查询学生的学号。

12）调用函数 myselect3，查询"李勇"的学号。

13）定义一个根据学生姓名查询该生选修课程门数的函数 stu_count。

14）调用函数 stu_count，查询"李勇"选修的课程门数。

15）定义一个根据系名和课程名，查询该系学生在该门课程上的平均分的函数 sdept_avggrade。

16）调用函数 sdept_avggrade，查询"CS"系"数学"课程的平均成绩。

17）使用 SQL 语句删除 sdept_avggrade 函数。

3. 思考与分析

1）用户自定义函数中的多参数如何使用？

2）简述函数的调用方式。

实验 7 游标

1. 实验目的

1）熟悉数据库中游标的声明方法。

2）熟练掌握游标的特性。

3）熟练掌握通过游标读取数据的方法。

2. 实验内容及要求

执行"学生课程系统数据库"文件中的代码创建对应的数据库，在 StudentManage 数据库中使用 SQL 语句完成以下操作。

1）声明名称为 cursor_xs 的游标，游标的功能是检索学生表中的学生信息。

2）打开 cursor_xs 游标检索学生表中的记录。

3）创建 cursor_class 游标，声明变量@id、@name。将数据库学生表中系别为"CS"

的学生的学号和姓名字段的值赋予变量。

附加题如下。

1）创建 cur_order 游标，要求按年龄降序排列学生信息。

2）创建 cursor_update 游标，将姓名为"刘晨"的学生的"年龄"修改为 17。

3. 思考与分析

1）简述游标的几种类型。

2）简述变量赋值的几种方式。

实验 8　存储过程与触发器

1. 实验目的

1）熟悉数据库中存储过程的参数。

2）熟练存储过程的调用。

3）熟练掌握通过触发器保证数据一致性的方法。

2. 实验内容及要求

执行 bookdb_data.sql 文件中的代码创建对应的数据库，在 bookDB 数据库中使用 SQL 语句完成以下操作。

1）创建存储过程 proc_book_up_comm，实现为某一图书更新备注的功能。用户调用过程时，输入图书编号和备注的文本内容（英文字母即可，不要求输入中文）；备注更新完成后，显示该书籍的所有字段信息。

2）在借阅信息表上创建触发器 tr_insert_borr，实现在读者借书时对"借书计数"表进行更新操作。当向"借阅信息"表插入新记录时，检查该读者在"借书计数"表中是否存在记录，如果不存在记录，则为该读者插入一条新记录，历史借书本数为 1；如果存在记录，则在原有本数上加 1。

3. 思考与分析

1）简述存储过程中 in、out、inout 参数的区别。

2）简述触发器实现约束的机制。

3）掌握触发器中 inserted 表和 deleted 表的使用。

附录 2　高级数据库编程实验教学

实验 1　ADO.NET 五大对象

1. 实验目的

1）了解 ADO.NET 数据库访问技术及其对象模型。

2）掌握 ADO.NET 核心对象在数据库访问编程中的应用方法。

3）掌握在.NET 平台使用 C#语言进行数据库数据操作的步骤。

4）掌握参数化命令在数据库数据操作中的应用。

5）掌握实体对象属性封装概念在项目中的应用。

2. 实验内容及要求

针对 NetBar 数据库中的 UserMsg 表，进行以下操作。

1）针对 UserMsg 表进行数据添加操作，涉及字段有 UserID、UserName、UserSex、UserBirth。

要求：使用参数化命令和实体类属性封装的概念完成本功能。

2）针对 UserMsg 表进行数据查询操作，实现数据逐条（第一条、上一条、下一条、最后一条）浏览功能。记录信息包括：用户编号、姓名、性别、出生日期、照片等信息。

要求：使用 DataReader 对象完成本功能。

3）针对 UserMsg 表进行数据查询操作，根据性别查询用户的编号、姓名、出生日期、照片等信息。

要求：使用 DataAdapter 和 DataTable 对象完成本功能。

3. 思考与分析

1）简述 ADO.NET 进行数据库数据操作的一般步骤。

2）在存放查询结果集时，DataReader 对象和 DataSet（DataTable）对象有什么区别？

3）如何将照片的数据信息保存在数据库中？

4）简述属性封装概念在项目应用中的作用。

实验 2　存储过程及其应用

1. 实验目的

1）了解并熟悉应用程序和 DBMS 进行交互操作的途径。

2）掌握 T-SQL 存储过程的创建与调用方法。

3）掌握 ADO.NET 中存储过程的调用方法。

4）熟悉并掌握使用存储过程实现应用业务逻辑的优缺点。

2. 实验内容及要求

针对 NetBar 数据库，完成用户登录功能，具体业务逻辑要求：登录时，判断账号、密码是否正确，若满足条件则登录成功，并返回用户的角色信息。

1）在 C#前台客户端实现用户登录业务逻辑。

2）在存储过程中实现用户登录业务逻辑，并进行交互式和嵌入式调用。

3. 思考与分析

1）简述 ADO.NET 进行数据库存储过程访问时需要注意的问题。

2）简述存储过程实现业务逻辑的优缺点。

3）简述在数据库中引入模块编程的必要性。

实验 3　事务处理

1. 实验目的

1）掌握事务的基本概念和特性。

2）掌握 SQL Server 2019 中事务及异常的处理机制。

3）掌握 ADO.NET 中事务处理的操作。

4）了解分布式数据库事务处理的基本概念和操作流程。

2. 实验内容及要求

针对 NetBar 数据库，模拟实现银行借记卡转账操作，具体要求如下。

1）转账业务逻辑描述：转出用户的账号和密码匹配，且余额足够；转入用户的账号和用户姓名匹配；增加转入用户的账户余额，减少转出用户的账户余额。

提示：用户资金操作明细表和总额表的数据需要同时更新。

2）具体实现要求：分别使用存储过程和 C#前台实现以上描述的银行借记卡转账操作。

3. 思考与分析

1）简述事务的定义及其主要特性。

2）简述事务的类型，分别描述各种类型在 SQL 数据库中的常见表现形式。

3）简述 SQL Server 中事务处理的一般步骤。

4）简述 ADO.NET 中事务处理的一般步骤。

实验 4　SQL 数据库通用访问类

1. 实验目的

1）了解并掌握数据库通用访问类的作用。

2）掌握数据库常用操作在通用类中的封装及使用。

3）掌握事务处理在通用访问类中的体现。

4）掌握应用程序配置文件在项目中的作用。

2. 实验内容及要求

针对 NetBar 数据库，按照以下要求进行操作。

（1）功能要求

1）针对 UserMsg 表完成数据更新（含增加、删除、修改）和查询功能。

2）完成"实验 3　事务处理"中的银行转账。

（2）实现要求

1）创建应用程序配置文件并进行数据库连接字符串的配置。

2）创建数据库通用访问类，注意事务操作的封装。

3）银行转账操作在 C#前台实现，注意事务实现流程。

3. 思考与分析

1）简述应用程序配置文件的作用。

2）创建数据库通用访问类时应注意什么问题？

实验 5　触发器及其应用

1. 实验目的

1）了解并熟悉 SQL Server 2019 数据库的完整性控制机制。

2）掌握 SQL Server 2019 中触发器的创建方法。

3）掌握 SQL Server 2019 中触发器的常用类型及其触发时机、使用限制等。

4）熟悉并掌握触发器在完整性控制方面的作用。

2. 实验内容及要求

针对 NetBar 数据库，完成以下数据完整性设置。

1）使用 SQL 命令完成系统各表的主键完整性设置。

2）使用 SQL 命令完成系统中外键完整性的设置。

3）使用 SQL 命令完成数据唯一性设置：Computer 表中的 IP 地址和计算机名称字段为唯一性字段。

4）使用 SQL 命令完成检查约束设置。

① TimeRate 表中的 EndTime 比 BeginTime 时间要晚。

② TimeRate 表中的 SpanRate 取值范围为（0, 1）。

5）使用触发器完成如下数据完整性设置。

① ComputerRoom 表中的 SpanRate 取值范围为（0, 5）。

② TimeRate 表中每个部门的时间设置不能互相冲突。

③ 用户充值数据要求：大于等于 5 或小于 0；若小于 0 则相当于取款，需要判断账户是否需要充值；如果满足条件则更新用户账户充值总额数据。

④ 针对 Computer 表，生成 LongIP 字段的数据。

3. 思考与分析

1）简述 SQL Server 2019 中完整性控制机制，分别介绍各种完整性机制的主要作用。

2）简述 SQL Server 2019 中触发器的常用类型及其触发时机、使用限制等问题。

3）简述触发器中 inserted 和 deleted 表的结构及数据存储内容。

4）哪些数据库数据更新命令不触发触发器？

实验 6 游标及其应用

1. 实验目的

1）理解并掌握 SQL Server 2019 游标数据访问机制。

2）理解并掌握 SQL Server 2019 中游标的使用步骤。

3）熟练掌握游标技术在 T-SQL 高级编程中的应用。

2. 实验内容及要求

针对 NetBar 数据库，使用存储过程完成如下功能。

（1）消费者上机费用结算

具体要求：消费者上机结束，根据 IP 地址、上机开始时间、上机结束时间计算上机费用。

提示：

① 根据 IP 地址获取该计算机所在机房的收费标准。

② 根据上机时间段和 IP 地址获取该计算机所在分店的优惠时间段的设置信息。

③ 提供一天内费用计算的实现方法。

④ 提供总费用计算的实现方法。

（2）管理员权限字符串生成

具体要求：系统每个管理员可以拥有多个角色，每个角色拥有一定的权限（系统中采用权限字符串描述）。根据管理员编号，输出其权限字符串。

3. 思考与分析

1）简述游标数据访问机制在数据库高级编程中的主要作用。

2）简述 SQL Server 2019 中游标的使用步骤。

3）简述游标在数据库高级编程中的主要应用领域。

实验 7　临时对象及其应用

1. 实验目的

1）了解并熟悉 SQL Server 2019 数据库中的临时表和表变量的作用。

2）掌握 SQL Server 2019 中临时表和表变量的使用方法。

3）掌握 SQL Server 2019 中临时表和表变量在项目应用中的优缺点。

4）掌握在具体项目应用中表变量和临时表的选择原则。

2. 实验内容及要求

针对 NetBar 数据库，完成以下报表数据源的生成。

1）管理员收费统计（具体要求参见课程教学案例要求）。

2）余额不足提醒服务。

具体要求：消费者上机过程中产生的费用可能超过其账户余额，因此需要周期性核查在线用户的当前消费情况。截至当前系统时间，若在线用户账户余额扣除已上机费用后的余额小于 1，则满足费用不足提醒标准。程序要求使用存储过程返回需要进行费用提醒的所有在线账户的用户账号、上机 IP 地址、上机开始时间、统计时间、消费金额、账户余额等信息。

提示:

① 过程需要调用实验 6 中实现的消费者上机费用结算过程。

② 使用表变量保存在线用户当前虚拟结算后账户余额低于 1 元的信息。

③ 使用游标访问技术，针对当前在线用户依次调用消费者上机费用结算过程实现。

3）会员高峰期统计。

统计某时间范围内客户消费记录的时间区间分布（以小时为单位进行统计），具体数据包括序号、区间开始时间、区间结束时间、消费次数。

注意: 如果某条消费记录跨越多个时间段，则需要在每个时间单位上进行统计。

3. 思考与分析

1）简述使用基本表保存表结构临时数据集的局限性。

2）简述 SQL Server 2019 中临时表和表变量在项目应用中的作用。

3）简述临时表和表变量各自的主要特征。

4）简述临时表和表变量各自使用的局限性。

5）简述临时表和表变量在项目应用中的选择原则（或主要应用领域）。

实验 8　多层软件架构及其应用

1. 实验目的

1）了解未分层软件设计的优缺点。

2）熟悉分层软件设计思想的优缺点。

3）熟悉并掌握三层软件设计思想中各层应完成的功能及其实现步骤。

4）熟悉并掌握单元测试、负载测试等软件测试方法。

2. 实验内容及要求

针对 NetBar 数据库，使用多层软件设计思想完成以下功能。

1）用户上机费用结算功能的实现（具体要求参照课堂教学案例）。

2）用户之间转账（模拟银行转账）功能的实现。

转账逻辑要求如下：①源账户、客户名称和支付密码都正确；②源账户有足够的资金余额；③每次转账金额不能超过 5000 元；④目的账户和用户名都正确；⑤源账户当天累计取出资金不能超过 20000 元；⑥源账户每天转出交易次数不能超过 5 次。

3）每个功能都提供 C#前台和后台存储过程两种实现方法，并给出完整的实现过程代码。

3. 思考与分析

1）简述未分层程序的缺陷。

2）简述多层软件架构尤其是三层软件架构中视图层、业务逻辑层和数据访问层在软件开发中的作用及其应完成的主要功能（步骤）。

3）简述三层软件结构程序的优缺点。

4）简述前台实现业务逻辑和存储过程实现业务逻辑的优缺点及性能分析。

实验 9　报表技术及其应用

1. 实验目的

1）了解 Crystal Reports 技术在项目开发中的作用。

2）熟练掌握 C/S 项目中 Crystal Reports 的设计及其使用方法。

3）熟练掌握 PULL/PUSH 模式在 Crystal Reports 编程实现时的操作步骤和运行机制。

2. 实验内容及要求

针对 NetBar 数据库，分别使用 PULL 模式和 PUSH 模式完成以下报表实现。

1）根据用户编号查询上网用户的基本信息报表。

具体数据内容包括：用户编号、姓名、性别、出生日期、照片、上期余额、本期充值总额、本期消费总额、当前账户余额、开户时间等信息。

2）根据部门编号查询管理员收费及上交情况的报表。

具体数据内容包括：管理员编号、名称、收费及上交情况的数据信息。

3）高峰期上机情况图表。

将实验 7 中高峰期上机情况统计的结果以图表的形式展示在报表上。

3. 思考与分析

1) 简述拉模式进行报表打印的工作原理。

2) 简述推模式进行报表打印的工作原理。

3) 简述拉模式和推模式的区别及其在项目中的使用步骤。

实验 10　WCF 服务编程基础

1. 实验目的

1) 了解 WCF 服务编程的基本概念及其编程模型。

2) 熟练掌握 WCF 服务的创建及实现方法，以及服务的托管方法。

3) 熟练掌握使用编程方式和配置方式管理 WCF 服务终结点的方法。

4) 熟练掌握服务元数据的发布、客户端代理生成及其应用等。

2. 实验内容及要求

（1）项目完成功能要求

服务端提供 HelloIndigo 服务，根据用户姓名，返回欢迎信息。例如，传递"王洪峰"信息，服务则返回"欢迎王洪峰学习服务编程"；客户端调用 HelloIndigo 服务，设计 Window 窗体，调用并显示处理结果。

（2）项目完成技术要求

1) 采用 WCF 技术搭建服务编程框架，解决方案名称为 HelloDEMO；服务及其实现项目名称为 HelloService；宿主项目名称为 HelloHost；客户端项目名称为 HelloClient。

2) 服务契约接口名称为 IHelloIndigo，方法名称为 HelloIndigo；实现类名称为 HelloIndigoImpl。

3) 宿主端和客户端必须使用配置方式管理服务及其终结点。

4) 宿主端项目类型需要实现两种模式：Windows Form 和 Windows Service。

5) 客户端不允许引用服务契约项目，需手动添加服务契约并创建客户端代理类。

6) 宿主端在 http://127.0.0.1:9988 位置发布元数据。

3. 思考与分析

1) 简述服务的基本概念。

2) 简述 WCF 服务编程及其实现的基本步骤。

3) 为什么服务契约一般建立在接口，而不是类上面？

4) 假设需要一个 ServiceHost 主机托管多个服务契约，简要描述其实现步骤。

实验 11　WCF 服务契约设计

1. 实验目的

1) 熟练掌握 WCF 服务编程模型及其编码实现。

2) 熟练掌握重载（多态）技术在 WCF 中的实现方法。

3) 熟练掌握继承技术在 WCF 中的实现方法。

4) 了解并掌握服务契约设计的基本原则等。

2．实验内容及要求

（1）项目完成的功能要求

1）在服务契约中采用重载思想分别实现整数和浮点数的加法操作。

2）在步骤 1）的基础上采用继承思想，完成整数的乘法操作。

（2）项目完成的技术要求

1）采用 WCF 技术搭建服务编程框架，解决方案名称为 ComputeDEMO；服务及其实现项目名称为 ComputeService；宿主项目名称为 ComputeHost；客户端项目名称为 ComputeClient。

2）宿主端和客户端必须采用配置方式管理服务及其终结点。

3）宿主项目和客户端项目类型均采用 Windows Form 模式。

4）客户端不允许引用服务契约项目，需手动添加服务契约并创建客户端代理类。

5）实现提醒：面向对象编程多态、继承特性的体现，尤其是继承中的 IS-A（包含架构，指的是类的父子继承关系）关系。

3．思考与分析

1）举例说明：面向对象编程中的 IS-A 关系。

2）简述 WCF 中恢复重载（多态）技术的实现方法及主要步骤。

3）简述 WCF 中恢复继承（含 IS-A 关系）思想的实现方法及主要步骤。

4）简要说明代理链技术在生成服务客户端代理类中的应用步骤。

参 考 文 献

程云志，张勇，赵艳忠，等，2017. 数据库原理与 SQL Server 2012 应用教程[M]. 2 版. 北京：机械工业出版社.

邓立国，佟强，2017. 数据库原理与应用 SQL Server 2016 版本[M]. 北京：清华大学出版社.

蓝永健，周键飞，2020. SQL Server 数据库项目教程[M]. 北京：机械工业出版社.

雷米兹·埃尔玛斯特，沙姆坎特·纳瓦特赫，2020. 数据库系统基础[M]. 陈宗斌，等译. 7 版. 北京：清华大学出版社.

李玲玲，2020. 数据库原理及应用[M]. 北京：电子工业出版社.

刘卫国，刘泽星，2015. SQL Server 2008 数据库应用技术[M]. 2 版. 北京：人民邮电出版社.

王珊，萨师煊，2014. 数据库系统概论[M]. 5 版. 北京：高等教育出版社.

卫琳，2021. SQL Server 数据库应用与开发教程（2016 版）[M]. 5 版. 北京：清华大学出版社.

郑冬松，2021. 数据库应用技术教程（SQL Server 2017）[M]. 北京：清华大学出版社.

思考与练习参考答案

第1章

一、填空题

1. 文件系统管理　数据库系统管理
2. 进行数据维护
3. 数据库　数据库用户
4. 数据操作　关系模型
5. 保证数据的独立性　保证数据的安全性

二、单选题

1. A　　2. B　　3. C　　4. D　　5. C

三、简答题

1. 数据：描述事物的符号记录称为数据。数据的种类有数字、文字、图形、图像、声音、正文等。数据与其语义是不可分的。

数据库：是指长期储存在计算机内的、有组织、可共享的数据集合。数据库中的数据按一定的数据模型组织、描述和储存，具有较小的冗余度、较高的数据独立性和易扩展性，并可为各种用户共享。

数据库系统：是指在计算机系统中引入数据库后的系统构成，一般由数据库、数据库管理系统（及其开发工具）、应用系统、数据库管理员构成。

数据库管理系统：是指位于用户与操作系统之间的一层数据管理软件，用于科学地组织和存储数据、高效地获取和维护数据。数据库管理系统的主要功能包括数据库的建立和维护功能、数据定义功能、数据组织存储和管理功能、数据操作功能、事务的管理和运行功能。

它们之间的联系：数据库系统包括数据库、数据库管理系统、应用系统、数据库管理员，所以数据库系统是一个大的概念。数据库是长期存储在计算机内的、有组织、可共享的数据集合，数据库管理系统可管理数据库的查询、更新、删除等操作，数据库应用系统是用来操作数据库的。

2. 主要经历了4个阶段：人工管理阶段、文件系统管理阶段、数据库系统管理阶段和大数据管理阶段。

3. 采用文件系统进行数据管理主要存在数据冗余度大、不易扩充和重复利用两个方面的缺陷。

例如，若学校中的教务处、财务处、保健处等部门采用文件系统存储数据，则各分部门数据文件中都有学生的基本信息资料，如姓名、联系电话、家庭住址等，这些数据在不同部门都进行存储就表现为大量数据冗余，这些数据理论上来讲需要保持一致，若在进行数据更新时没有系统化考虑，就容易导致数据不一致等问题。又如，若需要分析学生的健康状况与学习成绩之间的关系，就需要重点关注教务处和保健处两个部门之间数据的联系，在进行数据整合分析时，存在部门间关联数据的分析，而数据文件又相互独立，这为系统扩充和数据多维度利用造成了一定的困难。

4. 数据库管理系统是一种操纵和管理数据库的大型软件，用于建立、使用和维护数据库，简称 DBMS。它对数据库进行统一的管理和控制，以保证数据库的安全性和完整性。用户通过数据库管理系统访问数据库中的数据，数据库管理员也通过数据库管理系统进行数据库的维护工作。它可以使多个应用程序和用户使用不同的方法在同时或不同时刻去建立、修改和询问数据库。大部分数据库管理系统提供数据定义语言和数据操作语言，供用户定义数据库的模式结构与权限约束，实现对数据进行追加、删除等操作。

数据库管理系统是数据库系统的核心，是管理数据库的软件。数据库管理系统就是实现将用户意义下抽象的逻辑数据处理，转换成为计算机中具体的物理数据处理的软件。有了数据库管理系统，用户就可以在抽象意义下处理数据，而不必顾及这些数据在计算机中的布局和物理位置。

5. 数据模型是数据库设计中用来对现实世界进行抽象的工具，是数据库中用于提供信息表示和操作手段的形式构架。数据模型是数据库系统的核心和基础，它是对现实世界数据特征的模拟和抽象。

数据模型所描述的内容包括 3 个部分：数据结构、数据操作、数据约束。

数据模型包括概念模型、逻辑模型和物理模型。

常见的数据模型主要有层次模型、网状模型、关系模型和面向对象模型 4 种。

6. 外模式（又称子模式或用户模式）处在三级模式结构的最外层。外模式是对数据库用户使用的局部数据的逻辑结构和特征的描述，是数据库用户的数据视图，是与某一应用有关的逻辑表示，如数据库的视图就是这种外模式。外模式通常是模式的一个子集，一个数据库可以有多个外模式，同一外模式也可以为某一用户的多个应用系统所使用，但是一个应用只能使用一个外模式。

模式（也称逻辑模式或概念模式）是指数据的整体逻辑结构和特征的描述，是所有用户的公共数据视图。一般说来，模式不涉及数据的物理存储细节，也与具体的应用、客户端开发工具无关。模式以某一种数据模型为基础，综合考虑用户的需求和整个数据集合的抽象表示，并将它们有机地结合成一个逻辑整体，是整个数据库实际存储的抽象表示。定义模式时，不仅要定义数据逻辑结构，如数据的属性、属性的类型信息等，还要定义与数据有关的安全性和完整性、数据之间的联系等。一个数据库应用只有一个模式。

内模式（又称存储模式）处在三级模式结构的最内层，是对数据物理结构和存储方式的描述，是数据在数据库内部的表示方式。例如，记录的存储方式是用顺序存储还是哈希存储、数据是否压缩存储、数据是否加密等均属于内模式的范畴。数据库管理系统一般提供内模式描述语言来描述和定义内模式。一般说来，一个数据库系统只有一个内模式，即一个数据库系统实际存在的只是一个物理级的数据库。

数据库系统的三级模式结构是对数据库的 3 个级别的抽象，它使用户能从逻辑上抽象地处理数据，而不必关心数据在计算机内部的存储表示。为了能够在内部实现这 3 个抽象层次间的联系和转换，数据库管理系统在三级模式之间提供了二级映像，即外模式/模式映像和模式/内模式映像。二级映像保证了数据库数据具有较高的独立性，即物理独立性和逻辑独立性。

第2章

一、填空题

1. 关系名（属性名1，属性名2，…，属性名n）
2. 关系名　属性名　属性类型　属性长度　关键字
3. 笛卡儿积　并　交　差
4. 选择　投影　连接　除
5. 关系代数　关系演算
6. 能唯一标识实体的属性或属性组
7. 系编号　无　学号　系编号

二、单选题

1. B　　2. B　　3. C　　4. D　　5. C　　6. A　　7. D

三、简答题

1. 关系数据模型由关系数据结构、关系操作集合和关系完整性约束3个部分组成。

2. 属性：若给关系中的每个 D_i（$i=1$，2，…，n）赋予一个有语义的名称，则把这个名称称为属性，属性的名称不能相同。通过给关系集合附加属性名的方法取消关系元组的有序性。

域：属性的取值范围称为域，不同属性的域可以相同，也可以不同。

候选码：若给定关系中的某个属性组的值能唯一地标识一个元组，且不包含更多属性，则称该属性组为候选码。候选码的各属性称为主属性，不包含在任何候选码中的属性称为非主属性或非码属性。在最简单的情况下，候选码只包含一种属性。在最极端的情况下，候选码包含所有属性，此时称为全码。

主键：当前使用的候选码或选定的候选码称为主键（也称主码、主关键字），使用属性加下划线表示主键。

3. 主键：当前使用的候选码或选定的候选码称为主键（也称主码、主关键字），使用属性加下划线表示主键。主键不仅可以标识唯一的行，还可以建立与其他表之间的联系。主键的作用有：①唯一标识关系的每行；②作为关联表的外键，连接两个表；③使用主键值来组织关系的存储；④使用主键索引快速检索数据。

选择主键的注意事项有：①建议取值简单的关键字作为主键，如选择学生表中的"学号"作为主键；②在设计数据库表时，复合主键会给表的维护带来不便，因此不建议使用复合主键；③数据库开发人员如果不能从已有的字段（或字段组合）中选择一个主键，那么可以向数据库添加一个没有实际意义的字段作为该表的主键，可以避免复合主键情况的发生，同时可以确保数据库表满足第二范式的要求；④数据库开发人员如果向数据库表中添加一个没有实际意义的字段作为该表的主键，即代理键，建议该主键的值由数据库管理系统或由应用程序自动生成，避免人工输入时人为操作产生的错误。

4. 关系中的元组存储了某个实体或实体某个部分的数据。

关系中元组的位置具有顺序无关性，即元组的顺序可以任意交换。

同一属性的数据具有同质性，即每一列中的分量是同一类型的数据，它们来自同一个域。

同一关系的字段名具有不可重复性，即同一关系中不同属性的数据可出自同一个域，但不同的属性要给予不同的字段名。

关系具有元组无冗余性，即关系中的任意两个元组不能完全相同。

关系中列的位置具有顺序无关性，即列的次序可以任意交换、重新组织。

关系中每个分量必须取原子值，即每个分量都必须是不可再分的数据项。

5．传统的集合运算：并、差、交、笛卡儿积。

专门的关系运算：选择、投影、连接和除。

第3章

一、填空题

1．（E, G）或（D, G）　3NF

2．第一范式（1NF）

3．完全函数依赖于

4．3NF

5．函数依赖　多值依赖

6．部分

二、单选题

1．A　　2．A　　3．C　　4．B　　5．A　　6．D　　7．C　　8．B　　9．B　　10.B

三、简答题

1．函数依赖：设 $R<U>$ 是属性集 U 上的关系模式。X、Y 为 U 的子集。若对于 $R<U>$ 的任意一个可能的关系 r，r 中不可能存在两个元组在 X 上的属性值相等，而在 Y 上的属性值不等，则称 X 函数确定 Y 或 Y 函数依赖于 X，记作 $X{\to}Y$。

平凡函数依赖：$X{\to}Y$，但 $Y\subseteq X$，则称 $X{\to}Y$ 是平凡的函数依赖。

非平凡函数依赖：$X{\to}Y$，但 $Y\not\subseteq X$，则称 $X{\to}Y$ 是非平凡的函数依赖。

部分函数依赖：在 $R<U>$ 中，若 $X{\to}Y$，存在 X 的某一真子集 X'，使 $X'{\to}Y$，则称 Y 对 X 部分函数依赖，记作 $X\xrightarrow{P}Y$。

完全函数依赖：在 $R<U>$ 中，如果 $X{\to}Y$，并且对于 X 的任何一个真子集 X' 都有 $X'\not\to Y$，则称 Y 对 X 完全函数依赖，记作 $X\xrightarrow{F}Y$。

传递函数依赖：在 $R<U>$ 中，X、Y、Z 是 R 的 3 个不同的属性或属性组，如果 $X{\to}Y(Y\not\subset X)$，$Y\not\to X$，$Y{\to}Z$，$Z\notin Y$，则称 Z 对 X 传递函数依赖，记作 $X\xrightarrow{传递}Y$。

范式：简称 NF，意指符合某一种级别的关系模式的集合。

2．非规范化的关系中存在的问题有：数据冗余大、更新异常、插入异常及删除异常等。

3．规范化，就是用形式更为简洁、结构更加规范的关系模式取代原有关系模式的过程。而规范化理论正是用来改造关系模式的，通过分解关系模式来消除其中不合适的数据依赖，以解决插入异常、删除异常、更新异常和数据冗余等问题。

4. ① 该关系模式中存在的函数依赖如下。

图书编号→（书名，作者名，出版社）。

读者编号→读者姓名。

（图书编号，读者编号，借阅编号）→归还日期。

② 该关系模式的候选码为{图书编号，读者编号，借阅日期，借阅编号}。

③ 该关系模式最高满足第一范式，因为该关系模式中的非主属性有书名、作者名、出版社、读者姓名、归还日期，而基本函数依赖集中的读者编号→读者姓名，存在非主属性对码的部分函数依赖，所以最高属于第一范式。

5. 存在的关系模式如下。

学生（学号，姓名，出生年月，学院名称，班号，宿舍区）。

班级（班号，专业名，学院名称，人数，入校年份）。

学院（学院号码，学院名称，学院办公室地点，人数）。

研究会（研究会名，成立年份，地点，人数）。

参加研究会（学号，研究会名，入会年份）。

学生关系的基本函数依赖集：学号→（姓名，出生年月，学院名称，班号），学院名称→宿舍区。

学生中存在的传递函数依赖：学号→宿舍区。

候选码：学号。

外码：班号，学院名称。

班级关系的基本函数依赖集：班号→（专业名，人数，入校年份），专业名→系名。

班级中存在的传递函数依赖：班号→学院名称。

候选码：班号。

外码：学院名称。

学院关系的基本函数依赖集：学院号码→（学院名称，学院办公室地点，人数）。

学院中存在的传递函数依赖：无。

候选码：学院号码、学院名称。

外码：无。

研究会关系的基本函数依赖集：研究会名→（成立年份，地点，人数）。

研究会中存在的传递函数依赖：无。

候选码：研究会名。

外码：无。

参加研究会关系的基本函数依赖集：（学号，研究会名）→入会年份。

参加研究会中存在的传递函数依赖：无。

候选码：（学号，研究会名）。

外码：学号、研究会名。

6. ① 主关键字是{运动员编号，项目号}。

② R 最高属于第一范式，因为存在着姓名、性别、班级和项目名对主关键字{运动员编号，项目号}的部分函数依赖，没有达到 2NF。

③ 首先将其分解为 2NF，如下：

R_1（运动员编号，姓名，性别，班级，班主任）。

R_2（项目号，项目名）。

R_3（运动员编号，项目，成绩）。

因为 R_1 存在班主任对运动员编号的传递函数依赖，所以没有达到 3NF，再分解为 3NF，如下：

R_1 分解为新的 R_1（运动员编号，姓名，性别，班级）和 R_4（班级，班主任）。

7．求出函数的最小函数依赖集 $F'=\{X{\to}S,\ W{\to}S,\ S{\to}Y,\ YZ{\to}S,\ SZ{\to}X\}$，若 R 分解为 $P=\{R_1(WS),\ R_2(YZS),\ R_3(XZS)\}$，则 $R<U,\ F>$ 的分解 $P=\{R_1,\ R_2,\ R_3\}$ 保持函数依赖，因为 $F'+=(F_i)$，所以该分解保持函数依赖关系。

该分解为有损连接，如下表所示，没有一行全为 a。

关系模式	X	Y	Z	S	W
R_1	B11	A2	B13	A4	A5
R_2	A1	A2	A3	A4	B25
R_3	A1	A2	A3	A4	B25

第 4 章

一、填空题

1．需求分析　概念结构设计　逻辑结构设计　物理结构设计　数据库实施
2．概念结构设计　逻辑结构设计　物理结构设计
3．数据　处理
4．数据项
5．命名冲突　属性冲突　结构冲突
6．设计局部 E-R 图　设计全局 E-R 图　优化全局 E-R 图

二、单选题

1．A　　2．C　　3．D　　4．A　　5．A　　6．B　　7．A

三、简答题

1．数据库设计分为以下 6 个阶段：需求分析、概念结构设计、逻辑结构设计、物理结构设计、数据库实施、数据库运行和维护。

2．需求分析阶段：需求分析是整个数据库设计过程的基础，要收集数据库所有用户的需求分析（包括数据规范化和分析）。它决定了以后各环节设计的速度和质量。在分析用户需求时，要确保与用户目标的一致性。需求分析阶段的主要成果是需求分析说明书，这是系统设计、测试和验收的主要依据。

概念结构设计阶段：概念结构设计是整个数据库设计的关键，通过对用户需求进行综合、归纳与抽象，从而统一到一个整体逻辑结构中，是一个独立于任何数据库管理系统软件和硬件的概念模型。概念结构设计是对现实世界中具体数据的首次抽象，完成了从现实世界到信息世界的转化过程。数据库的逻辑结构设计和物理结构设计都是以概念设计阶段所形成的抽象结构为基础进行的。数据库的概念结构通常用 E-R 模型来刻画。

逻辑结构设计阶段：逻辑结构设计是将上一步所得的概念模型转换为某个数据库管理

系统所支持的数据模型，并对其进行优化。由于逻辑结构设计是基于具体数据库管理系统的实现过程，所以选择什么样的数据库模型尤为重要，其次是数据模型的优化，逻辑结构设计阶段后期的优化工作已成为影响数据库设计质量的一项重要工作。逻辑结构设计阶段的主要成果是数据库的全局逻辑模型和用户子模式。

物理结构设计阶段：物理结构设计是为逻辑模型选取一个最适合应用环境的物理结构，并且是一个完整的、能实现的数据库结构，包括存储结构和存取方法。本阶段得到数据库的物理模型。

数据库实施阶段：在此阶段，设计人员运用数据库管理系统提供的数据语言及其宿主语言，根据逻辑结构设计和物理结构设计的结果，建立一个具体的数据库，并编写和调试相应的应用程序，组织数据入库，进行试运行。应用程序的开发目标是开发一个可信赖的、有效的数据库存取程序，以满足用户的处理要求。

数据库运行和维护阶段：这一阶段主要是收集和记录数据库运行的数据。数据库运行的数据用来提供用户要求的有效信息，用来评价数据库的性能，并据此进一步调整和修改数据库。在数据库运行中，必须保持数据库的完整性，且能有效地处理数据库故障和进行数据库恢复。在运行和维护阶段，可能要对数据库结构进行修改或扩充。

3．数据库概念结构设计通常有以下 4 种方法：自顶向下方法、自底向上方法、逐步扩张（由里向外）方法和混合策略。

设计步骤：设计局部概念模型、设计全局概念模型。

4．数据库逻辑结构设计就是把概念结构设计阶段设计好的基本 E-R 图转换为与选用数据库管理系统产品所支持的数据模型相符合的逻辑结构。

设计逻辑结构一般分为 3 步进行。

① 将概念模型转换为一般的关系、网状、层次模型。

② 将转换来的关系、网状、层次模型向特定数据库管理系统支持下的数据模型转换。

③ 对数据模型进行优化。

5．① 一个实体转换为一个关系模式。实体的属性就是关系的属性，实体的码就是关系的码。

② 一个 1∶1 的联系可以转换为一个独立的关系模式，也可以与任意一端对应的关系模式合并。如果转换为一个独立的关系模式，那么与该联系相连的各实体的码及联系本身的属性均转换为关系的属性，每个实体的码均是该关系的候选码；如果与某一端实体对应的关系模式合并，那么需要在该关系模式的属性中加入另一个关系模式的码和联系本身的属性。

③ 一个 1∶n 联系可以转换为一个独立的关系模式，也可以与 n 端对应的关系模式合并。如果转换为一个独立的关系模式，那么与该联系相连的各实体的码及联系本身的属性均转换为关系的属性，而关系的码为 n 端实体的码。如果与 n 端对应的关系模型合并，此时只需在 n 端关系模型的属性中加入单方关系模型的码和联系本身的属性即可。

④ 一个 $m∶n$ 联系转换为一个关系模式，与该关系模式相连的各实体的码及联系本身的属性均转换为关系的属性，而关系的码为各实体码的组合。

⑤ 3 个或 3 个以上实体间的多元联系转换为一个关系模式，与该多元联系相连的各实体的码及联系本身的属性均转换为关系的属性，而关系的码为各实体码的组合。

⑥ 具有相同码的关系模式可以合并，形成一般的数据模型后，下一步就是向特定的关系数据库管理系统进行模型转换。设计人员必须熟悉所使用的关系数据库管理系统的功能

和限制。这一步是依赖于机器的，不能给出一个普遍的规则，但对于关系模型来说，这种转换通常比较简单。

第5章

一、填空题

1. Enterprise　Express
2. SQL Server　MySQL
3. 联机事务处理　联机分析处理
4. Windows 身份验证方式　SQL Server 身份验证方式

二、简答题

1. ①数据库引擎；②分析服务；③集成服务；④复制技术；⑤报表服务；⑥服务代理；⑦全文搜索。

2. 在 SQL Server 2019 安装过程中，还需要安装 JDK，JDK 版本需要在 1.8 以上，在安装过程中选择安装的 JDK；除此之外，还需要安装管理工具 SSMS，可以用来管理 SQL Server 的所有组件。

3. 数据库引擎是用于存储、处理和保护数据的核心服务，也就是数据库管理系统。利用数据库引擎可以控制访问权限并快速处理事务，从而满足企业内大多数需要处理大量数据的应用程序的要求。

4. SSMS 是用于远程连接数据库与执行管理任务的一个工具，使用 SSMS 可以访问、配置、管理和开发 SQL Server 的所有组件。

第6章

一、填空题

1. 数据查询　数据操纵　数据定义
2. select
3. 创建　修改　删除
4. 整型数据类型
5. 准确数值数据类型　近似数值数据类型

二、单选题

1. B　　2. B　　3. A　　4. C

三、简答题

1. ①综合功能强大；②高度非过程化；③面向集合的操作方式；④以同一种语法结构提供两种使用方式；⑤语言简捷，易学易用。

2. 整型数据类型；浮点数据类型；货币数据类型；字符数据类型；日期和时间数据类型；二进制数据类型；位数据类型；特定数据类型。

3．SQL Server 主要包含算术运算符、赋值运算符、比较运算符、逻辑运算符、复合运算符和位运算符。优先级顺序如下表所示。

运算符的优先级

级别	运算符
1	()（圆括号）
2	*（乘）、/（除）、%（取模）
3	+（正）、-（负）、+（加）、+（串联）、-（减）、&（位与）、^（位异或）、|（位或）
4	=、>、<、>=、<=、<>、!=、!>、!<（比较运算符）
5	not
6	and
7	all、any、between、in、like、or、some
8	=（赋值）

第 7 章

一、填空题

1．次数据库文件　事务日志文件
2．max_size
3．分离
4．已分区表　临时表　系统表
5．insert　update　delete

二、单选题

1．B　　2．C　　3．B　　4．C　　5．D

三、简答题

1．数据库由主数据库文件、次数据库文件和事务日志文件 3 种类型文件组成。主数据库文件，其扩展名为.mdf；次数据库文件，其扩展名为.ndf；事务日志文件，其扩展名为.ldf。
2．数据表分为已分区表、临时表、系统表及用户自定义表 4 种。

第 8 章

一、填空题

1．域完整性　参照完整性　用户自定义完整性
2．主键约束　非空约束
3．唯一性约束
4．检查约束
5．聚集索引　非聚集索引

二、单选题

1．B　　2．C　　3．B　　4．A　　5．D

三、简答题

1. 数据完整性是指存储数据库的数据的一致性和准确性。数据完整性主要包括实体完整性、参照完整性、域完整性和用户自定义完整性。通常可以通过主键约束、外键约束、非空约束、唯一性约束、默认值约束及检查约束实现数据完整性。

2. 索引是关系数据库的一个基本概念，它包含从表或视图中一个或多个列生成的键。通过创建设计良好的索引，可以提高数据检索的速度，提高查询性能。

第9章

一、填空题

1. distinct
2. order by
3. %　　_
4. union
5. 索引视图　分区视图

二、单选题

1．D　　2．B　　3．B　　4．A　　5．D

三、简答题

1. 连接查询主要分为内连接、外连接（左外连接、右外连接）、交叉连接。
2. 视图也称虚表，即虚拟的表，是一组数据的逻辑表示，其本质是对应一条 select 语句，结果集被赋予一个名称，即视图名称。视图本身并不包含任何数据，它只包含映射到基表的一个查询语句，当基表数据发生变化时，视图数据也随之变化。

视图的优点：简化用户的数据查询和处理；简化操作，屏蔽了数据库的复杂性；重新定制数据，数据便于共享；简化用户权限的管理，增加了安全性。

第10章

一、填空题

1. SET　SELECT
2. @@ROW_COUNT
3. PRINT
4. T-SQL 游标
5. 返回值

二、单选题

1．A　　2．C　　3．C　　4．D　　5．C

三、操作题

1.

```
select square(2)*PI()*3 as'体积'
```

2.

```
select len('abcdefg') as '长度'
```

3.

```
select substring('abcdefg',2,5)
```

4.

```
select datediff(day,'2011-10-1',getdate()) as 'day'
```

5.

```
create function myfun(@r int,@h int)
returns decimal(10,2)
as
begin
    declare @result decimal10,2)
    set @result=square(@r)*PI()*@h
    return @result
end
```

四、简答题

1. 函数可以分为系统函数、用户自定义函数。系统函数又分为数学函数、聚合函数、字符串函数等；用户自定义函数分为标量值函数和表值函数。

2. 第一步声明游标，第二步打开游标，第三步读取游标，第四步关闭游标，第五步释放游标。

第 11 章

一、填空题

1. 系统存储过程　扩展存储过程　用户自定义存储过程
2. create procedure
3. execute
4. drop procedure
5. output

二、单选题

1. B　　2. B　　3. D　　4. D

三、简答题

存储过程是一组预编译的 T-SQL 语句，可以是一条或多条语句，它是封装重复性工作的一种方法，通过它可以实现复杂的事务处理。存储过程具有以下优点。

1）执行效率高。一般的 T-SQL 语句每次执行都需要进行编译，而存储过程在创建时进行编译，在执行时无须再次编译，所以存储过程可以提升数据库应用的执行效率。

2）安全性高。通过设定存储过程的使用权，从而实现对应用户的数据访问限制，保证数据的安全。

3）减少网络通信流量。可以通过把部分复杂的业务逻辑交由存储过程进行处理，减少客户端和数据库服务器之间的数据传输次数，以减少网络通信流量。

4）方便实施企业规则。存储过程可以实现较复杂的业务逻辑，在企业数据库开发过程中运用广泛。

第 12 章

一、填空题

1. insert delete update
2. DML 触发器 DDL 触发器
3. AFTER 触发器 INSTEAD OF 触发器 CLR 触发器
4. CREATE ALTER DROP
5. deleted inserted

二、简答题

1. ① 强化约束：能够实现比 CHECK 语句更为复杂的约束。

② 跟踪变化：它可以检测数据库中的操作，进而禁止数据库中未经许可的更新和变化，确保输入表中的数据的有效性。

③ 级联运行：它可以检测数据库中的操作，并自动地级联操作整个数据库的不同表中的各项内容。

④ 调用存储过程：为了方便数据库更新，触发器可以调用一个或多个存储过程。

2. AFTER 指定 DML 触发器仅在触发 SQL 语句中指定的所有操作都已成功执行时才被触发。INSTEAD OF 指定执行 DML 触发器而不是触发 SQL 语句，因此，其优先级高于触发语句的操作。对于表或视图，每个 INSERT、UPDATE 或 DELETE 语句最多可定义一个 INSTEAD OF 触发器，但可以定义多个 AFTER 触发器。

第 13 章

一、填空题

1. 隐式提交
2. begin transaction

3. 持续性

4. commit 和 rollback

5. 封锁

二、单选题

1. D　　2. B　　3. C　　4. B　　5. A

三、简答题

1. 事务是用户定义的一个数据库操作序列，这些操作要么全做，要么全部不做，是一个不可分割的整体。事务具有 4 个特性：原子性、一致性、隔离性和持续性。SQL Server 中的事务分为两类：隐式事务和显式事务。

2. 并发操作带来的数据不一致性包括丢失修改、不可重复读、读"脏"数据。封锁是实现并发控制的一个非常重要的技术。

3. 封锁就是事务 T 在对某个数据对象（如表、记录等）操作之前，先向系统发出请求，对其加锁。加锁后事务 T 就对该数据对象有了一定的控制，在事务 T 释放它的锁之前，其他的事务不能更新此数据对象。基本封锁类型有两种：排他锁和共享锁。

第 14 章

一、填空题

1. 完全备份

2. 事务日志备份

3. 数据库恢复模式

4. 磁盘

5. 事务

二、单选题

1. D　　2. D　　3. B　　4. A　　5. B

三、简答题

1. 数据库备份就是把数据库复制到转储设备的过程。

2. 数据库恢复策略总体上分为 3 种，分别是事务内部故障的恢复、系统故障的恢复、存储介质故障的恢复。

3. 常用的数据库恢复模式有 3 种，分别为完整恢复模式、简单恢复模式、大容量日志记录恢复模式。

提示：第 16~20 章思考与练习的答案参考书中的表述，这里不再赘述。